[cdma2000 技术丛书]

cdma2000 1x EV-DO

网络优化理论与实践

徐卸土 麦菁 杨炼 等 编著

人民邮电出版社

北京

图书在版编目（CIP）数据

cdma2000 1x EV-DO网络优化理论与实践 / 徐卸土等
编著. -- 北京：人民邮电出版社，2015.2
（cdma2000技术丛书）
ISBN 978-7-115-37326-7

Ⅰ．①c… Ⅱ．①徐… Ⅲ．①码分多址－移动通信－
通信网－最佳化 Ⅳ．①TN929.533

中国版本图书馆CIP数据核字(2014)第251197号

内 容 简 介

本书全面、深入地介绍了 CDMA 通信系统基本架构、天线及电磁波基本原理，并从无线网络优化的基本概念和方法入手，论述了 cdma2000 1x EV-DO 的优化指标、参数优化和无线优化方法，列举了大量的实际优化案例，介绍了无线网络优化平台的主要功能架构和功能模块，对干扰分析、直放站、海面覆盖、高铁覆盖、地铁覆盖、高层覆盖、厂家边界切换、话单应用、寻呼信道容量等进行了专题研究。

本书内容翔实，系统完整，既有理论描述，又有大量详细的实例分析，在技术、工程上均有较高的参考价值，适合于从事无线网络优化的工程技术以及研究人员使用，可供大专院校通信专业教师和学生参考，也可作为通信技术培训教材。

- ◆ 编　　著　徐卸土　麦　菁　杨　炼　等
　　责任编辑　杨　凌
　　责任印制　程彦红
- ◆ 人民邮电出版社出版发行　　北京市丰台区成寿寺路 11 号
　　邮编　100164　　电子邮件　315@ptpress.com.cn
　　网址　http://www.ptpress.com.cn
　　北京艺辉印刷有限公司印刷
- ◆ 开本：787×1092　1/16
　　印张：27.5　　　　　　　　2015 年 2 月第 1 版
　　字数：657 千字　　　　　　2015 年 2 月北京第 1 次印刷

定价：88.00 元

读者服务热线：(010)81055488　印装质量热线：(010)81055316
反盗版热线：(010)81055315
广告经营许可证：京崇工商广字第 0021 号

前　言

CDMA 是近年来在数字移动通信进程中出现的一种先进的无线扩频通信技术，它能够满足市场对移动通信容量和品质的高要求，具有频谱利用率高、话音质量好、保密性强、掉话率低、电磁辐射小、容量大、覆盖广等特点，可以大量减少投资和降低运营成本。CDMA 最早由美国高通公司推出，cdma2000 是美国通信工业协会（TIA）推荐、国际电信联盟（ITU）确定的第三代移动通信主要标准之一。今天，全球 cdma2000 商用运营商已达 300 多家，用户总数超过 7 亿户。移动用户数量的快速攀升以及用户对网络质量的更高要求，给移动通信网络的运营效能造成了很大的压力，在保持较高的通信质量的前提下，使网络设备的潜力得到最大程度的发挥，是无线网络运营商进行网络优化的主要目标。无线网络优化是通过对现已运行的网络进行话务数据分析、现场测试数据采集、参数分析、硬件检查等手段，找出影响网络质量的原因，并通过参数的修改、网络结构的调整、设备配置的调整和采取某些技术手段，确保系统高质量地运行，使现有网络资源获得最佳效益。

本书从 CDMA 通信系统基本原理入手，结合大量实际案例分析和专题研究，全面深入地介绍 cdma2000 1x 及 EV-DO 系统无线优化参数和方法。本书共分 18 章，第 1 至 3 章介绍了天线及电磁波基本原理和 cdma2000 通信系统基础架构；第 4 章介绍了 cdma2000 网络规划流程及内容；第 5 章介绍了 cdma2000 1x 信令接口与相关协议；第 6 章介绍了 cdma2000 1x 通信事件及流程；第 7 至 9 章介绍了 cdma2000 1x 优化指标、参数优化及无线优化方法；第 10 章介绍了 1x EV-DO 网络技术；第 11 章介绍了 1x EV-DO 空口协议；第 12 章介绍了 1x EV-DO 事件与流程；第 13 至 15 章介绍了 cdma2000 1x EV-DO 优化指标、参数优化及无线优化方法；第 16 章对干扰分析、直放站、海面覆盖、高铁覆盖、地铁覆盖、高层覆盖、厂家边界切换、话单应用、寻呼信道容量等进行了专题研究；第 17 章对网络实际运营中的掉话原因、接入失败、导频污染、覆盖导致低速等各种网络质量问题进行了详尽分析，并列举了大量实际优化案例；第 18 章介绍了无线网络优化平台的主要功能架构和功能模块等。

本书对 cdma2000 系统的参数优化、无线优化理解深刻，书中引入了大量无线网络优化案例，贴近实际网络，理论和实际结合紧密，内容翔实且操作性强，强化了读者对具体问题的分析和理解，对 cdma2000 无线网络优化具有较强的实战指导意义。

参加本书编写的主要人员有（排名不分先后）：徐卸土、麦菁、杨炼、吴章成、楼昉、蒋军、金浩、辛炜博、严雷、邵丽达、王晓园、徐其廷等。全书由徐卸土统稿，杨炼负责审稿。

由于编者水平所限，书中难免存在不足和不当之处，恳请读者批评指正。

目　　录

第1章 概　述

在人类通信的发展历史上，移动通信称得上是最耀眼的明星成就之一，因为只有移动通信才能满足人们日益增长的随时随地进行信息交流的需求。近年来，随着移动通信技术和互联网的融合，移动通信业务已经渐渐越过话音业务的界限，渗透到社会各个领域，影响着人类的工作、生活及娱乐。移动通信可以提供任何时间、任何地点、任何终端的通话、视频、数据传输服务，大大缩短了人与人之间的空间距离，并提升了人们的办事效率，给当今社会及人类生活带来了极大的便利，实现了真正意义上无缝隙的个人通信。

移动通信的概念最早出现是在 20 世纪 40 年代，在第二次世界大战中广泛应用的无线电台开创了移动通信的先河。20 世纪 70 年代，美国贝尔实验室最早提出蜂窝的概念，解决了频率复用的问题，20 世纪 80 年代大规模集成电路技术及计算机技术突飞猛进的发展，长期困扰业界的移动终端小型化的问题得到了初步解决，给移动通信的普遍化发展奠定了基础。美国运营商为了满足用户增长及广域覆盖的需求，建立第一个以小区制为基础的蜂窝通信系统——先进移动电话服务（AMPS，Advanced Mobile Phone Service）系统，这也是世界上第一个商用化大容量移动通信系统，它主要建立在频率复用的技术上，较好地解决了频谱资源受限的问题，并拥有更大的容量和更好的话音质量，这在移动通信的发展历史上具有里程碑的意义。AMPS 系统在北美商业上获得的巨大成功，有力地刺激了全世界蜂窝移动通信的研究和发展。随后，欧洲各国和日本相继开发了各自的蜂窝移动通信网络，具有代表性的有欧洲的全接入通信系统（TACS，Total Access Communication System）、北欧的北欧移动电话系统（NMT，Nordic Mobile Telephone System）和日本移动电话系统（NTT，Nippon Telegraph and Telephone）等。这些系统都是基于频分多址（FDMA，Frequency Division Multiple Access）的模拟制式的系统，统称其为第一代蜂窝移动通信系统（1G，1st Generation）。

第一代蜂窝移动通信系统建立在频分多址接入和频率复用的理论基础上，在商业上取得了巨大的成功，但随着技术和时间的发展，逐渐暴露出来了保密性差、所支持的业务单一（主要是话音）、频谱效率低、容量低等问题。人类对高质量、高容量无线通信的需求促成了第二代蜂窝移动通信系统（2G，2nd Generation）的发展，2G 系统基于时分多址（TDMA，Time Division Multiple Access）技术和基于码分多址（CDMA，Code Division Multiple Access）技术的两类移动通信网络。

欧洲电信标准协会（ETSI，European Telecommunications Standards Institute）制订的全球移动通信系统（GSM，Global System for Mobile Communications）中应用了 TDMA 无线多址技术。GSM 是为了解决欧洲大陆 1G 系统容量受限，标准不同而互不兼容，以及无法漫游等问题而发展起来的。ETSI 早在 20 世纪 80 年代初期就开始研究可以覆盖全欧洲的移动通信系统 GSM，如今 GSM 系统在我国国内被称作"全球通"，GSM 网络是目前全球应用最多的移动通信网络制式，占移动通信市场的绝大部分份额，2011 年 7 月 GSM 系统的用户超过 52 亿户[1]。

CDMA 技术原本是第二次世界大战期间因战争需要而研究开发的军事无线通信技术，在战争期间军事通信对保密性要求较高。20 世纪 90 年代中期，美国高通公司（Qualcomm）将 CDMA 技术转化成为民用蜂窝通信技术，并且得到迅速发展。1995 年，第一个基于 IS-95A 标准的系统商用运行之后，CDMA 技术理论上的诸多优势在实践中得到了检验，高通公司主导了 CDMA 标准化工作，并在全球范围内推广了这一技术。据 CDMA 发展集团（CDG，CDMA Development Group）统计，1996 年年底 CDMA 用户仅为 100 万；到 1998 年 3 月已迅速增长到 1 000 万；2000 年年初全球 CDMA 移动电话用户的总数突破 5 000 万；进入 21 世纪后第一个 10 年，用户数已经站上了 5 亿台阶[2]。CDMA 系统承载的业务也由单一的话音业务走向包括数据在内的多元化业务。

CDMA 技术解决了移动通信中容量和保密性的关键问题，它具有以下技术特点：

① 多种形式分集（频率分集、时间分集、空间分集）；

② 低功率发射（低能耗、低干扰）；

③ 保密性好（准正交码分）；

④ 软切换（准无损切换）；

⑤ 采用各类降低信噪比（SNR，Signal Noise Ratio）或载干比（C/I，Carry to Interference）技术（话音激活、频率复用、扇区化、软容量）。

CDMA 集中多种技术优势，使得它成为第三代移动通信技术（3G，3rd Generation）标准体制中主流的多址接入方式。3G 的目标是提供一个低成本、全球无缝漫游的通信环境，支持高质量的多媒体业务，拥有足够容量，为不同需求用户提供多样化的业务。3G 的无线传输技术需要满足：支持多媒体业务的高速传输，室内至少 2Mbit/s，室外慢速至少 384kbit/s，室外高速至少 144kbit/s；传输速率按需分配；上下行链路能适应不对称业务的需求；简单的小区结构和易于管理。

3G 演进中，GSM 系统向宽带码分多址（WCDMA，Wideband Code Division Multiple Access）系统或者时分同步码分多址（TD-SCDMA[3]，Time Division-Synchronous Code Division Multiple Access）系统演化。目前占多数的是 GSM-WCDMA 系统，全球 161 个国家的 410 个网络采用了这种制式，支持 WCDMA 的终端款式数以千计；TD-SCDMA 系统主要在中国运营，服务 3 500 万用户。

IS-95 向 cdma2000 1x 及 1x EV-DO 演进。到 2010 年第四季度，CDMA 已经全面进入 3G 商用时代，覆盖扩展到全球 124 个国家的 326 个运营商。

3G 系统通过应用新技术来提高无线不对称数据业务传输能力。WCDMA 和 TD-SCDMA 发展了高速分组接入（HSPA，High Speed Packet Access）技术，所有的 WCDMA 网络都已进入 HSPA 时代。cdma2000 发展演进数据技术是 cdma20001x EV-DO（Evolution Data Only）网络，以下简称 1x EV-DO 网络。到 2011 年 7 月，已经建立 1x EV-DO Rel.0 商用网络 121 个、1x EV-DO Rev. A 商用网络 125 个、1x EV-DO Rev. B 试验网络 7 个，1x EV-DO 的用户超过 1.6 亿户。

早在 3G 运营的初始阶段，业界已经开始酝酿第四代移动通信技术（4G，4th Generation）研发。这是将 3G 技术与无线局域网（WLAN，Wireless Local Area Network）技术融合获得的宽带接入和分布式网络。传输速率远大于 3G，在高速运动环境传输速率大于 2Mbit/s，室内环境传输速率 20Mbit/s。这个网络提供包括高质量影像多媒体业务在内的各种信息业务。这次演进的主要革新是网络架构全 IP 化（IP，Internet Protocol），采用正交频分多址接入（OFDMA，Orthogonal Frequency-Division Multiple Access）技术和多路输入/输出（MIMO，Multiple Input and Multiple Output）技术。

到 2011 年 6 月，中国最大的固网运营商中国电信运营的 CDMA 网络已经达到 1.08 亿用户，占全球用户的 1/5，用户以 cdma2000 1x 为主，随着 1x EV-DO 终端的不断普及，1x EV-DO 用户已经达到 2 500 万。各地正在进行 1x EV-DO Rev. B 的试验网测试。

由于 CDMA 移动通信系统采用了无线电波作为传输媒介，而无线电波传输受环境影响非常大。当今经济发展和城市建设以及各种不确定外部环境因素使得无线信号始终处于变化之中，因此 CDMA 网络运营需要进行不断持续的无线网络优化。本书通过对 CDMA 系统原理及相关无线接入技术的深入剖析，为读者阐述如何诊断当前 CDMA 无线网络出现的各类问题，并论述问题的解决方法，为 CDMA 网络优化工程人员日常工作提供学习参考。书中也收集了编者多年来的实际优化案例经验，供读者分析探讨。

本书编写的主要依据 3GPP2 制订的 CDMA 系统技术规范，以及编者在 CDMA 网络优化的实践实施经验。

第 1 章是一般的论述，目的是介绍移动通信系统发展背景以及 CDMA 技术过去和目前发展现状；CDMA 无线网络优化的基本范畴、手段、流程。第 2 章介绍和无线优化密切相关的天线和电磁波基本知识。第 3 章介绍 CDMA 无线通信基础。第 4 至 8 章介绍 cdma2000 1x 无线网络优化的对象，包括规划、信令、协议、事件、指标和参数。第 9 章综合介绍了 CDMA 1x 无线优化的过程。第 10 至 14 章介绍 1x EV-DO 网络技术、空口协议、事件、参数。第 15 章则是介绍了 1x EV-DO 优化过程。第 16 章介绍了 CDMA 无线网络的专题优化研究方法。第 17 章介绍了结合实际工作的优化案例。第 18 章主要介绍了网优工作常用工具和网优平台。

本章分为两部分：第一部分介绍 CDMA 移动通信的发展，包括了 CDMA 无线接入技术的历史背景及其发展趋势；第二部分主要介绍 CDMA 移动通信系统网络优化工作。

1.1　CDMA 通信概况

1.1.1　CDMA 移动通信起源

19 世纪末，得益于电子技术的发展，人类首次通过无线电波发送了电报，从此以后，电报广泛应用于军事通信。军事通信对保密、抗干扰、防阻塞、防窃听等所提出的严格要求，促使扩频（SS，Spread Spectrum）无线技术的产生。

最早的扩频技术是采用跳频（FH，Frequency Hopping）技术，跳频通过按照预定序列改变通信的载频来避免窃听和干扰。早在第一次世界大战中，德国已经使用这种技术，成功阻止了未掌握扩频技术的英国谍报机构通信窃听。跳频有两种基本实现方法：一是物理方法，发信端同时有多个频率的发射机，接收端配置多个频率的接收机，通过外接控制跳频发送与接收；二是编码方法，用一个编码轮控制可变频率发射机。

第二次世界大战期间，美国军方关于无线制导导弹的控制系统研发将跳频扩频推向高潮，通过琴键式切换，做到了在 88 个频点中切换频率，这个技术使得无线制导导弹被敌方发现和拦截的概率降低。这个发明进一步促成了民用化扩频技术 CDMA 的研究。

到 1976 年，《扩频系统（Spread Spectrum System）》一书问世，开启了扩频技术商用化时代。20 世纪 80 年代，上至甚小口径（VSAT，Very Small Aperture）卫星终端系统及飞机无线侦察系统，下至陆地上的卡车通信系统，都开始应用扩频技术，通过扩频的处理增益中去除干扰，增加接收信号的分辨能力，通过增加信号带宽来提高接收机解调能力。

CDMA 技术源于军事目的，因而其研究局限于政府资助领域，虽然 20 世纪 40 年代不少实力雄厚的私人公司加入了扩频技术的研究，但是民用技术与军用通信系统设计思路相比有很大的差异。这也是 CDMA 作为一个民用无线通信标准出现之前，其规范标准的制订会经历重重磨难的原因。

1.1.2 第二代商用 CDMA 移动通信

IS-95（Interim Standard 95）系统是美国高通（Qualcomm）公司开发的码分多址（CDMA）无线通信系统，于 1993 年成为美国通信工业协会（TIA，Telecommunications Industry Association）颁发的一个 CDMA 暂时标准。后经过多年的发展演进，IS-95 标准系列包括 IS-95、IS-95A、IS-99、IS-657、TSB74、J-STD-008 和 IS-95B，人们将以上 CDMA 标准系列通称为 IS-95 标准。下面简单介绍一下 IS-95 标准系列内容。

1. IS-95A

IS-95A 制订 800MHz 频段 IS-95 基站和手机之间的通信规范，以及 IS-95 和模拟 AMPS 共存的规范。支持速率为 14.4kbit/s 的电路域数据业务。

2. IS-99

IS-99 为 IS-95 提供无线数据链接协议。将点对点协议（PPP，Point to Point Protocol）、因特网协议（IP，Internet Protocol）、传输控制协议（TCP，Transmission Control Protocol）纳入到 IS-99，支持 14.4kbit/s 的分组域数据速率，并兼容 IS-95 电路域数据业务标准。IS-99 于 1998 年第三季度完成。

3. IS-657

IS-657 制订了 CDMA 系统中无线分组数据业务的应用标准，专门为 IS-95 提供直接接入 Internet 标准协议，支持所有的 TCP/IP/PPP。IS-657 于 1999 年第一季度完成。

4. J-STD-008

扩展 CDMA 技术的使用频段，支持 1.9GHz 频段使用的 CDMA 个人通信业务（PCS，Personal Communications Service）。

5. TSB74

TSB74 标准支持速率为 14.4kbit/s 的电路域数据及 13kbit/s 的话音编码器。

6. IS-95B

IS-95B 是为了提高 IS-95 的数据速率而制订的。允许多个业务信道组合在一起，其数传速率将取决于使用的信道数。支持高级的数据接入协议，如 TCP 和非对称数字用户线（ADSL，Asymmetric Digital Subscriber Line）等，为 Internet 的接入提供高速、灵活、方便的服务。IS-95B

的硬件网络将是全透明的。支持最大速率 115.2kbit/s 分组域数据业务。

基于 IS-95 的 CDMA 技术自 1995 年 10 月商用实践以来，迅速覆盖韩国、日本、美国、欧洲和南美洲的一些主要市场，取得了巨大的商业成功。目前国际上 3 个主流 3G 标准基本上都是采用 CDMA 作为无线接入技术。

1.1.3　第三代商用 CDMA 移动通信

1985 年，国际电信联盟（ITU，International Telecommunication Union）提出了未来公众陆地移动通信系统（FPLMTS，Future Public Land Mobile Telecommunications System）的概念。1994 年，ITU-R 和 ITU-T 开始合作研究 FPLMTS。1995 年，ITU 将 FPLMTS 更名为国际移动电信 2000（IMT-2000，International Mobile Telecommunications），即第三代移动通信系统（3G）。1997 年 4 月，ITU 向全世界征求 IMT-2000 无线传输技术（RTT，Radio Transmission Technology）的全球标准建议。

1999 年 11 月，在 ITU-R 会议上，以"第三代移动通信系统无线接口技术规范"建议的形式通过了 5 种无线传输技术，其中前 3 种技术是：美国通信工业协会（TIA）提出的 cdma2000 技术、欧洲电信标准协会 ETSI 提出的 WCDMA 技术和中国无线通信标准组织（CWTS，China Wireless Telecommunications Standards group）提出的 TD-SCDMA 技术。WCDMA 和 TD-SCDMA 后向兼容 GSM，cdma2000 后向兼容 IS-95。这些技术都以 CDMA 技术为基础，继承了扩频、Rake 接收、快速功控等抗扰特征。IS-95 与 3 种 3G 标准的联系和差异见表 1-1。

表 1-1　　　　　　　　　　　　　　　　**IS-95 与 3G 标准比较**

特征项目	IS-95	WCDMA	cdma2000	TD-SCDMA
接收机结构	Rake	Rake	Rake	Rake
闭环功率控制	支持	支持	支持	支持
越区切换	软、硬切换	软、硬切换	软、硬切换	接力切换
解调方式	相干解调	相干解调	相干解调	相干解调
码片速率（Mchip/s）	1.228 8	3.84	$N \times 1.228\ 8$	1.28
同步方式	同步	异步	同步	同步
核心网	ANSI-41	GSM MAP	ANSI-41	GSM MAP

3G 标准确立后，相关的产业成员根据各自利益成立了相关的标准化组织，第三代合作伙伴计划（3GPP，3rd Generation Partnership Project）和第三代合作伙伴计划 2（3GPP2[4]，3rd Generation Partnership Project 2）。其中 3GPP2 由美国高通、摩托罗拉以及 CDMA 产业的制造商和运营商组成。短短 10 年时间中，已经推出了 cdma2000 1x 的多个系列标准。IS-95 向 cdma2000 1x 技术标准的演进如图 1-1 所示。

从图 1-1 可以看出，IS-95 首先演进到 cdma2000 1x Release0，之后 cdma2000 1x Release0 演进分两条路线，即 cdma2000 1x EV-DO 和 cdma2000 1x EV-DV。1x EV-DO 是 Data Only 或 Data Optimization 意思。cdma2000 1x 完全后向兼容 IS-95，目前已经推出 cdma2000 1x Release0、cdma2000 1x Release A、cdma2000 1x Release B、cdma2000 1x Release C、cdma2000

1x Release D 版本，商用比较多的是 Release0 版本。一般将 cdma2000 1x Rel0/A/B 称作 2.5 代。cdma2000 1x Release C&D 的 1x EV-DV 版本基本没有商用系统。

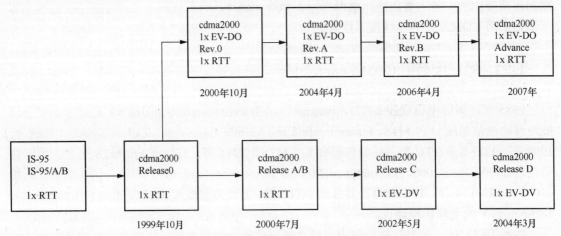

图 1-1 IS-95 向 cdma2000 技术演进路线图

cdma2000 1x EV-DO 已经推出了 Release0、Release A、Release B、Advance 版本，商用主要的是 Release0、Release A 版本。1x EV-DO 系统一般被称作 CDMA 制式的第三代移动通信网络。

cdma2000 是 IMT-2000 系统体制之一。按照标准的规定，cdma2000 系统一个载波的带宽为 1.25MHz。如果系统独立使用每个载波，则被叫作 1x 系统；如果系统将 3 个载波捆绑使用，则叫作 3x 系统。从商用情况来看，绝大多数 CDMA 运营商使用 1x 系统。

cdma2000 1x 与 IS-95A/B 的终端可以接入 cdma2000 1x 系统，cdma2000 1x 系统可以通过不同的无线配置（RC，Radio Configuration）同时支持 1x 终端和 IS-95A/B 终端。

cdma2000 1x 在无线接口性能上较 IS-95 系统有了很大的增强，主要表现为：

① 可支持高速补充业务信道，RC4 峰值速率可达 307.2kbit/s；

② 采用了前向快速功控，提高了前向信道的容量；

③ 可采用发射分集方式可采用正交发送分集（OTD，Orthogonal Transmit Diversity）或空时扩频（STS，Space Time Spreading），提高了信道的抗衰落能力；

④ 提供反向导频信道，使反向相干解调成为可能，反向增益较 IS-95 提高 3dB，反向容量提高 1 倍；

⑤ 业务信道可采用比卷积码更高效的 Turbo 码，使容量进一步提高；

⑥ 引入了快速寻呼信道，减少了移动台功耗，提高了移动台的待机时间，此外，新的接入方式减少了移动台接入过程中切换的影响，提高了接入成功率；

⑦ 仿真结果表明，cdma2000 1x 系统的话音业务容量是 IS-95 系统的 2 倍，而数据业务容量是 IS-95 的 3.2 倍；

⑧ cdma2000 1x 的无线 IP 网络接口采用成熟的、开放的因特网工程任务组（IETF，Internet Engineering Task Force）协议，支持简单 IP 和移动 IP 的 Internet/Intranet 的接入方式，实现了真正的 Internet 接入的移动性；

⑨ 从传输速率来看，IS-95 标准的速率集是 cdma2000 1x 速率集的一个子集（RC1，RC2）。

同时，cdma20001x 提供增强速率集：前向 RC3～RC9，反向 RC3～RC6，从而在满足第三代移动通信高速分组数据业务的同时实现了从 IS-95 到 cdma2000 1x 的平滑过渡，cdma2000 1x 能实现对 IS-95 系统的完全兼容，技术延续性好，可靠性较高。

1．cdma2000 1x EV-DV

1x EV-DV 是对 cdma2000 1x 技术标准的继承和发展，它继承了 cdma2000 1x 的网络架构，使用与 cdma2000 1x 相同的频段，话音业务和数据业务用同一个载波传送，并且在 cdma2000 1x 数据业务的基础上提升前向和反向分组数据传输速率，以及提供 QoS 保证。这样使得 1x EV-DV 技术标准比 1x EV-DO 技术标准更复杂，在技术实现上和实际组网上都存在一定的困难，因此 cdma2000 1x Release0 演进到 cdma2000 1x Release B 后，1x EV-DV Release C&D 只在实验室范围内有案例，基本上没有 1x EV-DV 系统部署商用。

由于 1x EV-DV 没有真正商用，而全球主要 cdma2000 运营商普遍认为 1x EV-DO 能够支持高速无线数据传输及提供 QoS 保证，在 1x EV-DO Release A 也可以支持 IP 话音（VoIP，Voice over IP）业务，因此 1x EV-DV 也就没有进一步发展的市场，本文不再详细介绍这一技术。

2．cdma2000 1x EV-DO

20 世纪 90 年代后期，随着无线接入技术和因特网相互融合，对无线分组数据业务的需求也随之增长。以无线局域网为代表的无线接入技术虽然能提供较高的带宽，但是在安全性、计费和覆盖等方面的局限性，限制了它们的广泛应用。蜂窝移动通信网络可以提供广域的覆盖，具有良好的计费体系和安全架构，如果结合新的高速无线接入技术，在提供无线因特网业务方面将具有很好的应用前景。同时考虑到与以 ADSL 为代表的有线数据网络竞争的需要，要求这种新的蜂窝网络至少能提供与 ADSL 相比拟的数据带宽。鉴于此，高通公司从 1996 年开始开发了高数据速率（HDR，High Data Rate）技术，并于 2000 年被美国电信工业协会和美国电子工业协会（TIA/EIA，Electronic Industries Association）接受为 IS-856 标准（Release 0 版本），又称为高速率分组数据（HRPD，High Rate Packet Data）或 1x EV-DO。1x 表示它与 cdma2000 1x 系统所采用的射频带宽和码片速率完全相同，具有良好的后向兼容性；1x EV-DO 表示它是专门针对分组数据业务而经过优化了的技术。1x EV-DO 于 2001 年被 ITU-R 接受为 3G 技术标准之一。

1x EV-DO 是一种专为高速分组数据传送而设计的版本，频谱利用率较高，目前已经发展出 Release0、Release A、Release B 和 Advance 版本。Release0 前向信道可在 1.25MHz 带宽内提供峰值速率达 2.4Mbit/s，Release A 前向信道可在 1.25MHz 带宽内提供峰值速率达 3.1Mbit/s 的高速数据传输服务。由于引入了 TDMA 的技术，1x EV-DO 载波不能后向兼容 cdma2000 1x 手机终端话音业务，1x EV-DO 系统需要使用独立的载波，移动台也需要使用双模方式来支持 1x 话音和 1x EV-DO 高速数据。cdma2000 1x 采用了将话音信道和数据信道分离的方法演进到 3G 系统，这是因为数据和话音具有不同的特性。如延时，数据速率对实时性要求低于话音业务；误码率，数据业务对误比特率的要求高于话音业务；前反向非对称，一般而言，前向数据业务（基站到移动台）的速率需求较反向高出数倍，而话音业务则为严格的对称业务。

1x EV-DO 可以在现有 IS-95 和 cdma2000 1x 网络平滑升级，和现有 cdma2000 1x 系统共基站或共天馈系统，从而很好地保护了 IS-95 及 cdma2000 1x 运营商的现有投资。1x EV-DO

的功率控制与软切换的方式与 IS-95 及 cdma2000 1x 不同，其核心思想是通过动态控制数据速率而非功率，使每个用户以可能得到的最高速率通信。前向链路使用可变时隙的方式时分复用，1x EV-DO 中的前向信道总以最高功率发送，使处于有利位置的用户得到非常高的速率。1x EV-DO 前向信道采用虚拟软切换机制，终端连续测量激活集内所有导频的信噪比，从中选择信噪比最大的基站，作为自己当前服务基站，终端发送动态速率控制（DRC，Dynamic Rate Control）信道，该 DRC 信道由所选定的基站标识调制，基站可快速地相互切换。移动台不断测量导频强度，并不断请求一个与当前信道条件相符合的数据下载速率。基站按当时移动台所能支持的最大速率指配。当用户需求改变及信道条件改变时，动态地确定优化的数据速率，移动台在同一时刻只接收来自同一基站的数据。在反向，1x EV-DO 用与 IS-95、cdma2000 1x 相同的软切换技术，移动台发送的信息被多个接入点接收，并支持高速分组数据突发。1x EV-DO 采用 Turbo 编码技术，反向具有连续的导频，使解调性能得到改善。此外，cdma20001x EV-DO 采用增强的无线链路协议（RLP，Radio Link Protocol），与 TCP 协议共同减少误帧率。其强大的空中链路鉴权与加密算法保证了用户的安全。

1x EV-DO 系统最初是针对非实时、非对称的高速分组数据业务而设计的。高速传送是对 1x EV-DO 系统设计的核心功能要求，高速意味着需要基于有限的带宽资源，利用蜂窝网络向移动用户提供类似于有线网络（如 ADSL）那样的高速数据业务。最初设计 1x EV-DO 系统时，主要是为了提供网页浏览、文件下载等无线因特网业务，它们要么具有非实时的特点，对业务的 QoS 保证没有严格的要求；要么具有非对称的特点，要求前向链路的传送速率和吞吐量明显高于反向链路。显然，随着业务的发展，对 1x EV-DO 系统功能的要求也将随之提高。在 cdma2000 1x 系统中，中低速数据业务和话音业务是码分复用的，共享基站发射功率、扩频码和频率资源。基站通过快速闭环功率控制技术补偿因信道衰落带来的影响，从而获得较高的频谱利用效率，对于中低速数据及话音业务而言，这是最佳的选择。但是，对于高速分组数据业务，这种快速功率控制并不能保证系统具有很高的频谱利用效率，尤其是当高速分组数据业务与传统的话音业务采用码分方式共享频率和基站功率资源时，系统效率会较低。1x EV-DO 系统的基本设计思想是将高速分组数据业务与低速话音及数据业务分离开来，利用单独载波提供高速分组数据业务，而传统的话音业务和中低速分组数据业务由 cdma2000 1x 系统提供，这样可以获得更高的频谱利用效率，网络设计也比较灵活。在具体设计时，应充分考虑到 1x EV-DO 系统与 cdma2000 1x 系统的兼容性，并利用 cdma2000 1x/1x EV-DO 双模终端或混合接入终端（HAT，Hybrid Access Terminal）的互操作，来实现话音业务与高速分组数据业务的共同服务。

从 1996 年高通公司开始研发 HDR 技术，2000 年形成 1x EV-DO 标准，2002 年 1x EV-DO 产品进入商用阶段。2002 年 5 月 SKT 开通全球首个 1x EV-DO 商用网络，1x EV-DO 保持了快速的发展势头，截至 2005 年 1 月，已有 SKT、KTF、KDDI、Verizon、Vesper、Monet 等 13 家运营商成功部署了 1x EV-DO 商用网络，并有上百款 1x EV-DO 终端和十余款上网卡进入商用，全球的 1x EV-DO 用户数已超过 1 200 万。目前，绝大多数 1x EV-DO 商用系统和终端都基于 Rev. 0&A 版本，正在向 Rev. B 演进中。下面对 1x EV-DO 的技术特征及相关业务进行简单描述。

（1）1x EV-DO Rev. A 技术特征

① 前反向峰值速率大幅度提高

与 1x EV-DO Rev. 0 相比，在 1x EV-DO Rev. A 中前向链路峰值速率不仅从 2.4Mbit/s 提升到了 3.1Mbit/s 的新高度，更重要的是反向链路得到了质的提升。随着应用增量传送及灵活的分组长度的结合，以及混合自动请求（HARQ，Hybrid Automatic Request）重传和更高阶调制等技术在反向链路的引入，1x EV-DO Rev. A 实现了反向链路峰值速率从 1x EV-DO Rev. 0 的 153.6kbit/s 到 1.8Mbit/s 的飞跃。

② 小区前反向容量均衡

通过在手机中采用双天线接收分集技术和均衡技术，1x EV-DO Rev. A 的前向扇区平均容量可以达到 1 500kbit/s，较 1x EV-DO Rev. 0（平均小区容量 850kbit/s）提高 75%。1x EV-DO Rev. A 的反向平均小区容量也得到大幅度的提升，从 1x EV-DO Rev. 0 的 300kbit/s 增加到 600kbit/s。如果基站上采用 4 分支接收分集技术，反向平均小区容量还可进一步提高至 1 200kbit/s。

③ 全面支持 QoS

与 1x EV-DO Rev. 0 相比，1x EV-DO Rev. A 在 QoS 采取了更为灵活和有效的 QoS 控制机制，QoS 水平取得了显著提高，1x EV-DO Rev. A 中引入了多流机制，使系统和终端可以基于应用的不同 QoS 要求，对每个高层数据流进行资源分配和调度控制。同时，1x EV-DO Rev. A 中还提高了反向活动指示信道的传输速率，使终端可以实时跟踪网络的负载情况，在系统高负载时，保证低传输时延数据流的传输。此外，1x EV-DO Rev. A 还引入了更多的数据传输速率和数据分组格式，使系统可以更灵活地进行调度。总之，1x EV-DO Rev. A 在保证系统稳定性的前提下，可以灵活而有效地满足不同数据流的传输要求，从而在一部终端上可以同时支持实时和非实时等多种业务。

④ 低接入时延

1x EV-DO Rev. A 对接入信道和控制信道均进行了优化。首先，在接入信道上可以支持更高的传输速率和更短的接入前缀，使用户可以在发起服务请求时更快地接入网络；其次，在控制信道上可以支持更短的寻呼周期，使用户可以较快地响应来自网络的服务请求；此外，1x EV-DO Rev. A 高层协议中引入了三级寻呼周期机制，使终端可以适配网络服务情况的同时降低功耗，提高待机时间。这对支持需要频繁建立和释放信道的业务，如按键通话（PTT，Push-to-Talk）和即时消息（IM，Instant Message）等非常重要。

⑤ 低传输时延

在进行数据传输时，1x EV-DO Rev. A 引入了高容量模式和低时延模式。采用低时延模式可以采用不同的功率来传输某数据分组的各子信息分组。对首先传输的子信息分组采用较高功率发射，从而使该数据分组提前终止传输的概率提高，降低了平均传输时延。这对支持 VoIP 和可视电话等实时业务十分重要。

⑥ 低切换时延

1x EV-DO Rev. A 中引入了数据源控制（DSC，Data Source Control）信道，使终端基于信道情况选择其他服务小区时，可以向网络进行预先指示，提前同步数据传输队列，大大降低了前向切换时延。这对支持 VoIP 和可视电话等实时业务十分重要且效果显著。

（2）1x EV-DO Rev. B 技术特征

由于 WCDMA 的 HSPA 技术已经推出 7.2Mbit/s 的下载速率，而且 5MHz 带宽内 WCDMA

可以达到 14.4Mbit/s。因此 1x EV-DO Rev. A 技术将继续演进，以确保其可以和 WCDMA 相抗衡。1x EV-DO Rev. A 后续演进 1x EV-DO Rev. B，Rev. B 将分为两个阶段，第一阶段对 Rev. A 软件升级，实施多载波捆绑技术（未提升单载波速率），3 载波捆绑单用户前向峰值速率为 9.3Mbit/s，反向峰值速率 5.4Mbit/s。第二阶段进行信道板硬件替换，采用前向支持 64QAM 和 8192 大分组新技术，单载波前向峰值速率提高到 4.9Mbit/s，3 载波捆绑可使单用户前向峰值速率进一步提高到 14.7Mbit/s。

从技术实现上面来看，话音业务和数据业务分开，既保持了高质量的话音，又获得了更高的数据传输速率。网络规划和优化上 1x EV-DO 和 cdma2000 1x 也基本相同，各个主要设备制造商的系统都能支持从 cdma2000 1x 向 1x EV-DO 的平滑升级，这对于电信运营商在技术和投资方面的选择都很理想，有助于 1x EV-DO 的推广。目前 1x EV-DO Rev. B 已经有实验网在测试，相信不久的将来就能实现商用。

（3）基于 1x EV-DO 技术的新业务

得益于前反向峰值速率和平均小区容量大幅度提高，以及对 QoS 的支持，1x EV-DO Rev. A 系统除了可以明显提高用户在现有网络上开展服务的体验外，还可以支持很多对 QoS 有较高要求的新业务。

① 可视电话

作为一项有代表性的 3G 业务，可视电话业务一直受到运营商的特别关注。可视电话业务可以提供实时的话音和视频的双向通信。移动用户可以通过可视电话与其亲友和朋友分享重要的时刻及其感受。运营商还可以在可视电话之上开发其他的增值服务，如可视会议、多人交互游戏、保险理赔、远距离医护、可视安全系统等。可视电话具有高带宽和高实时性的要求，因此可以在保证 QoS 的 1x EV-DO Rev. A 网络上开展。1x EV-DO Rev. A 中大幅提高的反向速率和反向的频谱效率，是可视电话业务顺利开展的保证。1x EV-DO Rev. A 的 QoS 机制可以支持可视电话要求的快速呼叫建立、低端到端延时、快速切换。另外，采用接收分集技术将可以更好地提升可视电话的服务质量。

② VoIP 及 VoIP 和数据的并发业务

顺应网络和业务向全 IP 化演进的趋势，1x EV-DO Rev. A 还可以支持分组网络上的 VoIP 业务。与可视电话一样，VoIP 有较高的实时性要求，这些都可以通过 1x EV-DO Rev. A 特有的 QoS 机制得到保证。但另一方面，相比于可视电话业务，VoIP 所需的带宽较低，而对打包效率和抗时延抖动有更高的要求。1x EV-DO Rev. A 中针对 VoIP 将数据分组格式进行了优化。同时，为更好地支持话音特性的数据分组的传输，3GPP2 还制定了 C.S0063 规范，定义了基于分段成帧技术和分组头压缩技术。1x EV-DO Rev. A 每载扇区可以支持高达 44 个 VoIP 呼叫，已超过 CDMA1x 网络上的电路型话音的容量。若采用如接收分集和干扰消除等技术，容量还可进一步增大。在 1x EV-DO Rev. A 网络上开展 VoIP 业务，用户不仅可以获得与电路型话音业务相同的话音质量，还可以通过一部终端，进行话音和数据的并发通信。例如在通话时收发 E-mail 和上网浏览，或是在通话的同时，向对方传送多媒体内容，如文本、图片、音频、视频等。甚至可以在进行数据应用的同时（如下载或移动游戏等），发起和接听话音呼叫。

③ 按键通话和即时多媒体通信

按键通话（PTT，Push-to-Talk）业务是一种一对一或一对多的群组间半双工通话即按即讲业务。即时多媒体通信又使 PTT 扩展到可以包含文本、图片和视频等多媒体。除了和可视电话及 VoIP 一样，要求快速呼叫建立、低端到端延时及快速切换等之外，PTT 和 IM 还要求网络有能力支持频繁和快速的呼叫建立和释放。1x EV-DORev. A 在接入信道上引入的更高的传输速率和更短的接入前缀，在高层协议中引入的三级寻呼周期机制，可以使终端在满足上述要求的同时降低功耗，提高待机时间。

④ 移动游戏

联机在线式移动游戏，可以是单人（人与服务器间交互）或多人交互式游戏。有了移动交互式游戏，用户就可以在路上继续进行其在家时玩的游戏。不同的交互式游戏，对带宽的要求差异较大。如有的场景式游戏需要较高的带宽以实时传送场景地图，而有的游戏则需要在游戏者按键操控时传送较少的数据分组。1x EV-DO Rev. A 在前/反向上都可以支持较高的数据速率，可以满足实时场景式游戏的要求。同时 1x EV-DO Rev. A 还针对数据量较少、但数据分组发送很频繁的游戏应用设计了非常灵活的组包方式。如可以将若干个小的数据分组组成一个较大的数据分组进行传送，既保证了传输效率，又减小了数据分组的传输等待时间。

⑤ 广播多播业务（BCMCS，Broadcast Multiple Cast Services）

1x EV-DO 提供更高的前反向扇区容量和峰值速率，使用户可以快速下载或上传大量数据。但是 1x EV-DO 网络提供的是单播技术，即网络上传输的数据仅能够为一个用户所接收。当小区内的很多用户需要同时接收相同的内容时，如很多用户同时观看相同的流媒体内容，单播方式将占用大量的网络资源，使网络处于高负载状态。这种情况下单播方案是一种很不经济的传输方式。为了以较经济的方式向大量用户同时传送多媒体内容，3GPP2 于 2004 年 3 月完成了基于 1x EV-DO Rev. 0 的金牌多播标准，后又于 2005 年 8 月完成了采用 OFDM 调制方式的铂金多播标准，相关 BCMCS 地面网络标准也已于 2005 年完成。通过在广播时隙上采用 OFDM 调制方式，铂金多播较基于 1x EV-DO Rev. 0 的金牌多播可以实现大约 3 倍的容量提升，在 98%的覆盖范围内可实现 1.2Mbit/s 的数据速率（1x EV-DORev. 0 在双天线接收的情况下为 409.6kbit/s）。广播多播可以与 1x EV-DO 共享一个载波，使 1x EV-DO 载波在网络忙时和闲时均能得到充分地利用。运营商可以在部署 1x EV-DO Rev. A 系统的同时，在同一个载波上分配一些时隙部署 BCMCS 并在 BCMCS 平台上逐步开发一些有特色的服务，如与移动电视和 1x EV-DO 单播相捆绑的综合多媒体传送服务；也可将现在受到广泛关注和认可的基于 1x 单播分组网络的流媒体业务过渡到 BCMCS 平台，提升网络传送视频流媒体的容量，以降低业务成本。

1.1.4　CDMA 向 4G 演进途径

随着 3G 移动通信系统大规模商用，业界已经开始了 4G 网络的技术研究。由于 3GPP 和 3GPP2 两大 3G 技术标准阵营代表各自的利益不同提出了不同的演进路线，3GPP 阵营提出了长期演进（LTE，Long Term Evolution）的 4G 演进路线，3GPP2 提出了超移动宽带（UMB，Ultra Mobile Broadband）的 4G 演进路线。在 3G 标准研究中，高通公司占据大部分的专利，获得了超额的经济利益，因此高通主导的 UMB 技术体制没有得到系统设备厂商及运营商的支持，世界上最大的 CDMA 运营商中国电信及美国 CDMA 运营商 Verizon 均选择了 LTE 作为 4G 网络的演进技术，因此 UMB 技术基本处于停滞状态。

LTE 无线接入技术采用了正交频分多址（OFDMA）和多路输入/输出（MIMO）等新技术，LTE 细分为频分双工（FDD，Frequency Division Duplex）和时分双工（TDD，Time Division Duplex）两种技术，两种技术的差别是上行和下行是频分还是时分。其中 TDD-LTE 是中国 3G 制式 TD-SCDMA 的演进路线。LTE 的无线信道带宽可以从 1.4～20MHz 灵活变化，在 20MHz 带宽时下行最大速率可以达到 174Mbit/s，上行最大速率达到 53Mbit/s，极大地提高了用户的体验，降低了数据流量的传输成本。频率资源是一种稀缺资源，在近半个世纪的现代无线通信发展过程中，不断有新的频率增容技术出现。从最初的 FDMA 到 TDMA/CDMA，再到 4G 的 OFDMA，相同频带下传输的速率不断增大。

WCDMA 演进到 LTE 相对比较顺利，因为 3GPP 组织在研究 LTE 技术时已经考虑了 WCDMA 及 HSPA 系统和 LTE 系统之间的互操作问题，但 cdma2000 1x 和 1x EV-DO 网络演进到 LTE 网络将面临较多的挑战。因为 CDMA 网络之前是考虑演进到 UMB 技术体系，现在改为演进到 LTE 技术体系，这需要 1x EV-DO 技术标准组织 3GPP2 制订和 LTE 技术标准之间的互操作标准规范，使得 CDMA/LTE 的双模终端可以在 CDMA 和 LTE 网络之间享受到无缝切换和漫游。

1.2　CDMA 无线网络优化

1.2.1　网络优化的必要性

CDMA 网络结构、无线覆盖环境、用户分布、用户行为处在动态的变化之中。同时，网元增扩、网络结构调整、网络话务和业务模型的改变都会导致网络质量性能和运行情况偏离最初的设计要求。这些变化引起的偏差若不修正，必定会引起客户使用感受变差或者设备投资利用率降低，因此需要通过持续不断地网络优化及时纠正，并在网优过程中不断探索和积累经验。只有解决好网络运行中发生的各种问题，优化资源配置，改善网络的运行环境，提高网络的运行质量，才能使网络运行在最佳状态，获得最佳的运营投资效益。因此，网络优化的意义在于，可以提高投资收益率，提高运行效率，提高运行质量，提高客户满意度，在原有网络基础上不进行大规模投资建设的前提下，充分提高网络质量和容量。这在实际的网络维护中有重要的现实意义。

前期网络规划阶段的基站位置、设备配置、话务分布等情况，和建设完成后的站点位置、话务分布预估、地形结构的估计存在偏差，随之引发的覆盖空洞、越区覆盖、干扰覆盖等问题。在网络运行过程中可能随时出现部分基站负荷不足、部分基站负荷过载、一些地方存在盲区、一些地方干扰严重等情况，这些会直接导致系统接通率、掉话、服务质量等用户感受明显下降，从而影响到网络运营的服务质量。网络优化是解决上述问题的必要过程，也是提高网络服务水平的必要手段。

另外，新技术、新业务的投入使用也会影响到网络性能的变化，因此，对网络的相关监测工作及网络优化工作都随着网络的发展循序渐进，不可能依靠短期的突击行动完成所有的工作。网络优化对网络中后期扩容起指导作用，以帮助和完善网络规划。

1.2.2　移动网络运行周期

一般来说，一个 CDMA 网络质量的好坏是由网络规划决定的，后续的优化只能是修修补补，很难解决一些根本问题。但是，一个 CDMA 移动通信网络要投入运行，一般要经历几个坏节——网络规划设计、安装调试、工程优化、网络运行、网络优化、网络扩容、网络优化、网络升级、网络优化，由此可见网络优化工作在整个 CDMA 网络运行过程中也非常关键。CDMA 网络运行周期如图 1-2 所示。

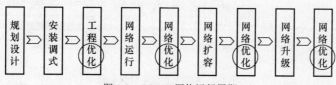

图 1-2　CDMA 网络运行周期

1.2.3　网络优化常用工具

网络优化工作需要借助于一些工具仪表和软件对网络一些指标性能进行测试、测量及分析，因此网优工程师需要了解掌握常用网优仪表的使用操作。网优常用的工具软件主要有路测设备、频谱分析仪、信令分析仪和 Mapinfo 地图软件，下面对这些工具进行简单介绍。

1．路测设备

路测设备是网络优化的基本工具，它的主要作用是进行无线覆盖环境及通信质量采样测试，采用模拟用户通信行为方式进行拨打测试。路测设备用于测量前向无线信号覆盖、前向干扰、反向覆盖，并采集手机拨打测试时的空口信令消息。路测设备主要包括：路测软件（带软件加密狗）、测试用手机、全球定位系统（GPS，Global Position System）、MOS（Mean Opinion Score）盒以及相应的数据连线。

测试时要将测试手机和 GPS 设备连接到测试电脑的 USB 口或串口，运行测试软件，在测试软件的"连接"菜单下进行 GPS 和和测试手机端口设置，并点击"连接"按钮使手机和 GPS 的端口和测试软件建立数据通信，这样路测软件可以通过相应设置来自动控制手机的呼出及挂机，而且软件将采集和记录手机和基站之间的空口信令过程，并将采集到的信令和无线信号数据与 GPS 位置信息相关联，这样当手机出现不能接入、掉话等事件时可以定位问题点的位置，并且可以根据记录的信令、信号情况分析问题原因。路测设备的种类较多，常用的有鼎利、日讯以及高通的 QXDM 等。每种软件的使用方法各有特点，具体可参照每种路测设备的使用手册。

2．频谱分析仪

频谱分析仪用于查找干扰源，为了测试及携带方便，一般使用手持式频谱仪，如泰克公司生产的 YBT-250，配备方向性强的八木天线。根据八木天线指向位置和干扰信号的强度关系来查找干扰源，对于 800MHz 基站反向干扰，频谱仪的频带设置在 825～835MHz，而前向干扰的频带设置在 870～880MHz，根据频带内的信号强度大小来判断干扰是否存在，配合八木天线的方向转动，可以判断干扰源的方位，找到干扰信号最强的点位，图 1-3 所示是频谱仪显示干扰源信号分布。

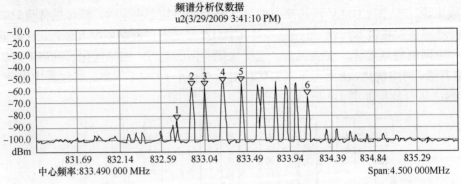

图 1-3　频谱分析仪干扰显示图

3. 信令分析仪

信令分析仪用于采集 Abis 接口、A 接口等接口之间的信令数据，通过信令仪的后台分析软件可以分析网元之间的信令配合情况及问题定位。Abis 接口是基站收发信机（BTS，Base Transceiver Station）和基站控制器（BSC，Base Station Controller）之间的接口、A 接口是 BSC 和移动交换中心（MSC，Mobile Switching Center）之间的接口。具体信令仪的连接方式如图 1-4 所示。

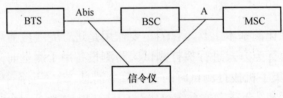

图 1-4　信令仪采集连接图

信令分析也叫挂表分析，需要将信令仪连接在所采集的网元之间的传输链路的信令链路上，一般电路域信令采集是通过信令仪连接到数字配线架的 2m 线的测试端口，测试端口其实是一个三通，为了避免对传输信号的影响，测试端口通过高阻旁路信号。分组域通过交换机或路由器的镜像来提取测试的信号数据。

4. Mapinfo 地图软件

Mapinfo 是网优工程师常用的软件之一，通过 Mapinfo 软件加载网优区域的电子地图、基站数据库、测试信号图层，可以帮助网优工程师查找问题、分析问题、解决问题。Mapinfo 软件使用相对简单，一般软件安装完成后，通过打开（Open）菜单，加载 TAB 格式的地图文件，这样电脑上就显示该地区的电子地图。如果以圆点方式显示基站位置，只要将带经纬度信息的基站数据库保存为.txt 格式，在 Mapinfo 软件中用 Open 菜单打开，点击 Table 菜单下得 Create Points，用经纬度信息可以产生基站图层。由于优化工程师需要了解基站扇区的情况，因此常用是基站扇区图层，这需要用 Mapinfo Basic 编制绘画小工具。利用绘图工具在地图上显示基站的扇区图形，如图 1-5 所示。

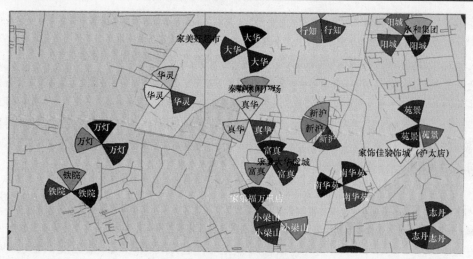

图 1-5　电子地图显示基站扇区图

1.2.4　网络优化内容

网络优化就是对一个正在运行的移动网络进行质量分析，通过采集相关的数据并加以分析，找出影响网络运行质量的原因，并通过各种参数调整，使网络达到最佳的运行状态，使现有的网络资源获得最佳的效益，同时也对网络今后的维护和规划提出合理化建议。网络优化可以分为无线网络优化和交换网络优化两个方面。一般无线传输存在诸多不确定的因数，它对移动网络的质量影响较大，因此本文主要介绍 CDMA 无线网络优化。

无论关键性能指标（KPI，Key Performance Index）优化分析，还是路测（DT，Drive Test）及呼叫质量拨打测试（CQT，Call Quality Test）优化分析，或者用户投诉处理分析着手，网络问题主要表现形式为：信号差、干扰等网络覆盖类优化；掉话、切换和话音质量类网络保持性能优化；拥塞、呼叫建立成功率等接入类性能优化；容量、负荷类指标性能优化；以及数据类业务优化。因此，本文介绍网络优化是围绕以上 5 个方面展开。

根据网优数据源的不同，网络优化可以分为性能指标优化分析、DT/CQT 测试分析、用户投诉优化分析，话单数据优化分析；从衡量网络质量的指标可以分为掉话问题、接入问题、切换问题、覆盖问题、干扰问题、速率问题、话音质量问题；从用户感知角度可以分为：掉话、不能接通、话音质量差、下载速率慢等。

日常网优工作一般以 KPI 指标优化分析、DT/CQT 测试优化分析、投诉优化分析为主线，围绕网络覆盖性能、保持性能、接入性能、负荷性能、数据性能这 5 个主题展开。在实际网络优化过程中，不同数据源的优化分析需要相互结合及相互印证，共同分析定位问题。下面对日常网优中的 KPI 指标分析、DT/CQT 测试以及投诉的优化分析进行简单描述。

1. KPI 指标优化分析

CDMA 网络日常运行中产生的指标很多，网优人员不可能也没有必要关注所有指标。网优人员只需关注 CDMA 移动网络运行过程中重要的 KPI 指标，业界也称作话务统计指标。KPI 性能指标反映了 CDMA 网络运行是否正常，以及网络是否存在质量问题，网优人员主要关注的 KPI 指标有：话务量、掉话率、拥塞率、呼叫建立成功率、软切换成功率、硬切换成功率等指标，这些指标一般每小时统计一次，网优人员每天首先查看全网忙时各项主要指标变化情况，根据网络运行情况制定一个网络指标预警阈值，当网络的某项指标超出预警值时，网优人员需要关注并分析其产生的原因，最后提出解决处理方案。

全网指标的变化是网内所有小区综合呈现，为了提高网络质量，网优人员每天需要处理解决性能指标最差小区，这样可以逐步提高网络性能质量。另一方面，解决了指标最差小区的性能指标，可以解决这些小区覆盖范围内用户的通信感受，减少用户的投诉量。网优人员每天需要关注分析话务量超高并有拥塞行为、掉话率高、呼叫建立成功率低最差等坏小区，找出问题的原因并给出解决方案。

2. DT/CQT 优化

DT 通常所说的路测，CQT 就是呼叫质量拨打测试，以上两种方法是利用测试软件模仿移动用户行为而进行测试工作。网优人员通过日常 DT/CQT 采样测试，发现 CDMA 移动网络的覆盖、干扰、掉话、呼叫失败、话音质量差等问题发生的区域；根据测试记录的数据可以分析问题产生的原因，并根据原因提出解决方案。

DT/CQT 测试是评估无线网络覆盖质量的一种手段，一般运营商会选定区域内主要的道路、铁路、高速公路、主要商业街作为 DT 测试的考核样本，大型的超市、主要商务楼、三星级以上的宾馆、旅游景点等作为 CQT 测试的考核样本。

3. 投诉优化分析

用户投诉处理分析是网络优化工作的重要内容，每天前台客服人员会将网内用户投诉信息告知网优人员，网优人员会根据每个用户投诉的时间、地点、问题详细情况进行分析，结合投诉时间、地点附近网络基站的性能指标、设备运行情况，以及投诉地点历史信号覆盖情况进行分析，如用户投诉地点的投诉时间内有网络故障或投诉点属覆盖盲区，可以根据现有的情况回复客户。如果分析现网的数据信息不能发现问题，则网优人员需要进行现场拨打测试，看是否能重现客户投诉的问题，并进行测试数据分析，给出问题处理解决意见。

1.2.5 网络优化手段

网络问题经过优化工程人员的分析后，找到问题产生的原因，接下来需要采取相关的优化手段来解决问题。通常使用的优化手段有天馈调整、参数修改、扩容加站、排查干扰、消除硬件故障和调配网络资源，具体采用何种手段或几种手段，需要考虑手段实施的可行性、性价比、实施时间等实际情况。

1. 设备故障排除

在使用网络优化措施手段时，必须保证实施区域内的网元设备处于正常运行状态。有些网络问题往往是由基站设备本身硬件或软件故障造成的。因此在处理网络问题分析原因时，首先要查看基站的告警信息，排除设备的软硬件故障。例如，当基站的 GPS 时钟板存在告警（时钟偏移），该小区的切换成功率会降低，以及产生掉话、上行干扰、话音质量差等问题。基站的上行信道或下行信道出现故障均会引起接入失败和掉话等网络问题。

2. 参数调整

参数调整也是网络优化的常用手段，和优化相关的参数种类有以下几种：接入参数、功控参数、切换参数、邻区参数。下面讨论各种参数和性能之间的大致关系。

① 接入参数：一般处理解决接入信道负荷高、接入时长等网络问题时，需要研究分析接入参数的配置是否可以优化。

② 功控参数：一般处理接入成功率低、接入时长等网络问题时，需要研究分析开环功控参数设置是否可以优化。

③ 切换参数：一般处理切换、掉话等网络问题时，需要研究分析切换参数是否可以优化。

④ 邻区参数：一般处理掉话、切换等网络问题时，需要检查邻区配置的合理性。

3．天馈调整

天馈调整是网络优化常用手段，优先级仅次于参数调整。为了解决覆盖、干扰、掉话、接入等问题，经常会采用调整天线方位角、俯仰角控制信号的覆盖，调整天线方位角可以改变天线主要覆盖区域，加大俯仰角可以缩小天线覆盖半径，减少俯仰角可以扩大天线覆盖半径。少数情况下也有扇区分裂方式解决覆盖问题，即当调整天线的方位角可能带来新的覆盖问题时，可以通过对原有的馈线加装功分器分出一路信号连接到增加的天线上，对目标区域进行覆盖，这种方式会减少原有天线的覆盖区域。

通过调整天线的方式进行优化时，必须评估调整后不会带来新的覆盖或干扰问题。

4．扩容调整

在处理弱覆盖或覆盖盲点的时候，通过现网天馈调整无法解决的，一般建议加站或增加直放站解决覆盖问题。

在处理话务拥塞问题时，假设无法通过现网话务均衡分担来解决的，一般考虑扩容加载频的方式来解决拥塞问题，如无法加载频，在周边站距容许的情况下，可以考虑增加新的基站来解决问题。

5．干扰排查

干扰排查指查找 CDMA 网络内部干扰和外部干扰，干扰排查分前向或反向干扰排查。当出现基站反向接收信号强度指示（RSSI，Received Signal Strength Indicator）偏高，而基站本身无硬件故障及下挂直放站，一般怀疑基站存在外部反向干扰，需要排查基站周边的干扰源。

当出现手机接收的导频信号在 3 个以下，接收信号强度 Rx 比较强，但 Ec/Io 比较差，可能存在前向的干扰源，需要使用频谱仪干扰区域的干扰源。

6．网络资源调配

对无线资源的均衡负载调整（载频与信道），以及相应配合的有线资源的同步调整。是完成动态网络优化的关键步骤。

1.2.6　网络优化流程

网络优化的过程可以总结为筹划准备、采集测量、统计分析、制订方案、优化调整和优化验收 6 个大的步骤，并且循环往复进行。同时随时根据网络运行状况调整优化重点，在网络的运行指标满足的条件下，逐步改善话音业务以及数据业务的质量。网络优化是个螺旋上升的过程，随着网优工作的进行，网络质量会逐步提高。基本的网络优化流程如图 1-6 所示。

一般来说，网络优化应该是在系统运行正常的情况下进行，因为这样才能抓住问题的本质。但是，由于移动网络结构的复杂性及其系统比较庞大，经常出现一些环节处于故障或者异常状态，从而干扰数据采集准确性和结果分析准确性，影响到对问题的判断。因此故障处理是网络优化的前提，在进行现场网络优化之前，需要首先排除异常故障，包括线路、传输、分区、同步、数据、核心网资源、功率过载等方面问题，尽快解决有重大故障告警的设备。

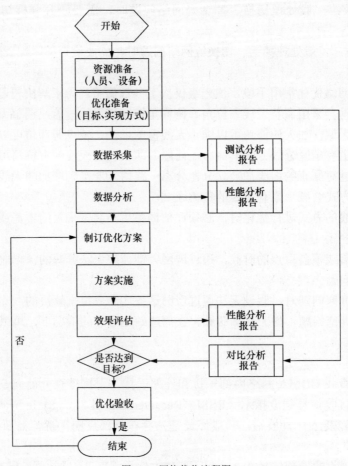

图 1-6　网络优化流程图

1. 优化准备

网络优化准备包括设备资源、人员资源和优化基础资料 3 个方面。网络优化使用的设备主要有路测设备、频谱仪（干扰测试）、信令分析仪。优化资料主要是网络基站小区基础数据（主要是站号、站名、PN 码、天线挂高、天线型号、天线方位角、天线俯仰角、基站经纬度等信息）、网络基站级、小区级、载频级的参数数据、Mapinfo 软件、当地的数字地图等。另外，在网络优化阶段，可能需要对工程参数进行调整实施，这时还需要用到指南针等工具。

2. 数据采集

网络优化的基础是充分了解网络运行的性能状况，针对存在的问题进行分析，从而找出解决的办法。了解网络运行状况的主要途径是采集分析的数据源，网络优化使用的数据源主要包括 KPI 性能指标数据、DT/CQT 测试数据、话单数据、告警数据、用户投诉数据等。

（1）KPI 性能数据采集

KPI 性能数据从统计的观点反映了整个网络的运行质量状况。一般运营商以话统指标为主。网优人员经常关注的网络指标主要有拥塞率、无线掉话率、话务掉话比、呼叫建立成功率、软切换成功率、硬切换成功率等。

话统数据中包含了详细的性能指标和计数器（Counter），这些性能指标有以整个基站控制器 BSC 的范围为统计的基准，也有以每个扇区的载频为基准进行统计，这些数据可以根据需要进行提取。KPI 性能数据有几种途径。第一种是从 CDMA 网络的北向接口吐出每天的忙时 KPI 性能统计数据，这个数据供运营商考核监测网络用，一般北向接口吐出的 KPI 指标种类比较少。对于深度分析网络性能的专项优化，光提取这些数据是不够的。第二种是利用设备厂商的 OMC 网管采集各种网元级别、时间粒度的 KPI 性能统计及 Counter 值（运算 KPI 指标的最小粒度）。第三种就是利用第三方开发的网优平台提取 KPI 数据，网优平台一般从 CDMA 系统设备的数据库直接读取系统 Counter 测量值。

（2）路测数据采集

路测数据是利用路测设备选取一定的道路进行拨打测试，路测数据点反映了测试区域网络无线信号覆盖质量，采样点越多，反映的信息越全面，由于路测数据带有 GPS 位置信息，相比 KPI 性能统计信息而言，能够更加具体地反映网络问题具体位置。

路测数据主要收集以下信息：Ec/Io、误帧率（FER，Frame Error Ratio）、Rx、Tx、切换分布、掉话情况、接入时间和速度、话音质量以及空口层 3 信令等。路测数据导入带基站信息的 Mapinfo 地图可以发现信号覆盖不足、导频干扰等现象。

（3）话单数据采集

话单数据是 CDMA 网络记录用户每次通话信息一种数据，话单数据信息包括起呼和挂机释放占用的小区、PN、Ec/Io、手机和基站间的往返时延（RTD，Round Trip Delay），第一次切换和最后一次切换的主服务小区、邻区的 PN、Ec/Io、往返时延，本次呼叫的是否成功及不成功的原因、是否掉话、掉话的原因等几百个信息字段。

话单数据可以通过 CDMA 系统中 OMC 的占用话单数据接口采集，或通过设备厂商提供的话单数据采集工具采集，由于话单信息数据量巨大，一般 CDMA 系统内不予保存或保存时间较短，因此需要外置存储采集设备及时从 CDMA 系统中下载下来。

（4）告警数据采集

告警是网络运行中的网元设备、板件、软件异常状况的集中体现。在网络优化期间应该关注并查看告警信息，以便及时发现网络问题和告警之间的关系，帮助分析判断问题。

告警数据可以通过 Socket 接口从系统实时采集数据，也通过采集 CDMA 系统的 OMC 内告警数据文件方式获得，告警文件一般分为当前活动告警和历史告警两个文件。

3．数据分析

数据分析是网优工作的重点和难点，无线网络问题主要从网络覆盖指标、负荷性能指标、接入性能指标、保持性能指标来分析网络所存在的问题。影响数据分析成功与否的关键因素是：采集数据的准确性、数据分析的全面性，包括问题数据产生之前网络和周边环境变化情况。下面以掉话为例说明数据分析的两个方面。

（1）采集数据的正确性

由于网络问题的出现有偶然和必然两种，假如有用户投诉某时某地出现掉话，那么一定要采集用户投诉事件发生时间前后一周的点周边基站的掉话率、掉话次数、话务量等话务统计报告、告警数据，以及投诉用户号码的话单数据以备分析参考。到现场进行 DT/CQT 测试时，尽量采用客户发生问题的终端手机类型、模拟用户的使用习惯以及发生问题的具体位置进行测试。这样可以尽最大可能来还原问题的本质现象。如果不按以上原则采集数据，会造成分析问题偏差。

（2）数据分析的全面性

影响网络问题的因素有很多，如掉话问题，需要针对不同掉话原因产生的背景数据进行分析，了解掉话点周边基站的网络负荷问题、基站硬件告警数据、基站小区的邻区列表是否齐全、切换参数设置是否合理、掉话计数器中何种原因的掉话计数器占比最多、话单数据中掉话原因，DT/CQT 测试分析该小区的覆盖区域无线环境（是否存在弱覆盖、越区覆盖、导频污染）情况，是否存在直放站、基站接收端 RSSI 指标情况等，以及基站 GPS 时钟、基站收发天馈通道检查等，另外发生问题之前，掉话网元相关系统是否存在软件升级、硬件替换、参数调整等网络变动情况，以及掉话区域周边有无各种可能造成话务高的事件（如运动会、展览会或者周边有新建建筑等情况）。分析的数据越全面，得出的结论越科学、正确。

4．制订方案

针对统计 KPI 性能指标、路测数据、投诉数据等问题，经过网优人员数据分析后，找出问题的原因，需要制定相应的优化调整手段。在制订方案时需要综合考虑几个问题，大范围调整网络参数需要评估其他网元可能产生的负面影响、调整天线方位角需要考虑不要产生新的问题区域。有时解决问题的方案可能有几种，选用的原则是按对现网影响程度、问题解决的程度、实施难易程度顺序选择。针对可能造成现网影响的需要制订应对措施，确保网络正常运行。

5．方案实施

优化方案的实施一般由其他部门人员进行，参数修改由 OMC 操作维护人员负责实施，天馈调整一般由基站维护人员负责实施，方案实施过程中需要注意严密监视相关改动网元性能指标变化情况，确保方案实施对现网不产生负面影响。

6．优化验收

优化方案实施完成后，优化人员要及时评估优化方案产生的效果，判断网络问题是否解决，如果问题解决，则优化流程结束，假设优化方案实施后网络问题没有解决，则需要进行继续优化，重新启动新的优化流程。

在阶段性的网优工作完成后，以验收的形式通过文档，保留优化经验以及优化调整的各类现场数据。

参 考 文 献

［1］http://www.gsacom.com

［2］http://www.cdg.org

［3］http://www.tdscdma-forum.org

［4］http://www.3gpp2.org

第2章 天线和电磁波传播

2.1 天 线 概 述

在任何无线通信系统中，天线都是关键的组成部分。天线利用自身的特性，可以使电磁波在某些方向上的信号强度获得较大增益，同时也抑制某些方向的信号强度。移动通信网络信号覆盖就是由许多小区天线共同提供的。

基站天线的辐射特性主要有天线的方向性、增益、波瓣宽度、输入阻抗、极化特性、频带宽度、前后比、互调抑制比等，这些特性直接影响移动通信系统无线链路的性能。科学合理的设计和选择天线将增强和改善移动系统的性能，不合理的天线设计和选型将给系统带来不良的影响。在 CDMA 无线网络优化中，需要根据实际环境需要，合理选择天线型号、优化天线物理机械参数，达到提高无线链路性能、降低基站功率消耗、减少干扰和导频污染、改善覆盖、提高系统容量等目的。

天线是发射无线电波和接收无线电波的装置，发射天线将传输线中的高频电流转换为电磁波，接收天线将电磁波转换为高频电流。因此，天线是换能装置，具有互易性。天线电磁波辐射如图 2-1 所示。

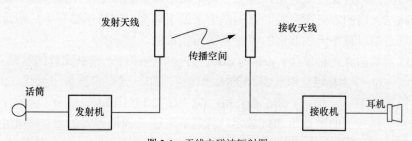

图 2-1　天线电磁波辐射图

天线的种类很多，如按工作性质分为发射天线、接收天线和收发共用天线；按用途分为通信天线、广播天线、电视天线、雷达天线和导航天线；按工作波长分为超长波天线、长波天线、中波天线、短波天线、超短波天线、微波天线；按方向性分为全向天线、定向天线；按天线外形结构分为线天线和面天线。

在 GSM/CDMA/WCDMA/TD-SCDMA 公众移动通信中使用的天线一般有：室外基站的全向天线、定向板状天线；室内基站的全向吸顶天线、定向板状天线、定向八木天线以及泄漏电缆；射频直放站的施主抛物面天线。室外基站定向天线中有单极化天线、双极化天线、双频双极化天线。

2.2 天线基本参数

天线的基本参数是用来表征天线机械和电性能的指标。

电性能参数有工作频段、输入阻抗、驻波比、极化方式、增益、方向图、水平和垂直波束宽度、下倾角、前后比、旁瓣抑制与零点填充、功率容量、三阶互调、隔离度、交叉极化比。

机械参数有尺寸、重量、天线罩材料、外观颜色、工作温度、存储温度、风载、迎风面积、接头形式、包装尺寸、天线抱杆、防雷。本节主要介绍天线的电性能参数。

2.2.1 工作频段

无论是发射天线还是接收天线，它们总是工作在一定的频率范围内。天线工作在中心频率时天线所能发送的功率最大，偏离中心频率时它所输送的功率将减小，据此可定义天线的频率带宽。天线带宽的定义有两种，一种是天线增益下降 3dB 时的频带宽度；另一种是在规定的驻波比下天线的工作频带宽度。

在移动通信系统中是按后一种定义的，具体地说，就是当天线的输入驻波比小于等于 1.5 时天线的工作带宽。

2.2.2 天线增益

天线通常是无源器件，它并不放大无线信号，天线的增益是将天线辐射电磁波进行聚束，和理想的参考天线辐射强度做对比，得到在输入功率相同条件下，在同一点上接收功率的比值，显然增益与天线的方向图有关。方向图中主波束越窄，副瓣尾瓣越小，增益就越高。可以看出高的增益是以减小天线波束的照射范围为代价的。

表示天线增益的有两种单位：dBi 与 dBd，它们的差异在于增益比较的基准点不同，dBi 是用点源天线（i）作为标准天线计算出的天线增益，dBd 是用半波振子天线（d）作为标准天线计算出的天线增益。dBi 与 dBd 的关系：$G_d = G_i - 2.17$（dBd）。

天线相对于偶极子的增益用 dBd 表示，天线相对于全向辐射器的增益用 dBi 表示，如：3dBd = 5.17dBi，天线增益也可以按波束宽度来估算，有如下经验公式：

$$G = 10 \lg \left(\frac{3\,000}{\theta_e + \theta_h} \right)$$

式中，θ_e 和 θ_h 分别是天线水平面和垂直面的波束宽度，单位是度（°）。

2.2.3 驻波比

1. 电压驻波比

当馈线和天线匹配时，高频能量全部被负载吸收，馈线上只有入射波，没有反射波。馈线上传输的是行波，馈线上各处的电压幅度相等，馈线上任意一点的阻抗都等于它的特性阻抗。而当天线和馈线不匹配时，也就是天线阻抗不等于馈线特性阻抗时，负载就不能全部吸收馈线上传输的高频能量，而只能吸收部分能量。入射波的一部分能量反射回来形成反射波。

在不匹配的情况下，馈线上同时存在入射波和反射波。两者叠加，在入射波和反射波相位相同的地方振幅相加最大，形成波腹；而在入射波和反射波相位相反的地方振幅相减为最小，形成波节。其他各点的振幅则介于波幅与波节之间，这种合成波称为驻波。反射波和入射波幅度之比叫做反射系数。

$$反射系数 \, \Gamma = 反射波幅度/入射波幅度$$

驻波波腹电压与波节电压幅度之比称为驻波系数，也叫电压驻波比（VSWR，Voltage Standing Wave Ratio），驻波系数 VSWR=驻波波腹电压幅度最大值 V_{max}/驻波波节电压幅度最小值 V_{min}=（$1+\Gamma$）/（$1-\Gamma$）。

终端负载阻抗和特性阻抗越接近，反射系数越小，驻波系数越接近于 1，匹配也就越好。工程中一般要求 VSWR<1.5。高驻波比会增加天线口输出功率的衰耗，将严重影响天线的覆盖范围，但过小的驻波比会造成天线的制造成本高很多，所以不要盲目追求低的驻波比。

2. 回波损耗

回波损耗（RL，Return Loss）是反射系数的倒数，以分贝表示。RL 的值在 0dB 到无穷大之间，回波损耗越小表示匹配越差，反之则匹配越好。0dB 表示全反射，无穷大表示完全匹配。在移动通信中，一般要求回波损耗大于 14dB（对应 VSWR=1.5）。RL=10lg（入射功率/反射功率）。

回波损耗和 VSWR 的换算如图 2-2 所示，例如，输入功率＝10W，反射功率＝0.5W，则 RL=10lg（10/0.5）=13dB。

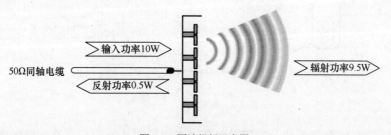

图 2-2 回波损耗示意图

2.2.4 极化方式

天线极化方式分为线极化和圆极化两种，其中圆极化又分为左旋圆极化和右旋圆极化；线极化可分为水平极化、垂直极化和±45°极化。移动基站天线一般均采用线极化方式，其中单极化天线多采用垂直极化方式，双极化天线多采用±45°极化。一个扇区可以采用有两副垂直单极化天线或一副双极化天线，其中一副加装双工器作为收发共用天线，另一副用作分集接收天线。

单极化天线大多采用垂直极化，由于电波的特性决定了水平极化传播的信号在贴近地面时会在大地表面产生极化电流，极化电流因受大地阻抗影响产生热能而使电场信号迅速衰减，而垂直极化方式则不易产生极化电流，从而避免了能量的大幅衰减，保证了信号的有效传播。

因此在移动通信系统中，一般均采用垂直极化的传播方式。

双极化天线是由极化彼此正交的两根天线振子封装在同一副天线罩中组成的。采用双极化天线可以大大减少天线物理数量，简化天线工程安装，降低成本，减少天线占地空间。

单极化天线设计简单，单个天线成本低，建站成本高，建站天面占用空间大；而双极化天线设计难度大，天线成本高，建站成本低，建站天面占用空间小。

极化分集依赖于移动台周围反射体和散射体的分布，对于地物分布相对稀疏的农村地区，极化分集效果不如空间分集，因此在安装条件具备的情况下，应尽可能使用单极化天线。

2.2.5 波瓣宽度

在方向图中通常都有两个波瓣或多个波瓣，其中最大的波瓣称为主瓣，其余的波瓣称为副瓣。主瓣两半功率点间的夹角定义为天线方向图的波瓣宽度，称为半功率（角）波瓣宽度。主瓣宽度越窄，则方向性越好，抗干扰能力越强。

1. 水平波瓣宽度

在主瓣最大辐射方向的两侧，辐射强度降低 3dB 的两点间夹角定义为主瓣宽度，又称为半功率波瓣宽度、波束宽度、半功率角或 3dB 波瓣宽度。主瓣宽度描述了天线辐射能量在主瓣方向的集中程度。主瓣宽度越窄，天线的方向性越好，作用距离越远，抗干扰能力也越强。全向天线的水平波瓣宽度均为 360°，定向天线的常见水平波瓣宽度有 20°、30°、65°、90°、105°、120°、180° 多种。水平波瓣宽度如图 2-3 所示。

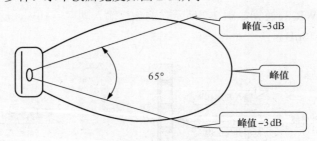

图 2-3 水平波瓣宽度示意图

其中 20°、30° 波瓣角天线一般增益较高，多用于狭长地带或高速公路的覆盖；65° 波瓣角天线多用于密集城市地区典型基站三扇区配置的覆盖；90° 波瓣角天线多用于城镇郊区典型基站三扇区配置的覆盖；105° 波瓣角天线多用于地广人稀地区典型基站三扇区配置的覆盖，120°、180° 波瓣角天线多用于角度极宽的特殊形状扇区的覆盖，不同水平波瓣角天线区覆盖如图 2-4 所示。

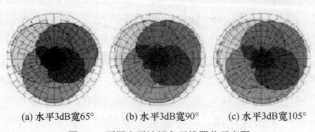

(a) 水平3dB宽65°   (b) 水平3dB宽90°   (c) 水平3dB宽105°

图 2-4 不同水平波瓣角天线覆盖示意图

2．垂直波瓣宽度

天线的垂直波瓣宽度与天线的增益、水平波瓣宽度密不可分。基站天线的垂直波瓣宽度在 10° 左右，一般来说，增益相同的天线中，水平波瓣宽度越宽，垂直波瓣宽度越窄。垂直波瓣宽度如图 2-5 所示。

较窄的垂直波瓣宽度将会产生较多的覆盖盲区。在天线选型时，为了保证服务区的良好覆盖，减少盲区，在同等增益条件下，所选天线垂直波瓣宽度应尽量宽些。天线覆盖的半径和天线高度 h、倾角 DT 及垂直半功率角 VB 之间有关系，工程上用下式估算天线倾角和覆盖距离：

$$DT=\arctan（h/d_F）+1/2VB$$

式中，d_F 表示最远 3dB 覆盖距离；d_N 表示最近 3dB 覆盖距离。天线倾角和覆盖距离示意图如图 2-6 所示。

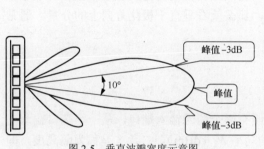

图 2-5　垂直波瓣宽度示意图

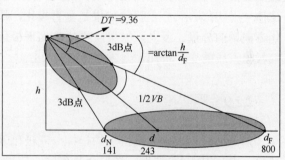

图 2-6　天线垂直波瓣宽度的覆盖示意图

2.2.6　上旁瓣抑制与零点填充

1．上旁瓣抑制

天线一般要架设在铁塔或楼顶高处来覆盖服务区，所以对垂直面向上的旁瓣应尽量抑制，以减少不必要的能量浪费，尤其是较大的第一上旁瓣。基站天线的第一上旁瓣在主瓣向上 8°～20°，在基站天线下倾的时候，第一上旁瓣通常是处于水平直射方向，产生越区干扰，尤其是干扰周围高层覆盖，一般行业要求大于 15dB。

2．零点填充

为了使天线覆盖区内辐射电平更均匀，在天线的垂直面内，下旁瓣第一零点采用赋形波束设计加以填充，特别是天线挂高较高的高增益天线尤其需要零点填充技术来减少近处覆盖死区和盲点，避免"塔下黑"的现象，增强基站下方近距离区域的覆盖。因此，零点填充天线的优点为：充分集中天线有用能量，趋向均匀辐射天线能量，防止出现零点死区。缺点为：牺牲天线的增益，不能保证天线宽频的零点填充特性。一般行业要求为 20dB。

2.2.7　前后比

前后比是指定向天线的前向辐射功率与后向辐射功率的比值。前后比的典型值约为 25dB，计算公式如下：

前后比（dB）=10log 前向功率/后向功率

制造天线时，尽可能将能量向有用的前方发送，减少向后辐射，减少对规划之外的后向小区的干扰。天线的前后比指标与天线反射板的电尺寸有关，较大的电尺寸将提供较好的前后比指标。

室外基站天线前后比一般应大于 25dB，微蜂窝天线由于尺寸相对较小的缘故，天线的前后比指标应适当放宽。

2.2.8　交叉极化比

天线辐射远场的电场矢量除了在所需要方向外，还在其正交方向上存在分量，这就是天线的交叉极化。交叉极化比是双极化天线特有的指标，它是指主极化电平与交叉极化电平的比值（用 dB 表示）。主极化如果是垂直极化，那么交叉极化就是看与垂直于主极化的水平极化方向场的分量。反之，如果主极化是水平极化，那么就看垂直于极化方向上的分量。通常双极化天线的交叉极化比要求在 15dB 以上。

2.2.9　隔离度

隔离度是双极化天线特有的指标，双极化天线有两个信号输入端口，从一个端口输入功率信号 P_1（dBm），从另一端口接收到同一信号的功率 P_2（dBm），二者之差称为隔离度，即隔离度=P_1−P_2。对于±45°双极化基站天线：+45°和−45°天线同时处于发射/接收（Tx/Rx）状态，为避免一副天线在发射（Tx）状态对另一副天线的接收（Rx）状态产生干扰，相互之间具有隔离度的要求。我国移动通信系统基站天线技术条件要求：定向±45°双极化天线隔离度大于等于 28dB。

我国移动通信系统基站天线技术条件要求：定向基站极化天线隔离度大于等于 23dB。双极化天线隔离度如图 2-7 所示。该天线的隔离度=10log（1000/1）=30dB。

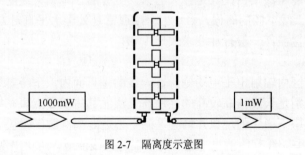

图 2-7　隔离度示意图

2.2.10　下倾角

下倾角是指天线垂直面最大增益处与水平方向的夹角。按照倾角实现方式不同可分为电调下倾和机械下倾，其中电调天线又分为内置电下倾、可调电下倾和遥控可调电下倾。天线下倾方式如图 2-8 所示。

(a) 无下倾角　　　　　　(b) 电调下倾角　　　　　　(c) 机械下倾角

图 2-8　天线下倾方式对比

当下倾角达到 15° 时，水平方向图严重变形，必然产生侧向越区覆盖；而电下倾时，水平方向图基本保持不变。

1．机械下倾

所谓天线机械下倾，即指使用机械方法调整天线下倾角度。天线安装好后，如果因网络优化的要求，需要调整天线背面支架的位置以改变天线的倾角。在调整过程中，虽然天线主瓣方向的覆盖距离明显变化，但天线垂直分量和水平分量的幅值不变，所以天线方向图容易变形。实践证明：机械天线的最佳下倾角度为 1°～5°；当下倾角度在 5°～10° 之间变化时，其天线方向图稍有变化但变化不大；当下倾角度在 10°～15° 之间变化时，其天线方向图变化较大；当机械天线下倾超过 15° 以后，天线方向图形状改变很大。机械天线下倾角调整非常麻烦，一般需要维护人员登高到室外天线安装处进行调整。

2．电子下倾

所谓天线电子下倾（即电调天线），指使用电子调整下倾角度的天线。电子下倾的原理是通过改变天线阵天线振子的相位，改变垂直分量和水平分量的幅值大小，改变合成分量场强强度，从而使天线的垂直方向性图下倾。由于天线各方向的场强强度同时增大和减小，保证在改变倾角后天线方向图变化不大，使主瓣方向覆盖距离缩短，同时又使整个方向性图在服务小区扇区内减少覆盖面积但又不产生干扰。

3．机械下倾和电子下倾特点比较

机械下倾的步进度数为 1°，而电子下倾的步进为 0.1°，精度较高；机械下倾加大会导致天线方向图畸变，覆盖正前方出现明显凹坑，两边压扁，引起天线正前方覆盖不足同时对两边相邻基站的干扰加剧，而电子下倾对天线方向图基本保持不变；机械下倾会引起天线后瓣会上翘，对相邻高区空间造成干扰。

在实际天馈调整中，考虑到机械下倾会导致方向图畸变，建议：下压下倾角时，先下压电子下倾角，如果度数不够，再下压机械下倾角；抬升下倾角时，先抬升机械下倾角，如果度数不够，再抬升电子下倾角。

2.2.11　三阶无源交调

天线交调产物是指当两个或多个频率信号经过天线时，由于天线的非线性而引起的与原信号有和差关系的射频信号；

两个频率 f_1 和 f_2 与它们的二次谐波 $2f_1$ 和 $2f_2$ 所产生的差频，就是三阶无源交调；交调产物的一般表达式为：

$$PIM_x = mf_1 \pm nf_2$$

$$x = m + n$$

x 是阶数，在基站系统中，需要关注的是三阶交调产生的新频率：$2f_2 - f_1$ 和 $2f_1 - f_2$。我国移动通信系统基站天线技术条件要求：三阶交调信号不大于 -107dBm。

2.2.12 输入阻抗

天线的输入阻抗等于天线馈电端输入电压与输入电流的比值。天线与馈线连接，最佳情形是天线输入阻抗等于馈线的特性阻抗，这时馈线终端没有功率反射，馈线上没有驻波，天线的输入阻抗随频率的变化比较平缓。天线的匹配工作就是消除天线输入阻抗中的电抗分量，使电阻分量尽可能地接近馈线的特性阻抗。一般移动通信基站的天线阻抗是 50Ω，移动通信用馈线的特性阻抗也是 50Ω。

2.3 基站天线类型

基站天线的种类很多，按工作频带分有 800MHz、900MHz、1 800MHz、1 900MHz；按极化方式分有垂直极化天线、水平极化天线、±45°线极化天线、圆极化天线；按方向图分有全向天线、定向天线；按下倾方式分有机械下倾、电调下倾；按功能分有发射天线、接收天线、收发共用天线。根据所要求的辐射方向图（覆盖范围），可以选择不同类型的天线。下面简要介绍几种最常用的天线类型。

2.3.1 全向天线

全向天线，在水平方向图上表现为 360°均匀辐射，也就是平常所说的水平无方向性；在垂直方向图上表现为有一定宽度的波束，一般情况下波瓣宽度越小，增益越大，如图 2-9 所示。把偶极子排列在同一垂直线上并馈给各偶极单元正确的功率和相位，可以提高辐射功率，偶极单元数每增加一倍（也就相当于长度增加一倍），增益增加 3dB，典型的增益是 6～9dBd，受限制因素主要是物理尺寸。全向天线在移动通信系统中一般应用于郊县大区制的站型，覆盖范围大。

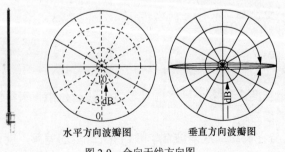

水平方向波瓣图   垂直方向波瓣图

图 2-9 全向天线方向图

2.3.2　定向天线

定向天线,在水平方向图上表现为一定角度范围辐射,也就是平常所说的有方向性;在垂直方向图上表现为有一定宽度的波束,同全向天线一样,波瓣宽度越小,增益越大。定向天线在移动通信系统中一般应用于城区小区制的站型,覆盖范围小,用户密度大,频率利用率高。这种类型天线的水平和垂直辐射方向图是非均匀的。它经常用在扇形小区,因此也称为扇形天线,辐射功率或多或少集中在一个方向。定向天线的典型值是 9～16dBd,如图 2-10 所示。

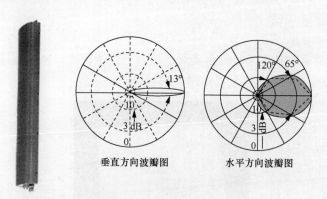

垂直方向波瓣图　　　水平方向波瓣图

图 2-10　定向天线方向图

2.3.3　八市定向天线

八木定向天线具有增益较高、结构轻巧、架设方便、价格便宜等优点,因此它特别适用于点对点的通信。八木定向天线的单元数越多,其增益越高,通常采用 6～12 单元的八木定向天线,其增益可达 10～15dBi。图 2-11 是典型的八木天线。

图 2-11　八木天线

2.3.4　室内吸顶天线

室内吸顶天线具有结构轻巧、外形美观、安装方便等优点,它属于低增益全向天线,一般增益为 2dBi。室内全向吸顶天线如图 2-12 所示。

图 2-12　全向吸顶天线

2.3.5　室内壁挂天线

　　室内吸顶天线具有结构轻巧、外形美观、安装方便等优点，室内壁挂天线具有一定的增益，一般增益为 7dBi。室内壁挂天线如图 2-13 所示。

图 2-13　壁挂天线

2.3.6　特殊天线

　　特殊天线的一个例子是泄漏同轴电缆，它是由内导体、绝缘介质和开有周期性槽孔的外导体三部分组成，特别适用于覆盖长距离公路隧道、铁路隧道、城市地铁等无线信号传播受限的区域。其工作原理是通过电缆外导体上所开的槽孔，使电磁波在电缆中纵向传输的同时通过槽孔向外界辐射电磁波；同样，外界的电磁场也能通过槽孔感应到电缆内部并传送到接收端。外导体上的槽孔使电缆内部电磁场和外界电波之间产生耦合，具体的耦合机制取决于槽孔的排列形式。

　　与传统的天馈系统相比，泄漏同轴电缆具有以下特点：信号覆盖均匀，尤其适合隧道等狭小空间；泄漏同轴电缆本质上是宽频带系统，某些型号的泄漏同轴电缆可同时用于 CDMA、GSM、WCDMA 等系统；泄漏同轴电缆价格较贵。泄漏同轴电缆天线如图 2-14 所示。

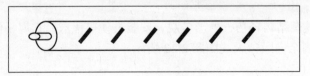

图 2-14　泄漏同轴电缆示例

2.4　天线分集

2.4.1　分集概述

无线电波在传播的过程中会经历慢衰落和快衰落，慢衰落是由于地形起伏或者建筑物阻挡等因素使信号出现变化相对缓慢的随机衰落，而快衰落是由于无线接收机相对于周围环境的运动以及多径传播，使信号的幅度和相位出现快速的波动并伴有深衰落。这些衰落给无线信号的可靠检测和正确解调带来了很大的困难。

为了抵消无线电波传输中衰落问题，出现了分集技术。分集技术利用无线传播环境中同一信号的不同传输路径样本之间不相关性的特点，使用信号合并技术改善接收到的信号质量，来抵抗衰落引起的不良影响。分集技术就是通过多个接收装置或多个信源同时解调传输信号的一种方法。

在移动通信系统中，由于基站的功率比移动台的功率大，反向链路预算比前向低，为了改善前、反向链路的不平衡情况，在反向链路基站接收侧采用了分集技术。分集技术的使用可以使接收信号的质量更好，通信更加可靠，从而提高系统的覆盖能力。分集技术通常用于接收端，因此不会给系统带来干扰。

2.4.2　空间分集和极化分集

分集技术可分为空间分集、频率分集、时间分集、极化分集，移动通信系统中常用的分集技术是空间分集和极化分集，如图 2-15 所示。极化分集方式使用双极化天线，空间分集方式使用单极化天线，这两种分集方式各有优劣，分别适用于不同的范围。

(a) 空间分集　　　　　　　　　(b) 极化分集

图 2-15　分集接收的天线实例

1. 极化分集

利用同一天线位置不同时极化天线接收的信号之间存在的不相关性获得分集增益。这种分集方式成本低，但效果较差，适用于市区等覆盖范围小的场合。

2. 空间分集

利用不同位置的天线接收同一信号时不同路径衰落的不相关性获得分集增益。空间分集可分为水平分集和垂直分集。该分集方式效果好但成本高，适合郊区及农村等覆盖范围大的场合。

2.4.3　分集合并技术

分集特性取决于分集分支的数量和分集接收信号之间的相关性。合并分集接收信号通常采用 4 种分集合并技术：选择性合并技术、转换合并技术、等增益合并技术和最大比合并技术。

1．选择性合并

选择性合并就是以分集天线中具有最大功率信号或最好载干比信号的分集作为基站接收机的输入信号。这种技术比较适合利用两副天线的系统。

2．等增益合并

这种方法被用在很难得到信道的精确估算的系统中（如快速跳频系统），在快变信道中，所有输入信号被相同地放大，然后进行相位匹配并求和，所需信号为相干求和而噪声为非相干求和，从而在合成器输出端得到具有较好信噪比的信号。

3．最大比合并

在这种技术中，每个天线的输出信号都被相位匹配并加权求和，这种加权得到的信号质量最好。

4．转化合并

它基于某一门限电平，若信号低于该门限电平，接收输出端便转换到另一天线分支。

2.5　不同环境天线选用

天线选用是无线网络优化中的重要部分，应根据网络的覆盖、干扰和服务质量等实际情况来选择天线，根据覆盖区域把天线使用环境分为 8 种类型：市区（高楼多，话务量大）、郊区（楼房较矮，开阔）、农村（话务量少）、快速道路（带状覆盖）、山区或丘陵（用户稀疏）、近海（覆盖极远，用户少）、隧道、大楼室内。

2.5.1　市区

市区基站分布较密，要求单基站覆盖范围小，应尽量减少越区覆盖的现象，减少基站之间的干扰，提高频率复用度。天线一般选用原则如下。

由于市区基站站址选择困难，天线安装空间受限，建议选用双极化天线；在市区主要考虑提高频率复用度，因此一般选用定向天线；为了能更好地控制小区的覆盖范围来抑制干扰，市区天线水平波瓣宽度选择 60°～65°；市区基站一般不要求大范围的覆盖距离，因此建议选用中等增益的天线；市区的天线倾角调整相对频繁，且有的天线需要设置较大的倾角，而机械下倾不利于干扰控制，所以在可能的情况下建议选用预置下倾天线，条件成熟时可以选择电调天线。

由于市区内各无线环境仍然差异较大，有必要将市区按 CBD 商务区、密集住宅区、城中村、沿江或沿湖区域等场景进行分类，对各场景的天线选型再进行细分和讨论。

1. CBD 商务区

CBD 商务区（见图 2-16）是一个以多功能的景观商业街为主轴，集办公、休闲娱乐、旅游购物于一体的大型现代商业生活街区，此类区域一般是高楼林立、街道宽畅、占地面积较大，建筑物高层信号杂乱，街道信号阴影较大，覆盖难以连续。

图 2-16　CBD 商务区

室外宏蜂窝天线选用建议见表 2-1。

表 2-1　　　　　　　　　　　　　　CBD 商务区天线选型

挂高（m）	安装方式	极化方式	增益（dBi）	水平半功率角	垂直半功率角	电倾角	上旁瓣抑制	零点填充
25～35	双极化	±45°	15～17	65°	10°～16°	6°	是	否
35～50	双极化	±45°	15	65°	16°	6°	是	否
>50	双极化	±45°	15	65°	16°	可变	否	是

（1）宏蜂窝分裂覆盖附近高楼

使用室外天线分裂覆盖高层建筑时，采用天线倾角上仰的方式，将主瓣对准所需覆盖的建筑，建筑的宽度决定选用天线水平半功率角的大小，单栋大楼可使用水平半功率角在30°以内的窄波束天线，此类天线应用的缺点是信号难以控制，容易产生越区覆盖，如图 2-17 所示。

天线选用建议见表 2-2。

表 2-2　　　　　　　　　　　　　　室外覆盖室内天线选型

挂高（m）	安装方式	极化方式	增益（dBi）	水平半功率角	垂直半功率角	电倾角	上旁瓣抑制	零点填充
25～35	双极化	±45°	15	<30°	>30°	否	否	否

（2）裙楼天线朝上覆盖主楼

此楼建筑楼层较高且有裙楼，一般为商住楼，定向天线可以安装在裙楼平台上，正对主楼，如图 2-18 所示。

天线选用建议见表 2-3。

图 2-17 天线分裂示意图

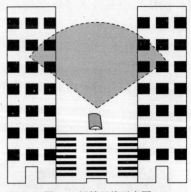

图 2-18 裙楼天线示意图

表 2-3　　　　　　　　　　　　　室外覆盖室内天线选型

挂高（m）	安装方式	极化方式	增益(dBi)	水平半功率角	垂直半功率角	电倾角	上旁瓣抑制	零点填充
15～25	双极化	±45°	11	≤90°	30°	0	否	否

2．集中住宅区或城中村

在天线挂高 25～35m 的情况下，尽量使用高增益的天线，有利于加强深度覆盖。高增益天线使用时需注意其周边建筑环境，避免引起越区覆盖。天线选用建议见表 2-4。

表 2-4　　　　　　　　　　　　　城中村天线选型

挂高（m）	安装方式	极化方式	增益(dBi)	水平半功率角	垂直半功率角	电倾角	上旁瓣抑制	零点填充
25～50	双极化	±45°	17～21	40°～65°	7°～10°	6°	是	否
>50	双极化	±45°	15～16	65°	13°～16°	可变	否	是

（1）规则分布的小区

当住宅小区规模较大且楼群排列规则时，定向天线可安装在墙角或伪装成路灯等，使天线主瓣直接辐射到楼房之间的空隙，避免天线主瓣直接正对附近楼房的墙壁，如图 2-19 所示。

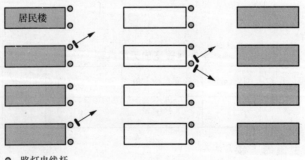

图 2-19　规则分布小区示意图

天线选用建议见表 2-5。

表 2-5 规则分布小区天线选型

挂高（m）	安装方式	极化方式	增益（dBi）	水平半功率角	垂直半功率角	电倾角	上旁瓣抑制	零点填充
10～35	双极化	±45°	8	90°～120°	>30°	0	否	否

（2）错落分布的小区

当楼群排列不规则且楼层较高，楼层相连成带状或筒状分布时，定向天线可以安装在大楼的顶楼或墙壁上，天线正对建筑物墙壁，利用墙壁反射、折射、衍射信号，提供覆盖周围方向建筑物，如图 2-20 所示。

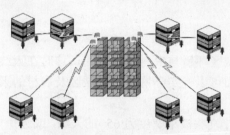

图 2-20 错落分布小区示意图

天线选用建议见表 2-6。

表 2-6 错落分布小区天线选型

挂高（m）	安装方式	极化方式	增益（dBi）	水平半功率角	垂直半功率角	电倾角	上旁瓣抑制	零点填充
20～50	双极化	±45°	8～11	90°	30°～40°	0	否	否

3. 沿江、沿湖区域

江河流经市区的水面，无线电波传播时由于水面反射效应，易造成越区覆盖，造成干扰，有效解决此类问题的方法为：使用窄波束天线减少越区覆盖，同时应注意天线主瓣方向与江岸垂直，减少越区覆盖产生的频率干扰。

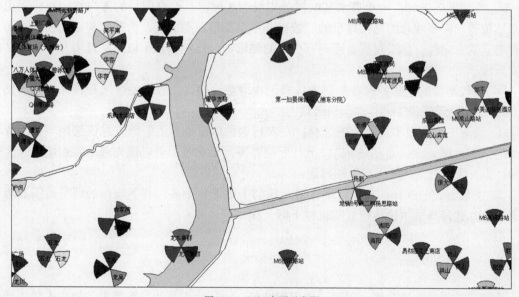

图 2-21 江河水面示意图

天线选用建议见表 2-7。

表 2-7 沿江河区域天线选型

挂高（m）	安装方式	极化方式	增益(dBi)	水平半功率角	垂直半功率角	电倾角	上旁瓣抑制	零点填充
25～35	双极化	±45°	15	<30°	15°	可变	是	否

窄波束天线的优点为：能量集中，水平半功率角小，有效防止旁瓣产生的干扰。缺点为：垂直半功率角较大，不易控制其覆盖范围，可能会在天线主瓣方向出现越区覆盖。

2.5.2 郊区

郊区的应用环境介于城区环境与农村环境之间，这时在天线选型时要考虑覆盖与干扰控制，因此在天线选型方面可以视实际情况参考城区及农村的天线选型原则。天线选择原则如下。

① 根据情况选择水平半功率波束宽度为 65°的天线，或选择半功率波束宽度为 90°的天线。当周围的基站比较少时，应该优先采用水平半功率波束宽度为 90°的天线。若周围基站分布很密，则其天线选择原则参考市区基站的天线选择。

② 考虑到将来的平滑升级，所以一般不建议采用全向天线。

③ 是否采用预置下倾角应根据具体情况来定，即使采用下倾角，一般下倾角也比较小。

2.5.3 农村

农村基站分布稀疏，话务量较小，覆盖要求广，天线选用首先要考虑覆盖问题，这时应结合基站周围需覆盖的区域来考虑天线的选型。天线选择原则如下。

① 极化方式的选择：建议在农村建议选用垂直单极化天线，分集增益大。

② 方向图的选择：如果要求基站覆盖周围的区域，且没有明显的方向性，建议采用全向基站覆盖。需要注意的是：这里的广覆盖并不是指覆盖距离远，而是指覆盖的面积大而且没有明显的方向性。如果对覆盖距离有更远的要求，可以选用水平波束宽度为 90°、105°的定向天线。

③ 天线增益的选择：视覆盖要求选择天线增益，建议在农村地区选择较高增益（16～18dBi）的定向天线或 11dBi 的全向天线。

④ 预置下倾角及零点填充的选择：在农村这种以覆盖为主的地方建议选用不带预置下倾角的天线，但天线挂高在 50m 以上且近端有覆盖要求时，可以优先选用零点填充（大于15%）的天线来避免"塔下黑"的问题。

⑤ 下倾方式的选择：在农村地区对天线的下倾调整不多，其下倾角的调整范围及特性要求不高，建议只采用价格便宜的机械下倾天线。

2.5.4 快速道路

快速道路包括高速公路、国道、省道和铁路，该环境下基站间距很大、地广人稀、话务量低、用户高速移动，主要考虑狭长形远距离覆盖问题。一般来说，它要实现的是带状覆盖，因此公路的覆盖多采用 2 小区覆盖。天线选择原则如下。

（1）天线波瓣的选择

在以覆盖铁路、公路沿线为目标的基站，可以采用窄波束高增益的定向天线。如果覆盖目标为公路及周围零星分布的村庄，可以考虑采用全向天线。

（2）前后比

由于公路覆盖大多数用户都是快速移动用户，所以为保证切换的正常进行，定向天线的前后比不宜太高，否则可能会由于两定向小区交叠深度太小而导致切换不及时造成掉话的情况。

（3）其他指标选择

快速道路覆盖极化方式选择、天线增益选择、下倾方式选择可以参考农村覆盖的选择。对于高速公路和铁路覆盖，建议优先选择单小区分裂的互为 180° 的两方向小区覆盖，以减少高速移动用户接近/离开基站附近时的切换。

2.5.5　山区

山区的山体阻挡严重，电波的传播衰落较大，覆盖控制难度大，通常为小话务量、广覆盖。基站建在山顶上、山腰间、山脚下或山区里的合适位置，需要区分不同的用户分布、地形特点来进行基站选址及天线选型。天线选择原则如下。

（1）天线波瓣的选择

视基站的位置、站型及周边覆盖需求来决定方向图的选择。对于建在山上的基站，若需要覆盖的地方位置相对较低，则应选择垂直半功率角较大的方向图，更好地满足垂直方向的覆盖要求。

（2）天线增益的选择

视需覆盖的区域的远近选择中等天线增益，全向天线取 9～11dBi，定向天线取 15～18dBi。

（3）预置下倾与零点填充选择

在山上建站，需覆盖的地方在山下时，要选用具有零点填充或预置下倾角的天线。对于预置下倾角的大小，视基站与需覆盖地方的相对高度做出选择，相对高度越大，预置下倾角也就应选择更大一些的天线。

2.5.6　近海

近海的特点是无线传播环境好、话务量较少、覆盖面广。对近海的海面进行覆盖时，覆盖距离将主要受 3 个方面的限制，即地球球面曲率、无线传播衰减、传播时延的限制。考虑到地球球面曲率的影响，对海面进行覆盖的基站天线一般架设得很高，超过 100m。天线选择原则如下。

（1）天线波瓣的选择

由于在近海覆盖中，面向海平面与背向海平面的应用环境完全不同，因此在进行近海覆盖时不选择全向天线，而是根据周边的覆盖需求选择定向天线。一般垂直半功率角可选择小一些的。

（2）天线增益的选择

由于覆盖距离很大，在选择天线增益时一般选择高增益（16dBi 以上）的天线。

（3）极化方式的选择

选用垂直单极化天线。

（4）预置下倾与零点填充选择

在进行海面覆盖时，一般天线架设得很高，会超过 100m，因此在近端容易形成盲区，考虑到覆盖距离要优先选用具有零点填充的天线。

2.5.7 隧道

由于隧道的特殊地理环境，必须针对具体的隧道规划覆盖方案。这种应用环境下主要考虑天线类型及安装问题，大型天线可能会由于安装空间受限而不能使用，不同长度的隧道的天线选择有很大的差别，另外还要注意隧道内的天线调整维护不方便的问题。天线选择原则如下。

（1）天线型号的选择

隧道覆盖方向性明显，所以一般选择采用高增益窄波束八木天线进行覆盖，在投资费用宽裕的情况下，这时可考虑采用泄漏同轴电缆等其他方式进行隧道覆盖，泄漏同轴电缆覆盖效果比定向天线覆盖效果好。

（2）天线尺寸大小的选择

这在隧道覆盖中很关键，针对每个隧道应设计专门的覆盖方案，充分考虑天线的可安装性，尽量选用尺寸较小便于安装的天线。

（3）前后比

隧道覆盖的大多数用户都是快速移动用户，所以为保证切换的正常进行，定向天线的前后比不宜太高，否则可能会由于两定向小区交叠深度太小而导致切换不及时造成掉话的情况。

2.5.8 室内

现代建筑多以钢筋混凝土结构，加上全封闭式的外装修，对无线电信号的屏蔽和衰减较大。一些高层建筑物的低层覆盖很差甚至存在部分盲区；在建筑物的高层，信号杂乱，严重影响通话质量。因此重要的商务楼通过建设室内分布系统来解决室内用户通信问题。室内布线分布系统采用多天线小功率方式，每个天线传播的半径在 30m 以内，天线传输环境接近自由空间，室内天线和终端用户之间没有阻挡，一般室内基站安装一路收发天线，无需安装分集接收天线。

由于室内布线施工费用高，因此室内天线、功分器、馈线等器件尽量采用宽频段或多频段设备。根据天线的安装环境来决定采用选择全向或定向天线，室内天线的尺寸尽可能小，便于安装与美观。

2.6 电磁波传播特性

电磁波也叫无线电波，无线电波是一种能量传输形式，在传播过程中，电场方向和磁场方向在空间是相互垂直的，同时这两者又都垂直于传播方向。无线电波和光波一样，它的传播速度和传播媒质有关。无线电波在真空中的传播速度等于光速（$c=3\times10^8\text{m/s}$）。在介质中的传播速度为：$V_\varepsilon=c/\sqrt{\varepsilon}$，式中 ε 为传播媒质的相对介电常数。空气的相对介电常数与真空的相对介电常数很接近，略大于 1。因此，无线电波在空气中的传播速度略小于光速。移动通信系统基站和终端用户之间就是通过无线电波传播进行通信，无线电波的传播方式主要有反射、绕射、散射 3 种，无线电波传播有快衰落、慢衰落、多径衰落和多普勒频移等特性。

2.6.1　慢衰落和快衰落

无线电波传播情况如图 2-22 中的曲线所示，无线电波信号场强中值随距离增加而减弱，信号电平传输受到快衰落和慢衰落的影响。由于障碍物阻挡造成阴影效应，使得接收信号强度下降，但该场强中值随地理改变变化缓慢，故称慢衰落，又称为阴影衰落。慢衰落的场强中值服从对数正态分布，且与位置/地点相关，衰落的速度取决于移动台的速度。标准偏差对不同地形地物是不一样的，通常为 6～8dB。快衰落是叠加在慢衰落信号上的，这个衰落的速度很快，每秒可达几十次。除与地形地物有关，还与移动台的速度和信号的波长有关，并且幅度很大，可达几十分贝，信号的变化呈瑞利分布。快衰落往往会降低话音质量，所以要预留快衰落的储备。

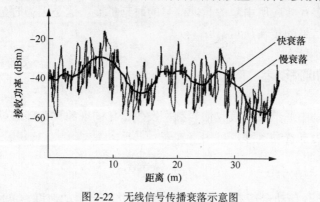

图 2-22　无线信号传播衰落示意图

2.6.2　自由空间传播损耗

自由空间传播指在理想的、均匀的、各向同性的介质中传播，不发生反射、折射、散射和吸收现象，只存在电磁波能量扩散而引起的传播损耗。卫星通信和微波视距通信的传输环境是典型的自由空间传播。自由空间传播是电波传播研究中最基本最简单的一种。应用电磁场理论可以推出，在自由空间传播条件下，传输损耗 L_s 的表达式为：

$$L_s=32.45+20\lg f+20\lg d$$

自由空间基本传输损耗 L_s 仅与频率 f 和距离 d 有关。当 f 和 d 扩大一倍时，L_s 均增加 6dB。

2.6.3　多径传播

陆地移动无线信道的主要特征是多径传播。传播过程中会遇到很多建筑物、树木以及起伏的地形，会引起能量的吸收和穿透以及电波的反射、散射及绕射等，无线信道是充满了反射、绕射、散射波的传播环境。

在移动传播环境中，到达移动台天线的信号不只来自单一路径，而是许多路径传来的众多反射波的合成。由于电波通过各个路径的传播距离不同，因而各个路径的反射波到达的时间不同，相位也就不同。不同相位的多个信号在接收端叠加，有时同相叠加而加强，有时反向叠加而减弱。这样，接收信号的幅度将急剧变化，即产生了衰落。这种衰落是由多径引起的，所以称为多径衰落。

移动信道的多径环境所引起的信号多径衰落，可以从时间和空间两个方面来描述和测试。从空间角度来看，沿移动台移动方向，接收信号的幅度随着距离变动而衰减。其中，本地反射物所引起的多径效应呈现较快的幅度变化，其局部均值为随距离增加而起伏的下降曲线，反映了地形起伏所引起的衰落以及空间扩散损耗。

从时域角度来看，各个路径的长度不同，因而信号到达的时间就不同。这样，如从基站发送一个脉冲信号，则接收信号中不仅包含该脉冲，还包含它的各个时延信号。这种由于多径效应引起的接收信号中脉冲宽度扩展的现象，称为时延扩展。扩展的时间可以用第一个码元信号至最后一个多径信号之间的时间来测量。

一般来说，模拟移动系统中主要考虑多径效应所引起的接收信号的幅度变化。而数字移动系统中主要考虑多径效应所引起的脉冲信号的时延扩展。这是因为时延扩展将引起码间串扰，严重影响数字信号的传输质量。

2.6.4 多普勒频移

当移动台在运动中通信时，接收信号频率发生变化的现象称为多普勒效应，多普勒效应引起的附加频移称为多普勒频移，可用下式表示：

$$f_d = \frac{v}{\lambda}\cos\alpha$$

式中，α 是入射电波与移动台运动方向的夹角；v 是移动台运动速度，单位为 m/s；λ 是波长，单位为 m。$f_d = v/\lambda$ 称为最大多普勒频移 f_m。

多普勒效应的结果是，通过移动无线信道后的单频信号的频谱扩展为 $f \pm f_d$，相当于单频信号通过移动多径无线信道后成为随机调频信号（即相位发生随机变化）。

第3章 CDMA 无线通信基础

3.1 CDMA 网络架构

在 1x 系统中，各功能模块之间相互独立，具有较好的平滑演进能力。1x 网络主要由移动台（MS，Mobile Subscriber）、基站子系统（BSS，Base Station Sub-system）、网络交换子系统（NSS，Network Switch System）、操作维护中心（OMC，Operation Maintenance Center）4 部分构成。1x 的网络架构如图 3-1 所示。

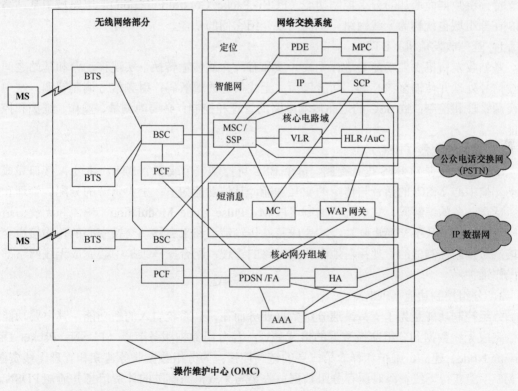

PCF：分组控制功能	MSC/SSP：移动交换中心/业务交换节点	PDSN：分组数据服务节点
PDE：实体定位	HLR/AuC：归属位置寄存器/鉴权中心	VLR：访问位置寄存器
HA：归属代理	FA：外部代理　　MPC：移动定位中心	AAA：认证、授权和计费
MC：短消息中心	IP：智能外设　　SCP：业务控制节点	WAP网关：无线应用协议网关

图 3-1　1x 网络架构图

3.1.1　移动台（MS）

移动台是用户用于接入移动网络的终端设备，它与网络之间的通信介质为无线链路，包括车载台和手机。MS 可以完成话音编解码、信道编解码、信息加密、扩频及解扩、调制及解调、信息接收和发射。

目前全球的 CDMA 移动台分为机卡合一和机卡分离两类，国外一般使用机卡合一的 CDMA 手机，为了满足用户更换手机需求，中国联通主导了 CDMA 机卡分离的标准，采用和 GSM 的 SIM 卡类似的用户识别卡（UIM，User Identifier Module），UIM 卡作为用户数据和签约信息的存储处理模块。因此国内在销售机卡分离的 CDMA 手机均采用 UIM 卡。

3.1.2　基站子系统（BSS）

基站子系统主要包括基站收发信机系统 BTS 和基站控制器 BSC 两个功能实体，以及为了支持分组数据而增加的分组控制功能（PCF，Packet Control Function）。电路域中基站系统 BSS 在分组域也统称为无线网络。下面简要介绍它们的功能。

1．基站收发信机（BTS）

基站收发信机主要功能是进行无线介质和有线介质传输转换，实现移动台和基站之间的无线信号处理并传输至核心侧。功能包括：无线信道的编解码；射频信号调制解调；空中无线资源管理和控制；致 BSC 的地面传输电路的管理和控制；必要的测量、操作、维护和控制功能。

2．基站控制器（BSC）

BSC 的功能是对 BTS 进行控制，每个 BSC 可控制一个或多个 BTS，通过 A 接口完成与移动交换中心 MSC 的话音与信令的交互功能，具体功能如下：空中资源的分配、管理和控制；话音业务的编解码，完成脉码调制（PCM，Pulse Code Modulation）码流和无线信道压缩码流的转换；数字交换矩阵功能，完成基站传输信道和来自移动交换中心的传输信道交叉连接；对基站控制器的管理；对地面传输电路的管理；配合操作维护中心完成无线网络部分的操作维护。

3．分组控制功能（PCF）

分组控制功能是为了支持高速分组数据业务而在 1x 系统引入的新功能，其主要功能如下：完成无线数据到分组交换数据的格式处理；与分组数据服务节点（PDSN，Packet Data Serving Node）建立、维护和释放第二层的链路连接；为分组数据业务建立和管理无线资源；在 MS 不能获得无线资源时缓存分组数据；收集与无线链路有关的计费信息并通知 PDSN。

3.1.3　网络交换系统（NSS）

1x 系统的网络交换系统分为电路域和分组域两大部分，考虑到短信中心（MC，Message Center）、无线智能网（WIN，Wireless Intelligent Network）相关增值业务的发展，本节一并对这两部分进行介绍。

1．电路域部分

电路域部分为移动用户提供基于电路交换的业务，如话音业务、电路数据业务等，并提供这些服务所必需的呼叫控制、用户管理、移动性管理等功能，它包括移动交换中心（MSC）、访问位置寄存器（VLR，Visitor Location Register）、归属位置寄存器（HLR，Home Location Register）、鉴权中心（AuC，Authentication Center）等功能实体。

（1）移动交换中心 MSC

为移动用户提供电路交换功能，并协助完成无线用户来去话业务的建立，负责和 MSC 相连接的传输链路的管理、用户移动性管理和呼叫处理功能，MSC 负责和外部电路交换网络——公众电话交换网（PSTN，Public Switched Telephone Network）/综合业务数据网（ISDN，Integrated Services Digital Network）相连。

（2）访问位置寄存器（VLR）

存放着其控制区域内所有访问移动用户有关呼叫和提供漫游、补充业务管理的信息。可以独立于 MSC，也可以和 MSC 集群在一起。

（3）归属位置寄存器（HLR）

运营商用于管理用户的数据库，存放着其控制的移动用户的路由、状态等签约信息。

（4）鉴权中心（AuC）

用于认证移动用户的身份并产生相应的鉴权参数的功能实体。AuC 可以和 HLR 集群在一起，也可以独立于 HLR。

2．分组域部分

分组域部分为移动用户提供基于 IP 技术的分组数据服务，包括登录企业内部网和互联网并获取互联网服务提供商（ISP，Internet Service Provider）提供的各种服务，同时提供这些服务所必需的路由选择、用户数据管理、移动性管理。分组域部分包括：分组数据服务节点（PDSN）、认证、授权、计费（AAA，Authentication Authorization and Accounting）和归属代理（HA，Home Agent），其中 PCF 部分已在无线部分介绍。

PDSN 一端通过 R-P 接口（在 cdma2000 系统中作为 A 接口的一部分）和无线网络 RAN 中的 PCF 连接，另一端通过 IP 协议与互联网相连。

根据采用的协议不同，分组域的网络结构可分为简单 IP 和移动 IP 两种。当使用简单 IP 协议时，MS 的 IP 地址由漫游地的接入服务器分配，当使用移动 IP 时，IP 地址由归属地负责分配，此时 PDSN 还需支持外地代理（FA，Foreign Agent）功能。分组域部分模块的主要功能如下。

（1）分组数据服务节点（PDSN）

PDSN 负责为每一个用户终端建立点对点（PPP）连接，管理用户的通信状态信息，向用户提供分组数据业务。PDSN 至少要连接到一个基站系统，同时连接到外部公共数据网络。

（2）授权和计费（AAA）

AAA 服务器负责为移动用户在分组核心网内提供基于远端拨入用户服务（RADIUS，Remote-Access Dial-In User Service），协议用户身份与服务资格的认证、授权及计费等服务。

（3）归属代理（HA）

为移动用户提供分组数据业务的移动性管理和安全认证，包括认证移动台发出的移动 IP 注册信息，在外部公共数据网与外地代理 FA 之间转发分组数据分组，建立、维护和终止与

PDSN 的通信并提供加密服务，从 AAA 服务器获取用户身份信息，为移动用户指定动态 IP 地址。

3．短消息部分

短信中心是存储和转发短消息的功能实体，CDMA 通信系统的短消息部分包括 3 个接口，它们共同协作完成了移动台之间的短消息收发。短消息中心 MC 与 HLR 间的接口完成位置查询功能，为发送短消息作准备。当 MS 之间发送短消息时，短消息先通过短消息中心之间的接口由发送方归属的短消息中心发送到接收方归属的短消息中心，再通过短消息中心与 MSC 之间的接口，由接收方 MSC 通过 A 接口和空中接口转发给接收方。

短消息的标准体系可分为传输层和应用层两个方面。传输层面需要经过空中接口、A 接口和 ANSI-41 部分。应用层只有一个标准即 IS-673A，IS-95 和 1x 中的短信接口通用。

4．智能网

CDMA 系统的智能网称为无线智能网，包括业务交换节点（SSP，Service Switching Point）、智能外设（IP，Intelligent Peripheral）、业务控制节点（SCP，Service Control Point）等，主要用于控制电路域的业务。CDMA 系统的 SSP 是以 MSC 交换中心为平台提供业务控制、呼叫控制和资源管理等功能的实体。SCP 是提供业务控制和数据功能的实时数据库和事物处理系统。它与 SSP 之间通过 ANSI-41 及智能网中所定义的信令互相通信。

CDMA 智能网是基于 ITU 的 CS2 制定的。在 CS2 基础上，WIN 在分布平面功能上增加了与无线通信有关的一系列功能。WIN 的发展独立于无线接口技术。WIN 已经完成了第一阶段、预付费业务、第二阶段 3 个标准，分别为 IS-771、IS-826、IS-848，它们对 WIN 中的一些业务特征以及信息流程进行了规范。

3.1.4 操作维护中心（OMC）

操作维护中心 OMC 具有远程操作、管理和维护 CDMA 网络的能力。处于整个 CDMA 网络体系最高层，提供全局性的网络管理，是一个集中式的设备管理中心，提供网络工程规划数据库及网络日常管理性能数据库。操作维护中心的管理内容有以下 5 个方面：事件/告警管理、故障管理、性能管理、配置管理、安全管理。

3.2 CDMA 蜂窝结构

在移动通信网络中，满足用户终端接入需求的最小网元单位是由一套无线收/发射机和天线组成的扇区，网络中的多个扇区以蜂窝状的拓扑结构形成连续的覆盖。一般情况下，3 个扇区可以组成一个近似 360°的覆盖，这 3 个扇区组成一个基站。多个扇区由一个基站控制器（BSC）管理，实现话音和数据的接续，多个基站控制器由一个交换机（MSC）管理，实现与其他网络系统的通信。

自交换机通过基站控制器到扇区的通路是以有线网络或分组网络的形式存在的，其中交换机与基站控制器间通过 A 接口连接，如图 3-2 所示。

用户终端与扇区通过 Um 接口（空中接口）联络（如图 3-3 所示），可以实现连接型业务

（话音呼叫、数据下载）和非连接型业务（短消息、增值业务预订）的应用。

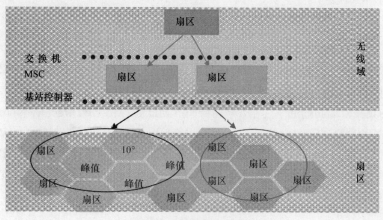

图 3-2　无线网络组成图

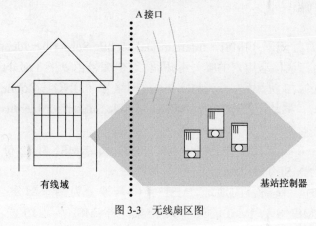

图 3-3　无线扇区图

3.3　移动区域组成

在上述网络中，移动区域从小区以上一共可以分为 5 个层次：服务区、公众陆地移动通信网络（PLMN，Public Land Mobile Network）区、MSC 区、位置区和小区，如图 3-4 所示。

图 3-4　移动区域组成图

3.4 编号计划

CDMA 规范中定义了标识每一个用户和用户所处位置（网络）的编号。移动用户相关的号码有：国际移动台识别码（IMSI，International Mobile Subscriber Number），移动台识别码（MIN，Mobile Identify Number），用户电话号码（MDN，Mobile Directory Number），移动台设备代码（ESN/MEID，Electric Serial Number/Mobile Equipment Identifer）。IMSI 和 MIN 号码是在无线空口传输识别移动用户的身份标志，CDMA 网络早期使用 10 位 MIN 号码来识别移动用户，由于 MIN 号码容量较少且没有考虑国际漫游统一编号需求，后来更改为 15 位长度的 IMSI 编号。

3.4.1 移动终端识别

1. 国际移动用户标识码（IMSI，International Mobile Subscriber Identity）

不超过 15 位，为任意移动用户的唯一标识码。这个编号由以下 3 部分组成：国家号（MCC，Mobile Country Code），3 位编码，范围 0～999；网络号（MNC，Mobile Network Code），2 位编码，范围 0～99）。移动用户识别码（MIN，Mobile Subscriber Identity Number），10 位编码，在同一国家运营商内唯一。

IMSI 分为两类：0 类 IMSI：IMSI 长度为 15 位，即 NMSI 为 12 位；1 类 IMSI：IMSI 长度小于 15 位，即 NMSI 少于 12 位。

在寻呼移动台时，移动台的地址 IMSI 又经常被分为两个部分：IMSI_S（MIN），IMSI_11_12。其中 IMSI_S 为 IMSI 的最末 10 位数，若 IMSI 不足 10 位，则 IMSI_S 的高位由 0 填充。IMSI_S 的结构如图 3-5 所示。

图 3-5 IMSI_S 结构图

2. 移动用户电话号码

如图 3-6 所示。

移动用户电话号码是指其他用户呼叫 CDMA 移动用户所拨打的号码，一个 CDMA 移动号码组成如下：国家代码（中国 86）+国内网络接入号 NDC（电信 133& 189，由国家电信主管部门分配）+SN（采用等长的 8 位数字）。后面的号码分配由电信运营商分配。

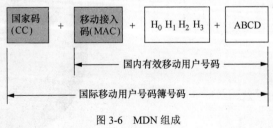

图 3-6 MDN 组成

3．移动台设备代码（ESN/MEID）

电子序列号（ESN 号）为生产厂商在出厂前给移动台做的一个 32bit 的编号，包含了制造商信息和设备自身的序列号，对每个合法终端，有唯一确定的编号。在寻呼移动台时可以将 IMSI 和 ESN 一起作为移动台标识，或单独使用 IMSI 或 ESN 寻址。由于 ESN 号段是有限的资源，即将耗尽，所以制定了 56 位的 MEID 号段，用来取代 32 位的 ESN 号段。

4．临时本地用户号码（TLDN，Temporary Local Directory Number）

与 MDN 对应的系统内临时编号，当漫游用户访问本地移动网络时，本地 HLR 为漫游用户分配的一个临时本地用户号码供漫游用户被叫寻址用。

3.4.2　网络标识号

1．系统识别码（SID，System Identification）

一个基站是一个蜂窝系统和一个网络的成员，一个网络是一个系统的子集。系统由系统识别码（SID）来识别，一个系统内的网络由网络识别码（NID）来识别。一个网络由一对识别码唯一识别（SID，NID）。SID 数"0"是一个保留值。

2．网络识别码（NID，Network Identification）

SID 与 NID 参数一起表示一个基站/小区的位置。NID 数"0"是一个保留值，表明所有不包含在一个特定网络内的基站，NID 值 65535 是一个保留值，表明整个 SID（与 NID 无关）都是本地（非漫游）。

3．位置区标识码（LAC，Location Area Code）/登记区域（REG_ZONE，Register Zone）

位置区码是系统寻呼移动终端的区域范围，当移动台处于该位置区时，寻呼消息将在该位置区域内的所有扇区的寻呼信道同时下发。登记区，为了加强移动性管理，将移动网络的划分为几个登记区，为当移动台从一个登记区跨入另一个登记区时，移动台将向系统汇报位置信息。

4．交换设备号（MSCID，Mobile Switch Center Identity）

由系统标识（SID，System Identity）和交换机号（SWNO，Switch Number）两部分组成，表示网络中的一套 MSC 设备。

5．子系统号（SSN，Subsystem Number）

规范对每一种网元/实体特别的子系统编号，见表 3-1。

表 3-1　　　　　　　　　　CDMA 网络子系统编号

网元	子系统号
MSC	8
VLR	7
HLR	6
AC	10
SMC	EE
SCP	EF
A 接口	FE/FC
SCCP 管理	1

3.5 CDMA 工作频段

IS-95 和 1x 及 1x EV-DO 系统采用频分双工（FDD）方式，CDMA 载波频带中心频率用 AMPS 的信道编码来描述，编号是 283 的 AMPS 信道就是 CDMA 第一载波频段的中心。为了引入一个 CDMA 载波，需要 41 个 30kHz 的 AMPS 信道才能提供带宽为 1.23MHz 的 CDMA 载波。对于 CDMA 载波，1.23MHz 的带宽即指两个载波频率之间的最小中心频率间隔为 1.23MHz。CDMA 系统开始是基于美国 AMPS 系统 800MHz 频段上开发应用，至今不断扩展使用频点范围，下面介绍 CDMA 技术可用的频率范围。

蜂窝频段 0 类频段前向链路基站到移动台使用 869～894MHz 频段，反向链路（移动台到基站）使用 824～849MHz 频段。IS-95 的 0 类频段的 MS 和 BTS 的频率规定见表 3-2，其信道间隔、CDMA 信道分配和发送中心频率规定见表 3-3。

表 3-2 　　　　　　　　　　**0 类频段系统频率**

系统	发射频率频段（MHz）	
	移动台（MS）	基站（BTS）
A	824.025～835.005	869.025～880.005
	844.995～846.495	889.995～894.495
B	835.005～844.995	880.005～889.995
	846.495～848.985	891.495～893.985

表 3-3 　　　　　**0 类频段 CDMA 频率分配的 CDMA 信道编号**

发射机	CDMA 信道编号	CDMA 频率分配（MHz）
移动台	$1 \leqslant N \leqslant 777$	$0.030N+825.000$
	$1\,013 \leqslant N \leqslant 1\,023$	$0.030（N-1\,023）+825.000$
基站	$1 \leqslant N \leqslant 777$	$0.030N+870.000$
	$1\,013 \leqslant N \leqslant 1\,023$	$0.030（N-1\,023）+870.000$

IS-95 的 1 类频段（PCS 频段）的 MS 和 BTS 的频率规定见表 3-4，其信道间隔、CDMA 信道分配和发送中心频率规定见表 3-5。

表 3-4 　　　　　　　　　　**1 类频段系统频率**

频段	发射频率频段（MHz）	
	移动台（MS）	基站（BTS）
A	1 850～1 865	1 930～1 945
D	1 865～1 870	1 945～1 950
B	1 870～1 885	1 950～1 965

频段	发射频率频段（MHz）	
	移动台（MS）	基站（BTS）
E	1 885～1 890	1 965～1 970
F	1 890～1 895	1 870～1 975
C	1 895～1 910	1 975～1 990

表 3-5　　　　　　　　　　1 类频段 CDMA 频率分配的 CDMA 信道编号

发射机	CDMA 信道编号	CDMA 频率分配（MHz）
移动台	$0 \leqslant N \leqslant 1\ 199$	0.050N+1 850.000
基站	$0 \leqslant N \leqslant 1\ 199$	0.050N+1 930.000

1x Release A 所规定的工作频段共有 11 个频带类。在 Release C 中新增了 2 个频带类，共有 13 个频带类，见表 3-6。

表 3-6　　　　　　　　　　　　cdma2000 工作频段

频带类	对应频段	上行频率频段（MHz）	下行频率频段（MHz）
0	北美蜂窝频段	824～849	869～894
1	北美个人通信服务（PCS）频段	1 850～1 910	1 930～1 990
2	全接入通信系统（TACS）频段	872～915	917～960
3	日本全接入通信系统（JTACS）频段	832～870	887～925
4	韩国 PCS 频段	1 750～1 780	1 840～1 870
5	北欧移动电话-450（NMT-450）频段	412～420	420～430
		450～460	460～470
		479～483	489～493
6	NMT-2000 频段	1 920～1 980	2 110～2 170
7	北美 700MHz 蜂窝频段	746～764	776～794
8	1 800MHz 频段	1 710～1 785	1 805～1 880
9	900MHz 频段	880～915	925～960
10	第二 800MHz 频段	806～824	851～869
		896～901	935～940
11	400MHz 欧洲公共接入移动无线通信（PAMR）频段	410～420	420～430
		451～457	461～467
12	800MHz 欧洲 PAMR 频段	870～876	915～921

1x Release A 的频谱特征如图 3-7 所示。1x EV-DO 系统带宽为 1.25MHz，具有和 1x 相同的频谱特征。无需改变现有网络规划，1x EV-DO 系统可与 IS-95/1x 一起部署在特定的频率上。

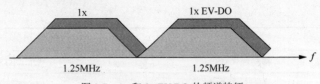

图 3-7 1x 和 1x EV-DO 的频谱特征

中国国家无线电管理委员会批准给 CDMA 移动通信系统使用的频段如下。800MHz 频段范围：825～835MHz/870～880MHz；2G 频段范围：1 920～1 935MHz/2 110～2 125MHz。

3.6 cdma2000 1x 无线信道

1x 系统与 IS-95 系统后向兼容性，其无线配置 RC 中的 RC1 或 RC2 兼容 IS-95，RC3-RC9 为支持 1x 高速业务新增，不同的无线配置表示不同的编码、交织和纠错等基带处理方式。1x 信道根据信息传输方向可以分为前向信道和反向信道。

3.6.1 1x 前向物理信道

前向信道包括前向导频信道、前向同步信道、前向寻呼信道、前向广播控制信道、前向快速寻呼信道、前向公共功率控制信道、前向公共指配信道、前向公共控制信道、前向基本业务信道、前向专用控制信道、前向补充信道。前向信道如图 3-8 所示。

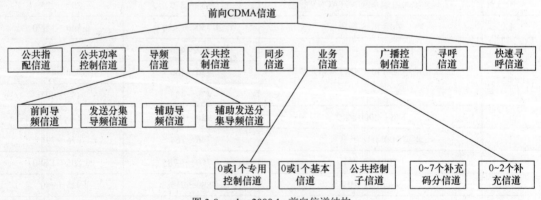

图 3-8 cdma2000 1x 前向信道结构

（1）前向导频信道（F-PICH，Forward Pilot Channel）
基站通过此信道发送导频信号供移动台识别基站并引导移动台入网。
（2）前向同步信道（F-SYNCH，Forward Synchronization Channel）
用于为移动台提供系统时间和帧同步信息，基站通过此信道向移动台发送同步信息以建立移动台与系统的定时和同步。.
（3）前向寻呼信道（F-PCH，Forward Paging Channel）
基站通过此信道向移动台发送有关寻呼、指令以及业务信道指配信息。
（4）前向广播控制信道（F-BCH，Forward Broadcast Control Channel）

基站通过此信道发送系统消息给移动台。

（5）前向快速寻呼信道（F-QPCH，Forward Quick Paging Channel）

基站通过此信道快速指示移动台在哪一个时隙上接收 F-PCH 或 F-CCCH 上的控制消息，移动台不用长时间监视 F-PCH 或 F-CCCH 时隙，可以较大幅度地节省移动台电能。

（6）前向公共功率控制信道（F-CPCCH，Forward Common Power Control Channel）

当移动台在 R-CCCH 上发送数据时，基站通过此信道向移动台发送反向功率控制比特。

（7）前向公共指配信道（F-CACH，Forward Common Assignment Channel）

F-CACH 通常与 F-CPCCH（前向公共功率控制信道）、R-EACH（反向增强接入信道）、R-CCCH（反向公共控制信道）配合使用。当基站解调出一个 R-EACH Header 后，通过 F-CACH 指示移动台在哪一个 R-CCCH 信道上发送接入消息，接收哪个 F-CPCCH 子信道的功率控制比特。

（8）前向公共控制信道（F-CCCH，Forward Common Control Channel）

当移动台处于业务信道状态时，基站通过此信道向移动台发送一些消息或低速的分组数据业务、电路数据业务。

（9）前向基本业务信道（F-FCH，Forward Fundamental Channel）

当移动台进入到业务信道状态后，此信道用于承载前向链路上的信令、话音、低速的分组数据业务、电路数据业务或辅助业务。

（10）前向专用控制信道（F-DCCH，Forward Dedicated Control Channel）

当移动台处于业务信道状态时，基站通过此信道向移动台发送一些消息或低速的分组数据业务、电路数据业务。

（11）前向补充信道（F-SCH，Forward Supplemental Channel）

当移动台进入到业务信道状态后，此信道用于承载前向链路上的高速分组数据业务。

（12）前向补充码分信道（F-SCCH，Forward Supplemental Code Channel）

补充码分信道用来在通话（可包括数据业务）过程中向特定的 MS 传送用户信息。F-SCCH 只适用于 RC1 和 RC2。每个 FL 业务信道可以包括 7 个 F-SCCH。F-SCCH 在 RC1 和 RC2 时的帧长为 20ms。在 RC1 下，F-SCCH 的数据速率为 9 600bit/s；在 RC2 下，其数据速率为 14 400bit/s。

3.6.2　1x 反向物理信道

反向信道包括反向导频信道、反向接入信道、反向公共控制信道、反向增强接入信道、反向基本信道、反向专用控制信道、反向补充信道。反向信道结构如图 3-9 所示。

（1）反向导频信道（R-PICH，Reverse Pilot Channel）

用于辅助基站检测移动台所发射的数据。

（2）反向接入信道（R-ACH，Reverse Access Channel）

发起同基站的通信；响应基站发来的寻呼信道消息；进行系统注册；在没有业务时接入系统和对系统进行实时情况的回应。

（3）反向公共控制信道（R-CCCH，Reverse Common Control Channel）

当移动台还没有建立业务信道时，移动台通过此信道向基站发送一些控制消息和突发的短数据。

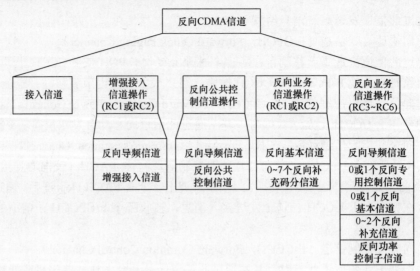

图 3-9   cdma2000 1x 前向信道结构图

（4）反向增强接入信道（R-EACH，Reverse Enhance Access Channel）

当移动台还未建立业务信道时，移动台通过此信道向基站发送控制消息，提高移动台的接入能力。

（5）反向基本信道（R-FCH，Reverse Fundamental Channel）

当移动台进入到业务信道状态后，此信道用于承载反向链路上的信令、话音、低速的分组数据业务、电路数据业务或辅助业务。

（6）反向专用控制信道（R-DCCH，Reverse Dedicated Control Channel）

当移动台处于业务信道状态时，移动台通过此信道向基站发送一些消息或低速的分组数据业务、电路数据业务。

（7）反向补充信道（R-SCH，Reverse Supplemental Channel）

当移动台进入到业务信道状态后，此信道用于承载反向链路上的高速分组数据业务。

（8）反向补充码分信道（R-SCCH，Reverse Supplemental Code Channel）

R-SCCH 用于在通话中手机向基站（BTS）发送用户信息，它只适用于 RC1 和 RC2。反向业务信道中可包括最多 7 个 R-SCCH，虽然它们和相应 RC 下的 R-FCH 的调制结构是相同的，但它们的长码掩码及载波相位相互之间略有差异。R-SCCH 在 RC1 和 RC2 时的帧长为 20ms。在 RC1 下，R-SCCH 的数据速率为 9 600bit/s；在 RC2 下，其数据速率为 14 400bit/s。R-SCCH 的前缀是在其自身上发送的全速率全零帧（无帧质量指示）。当允许在 R-SCCH 上不连续发送的情况下，在恢复中断了的发送时，需要发送 R-SCCH 前缀。

3.7   cdma2000 1x 关键技术

3.7.1   扩频技术

扩频通信技术是一种信息传输方式，就是指将待传输信息的带宽扩展成很宽频带后进行传输的通信手段；扩频传输过程与所传信息数据无关；在接收端用相同的扩频码进行相关解扩恢复所传信息数据。扩频通信的基本原理如图 3-10 所示。

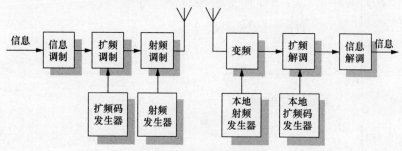

图 3-10　扩频通信基本原理图

首先在发送端将输入的信息调制形成数字信号，其次由扩频发生器产生的扩频码序列去调制数字信号以扩展信号的频谱，再次将扩展后的信号调制到射频上发送出去，在接收端将收到宽带射频信号变频至中频，之后由本地产生的与发送端相同的扩频码序列去解扩，最后经信息解调恢复成原始信息输出。由于信号的频带宽度与其持续时间近似成反比，时间上有限的信号在频谱上是无限的，因此如果用很窄的脉冲序列调制所传的信息，则可产生很宽的频带信号。这种很窄的脉冲码序列码速率很高，称为扩频码序列。

一般的扩频通信系统都要进行 3 次调制和相应的解调：一次调制为信息调制，二次调制为扩频调制，三次调制为射频调制以及相应的变频、扩频解调、信息解调。按照扩展频谱方式不同，现有扩频通信系统分为：直接序列（DS）扩频、跳频（FH）扩频、跳时（TH）扩频、线性调频（Chirp）扩频以及上述几种方式的组合。

在扩频通信中采用宽频带的信号来传送信息，主要是为了通信的安全可靠，可用信息论和抗干扰理论的基本观点来解释。信息论中的仙农（Shannon）公式描述如下：

$$C = W \log_2\left(1 + \frac{S}{N}\right)$$

式中，C 为信道容量，单位为 bit/s；N 为噪声功率；W 为信道带宽，单位为 Hz；S 为信号功率。

仙农公式体现了信道容量和信道带宽的关系，即在给定信号功率 S 和白噪声功率 N 的情况下，只要采用某种编码系统，就能以任意小的差错概率、以接近于 C 的传输速率来传送信息；在保持信息传输速率 C 不变的条件下，可以用不同频带宽度 W 和信噪功率比 S/N 来传输信息。也就是说，频带 W 和信噪比 S/N 是可以互换的。如果增加频带宽度，就可以在较低的信噪比的情况下用相同的信息率以任意小的差错概率来传输信息；甚至在信号被噪声湮没的情况下，只要相应地增加信号带宽，也能保持可靠的通信。此公式表明了采用扩展频谱信号进行通信的优越性，即用扩展频谱的方法以换取信噪比的增益。图 3-11 显示出了扩频和解扩的全过程。

可以看出，扩频通信具备以下优点：隐蔽性和保密性好；多个用户可以同时占用相同频带，实现多址；抗衰落、抗多径干扰；抗干扰能力强。

CDMA 采用了直接序列扩频，这种扩频方式有以下显著特点。

① 信号占用带宽远大于所需传送的信息。在多用户接入场景应用得心应手，且带来抗干扰以及抗阻塞的优点。

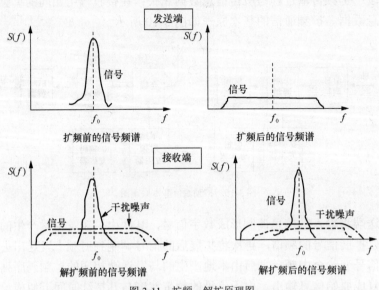

图 3-11 扩频、解扩原理图

② 通过与所传数据无关的码字扩频。与传统的调制方式相比撇去了与源数据的联系，使得同一信道传送不同用户数据成为可能。

③ 接收端通过码字同步来恢复数据。同步和码字解调确保了同时刻多用户在同一频宽上的接入。

3.7.2 扩频码

CDMA 移动通信中，地址码就是指能区分不同的信道或不同用户的码序列，由于地址码的选择关系到 CDMA 系统的容量、抗干扰性，因此地址码应当具有良好的自相关性和码间互相关性最小（正交）的特点。在 CDMA 通信系统中选择了 M 序列的长码、短码和 64 阶沃尔什（Walsh）码作为地址码。基站前向信道通过不同 Walsh 码扩频调制来区分，反向信道通过不同长码扩频调制区别不同的用户，不同的基站扇区通过不同的伪随机噪声码（PN，Pseudo-random Noise code）偏移来区分（每个扇区均使用 64 阶 Walsh 0 进行扩频），不同用户可以使用不同编码的信道进行话音或数据传送。IS-95 系统中 3 种编码的作用见表 3-7。

表 3-7　　　　　　　　　　　　　　　　3 种编码的作用

编码类型	编码特征	前向信道	反向信道
长码	周期 $2^{42}-1$ 的 M 序列	对不同业务信道加扰	不同相位表示不同用户
短码 PN	周期 $2^{15}-1$ 的 M 序列	不同相位表示不同扇区	零相位对反向信道进行正交调制
Walsh 码	用 64 阶函数（0～63）	不同码表示不同的前向信道	对业务数据进行 64 进制正交调制

PN 的数量是 512 个，通过 PN 复用可以满足全网小区的需要。但实际上因为地形、覆盖等原因，需要经过计算为每个小区规划合适的 PN。CDMA 网络的 PN 的规划比较重要。准确的规划建立在对各类网络数据的精确采集和分析的基础上。

3.7.3　功率控制

在 CDMA 系统中，功率控制被认为是所有关键技术的核心。功率控制需要对 CDMA 系统功率资源（含手机和基站）的精确控制，如果功率控制做得不好，则 CDMA 系统高容量、高质量的优点就无法体现，功率控制失控将导致 CDMA 系统瘫痪。功率控制过程可以通过图 3-12 来简单说明。

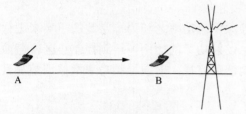

图 3-12　功率控制示意图

如果小区中的所有用户均以相同功率发射，则靠近基站的移动台所发射的信号到达基站时功率就大；远离基站的移动台所发射的信号到达基站时功率就小，从而导致强信号掩盖弱信号。这就是移动通信中的"远近效应"问题。CDMA 是一个自干扰系统，所有用户共同使用同一频率，所以"远近效应"问题更加突出。

CDMA 系统中某个用户信号的功率较大，对该用户的信号被正确接收是有利的，但却会增加对共享频带内其他的用户的干扰，甚至淹没有用信号，结果使其他用户通信质量劣化，导致系统容量下降。为了克服远近效应，必须根据通信距离的不同，实时地调整发射机所需的功率，这就是"功率控制"。CDMA 的功率控制包括反向功率控制、前向功率控制和小区呼吸功率控制。

（1）反向功率控制

CDMA 系统的容量主要受限于反向移动台的干扰，所以如果每个移动台的信号到达基站时都达到所需的最小信噪比，系统容量将会达到最大值。

在实际系统中，由于移动台的移动性，使移动台信号的传播环境随时变化，致使每时每刻到达基站时所经历的传播路径、信号强度、时延、相移都随机变化，接收信号的功率起伏变化很大。因此，在 CDMA 系统反向链路中引入了功率控制技术。

反向功率控制通过调整移动台发射机功率，使其到达基站接收机的信号功率刚好达到信噪比解调门限要求，同时满足通信质量要求。移动台不论在基站覆盖区的什么位置或经过何种传播环境，都能保证每个移动台信号到达基站接收机时具有相同的功率。

（2）前向功率控制

CDMA 的前向信道功率要分配给前向导频信道、同步信道、寻呼信道和各个业务信道。基站需要调整分配功率给每一个信道，使处于不同传播环境下的各个移动台都得到足够的信号能量。前向功率控制的目的就是实现合理分配前向业务信道功率，在保证通信质量的前提下，使其对相邻基站/扇区产生的干扰最小，也就是使前向信道的发射功率在满足移动台解调最小需求信噪比的情况下尽可能小，同时满足目标误帧率（FER，Frame Error Ratio）的要求。前向功控的原理如图 3-13 所示。

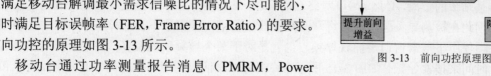

图 3-13　前向功控原理图

移动台通过功率测量报告消息（PMRM，Power Measurement Report Message）上报当前信道的质量状况，包括周期内的坏帧数、总帧数。基站控制器据此计算出当前的误帧率，与目标误帧率相比，以此来控制基站进行前向功率调整。

（3）小区呼吸功率控制

小区呼吸效应是 CDMA 系统的一个特有现象，它主要是指 CDMA 系统中各小区的覆盖范围受到小区负荷影响的现象。前向链路边界是指两个基站之间的一个物理位置，当移动台处于该位置时，其接收机无论接收哪个基站的信号都有相同的性能；反向链路切换边界是指移动台处于该位置，两个基站的接收机相对于该移动台有相同的性能。基站小区呼吸功率控制是为了保持前向链路切换边界与反向链路切换边界"重合"，以使系统容量达到最大，并避免切换发生问题。

小区呼吸算法根据基站反向接收功率与前向导频发射功率之和为一常数的事实来进行控制。具体手段是通过调整导频信号功率占基站总发射功率的比例，达到控制小区覆盖面积的目的。小区呼吸算法涉及初始状态调整、反向链路监视、前向导频功率增益调整等具体技术。

3.7.4 软切换

1. 导频集

CDMA 系统软切换是在终端辅助进行下的切换，当终端和主服务基站进行通信时，终端要不断测量邻区列表中周围基站的导频信号，终端将所有检测的导频信号根据导频 PN 序列的强度归为以下 4 类。

① 有效集：当前前向业务信道对应的导频集合。

② 候选集：不在有效集中，但终端检测到其强度满足业务正常使用的导频集合。

③ 邻区集：由基站的邻区列表消息所指定的导频的集合。

④ 剩余集：未列入以上 3 种集合的所有导频的集合。

在搜索导频时，终端按照有效集以及候选集、邻区集和剩余集的顺序测量导频信号的强度。假设有效集以及候选集中有 PN1、PN2 和 PN3，邻区集中有 PN11、PN12、PN13 和 PN14，剩余集中有 PN'……，则终端测量导频信号的顺序如下：PN1、PN2、PN3、PN11……PN1、PN2、PN3、PN12……PN1、PN2、PN3、PN13、PN1、PN2、PN3、PN14、PN'……PN1、PN2、PN3、PN11……可见，剩余集中的导频被搜索的机会远小于有效集以及候选集中的导频。

2. 搜索窗

除了导频的搜索顺序外，搜索范围也是搜索导频时需要考虑的因素。终端在与基站通信时存在时延。如图 3-14 所示，终端与基站 1 有 t_1 的信号延时，与基站 2 有 t_2 的信号延时。

假定终端与基站 1 同步，如果终端与基站 1 的距离小于与基站 2 的距离，必然 $t_1<t_2$。对终端而言，基站 2 的导频信号会比终端参考时间滞后 t_2-t_1 出现；而如果终端与基站 1 的距离大于与基站 2 的距离，必然 $t_1>t_2$，对终端而言，基站 2 的导频信号会比终端参考时间提前 t_1-t_2 出现。因此在检测导频强度时，终端必须在一个范围内搜索才不会漏掉各个集合中的导频信号。终端使用了搜索窗口来捕获导频，也就是对于某个导频序列偏置，终端会提前和滞后一段码片时间来搜索导频。如图 3-15 所示，终端将以激活集的短码相位为中心，在提前于和滞后于搜索窗口的尺寸的一半的短码范围内进行导频信号的搜索。

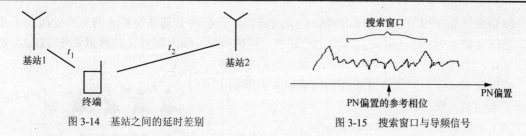

图 3-14　基站之间的延时差别　　　　　　图 3-15　搜索窗口与导频信号

搜索窗口的尺寸越大，搜索的速度就越慢；但是搜索窗口的尺寸过小，会导致延时差别大的导频不能被搜索到。对于每种导频集，基站定义了各自的搜索窗口的尺寸供终端使用。

① SRCH_WIN_A：有效集和候选集导频信号搜索窗口的尺寸；

② SRCH_WIN_N：邻区集导频信号搜索窗口的尺寸；

③ SRCH_WIN_R：剩余集导频信号搜索窗口的尺寸。

SRCH_WIN_A 尺寸应该根据预测的传播环境进行设定，该尺寸要足够大，大到能捕获目标基站的所有导频信号的多径部分，同时又应该足够小，从而使搜索窗的性能最佳化。SRCH_WIN_N 尺寸通常设得比 SRCH_WIN_A 尺寸大，其大小可参照当前基站和邻区基站的物理距离来设定，一般要超过最大信号延时的 2 倍。SRCH_WIN_R 尺寸一般设得和 SRCH_WIN_N 一样大。如果不需要使用剩余集，可以把 SRCH_WIN_R 设得很小。

3．切换参数

（1）有效集增加门限（T_ADD）

基站将此值设置为移动台对导频信号监测的门限。当移动台发现邻区集或剩余集中某个基站的导频信号强度超过 T_ADD 时，移动台发送一个导频强度测量消息（PSMM，Pilot Strength Measurement Message），并将该导频加入候选集。

（2）导频去掉门限（T_DROP）

基站将此值设置为移动台对导频信号下降监测的门限。当移动台发现有效集或候选集中的某个基站的导频信号强度小于 T_DROP 时，就启动该基站对应的切换去掉计时器。

（3）切换去掉计时器期满值（T_TDROP）

基站将此值设置为移动台导频信号下降监测定时器的预置定时值。如果有效集中的导频强度降到 T_DROP 以下，移动台启动 T_TDROP 计时器；如果计时器超时，这个导频从有效集退回到邻区集。如果超时前导频强度又回到 T_DROP 以上，则计时器自动被删除。

（4）有效集与候选集比较门限（T_COMP）

基站将此值设置为有效集与候选集导频信号强度的比较门限。当移动台发现候选集中某个基站的导频信号的强度超过了当前有效集中基站导频信号的强度 T_COMP×0.5dB 时，就向基站发送导频强度测量消息，并开始切换。

4．软切换和更软切换

（1）软切换

软切换是 CDMA 移动通信系统所特有的。其基本原理如下：当移动台从源基站 BTS 移动到另一个目的基站 BTS 重叠覆盖区域时，移动台在维持与源基站 BTS 无线链路连接同时，又与目标基站 BTS 建立无线链路连接，切换完成之后再释放与源基站 BTS 的无线连接。软切换发生情况如图 3-16 所示。

软切换只能在相同频率的 CDMA 信道间进行。它在两个基站覆盖区的交界处起到了业务信道的分集作用。这样可大大减少由于切换造成的掉话。因为据以往对模拟系统 TDMA 的测试统计，无线信道上 90%的掉话是在切换过程中发生的。实现软切换以后，切换引起掉话的概率大大降低，保证了通信的可靠性。

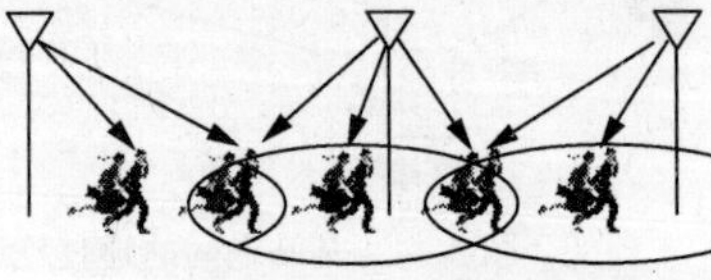

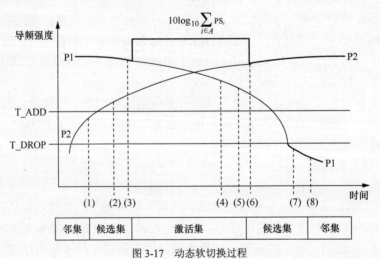

图 3-16　软切换示意图

（2）更软切换

发生在同一个 BSC 控制下的同一个 BTS 的不同扇区间的软切换又称为更软切换。更软切换是由基站完成的，并不通知 MSC。对于同一移动台，不同扇区天线的接收信号对基站来说就相当于不同的多径分量，会被合成一个话音帧送至选择器（Selector），作为此基站的话音帧。而软切换是由 MSC 完成的，将来自不同基站的信号都送至选择器，由选择器选择最好的一路，再进行话音编解码。

上面主要介绍了切换的类型以及软切换实现过程和更软切换的概念，在实现系统运行时，这些切换是组合出现的，可能同时既有软切换，又有更软切换和硬切换。

例如，一个移动台处于一个基站的两个扇区和另一个基站交界的区域内，这时将发生软切换和更软切换。若处于 3 个基站交界处，又会发生三方软切换。两种软切换都是基于具有相同载频的各方容量有余的条件下，若其中某一相邻基站的相同载频已经达到满负荷，MSC 就会让基站指示移动台切换到相邻基站的另一载频上，这就是硬切换。

在三方切换时，只要另两方中有一方的容量有余，都优先进行软切换。也就是说，只有在无法进行软切换时才考虑使用硬切换。当然，若相邻基站恰巧处于不同 MSC，这时即使是同一载频，目前也只能进行硬切换，因为此时要更换声码器。

5．动态软切换流程

早期的 IS-95A 系统的软切换控制算法，采用静态门限 T_ADD，造成加入条件过于宽松，系统软切换比例过大，因而浪费了系统资源，限制了容量。此外，去掉的过程中，导频直接进入相邻集，这样在环境不稳定时容易产生乒乓切换。为了解决上述问题，在 1x 系统中引入动态门限来控制软切换，切换过程如图 3-17 所示。

图 3-17　动态软切换过程

在新的算法中，引入几个新的参数，用于计算导频集和去掉的动态门限：SOFT_SLOPE

（单位为 0.125，取值可以是 0）、ADD_INTERCEPT（单位为 0.5dB）、DROP_INTERCEPT（单位为 0.5dB）。P1、P2 表示切换区域两个导频强度 Ec/Io 的变化趋势。

各个时刻对应的交互消息如下。

① 导频 P2 的强度超过 T_ADD，移动台将 P2 转移到候选集。

② 导频 P2 的强度超过 $[(SOFT\_SLOPE/8) \times 10 \times \log_{10}(PS_1) + ADD\_INTERCEPT/2]$，移动台发送 PSMM 消息向基站报告。

③ 移动台接收到扩展切换指示消息（EHDM，Extended Handoff Direction Message）消息、一般切换指示消息 GHDM（General Handoff Direction Message）或者通用切换指示消息（UHDM，Universal Handoff Direction Message）后，将导频 P2 转移到激活集，并发送切换指示消息（HDM，Handoff Direction Message）。

④ 导频 P1 的强度低于 $[(SOFT\_SLOPE/8) \times 10 \times \log_{10}(PS_2) + DROP\_INTERCEPT/2]$，移动台为其启动切换去掉定时器。

⑤ P1 的切换去掉定时器超时，移动台发送 PSMM 消息向基站报告。

⑥ 移动台接收到 EHDM 消息、GHDM 消息或者 UHDM 消息后，将导频 P1 转移到候选集，并发送 HCM 消息。

⑦ 导频 P1 的强度降到低于 T_DROP，移动台为其启动切换去掉定时器。

⑧ P1 的切换去掉定时器超时，移动台将其从候选集转移到邻集。

采用动态门限后，对于 T_COMP 控制的触发切换消息过程如图 3-18 所示，其中导频 P0 位于候选集，导频 P1 和导频 P2 位于激活集。

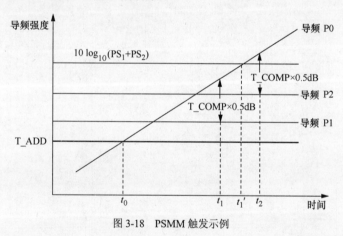

图 3-18　PSMM 触发示例

t_0：没有发送 PSMM 消息，因为 $[10\log_{10}(PS_0)] < [(SOFT\_SLOPE/8) \times 10\log_{10}(PS_1 + PS_2) + ADD\_INTERCEPT/2]$。

t_1：没有发送 PSMM 消息，因为虽然 $P0 > [P1 + T\_COMP \times 0.5dB]$，但是 $[10\log_{10}(PS_0)] < [(SOFT\_SLOPE/8) \times 10\log_{10}(PS_1 + PS_2) + ADD\_INTERCEPT/2]$。

t_1'：发送 PSMM 消息，因为 $[10\log_{10}(PS_0)] > [(SOFT\_SLOPE/8) \times 10\log_{10}(PS_1 + PS_2) + ADD\_INTERCEPT/2]$。

t_2：发送 PSMM 消息，因为 $P0 > [P2 + T\_COMP \times 0.5dB]$ 而且 $[10\log_{10}(PS_0)] > [(SOFT\_SLOPE/8) \times 10\log_{10}(PS_1 + PS_2) + ADD\_INTERCEPT/2]$。

参 考 文 献

［1］3GPP2 A.S0011-C(IOS v5.0). Interoperability Specification (IOS) for cdma2000 Access Network Interfaces-Part 1 Overview.

［2］3GPP2 X.S0011-D.Wireless IP Network Standard. V2.0，2008.

［3］中国电信上海公司. CDMA 无线网络优化技能培训初级教材. 2011.

［4］吴伟陵，牛凯. 移动通信原理. 北京：电子工业出版社，2005.

第4章 CDMA 网络规划

4.1 CDMA 网络规划概述

网络规划是指对网络配置进行详细的规划设计。CDMA 规划作为网络建设的开端和基础，它通过对已有资源进行优化配置，从覆盖和业务能力上提升网络性能，以满足未来发展。与其密切相关的是网络优化，CDMA 网络优化作为网络建设的继续，贯穿于网络运营的整个过程，目的是使网络保持良好的性能，为用户提供高质量的服务。

CDMA 网络规划和优化作为网络建设的两个方面，两者互为补充。完备的网络规划为后续的网络优化打下良好的基础，网络优化又对网络规划起到弥补作用。

本章主要介绍 CDMA 网络规划的一般流程、方法和内容，重点是 cdma2000 1x 系统的规划，也涵盖介绍了 1x EV-DO 的一些内容。网络优化部分将在本书其余章节篇幅中进行重点阐述。

4.1.1 CMDA 网络规划目的

CDMA 网络规划目的是根据 CDMA 网络的特点，利用业务预测、基站设置、覆盖区域预测、天线设计、CMDA 频率及码字规划以及频率码字再用技术等手段，有效地解决容量、覆盖、干扰等问题，改善话音质量、提高设备的利用率、提高投资的收益率。以最低的成本建设成符合一定时期内话务需求的移动通信网络，从而为业务的发展提供强大的支撑和保障。

4.1.2 CDMA 网络规划指导思想

移动通信网络的工程规划包括交换网规划、无线网规划和中继线路规划，其中无线网络规划是移动网络特有的，而且其规划的好坏，直接影响到日后的维护和优化。因此 CDMA 网络规划需要按照下面的指导思想来进行。

① 前瞻性，能够满足未来一段时期内的业务需求；

② 有效性，规划的结果能够保证满足设计指标，满足设计客户需求的服务质量；

③ 经济性，能够尽可能降低费用，尽量提高设备的利用率；

④ 反复性，网络规划不是一劳永逸的，需要反复进行调整和优化；

⑤ 整体性，无线网络是一个联网的互相影响的整体系统，在规划时一定要进行全局考虑。

在 CDMA 网络建设规划上，如果规划不当，那么将产生下面两种情形：一方面如果网络总容量滞后于客户数量的发展速度，被市场超越，就会造成资源不足和紧张，影响网络通信质量。

另一方面，如果规划的网络容量超过了实际需求，则势必会带来网络资源的浪费。所以我们进行网络规划一定要在两者之间寻求一个平衡点，既能满足未来网络发展的实际需求，又不带来太大的资源浪费。同时，对 CDMA 网络进行合理规划，也是以后网络优化工作的基本保证和前提。

4.1.3 CMDA 网络规划准则

CDMA 无线网络规划的准则取决于网络建设和发展的指导思想以及宏观策略。CDMA 无线网络规划贯穿网络建设和发展的始终，应与网络建设、网络优化、网络运行和维护相结合，做到设计细致、科学和合理，为实现网络建设和发展的目标奠定坚实的基础。

CDMA 无线网络设计规划应遵照以下基本原则。

① 明确覆盖目标，作好链路预算，充分利用射频资源，准确估算网络容量，合理规划基站数量；充分发挥 CDMA 网络技术优势，提升交通干线、旅游景点、山区和近海等区域的覆盖；以现网运行数据为基础预测话务量，确定基站配置。

② 规划参数因地制宜，减少网络调整的频率，保证网络通信质量；做到规划和优化并举，网络规划要兼顾当前网络的优化和今后网络的调整。

③ 对于容量要求较高的热点区域，需要给出针对性的解决方案和措施。

4.2 CDMA 网络规划流程

对于一般的无线网络设计流程基本相似，大致包括以下 3 个过程：设计前的策划及市场准备、初步设计和最终设计。

4.2.1 设计准备

运营商及设计单位之间的点对点的讨论，收集相关信息，明确设计目标和要求，主要包括：

① 设计的目标与设计的需求；

② 网络覆盖区域与一般性的设计目标；

③ 网络容量需求与一般性的设计目标；

④ 网络开通日期及目标；

⑤ 针对具体的覆盖区域，结合覆盖要求，进行链路预算；

⑥ 选择适当的话务模型，结合运营策略，进行容量规划；

⑦ 结合 CDMA 系统的技术特点，平衡网络覆盖与系统容量两方面的要求；

⑧ 收集现有地形地物、街图及基站的情况。

4.2.2　初步设计

按照第一阶段制定的目标进行系统的初始设计。为建立传播模型而进行的路测也可在此阶段展开，得到适应不同地貌类型的传播模式。一般来说，以下这些工作会在此阶段完成：

① 建立传播模型，实施系统的初始设计；

② 修正设计工具所使用的传播模型，保证设计的精确性；

③ 进行话务量规划和系统容量规划；

④ 完成覆盖预测图；

⑤ 初步设计覆盖。

4.2.3　最终设计

确定每个候选基站的位置，根据站址信息进行最后的无线网络的最终设计。以下工作会在此阶段完成：

① 站址的确定及候选站址评估；

② 基站的现场勘察并选择部分基站进行路测；

③ 根据路测及预测的结果调整设计；

④ 制作最终设计图及技术文件；

⑤ 最终设计覆盖、导频规划、邻区关系及天线参数设计等。

我们在此仅对初步设计和最终设计的流程进行介绍说明。CDMA 网络规划是网络建设的根本依据，它决定了 CDMA 网络的基本布局和建设思路。从设计目标方面考虑，一般包括覆盖目标、容量目标、质量目标、成本目标等。按照这些规划目标，我们认为 CDMA 网络规划大致分为前期准备、预规划和详细规划阶段。

具体这些阶段又包括传播模型校正、业务预测、站址规划、天馈系统规划、仿真分析等。网络规划流程如图 4-1 所示。

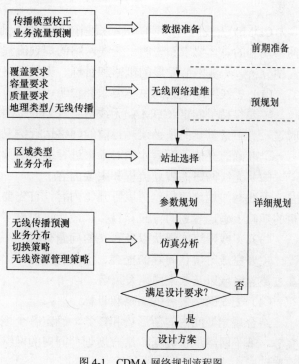

图 4-1　CDMA 网络规划流程图

4.3 CDMA 网络滚动规划

4.3.1 什么是滚动规划

滚动规划是按照"近细远粗"的原则制定一定时期内的计划,然后按照计划的执行情况和环境变化,调整和修订未来计划,并逐期向后移动,把短期计划和中期计划结合起来的一种设计方法。

滚动规划一般为 3 年滚动规划,比如 2012 年做规划,那就要针对 2012～2014 年制定 3 年的规划设计。归于 CDMA 网络来说滚动规划包括:核心网规划、传输网规划、无线网络规划等。

4.3.2 滚动规划的意义

滚动规划法是一种定期修改未来计划的方法。这种方法根据规划的执行情况和环境变化情况定期修订未来的计划,并逐渐向前推进,使计划能够把短期、中期和长期的目标有机地结合起来。这样既兼顾了短期的实现目标,又对以后长期的网络发展有一定的预见性和指导意义。

4.3.3 滚动规划的方法

CDMA 无线网络规划的滚动规划可以从以下几个方面进行分析和制定。其中包括:无线网络规划的总体要求和说明、无线网络的规划流程和主要内容、无线网络的现状以及存在的问题分析、无线网络发展的策略和目标、无线网络规划方案等。

（1）无线网络规划的总体要求和说明

主要包括了制定 CDMA 无线网络规划的范围、规模以及能够满足多久的预期效果。同时这一点中最重要的是必须对目前的网络运行情况进行综合有效的分析。能够对现有网络进行一个准确的评估,而后才能对未来进行准确的预测。

（2）无线网络的规划流程和主要内容

无线网络规划流程包括以下几步内容,首先要进行数据收集和整理分析,而后在数据分析的基础上确定规划的方向和目标,最后再根据实际情况来制定具体的建设方案。

（3）无线网络的现状以及存在的问题分析

主要完成对现状问题的挖掘、定位和分析,比如确定网络规模、网络质量评估、哪里存在过覆盖区域以及未来网络发展等。

（4）无线网络发展的策略和目标

结合规划期间内的新形势和任务,确定各个地区的无线网络发展策略、无线网络规划方案等。基于网络现状数据,结合规划期间内的网络发展策略,分年度确定未来几年内的网络规划目标。

（5）无线网络规划方案

规划期间内新增的 CDMA 话音载频方案、新增的 EV-DO 数据业务载频方案、新增的站点资源方案等。

4.4　CDMA 无线网络规划的主要内容

CDMA 1x 和 1x EV-DO 系统网络采用了许多新技术，比如自干扰、软切换、功率控制和接入控制等，在网络规划方面也有其自身特点，主要表现在以下几个方面。

① 覆盖规划：覆盖与容量密切相关，结合容量要求，进行覆盖设计。

② PN 规划：合理选择 PN 间隔和分配各扇区的 PN。

③ 邻区规划：合理选择软切换参数，维持适当的切换比例、切换重叠区和邻区关系。

④ 功率规划：合理分配基站功率，兼顾系统覆盖和容量两方面的要求，特殊情况下对基站输出功率进行规划。

⑤ 登记区域规划：均衡考虑接入信道负荷和寻呼成功率两方面的要求，合理设置登记区域。

下面我们就从以下几个方面对 CDMA 无线网络规划进行介绍，具体包括覆盖规划、容量规划、PN 规划、邻区规划、链路预算、接入参数、登记位置区规划等方面。

4.4.1　无线覆盖规划

根据运营者的覆盖要求和区域内的无线传播环境，通过链路预算对通信链路中的各种损耗和增益进行核算并应用合适的传播模型，可以估算基站的大致覆盖距离、面积及站间距，从而估计覆盖区域内基站站点的大致数目。

要准确制定网络的覆盖要求，需要根据无线环境和业务对规划区域进行分类。

1. 按照无线环境分类

按照无线传播环境因素，一般可以分为密集城区、一般城区、郊区和农村 4 个类型。

（1）密集城区

特征描述：周围建筑物平均高度大于 30m（10 层以上），周围建筑物平均楼距 10～20m；一般在基站附近的建筑物较为密集，周围既有较多 10 层以上的建筑物，也有部分 20 层左右的建筑物。

（2）一般城区

特征描述：周围建筑物平均高度 15～30m（5～9 层），周围建筑物平均楼距 10～20m；一般基站附近的建筑物分布比较均匀，周围主要以 9 层以下建筑物为主，也可能有零星的 9 层以上建筑物。

（3）郊区

特征描述：城市边缘地区，周围建筑物平均高度 10～15m（3～5 层），周围建筑物平均楼距 30～50m；一般基站附近的建筑物分布比较均匀，周围主要以 3～4 层建筑物为主，也可能有零星的 4 层以上建筑物，建筑物之间有较宽的空间。

（4）农村

特征描述：一般的农村地区及较小乡镇，周围建筑物平均高度 10m 以下（以 1～2 层房子为主），周围建筑物散落分布，建筑物之间或周围有较大面积的开阔地。

2．按业务分布分类

按业务分布分类与业务发展策略以及区域内用户的动态分布、消费行为特征相关，其区域分类的具体描述见表 4-1。

表 4-1　　　　　　　　　　　　　　业务类型分类

区域分类	特征描述	业务分布特点
A	此类区域是位于区域经济中心的特大城市。高级写字楼密集的地区，是所在经济区域内商务活动集中地，用户对移动通信需求大，对数据业务要求较高	话务密集 业务速率要求高 数据业务发展的重点区域
B	工商业和贸易发达。交通和基础设施完善，有多条交通干道贯穿辖区。城市化水平较高，人口密集，经济发展快，人均收入高的地区	话务量较高 业务速率中等 有数据业务需求
C	工商业发展和城镇建设具有相当规模，各类企业数量较多，交通便利，经济发展和人均收入处于中等水平	话务量较低 只提供低速或不提供数据业务
D	主要是山区和农村，经济发展相对落后	话务稀疏 建站的目的是解决覆盖 一般不保证数据业务的质量

4.4.2　无线链路预算

无线通信系统的性能主要受到移动的无线信道的制约，发射机和接收机之间的传播路径非常复杂，从简单的视距传播，到遭遇各种复杂地形，如建筑物、山脉、树木等。无线信道不像有线信道那样固定可预见，具有极大的随机性，所以只能利用统计方法，并根据特定频带上的通信系统测量值来进行传输范围预测。在无线通信系统中，电波传播经常在不规则地区，估计路径损耗时，要考虑特定地区的地形地貌。采用适当的传播模型可以提高覆盖半径计算的准确性。

信号在传播过程中，端到端之间存在多种损耗与增益，包括馈线损耗、天线增益、软切换增益等。所有的这些损耗与增益都会对覆盖半径造成影响，需要对所有相关参数进行计算，得到最大允许路径损耗。由于链路距离正比于传播损耗，最大路径损耗也就意味着最大链路距离，从而通过允许的最大路径损耗计算出最大覆盖半径，这个过程叫链路预算。

链路预算是指对通信链路中的增益与损耗进行核算。即计算在一个呼叫连接中保持一定呼叫质量的情况下，链路所允许的最大传播损耗，从而结合传播模型确定基站的覆盖范围。

1．CDMA 前向链路预算

CDMA 网络的前向链路预算，其定义如下：

最大允许路径损耗=基站业务信道最大允许发射功率-基站馈线损耗+基站天线增益+软切换
　　　增益-干扰余量-接收机灵敏度-人体损耗-建筑物穿透损耗-衰落余量+
　　　多用户分集增益+终端天线增益+接收分集增益-终端馈线损耗

　　链路预算大部分参数都是固定的缺省参数，或者与设备相关的无法调整的值，只有干扰余量是一个可以在一定范围内自由调整的值。在进行链路分析的时候，不仅要考虑基站到终端的前向信号能否正确解调，还需要考虑终端到基站的反向信号能否正确解调，这需要对前反向链路的平衡综合考虑。

　　2．CDMA 反向链路预算

　　由于 CDMA 系统是反向覆盖受限，前向容量受限的系统。所以我们在进行链路预算时需要更多地考虑反向的链路情况。下面重点以反向链路预算过程加以说明。

　　不同无线系统、不同业务的无线链路预算计算过程有所不同。无线链路预算中相关因素可分为两部分：一部分是不同系统所共有的：收发天线增益、电缆损耗、人体损耗、阴影衰落余量、接收灵敏度等，另一部分则因系统不同而异，如 CDMA 与 GSM 相比，其特定因素包括干扰衰减余量、快衰落余量、软切换增益等。

　　无线链路预算的计算结果是可允许的最大传播路径损耗，根据一定的传播模型就可得到小区范围和所需站点数量。

　　对于 CDMA 系统，其可允许的路径损耗，也就是反向的最大链路预算的路径损耗为：

路径损耗 P=发射端的有效全向辐射功率（EIRP，Effective Isotropic Radiated Power）-接
　　　收机端灵敏度+各种增益-各种损耗-余量

　　（1）发射端的功率（EIRP）

　　EIRP=机顶功率-线缆损耗+天线增益，一般 CDMA 基站设备的机顶功率为 43dBm，线缆损耗为 3dB，天线增益为 15～18dB。接收机灵敏度可以定义为：噪声系数+底噪+Eb/Nt-CDMA 扩频增益。而 CDMA 设备噪声系数为 3～5dB，底噪为-113dBm，CDMA 扩频增益约为 21dB。

　　（2）增益

　　包括接收端的无线增益、CDMA 软切换增益、负载增益等，在 CDMA 存在软切换时，系统与多个基站建立连接关系，并从中选择最好的一个作为有效服务站点。在链路预算时，软切换增益通常取 4.1dB。

　　（3）损耗

　　包括人体损耗、线缆损耗（接收端）、穿透损耗（车体、墙壁损耗）等，馈线损耗是指发射机输出和天线输入之间的所有部件的综合损耗，主要包括合路器、馈线和接头等的损耗。不同尺寸的馈线及工作于不同的频段，损耗系数各不相同。链路预算时，馈线损耗通常取 3dB。人体损耗是人体正常的穿透损耗，通常取 3dB。

　　（4）余量

　　包括衰落余量和干扰余量，当射频路径被地物阻挡时，接收机微小的移动也可能导致信号强度的大幅波动，有时可达到 10～20dB，这种现象即为阴影衰落或慢衰落。在链路预算时，必须预留一定的余量来克服由于阴影衰落导致的信号强度变化，该余量即为衰落余量。

具体这些数据的取值可以参考 CDMA 反向链路预算表，见表 4-2。

表 4-2   **CDMA 反向链路预算**

	IS-95	cdma2000 1x				
	9.6kbit/s 话音	9.6kbit/s 话音	19.2kbit/s	38.4kbit/s	76.8kbit/s	153.6kbit/s
业务信道最大发射功率（dBm）	23.00	23.00	23.00	23.00	23.00	23.00
人体损耗（dB）	3.00	3.00	0.00	0.00	0.00	0.00
EIRP（dBm）	20.00	20.00	23.00	23.00	23.00	23.00
接收天线增益（dBi）	15.00	15.00	15.00	15.00	15.00	15.00
线缆损耗（dB）	1.97	1.97	1.97	1.97	1.97	1.97
噪声系数（dB）	3.20	3.2	3.20	3.20	3.20	3.20
解调所需 Eb/Nt（dB）	7.00	3.5	3.40	2.59	2.15	1.54
小区负载	50%	50%	50%	50%	50%	50%
干扰余量（dB）	3.01	3.01	3.01	3.01	3.01	3.01
接收机灵敏度（dBm）	−124.18	−127.50	−124.77	−122.57	−120.00	−117.74
快衰落余量（dB）	0.50	0.50	0.50	0.50	0.50	0.50
软切换增益（dB）	3.70	3.70	0.00	0.00	0.00	0.00
阴影衰落标准差（dB）	8	8	8	8	8	8
要求的区域覆盖概率	90%	90%	90%	90%	90%	90%
对应的边缘覆盖概率	75%	75%	75%	75%	75%	75%
需要的阴影衰落余量（dB）	5.5	5.5	5.5	5.5	5.5	5.5
地物损耗（dB）	20	20	20	20	20	20
满足覆盖要求所允许的传播损耗（dB）	131.90	133.82	131.79	129.59	127.02	124.76
发射天线高度（m）	1.50	1.50	1.50	1.50	1.50	1.50
接收天线高度（m）	30.00	30.00	30.00	30.00	30.00	30.00
覆盖半径（km）	1.62	1.84	1.61	1.40	1.18	1.01

3．小区范围和面积估算

有了链路预算，我们还需要结合实际的传播模型，才能给出合理有效的规划方案。应用适合的传播模型（初步规划时可先利用成熟模型），由最大路径损耗就可以得到小区距离与覆盖面积。常见的传播模型有 COST 231-Hata 模型、Okumura-Hata 模型、Walfisch-Ikegami 模型等，在得到小区半径 r 时，小区的覆盖面积 $S=K \cdot r^2$，其中 K 为常数，当小区结构不同时有不同的值。几种常见的传播模型见表 4-3。

表 4-3	几种常见的传播模型
模型	适用范围
Okumura-Hata 模型	适用于 150～1 500MHz 宏蜂窝预测
COST 231-Hata 模型	适用于 1 500～2 000MHz 宏蜂窝预测
Walfisch-Ikegami 模型	适用于 800～2 000MHz 城区、密集市区环境预测
Keenan-Motley 模型	适用于 800～2 000MHz 室内环境预测

（1）Okumura-Hata 经验模型

Okumura-Hata 模型是根据测试数据统计分析得出的经验公式，应用频率为 150～1 500MHz，适用于小区半径大于 1km 的宏蜂窝系统，基站有效天线高度为 30～200m，移动台有效天线高度为 1～10m。该模型以城区的路径损耗为标准，其他地区在此基础上进行修正。Okumura-Hata 模型路径损耗计算经验公式为：

$$L(\text{dB}) = 69.55 + 26.16 \log f_{\text{c}} - 13.82 \log h_{\text{te}} - \alpha(h_{\text{re}})$$
$$+ (44.9 - 6.55 \log h_{\text{te}}) \log d + C_{\text{cell}}$$

式中，f 为工作频率，单位为 MHz；d 为收发天线之间的距离，单位为 km；h_{te} 为基站天线有效高度，单位为 m；h_{re} 为移动台天线有效高度，单位为 m；$\alpha(h_{\text{re}})$ 为天线高度增益校正因子，其值依赖于环境。

$$\alpha(h_{\text{re}}) = \begin{cases} (1.11 \log f - 0.7) h_{\text{re}} - (1.56 \log f - 0.8) & \text{中小城市} \\ \begin{cases} 8.29 (\log 1.54 h_{\text{re}})^2 - 1.1 (f \leqslant 300\text{MHz}) \\ 3.2 (\log 11.75 h_{\text{re}})^2 - 4.97 (f \geqslant 300\text{MHz}) \end{cases} & \text{大城市、郊区、乡村} \end{cases}$$

小区类型校正因子 C_{cell} 为：

$$C_{\text{cell}} = \begin{cases} 0 & \text{城市} \\ -2[\log(f_{\text{c}}/28)]^2 - 5.4 & \text{郊区} \\ -4.78(\log f_{\text{c}})^2 - 18.33 \log f_{\text{c}} - 40.98 & \text{乡村} \end{cases}$$

（2）COST 231-Hata 模型

COST 231-Hata 模型是 EURO-COST 组成的 COST 231 工作委员会开发的 Hata 模型的扩展版本，应用频率为 1 500～2 000MHz，适用于小区半径大于 1km 的宏蜂窝系统，发射天线有效高度为 30～200m，接收天线有效高度为 1～10m。

COST-231 Hata 模型路径损耗计算的经验公式为：

$$L(\text{dB}) = 46.3 + 33.9 \log f_{\text{c}} - 13.82 \log h_{\text{te}} - \alpha(h_{\text{re}})$$
$$+ (44.9 - 6.55 \log h_{\text{te}}) \log d + C_{\text{cell}} + C_{\text{M}}$$

大城市中心校正因子 C_{M} 为：

$$C_{\text{M}} = \begin{cases} 0\text{dB} & \text{中等城市和郊区} \\ 3\text{dB} & \text{大城市中心} \end{cases}$$

COST 231-Hata 模型和 Okumura-Hata 模型主要的区别在于频率衰减的系数不同，COST 231-Hata 模型的频率衰减因子为 33.9，Okumura-Hata 模型的频率衰减因子为 26.16；另外还增加了一个大城市中心衰减因子 C_M，大城市中心地区路径损耗增加 3dB。

不管是用哪一种模式来预测无线覆盖范围，都只是基于理论和测试结果统计的近似计算，由于实际地理环境千差万别，很难用一种数学模型来精确地描述，特别是城区街道中各种密集的、不规则建筑物的反射、绕射及阻挡，给数学模型预测带来很大困难。无线通信工程上的做法是，在大量场强测试的基础上，经过对数据的分析与统计处理，找出各种地形地物下的传播损耗（或接收信号场强）与距离、频率以及天线高度的关系，给出传播特性的各种图表和计算公式，建立传播预测模型，从而能用较简单的方法预测接收信号的中值。

（3）Walfisch-Ikegami 模型

该模型属于半确定性模型，用于市区和准平坦地区预测路径损耗。当基站天线高度高出周围建筑物时，其预测结果较好（平均预测误差近似 3dB，标准偏差近似为 4～8dB）。该模型分为视距模型和非视距模型两种情况。

（4）Keenan-Motley 模型

Keenan-Motley 模型适用于 900MHz 和 2GHz 室内环境。

4.4.3　无线容量规划

在 CDMA 网络规划时，根据覆盖区域要求计算基站数，根据容量（话务量分布）要求计算基站分布，并综合考虑确定基站规模和站址分布。

CDMA 系统覆盖是反向受限的，其反向又是干扰受限的，基站解调门限不同，反向链路容量也不同，即所谓的软容量。解调门限是链路预算的一大关键技术指标，基站解调门限不同，反向链路覆盖也不同，即所谓的动态覆盖。系统容量和覆盖之间相互影响，可以通过合理选择平均站间距、平均站高和多载频等参数来均衡两方面的要求。

1．业务分析和用户预测

我们进行 CDMA 网络规划的最终目标是为 CDMA 用户服务，因此在规划时需要考虑系统需要承载的业务类型、根据网络的实际情况建立话务模型，同时再通过对整个网络的用户数量、增长趋势做出一定时间段的预测。

具体到业务类型上，CDMA 系统主要包括两个大的方面：一个是话音业务，这是基本的通信需求，主要为话音通话和短信等两部分；而另一个就是数据业务，例如 Web 网页浏览，图片铃声下载，微博、游戏、音频、视频在线观看，E-mail 电子邮件收发，QQ/MSN 等即时通信工具的使用，淘宝等在线商城购物以及 SNS 等社交网络应用的需求。

对于这些不同的业务种类，我们需要在 CDMA 网络规划中进行相关的业务建模。就是在了解各种业务呼叫模型的基础上，根据所规划区域的业务应用调查和预测，为各种业务建立相关的模型，给出规划区域内的业务需求。

在移动通信系统中，话务量可以分为流入话务量和完成话务量。流入话务量取决于单位时间内（通常是一小时）发生的平均呼叫次数与每次呼叫平均占用无线信道的时间。流入话务量通常是以爱尔兰（Erl）为单位。而根据不同的容量计算模型，可以计算出当前区域的规划容量，详细的计算方法可参考 Erl-B 和 Erl-C 等相关模型。通常情况下，我们查找 Erl-B 表即可。

2．CDMA 无线网络规模确定

在完成网络容量和基站的业务能力分析的基础上，需要对基站的数量和整个 CDMA 网络的规模作最后的规划设计。

具体的做法就是把设计规划区域进行统计，如密集市区、一般市区、郊区和农村，并统计其各种业务类型的容量大小，同时根据基站的载频业务能力，计算出需要多少个基站，每个基站配置多少个载频。其规划流程如图 4-2 所示。

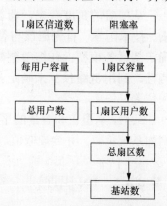

图 4-2　CDMA 站点规模确定流程图

其中，阻塞率的定义如下。

在一个区域，由于经济方面的原因，所提供的链路数一般会比电话用户数要少得多。当有人要打电话时，会发现所有链路可能全部处于繁忙状态，我们称这种情况为"阻塞"或"时间阻塞"。提供的链路越多，则系统的阻塞率越小，提供给用户的服务质量就越好，即电话系统的承载能力决定了链路的数目，而链路的数目又决定了系统的阻塞率。

我们在做规划时可以通过查询 Erl-B 表来查找各种通信业务的阻塞率，进而计算一个扇区的容量。比如中国电信 CDMA 话音业务的阻塞率为 0.02，而数据业务的阻塞率为 0.05。

以话音业务为例，每个用户的平均容量就可以这样计算：

$$P（单用户容量）=0.02×60min=0.12Erl$$

而 CDMA 系统的一个载扇可以提供约 26.43Erl 的话务量，那么一个载扇可以支撑的用户数为：

$$N（用户数）=26.43/0.02=1\ 320\ 人$$

那么该地区的 CDMA 预计用户为：

$$20×0.9×0.15=2.7（万户）$$

每个载扇可以为 1 320 个用户提供 CDMA 网络服务，那么整个地区的规划载扇个数即为：27 000/1 320=20.45 个，我们取最大整数为 21 个。有了总载扇个数，根据实际站点的配置我们就能够计算出整个区域的基站站点数。

假如我们采用 S111 站点（3 个扇区，每个扇区各配置一个载频），则需要建设的站点数为 21/3=7 个，即需要新建 7 个基站来满足容量覆盖的要求。如果采用 S222 站点（3 个扇区，每个扇区各配置 2 个载频）配置方式，只需要建设 3～4 个基站就可以满足容量要求。

4.4.4　容量和覆盖的关系

在 CDMA 网络规划中，两个重要的方面就是覆盖和容量的规划，这两个方面是相互制约又相互依赖的。由于 CDMA 系统的软容量特性，容量的增大会使得覆盖范围收缩，而覆盖范围的增大同时也就意味着容量的减小，所以规划时要兼顾覆盖和容量，使两者达到平衡。

从容量的角度考虑，CDMA 系统具有软容量特性，容量大小随用户行为模型的改变而改变，用户行为模型包括用户分布、用户行为、系统解调门限等。当用户行为模型固定时，可以通过调节系统负荷，改变准入门限参数来改变系统容量。CDMA 系统能同时支持话音和数据业务，前反向容量不同，在进行容量规划时，需要从前反向链路两个方面来考虑。

从覆盖的角度考虑，覆盖规划中需要注意的因素有以下几个方面：设备因素、环境因素、技术因素。首先应该与客户做充分的沟通交流，了解其对数据和话音业务的特殊要求，确定其话务模型；仔细考察建立系统所在地的环境，确定传播模型；结合设备厂商设备的特性，利用链路预算来确定基站的覆盖范围；再根据具体要求和地理环境确定基站的数目和位置。

最后，从覆盖和容量的平衡综合考虑，需要分析对两者同时有重要影响的可调参数的值，例如系统负荷，并合理取值，获得容量与覆盖的平衡。

4.4.5 PN 码规划

对 CDMA 网络进行 PN 码规划是件非常重要的事情，它对网络规模、网络质量以及以后的网络优化都有很大的影响。规划不好，会为后期网络优化带来更大的问题。一般我们进行 PN 码规划时，过程大致如下。

① 首先确定 PILOT_INC，在此基础上确定可以采用的导频集；

② 根据站点分布情况（相对位置）组成复用集（站点的集合），先确定一个基础复用集，其余站点在此基础上进行划分；

③ 确定各复用集的各个站点与基础集中各站点的 PN 复用情况，即与基础集中站点采用相同的 PN 偏置；

④ 给最稀疏复用集站点分配相应的 PN 资源，根据该复用集站点的 PN 规划得到其他复用集的 PN 规划结果。

1. PN 规划

PN 码是一个位数为 $2^{15}-1$ 的伪随机码，协议上将每 64 位的偏移作为一个 PN Offset，也即是我们系统内有 512 个 PN Offset。但我们不能将所有的 PN Offset 都用在网络上，因为只差 64 位偏移的 PN Offset 的间隔太小了，极容易导致导频的错误解调。因此，我们设置一定的间隔的 PN Offset 进行使用。系统内有相关参数（PILOT_INC）设置。

PILOT_INC 的设置是可以根据无线环境特性和基站的平均站距等因素推算出来的。目前采用 PILOT_INC＝4 的最多，而对于特大城市区域，比如上海地区，由于基站平均站距很小，PILOT_INC 一般取 2。

当 PILOT_INC 较大时，可用导频相位偏置数减少剩余集中的导频数；减少移动台扫描导频的时间也相应减少强的导频信号发生丢失的概率；减少可用导频相位偏置数，同相位的导频间复用距离将减小，同相复用导频间的干扰将增大。

两个导频间 PN 偏置的最小相位间隔决定了 PILOT_INC 的下限。那么，首先考虑两个导频间最小相位间隔受限的因素。不同导频间的相位应具有一定的间隔，主要是基于以下原则：其他扇区不同 PN 偏置的导频出现在本偏置的激活搜索窗口时，对当前扇区的干扰应小于某一门限；相同导频的两基站间复用距离的考虑应基于以下原则：采用同一 PN 偏置的其他扇区对当前扇区的干扰应低于某一门限。

2．PILOT_INC 设置

表 4-4　　　　　　　　　　　　　**PILOT_INC 典型值设置**

	密集市区理论值	密集市区建议设置值	郊区和农村理论值	郊区和农村建议设置值
PILOT_INC	2	4	4	4
PILOT_INC	3	6	6	6

如表 4-4 所示，采用以上 PILOT_INC 设置，基本上可以满足干扰要求，密集市区建议设置的 PILOT_INC 是理论值的一倍，一方面可以留出足够多的 PN 资源用于扩容，另一方面可以减少建网初期基站覆盖范围比较大导致小区之间由于传输延迟产生干扰的可能性。对于郊区和农村，由于站点之间的距离比较远，站点密度比较小，理论上不存在导频复用的问题，可以通过相邻站点不设置相邻 PN 来满足隔离要求。

实际设置的时候，可将城区和农村站点的 PILOT_INC 设置为同一个值，配置导频时，郊区和农村的 PN 不连续设置，如系统中将 PILOT_INC 设置为 4，城区导频按 PILOT_INC 为 4 设置，郊区和农村导频按 PILOT_INC 为 8 设置，这样能够同时满足城区和郊区（农村）的要求。

选定 PILOT_INC 后，有两种方法设置 PN：

① 连续设置，同一个基站的 3 个扇区的 PN 分别为$(3n+1)\times$PILOT_INC、$(3n+2)\times$PILOT_INC、$(3n+3)\times$PILOT_INC；

② 同一个基站的 3 个导频之间相差某个常数，各基站的对应扇区（如都是第一扇区）之间相差 n 个 PILOT_INC：如 PILOT_INC=3 时，同一个站点 3 个扇区的 PN 偏置分别设为 $n\times$PILOT_INC、$n\times$PILOT_INC+168、$n\times$PILOT_INC+336；PILOT_INC=4 时，3 个扇区的 PN 偏置分别设为 $n\times$PILOT_INC、$n\times$PILOT_INC+ 168、$n\times$PILOT_INC+336。

这两种方法各有优缺点，第一种简单方便，适合规模较小的区域规划，第二种设置方法更能够满足扩容的需求，考虑到以后 CDMA 网络的发展，我们一般建议使用第二种：其实无论采用哪一种 PN 设置方式，只要 PILOT_INC 确定，可以提供的 PN 资源是一定的。

① 如果 PILOT_INC 设置为 3，可以提供的 PN 资源为 512/3＝170，每组 PN 使用 3 个 PN 资源（假设站点使用三扇区），对于新建网络留出一半用作扩容，这样可以提供的 PN 组为 170/(3×2)=28，也就是对于新建网络，每个复用集可以是 28 个站点。

② 如果 PILOT_INC 设置为 4，可以提供的 PN 资源为 512/4＝128，每组 PN 使用 3 个 PN 资源（假设站点使用三扇区），对于新建网络留出一半用作扩容，这样可以提供的 PN 组为 128/(3×2)=21，也就是对于新建网络，每个复用集可以是 21 个站点。

3．一种 PN 码规划方法

如表 4-5 所示，以 PILOT_INC=4 为例，我们在规划前可以将 512 个 PN 码进行分类，分成 4 个簇（cluster），以保证各个 PN 集之间保持尽量大的隔离度，并且簇与簇之间也能够很好地隔离，保证了规划效果。

第一步：PN 码按簇分类（PILOT_INC=4 为例）。

表 4-5　　　　　　　　　　　　　　PN 码按簇划分示例

簇 1

扇区 1	4	20	36	52	68	84	100	116	132	148	164
扇区 2	172	188	204	220	236	252	268	284	300	316	332
扇区 3	340	356	372	388	404	420	436	452	468	484	500

簇 2

扇区 1	8	24	40	56	72	88	104	120	136	152	168
扇区 2	176	192	208	224	240	256	272	288	304	320	336
扇区 3	344	360	376	392	408	424	440	456	472	488	504

簇 3

扇区 1	12	28	44	60	76	92	108	124	140	156	
扇区 2	180	196	212	228	244	260	276	292	308	324	
扇区 3	348	364	380	396	412	428	444	460	476	492	

簇 4

扇区 1	16	32	48	64	80	96	112	128	144	160	
扇区 2	184	200	216	232	248	264	280	296	312	328	
扇区 3	352	368	384	400	416	432	448	464	480	496	

第二步：PN 簇分布（只列出第一扇区的 PN）。

如表 4-6 所示，如此安排规划各簇的位置，也是考虑保证相邻的 PN 相隔尽量远，剩余的空格就留给以后扩容用，如表 4-6 中还有两个 PN 码没有用到。在这个表中所列的 PN 码仅为表 4-1 所列的簇的第一行的 PN 码，根据 3 个小区为一组，其余两个 PN 可以对应查找出来。

表 4-6　　　　　　　　　　　　　　PN 码按簇分布排列示例

簇 1			簇 2		
148	164		152	168	
132	20	36	136	24	40
116	4	52	120	8	56
100	84	68	104	88	72
156			160		
140	28	44	144	32	48
124	12	60	128	16	64
108	92	76	112	96	80
簇 3			簇 4		

第三步：PN 整体规划。

在第二步分布的基础上，就能够按照实际的区域进行 PN 整体规划了，具体就是将一组 PN 簇排列分布有序的排列起来，达到实际网络覆盖的目的。表 4-7 即给出了一个示例。

表 4-7　　　　　　　　　　一个按照簇分布有序排列的规划示例

148			152	168		148			152	168	
132	20	36	136	24	40	132	20	36	136	24	40
116	4	52	120	8	56	116	4	52	120	8	56
100	84	68	104	88	72	100	84	68	104	88	72
156			160			156			160		
140	28	44	144	32	48	140	28	44	144	32	48
124	12	60	128	16	64	124	12	60	128	16	64
108	92	76	112	96	80	108	92	76	112	96	80
152	168		148			152	168		148		
136	24	40	132	20	36	136	24	40	132	20	36
120	8	56	116	4	52	120	8	56	116	4	52
104	88	72	100	84	68	104	88	72	100	84	68
160			156			160			156		
144	32	48	140	28	44	144	32	48	140	28	44
128	16	64	124	12	60	128	16	64	124	12	60
112	96	80	108	92	76	112	96	80	108	92	76

4.4.6　PN 邻区规划

地理位置上直接相邻的小区一般要作为邻区，邻区一般都要求互为邻区，在一些特殊场合，可能要求配置单向邻区。对于密集市区和市区，邻区应该多做，但由于 IS-95 手机的邻区集合最大是 20 个 PN，1x 手机最大 40 个。因此，实际网络中，既要求配置必要的邻区，又要避免过多的邻区。

对于市郊和郊县的基站，即使站间距很大，也尽量要把位置上相邻的作为邻区，保证能够及时做可能的切换。邻区制作时要把信号可能最强的放在邻区列表的最前。IS-95A 手机支持的邻区个数为 20 个，1x 手机支持的邻区个数为 40 个。在通话阶段，当存在多个分支时，BSC 下发给手机的邻区关系会与这些分支各自配置的邻区关系进行合并，当合并后的数量超过上面的数量限制时，则会把其余的邻区丢弃。因此，若没有优先级的设置，则邻区的随机排列可能会导致重要邻区的丢失。

根据实际的工程规划经验，我们认为 PN 邻区规划应该参考以下几个原则。

（1）第一层的扇区都配置为邻区

对于目标小区，在 PN 邻区配置规划时，一定要将其周围相邻的基站小区的 PN 配置为相邻小区。

（2）第二层扇区应优先考虑配置为邻区

在目标小区之外的第二层小区，考虑到天线挂高、无线环境等都可能与目标小区发生切换关系，所以这些小区也应该优先考虑加入邻区配置集合中。

（3）避免 One-Way、Two-Way 现象

One-Way 是两个相同 PN 的基站通过某一个基站形成了切换关系而引起的一种现象，如

A 与 B 有邻区关系，B 与 C 有邻区关系，且 A、C 的 PN 相同，那么 B 在与 A 切换时，B 不能判断到底是与 A 切换，还是与 C 切换，从而造成掉话。

Two-Way 是 One-Way 的演变，如 A 与 B 有邻区关系，C 与 D 有邻区关系，并且 B 与 C 有邻区关系，A 和 D 的 PN 相同，那么 C 与 D 切换时，间接地 C 与 A 也有可能有邻区关系，这时 C 就不知道到底是与 A 切换还是与 D 切换，从而也造成掉话，它的影响相对 One-Way 来说较小一些，解决的办法主要是根据 homax 的 Summary 来判断它们间的切换比率，看是否有必要将其邻区断掉，如果切换比率高，不能断的话，就只有改 PN 了，解决 One-Way 的主要办法还是改 PN。

在邻区规划时，一定要对邻区进行核查看是否存在 One-Way、Two-Way 现象，这可以借助一些规划工具来验证避免。

（4）尽量避免单向邻区

单向邻区是指两个小区间邻区的配置是单向的，如 A 到 B 有邻区关系，而 B 到 A 却没有邻区关系。这种情况可能会导致在两个小区间切换时发生失败，应该尽量避免。但考虑到一些特殊情况，比如邻区表限制、实际地形环境、邻区调整等，也允许暂时存在单向邻区现象。不过网络中大量存在单向邻区，易导致出现网络性能问题，就需要多做邻区核查来监控此类现象，以尽量避免。

（5）配置邻区数目不可过多，并要考虑邻区优先级

目前，对于 CDMA 通信系统，邻区配置数目限制是由两部分决定的，一个是由手机终端芯片、一个原因在于设备厂商的设置。一般情况下，IS-95A 手机支持的邻区个数为 20 个，而 1x 手机支持的邻区个数可以达到 40 个。

邻区并不是配置的越多越好，配置过多会导致手机搜索速度变慢，导致搜索到的无线信号强度不足，影响手机的通话质量。由此就引出了另一个问题，邻区优先级配置问题。

以阿尔卡特—朗讯设备为例：其系统默认邻区表是最多 20 条，如果打开了 40 条邻区功能后，可以最多配 40 条。邻区优先级级别分为 4 类：分别是 0/1/2/3。0 代表最高搜索优先级，1 代表高搜索优先级，2 代表中搜索优先级，3 代表低搜索优先级，CDMA 邻区表的先后顺序是首先按优先级组，然后按基站编号、小区编号进行配置。

在实际的网络规划工作中，我们一般都会借助一些软件来完成邻区规划和优化工作，这些工具软件包括 Mapinfo、ArcGis、GoogleEarth 等软件。根据工作积累的经验，我们认为最好的邻区配置软件为 GoogleEarth 软件，它对规划区域提供地理信息坐标的同时，也能够看出地形图，特别对于复杂的地形区域的规划很有必要。

GoogleEarth 卫星地图具有较为直观的三维影像，可清晰地观测地形环境。在导入相关基站数据以及室内覆盖系统、室外方案数据后，工程师就可方便地进行规划选点、方案设计、资料存档、后续优化工作，这样大大提高了工作效率。

目前网络规划优化工作普遍应用 Mapinfo 电子地图软件，在 Mapinfo 中加载 Mapinfo2Google.MBX 插件，可以方便地将 Mapinfo 的.Tab 图层转换为 GoogleEarth 格式的.Kml 文件，导入 GoogleEarth 系统。

4.4.7　重要参数规划

对于 CDMA 网络规划，除了在规划初期考虑到网络覆盖、网络容量，以及进行 PN 规划

和链路分析之外，还需要对影响网络运行的一些参数进行综合考虑，才能给出合适的规划设计方案，并且在网络规划仿真中得到准确的反映。

这些参数的准确设计对有网络运行后期的优化也起到了非常重要的作用，所以有必要在规划初期进行详细的了解和考虑。

1. 导频集搜索窗参数

导频集搜索窗包括 3 个参数：SRCH_WIN_A，SRCH_WIN_N，SRCH_WIN_R。这 3 个参数取值范围是 0～15，具体对应的窗口大小见表 4-8。

表 4-8　　　　　　　　　　　　　　　导频集搜索窗宽度

SRCH_WIN_A SRCH_WIN_N SRCH_WIN_R	搜索窗宽度 PN 码片	实际距离（km）	SRCH_WIN_A SRCH_WIN_N SRCH_WIN_R	搜索窗宽度 PN 码片	实际距离（km）
0	4	0.976	8	60	14.64
1	6	1.46	9	80	19.53
2	8	1.95	10	100	24.41
3	10	2.44	11	130	31.73
4	14	3.41	12	160	39.06
5	20	4.88	13	226	55.17
6	28	6.83	14	320	78.12
7	40	9.76	15	452	110.35

（1）SRCH_WIN_A

激活/候选集搜索窗口。该参数用于搜索激活和候选集的导频信号，目前后台缺省设置为 6，需要根据实际规划情况进行调整，主要考虑以下两种情况。

该小区的覆盖区域内导频的多径之间时延。如果同导频的多径之间时延比较大而该窗口设置较小，容易出现无法进行多径合并的现象，造成干扰导致掉话。可以估计一下小区内最早多径和最迟多径之间的时间差，先假设这个时延是覆盖半径的一半，那么对于覆盖半径为 30km 的小区，时间差是 15km，也就是 60chip，搜索窗口就需要在 120chip 以上，即窗口值为 11。如果多径之间的时延更大，相应的搜索窗口也需要增大。

如果该小区附近有来自远方的导频，而本小区却是覆盖范围并不大的时候，需要考虑到这个远方导频的时延，如果小区的激活集搜索窗口设置较小，将无法搜索到来自远方的导频信号。需通过计算小区边界处来自两个小区（本小区和远方小区）的信号时延，设置出一个合适的窗口。

（2）SRCH_WIN_N

相邻集搜索窗口。该参数用于搜索相邻集的导频信号，目前后台缺省设置为 8。设置原则和 SRCH_WIN_A 类似。

（3）SRCH_WIN_R

剩余集搜索窗口。该参数设置意义不大。目前后台缺省设置为 9。在网络优化后，该值可设置为 0。

搜索窗设置过小（比如 SRCH_WIN_A）可能会导致搜索不到某些导频而造成干扰，引起掉话；过大则会增加终端搜索导频的时间。缺省值在城区和郊区环境下是足够的，但是在农村环境显然是不够的，因此在农村环境中，需要对各个基站的搜索窗进行规划，根据各个基站的覆盖规划和地形条件来确定初始搜索窗大小，并在基站开通后根据网络实际情况来优化这几个参数。以下有一种规划思路供参考：预测基站覆盖半径 r(km)，估算最早多径与最迟多径之间的时延差为覆盖半径的一半，即时延码片数 t(chip)=r/(2×0.244)；激活集窗口大小 WS≥2t；查对应关系表，得到 SRCH_WIN_A 取值；SRCH_WIN_N 和 SRCH_WIN_R 可适当取值为 SRCH_WIN_A+2 或 SRCH_WIN_A+3。

2．接入参数规划

对于 CDMA 系统，常见的反向接入参数包括小区半径（Radius），反向接入信道参数（INIT_PWR、PWR_STEP、NUM_STEP、PAM_SZ 等）。在农村和郊区 CDMA 网络规划中，反向接入参数通常需要修改。为了为以后的网络运行和维护带来方便，应在规划阶段就规划好反向接入参数，有利于减少后续大量"有信号打不了电话"投诉问题的发生。

（1）Radius（小区半径）

规划基站时的小区半径参数，它的取值范围一般为 0～32 767，单位 PN chip。考虑到环路时延，Radius 是实际覆盖半径的两倍。例如，小区规划半径为 20km，那么 Radius 就是 20×2/0.244≈163chip。具体默认参数的取值，这个与具体的设备厂商有关，比如中兴默认参数取值为 128，相当于 15.6km。但在农村和边缘郊区网络覆盖规划中，由于覆盖距离较远，需要根据基站的实际覆盖来修改参数。这里提供一种计算思路，仅供参考：

① 预测基站覆盖半径 r（km）。一般密集市区 r 约为 0.5km，市区为 1～2km，郊区为 2～5km，农村和偏远的确的基站覆盖半径可以达到 5～15km 等；

② Radius≥2r/0.244（单个 chip 码片的传播距离为 244.14m）。例如农村覆盖距离为 8km，那么 Radius=8×2/0.244，约为 66；

③ 考虑折射影响，实际规划的 Radius 可适当大一些。比如，上述基站的 Radius 参数设置可以取 70 左右。

（2）反向接入信道参数规划

① INIT_PWR（初始发射功率）。接入的初始功率偏置会影响接入的成功率，INIT_PWR 设得过小，可能造成移动台接入困难；INIT_PWR 设得过大，可能会对其他移动台造成较大干扰。对于取值范围是–16～15，后台默认设置为 0，单位为 dB。通常可采用默认值，在农村和郊区地区可取得大一些。

② PWR_STEP（功率增量）。功率增量，取值范围是 0～7，后台默认缺省值为 3，单位为 dB。通常可采用默认值，在农村和郊区，由于人口稀少，CDMA 规划时可以取大一些，比如取 6dB 用于提高接入时延。而在市区需要取值小一些，因为过大的话会带来干扰。

③ NUM_STEP（接入试探数）。接入试探数，而实际发送的探针此时为（NUM_STEP–1）次。如果 PWR_STEP 取得较大，则 NUM_STEP 应当设小一些。原因：修改 PWR_STEP 和 NUM_STEP 这两个参数能达到同样的效果，所以这两个参数取值要取得一定的平衡，即如果 PWR_STEP 设置较小，则 NUM_STEP 应适当取大一些，反之亦然。一般情况下，其取值范围是 0～15，后台默认缺省值为 3。我们的建议值可以取 2～6。

④ PAM_SZ（接入信道前缀长度）。接入信道前缀长度，取值范围是 0～9，后台默认设置为 2。通常采用默认值，即使在城区实际网络 0 或者 1 都是不能使用的，在农村网中可取

大一些。接入信道前缀大小的设定原则应该是保证在基站进行前缀搜索时，手机都在发送接入信道前缀帧。因此该参数的设置与基站半径以及搜索速度有关。在基站侧，当进行接入信道前缀搜索时，每个 PCG 可以搜索 100 个 1/8chip 的偏置。为了提高前缀搜索的可靠性，在每次进行接入信道前缀捕获时，都应进行两次前缀搜索，此外为了提高程序的强壮性，还增加了 2 个 PCG 的处理时间余量。

⑤ MAX_REQ_SEQ（请求的最大接入试探序列数）、MAX_RSP_SEQ（响应的最大接入试探序列数）。这两个参数是同一类参数，设置时一般取值相同。CDMA 的接入信道发送的消息可以分为两大类：请求消息和响应消息。由于基站是在对手机发送接入消息完全一无所知的条件下接收手机的接入消息，而且随机化机制也不可能完全避免不同手机接入探测的碰撞，因此，即使手机在一次探测序列中发送了多个探测，基站也可能无法正确接收，此时为提高接入消息传输的可靠性，手机将重复多次发送探测序列，手机的每一个探测都会对反向容量产生不良影响，而且当手机多次发送探测序列仍无法成功时，再继续发送探测序列可能也无济于事，因此，设置一个发送探测序列次数的上限是非常有必要的。一般情况下，这两个接入参数 MAX_REQ_SEQ 和 MAX_RSP_SEQ 取值范围是 1～15，后台默认缺省值为 2。

3. 位置区划分和登记参数

（1）登记区域（Zone）规划

在交换机边界，需要考虑登记与寻呼的配合问题。若登记过于频繁，则接入信道的占用率偏高；若登记延迟过长，则寻呼失败的比率上升。为了平衡接入信道负荷和寻呼成功率两方面的要求，CDMA 系统引入了登记区域（Zone）的概念。在网络规划中，需要进行登记区域规划，登记区域规划的准则是：

① 登记区域边界尽量避开高话务区；

② 登记区域边界处的基站密度尽量小；

③ 均衡考虑接入信道负荷和寻呼成功率两方面的要求，合理设置基于区域的登记参数；

④ 根据实际需要，考虑是否引入系统间寻呼功能，以进一步降低登记的发生频率，提高寻呼成功率。

（2）相关参数设置

与位置区划分和登记相关的参数有 REG_ZONE、TOTAL_ZONES、ZONE_TIMER、REG_PRD 和 MAX_SLOT_CYCLE_INDEX。

① REG_ZONE

登记识别码是用于在网络中唯一识别一个登记注册区域的号码。该号码由 12bit 组成，由各省自行分配。系统对终端的寻呼是基于 LAC 或 MSC 的，只不过 REG_ZONE 必须为 LAC 的子集，大多数情况下 REG_ZONE 的设置与 LAC 一一对应，故寻呼 LAC 与寻呼 REG_ZONE 就显得没什么区别。REG_ZONE 一般以 BSC 为单位，针对某一个终端的寻呼就是以 REG_ZONE 为单位（系统通过终端发送 Zone Registration 消息，并知道它所处的 Zone）进行发送，而不是全网寻呼。

位置区中 REG_ZONE 的划分也不能过小，REG_ZONE 的最小值由接入信道容量决定。与 GSM 不同，CDMA 的位置区（LAC）概念只是在寻呼时用到，而在登记时的一个相对应的区域为登记区（REG_ZONE），协议中没有说明两者的关系，但是为了很好地寻呼到移动台，登记区应该为位置区的子集，如没有特殊说明，登记区应该与位置区的大小一致。

在登记区与位置区的大小一致的情况下，位置区就不能设计得太小了。否则会引起频繁的登记，这对寻呼没有增加多少好处，但是却引起更多的消息处理，提高了接入信道的负荷与整个系统的负荷，严重时对系统的接入速度及成功率都有很大的影响，所以在设计时应使得一个 REG_ZONE 在寻呼信道负荷允许的情况下设计的尽量大（即 LAC 尽量大）。

REG_ZONE 字段里指出。一个 MS 可以在多于一个区域中登记。可以通过一个 REG_ZONE 加上这一区域的 SID 和 NID 唯一的识别。考虑到按 LAC 寻呼 REG_ZONE 应与 LAC 一一对应。具体规划方法见"LAC 和 REG_ZONE 规划"，一般情况下 REG_ZONE 参数的取值范围为 0～4 095。

② TOTAL_ZONES

被保持的登记区域个数，基站通过 TOTAL_ZONES 这个字段控制区域的最大数量，在这些区域里 MS 被认为可以登记。这个参数和下面的 ZONE_TIMER 参数应一并考虑和设置。TOTAL_ZONES 和 ZONE_TIMER 如果设置过大，MS 进行区域登记的频率太低，会降低寻呼响应成功率；如果设置过小，MS 将频繁发起区域登记，增加系统负载。设置为 0 将禁止区域登记。手机中可保留的最大登记区个数（系统参数消息中 TOTAL_ZONES）应设为 1，否则到一个新的登记区后，移动台不会及时发起位置更新消息。

③ ZONE_TIMER

区域定时器长度参数，它与 MS 的区域登记定时器对应。TOTAL_ZONES 和 ZONE_TIMER 如果设置过大，MS 进行区域登记的频率太低，会降低寻呼响应成功率；如果设置过小，MS 将频繁发起区域登记，增加系统负载。

④ REG_PRD

登记周期参数。如果 MS 不进行基于定时器的登记，基站设这一字段为 0，理想的定时器值为 $2^{REG\_PRD/4} \times 0.08s$。移动台登记时间越长，系统对移动台的监控能力越弱。这样，如果移动台进入到非服务区，或者是出现关机登记失败、电池掉电等现象时，系统不能及时判断出移动台的状态，导致系统有可能向移动台发起无效的寻呼，从而增加了系统负荷，降低了寻呼成功率，导致出现被叫无法接通现象。该参数对应的登记周期应该小于 MSC 侧的移动台隐含关机时间。该值改变影响移动台更新区域登记的周期。规划时可设置为缺省值；一般厂商设置范围一般为 30～85。

⑤ MAX_SLOT_CYCLE_INDEX

移动台处于空闲状态时，有两种工作模式：非时隙模式和时隙模式。非时隙模式下，移动台可以在每一个寻呼信道时隙中接收寻呼信道消息；而时隙模式下，移动台在特定的时隙周期性地被唤醒以监听它的指定时隙，移动台在一个时隙周期内监听寻呼信道的 1 个和 2 个时隙，这样移动台可以减少处理而省电。移动台可以通过登记消息、起呼消息或寻呼响应消息提出自己首选的时隙周期索引。

移动台和基站均使用相同的哈希函数来确定移动台在这个时隙周期中将要监听的时隙号 SLOT_NUM（0～2 048），而寻呼信道被划分成 80ms 的寻呼时隙。且每个时隙为 8×半帧，每个半帧的时间为 10ms，每个半帧从 SCI 比特开始。时隙周期的时间长度为 T，以 1.28s 为单位。

计算公式为：$T = 2^i$。式中，i 为时隙周期索引 MAX_SLOT_CYCLE_INDEX，最大为 7，所以最大的时隙号 SLOT_NUM＝128×1.28×1 000/80＝2 048。MAX_SLOT_CYCLE_INDEX

设置高可以增加手机被叫接续时间，但 MS 耗电量减少，待机时间长；设置低则效果相反。

　　CDMA 网络规划中需要考虑这个参数。时隙周期指数值越大（0～7，最大为 7），时隙周期的时间长度也越大，手机在特定的时隙周期性地被唤醒以监听寻呼信道消息的指定时隙周期越长，则待机时间越长，手机就越省电。但是，这样会造成手机接入时间过长，还影响系统的被叫接通率。系统和手机均有这个参数。手机根据通过寻呼信道得到的系统的这个参数和自己的这个参数比较，选择较小那个周期工作。基于目前的网络状况，为了提高寻呼响应率，抵消由于寻呼重发引起的接续时间长问题，因此取 MAX_SLOT_CYCLE_INDEX 值为 1。这样，可以在提高寻呼响应率的同时又保证可以满足较短的接入时间。

　　4．鉴权参数

　　（1）AUTH

　　若 MS 在接入信道消息中包括标准鉴权数据，基站置这一字段为 1，反之则置 0。根据运营商的要求设置是否要求鉴权，当初 CDMA 系统归中国联通时，中国联通要求鉴权，并且需要 MSC 支持。但目前中国电信并没有强制鉴权。所以在规划鉴权参数时，需要根据运营商的要求设置是否要求鉴权。

　　（2）RAND

　　随机查询值，本参数的取值范围为 $0～2^{32}-1$，一般缺省值为 0。它和 AUTH 参数相关，若 AUTH=1，基站将该字段值设置为 MS 为鉴权而用的随机查询值，不为 0。如果 AUTH 字段置为任何其他值，移动台将省略这一字段。

4.5　CDMA 规划的特点

　　综上所述，建设一个 CDMA 移动网络时，首先要根据有多少资源，根据当地业务量预测和业务密度的分布以及覆盖要求，先估算需要多少载频、多少基站、基站的位置等信息。寻找基站站址是件不容易的事情，在找到站址后根据当地的地形、地貌和实际实物计算基站的覆盖范围。而由于 CDMA 网络是自干扰系统，具有反向决定覆盖范围的特点，所以在计算覆盖范围的时候要考虑可能存在的干扰这一因素。

　　在计算覆盖和容量的时候，很多参数与信号强度有关，包括链路衰减、用户设备的接收灵敏度等参数，调整这些参数就能够得到不同的模型和计算结果。在这些仿真参数系统中，修正和改变这些参数才能不断地优化各个参数，进而找到满足的容量、质量、覆盖要求的最优参数集合。若调整参数仍然不能满足要求，则需要重新调整小区的数量，增加基站，重新评估网络资源等。例如，郊区业务量少，资源可以借调到市区使用，CDMA 1x 话音话务量较少，可以借到 1x EV-DO 信道资源上来使用。在这个过程中需要仔细核算干扰，并且在经济性和质量的要求方面要综合考虑。因此在做规划和设计时，CDMA 系统的容量和覆盖是密不可分、相辅相成的。

　　规划设计完成后，开始工程建设。施工建设后，不一定能够达到预想的效果。因为预测模型缺乏准确性以及一些预先没有估计到的情况。所以网络投入运行后还要进行实际测试，与预测进行比较，调整参数，以期待达到预想结果，这就是优化，有时候应该在设计阶段就做出一些测试来不断地修正设计。

第 5 章　cdma2000 1x 信令与协议

5.1　信令与协议概述

人们将通信设备和计算机中统一使用的通信规程或专用语言称为信令，信令主要用于建立、维持、拆除各种话音和数据通信链路。协议一词主要来源于计算机与数据通信技术，其含义与话音通信中的信令基本类似。现代通信中传送的多媒体业务，既包含话音，也含有数据域图像等综合业务。因此，既需要信令也需要协议，且两者互相渗透，有时几乎不加区分。总而言之，信令与协议是通信网络内统一使用的通信规程和专用语言，它可以协调网内、网间的正常运行，以实现互通、互控的目的。下面主要介绍国际标准化组织的 OSI 7 层通信协议模型，TCP/IP 协议模型，CCS7 号信令系统，cdma2000 1x 移动通信网络中的 Um 接口、A、B、C、D、E、F、G、H 接口及相关协议，以及 IETF 相关协议。

5.1.1　OSI 7 层协议模型

国际化标准组织（ISO，International Organization for Standardization）提出了一种开放系统互连/参考模型（OSI/RM，Open System Interconnection/Reference Model），主要是为解决异种网络互连时所遇到的兼容性问题，帮助不同类型的主机实现通信。它的最大优点是将服务、接口和协议这 3 个概念明确地区分开来，通过 7 个层次的结构模型使不同的系统、不同的网络之间实现可靠的通信。OSI/RM 参考模型如图 5-1 所示。

OSI 参考模型共分为 7 个层次，从低到高依次是物理层、数据链路层、网络层、传输层、会话层、表示层、应用层。各层的协议规范精确定义了发送的控制信息及解释该控制信息的过程。服务定义描述了各层所提供的服务以及层与层之间的抽象接口和交互的服务原语。

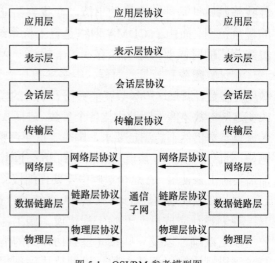

图 5-1　OSI/RM 参考模型图

在 OSI 7 层模型中，每一层都为其上一层提供服务，并为其上一层提供一个访问接口或界面。不同主机之间的相同层次称为对等层。

如主机 a 中的表示层和主机 b 中的表示层互为对等层、主机 a 中的会话层和主机 b 中的会话层互为对等层等。对等层之间互相通信需要遵守一定的规则，如通信的内容、通信的方式，我们将其称为协议（Protocol）。我们将某个主机上运行的某种协议的集合称为协议栈。主机正是利用这个协议栈来接收和发送数据。OSI 参考模型通过将协议栈划分为不同的层次，可以简化问题的分析、处理过程以及网络系统设计的复杂性。

5.1.2 TCP/IP 协议模型

OSI 参考模型对于理解网络协议内部的运作有很大帮助，但是该模型的复杂性阻碍了其在计算机网络领域的实际应用。在现实网络世界里，TCP/IP 模型获得了更为广泛的应用。TCP/IP 是美国国防部高级研究计划局计算机网（ARPANET，Advanced Research Projects Agency Network）使用的参考模型。最初，它只连接了美国境内的 4 所大学。随后的几年中，它通过租用的电话线连接了数百所大学和政府部门。最终 ARPANET 发展成为全球规模最大的互联网络——因特网。

TCP/IP 模型分为 4 个层次：应用层、传输层、网络互联层和物理层/数据链路层，如图 5-2 所示。

应用层	FTP、Telnet、HTTP		SNMP、TFTP、NTP	
传输层	TCP		UDP	
网络互联层	IP			
物理层/数据链路层	以太网	令牌环网	802.2	HDLC、PPP、帧中继、…
			802.3	EIA/TIA-232、V.35、V.21、…

图 5-2　TCP/IP 协议模型

（1）物理层/数据链路层

实际上 TCP/IP 参考模型没有真正描述这一层的实现，只是要求能够提供给其上层网络互连层一个访问接口，以便传递 IP 分组。由于这一层次未被定义，所以其具体的实现方法可随着网络类型的不同而不同，常见的物理链路有 E1/T1、10/100Mbit/s 以太网、OC3 等。

（2）网络互联层

网络互联层是整个 TCP/IP 协议栈的核心。它的功能是把分组发往目标网络或主机。同时，为了尽快地发送分组，可能需要沿不同的路径同时进行分组传递。因此，分组到达的顺序和发送的顺序可能不同，这就需要上层必须对分组进行排序。网络互联层定义了分组格式和协议，即 IP 协议。

网络互联层除了需要完成路由的功能外，也可以完成将不同类型的网络（异构网）互联的任务。除此之外，网络互联层还需要完成拥塞控制的功能。

（3）传输层

在 TCP/IP 模型中，传输层的功能是使源端主机和目标端主机上的对等实体可以进行会话。在传输层定义了两种服务质量不同的协议，即传输控制协议（TCP，Transmission Cotrol Protocol）和用户数据报协议（UDP，User Datagram Protocol）。

TCP 协议是一个面向连接的可靠协议。它将一台主机发出的字节流无差错地发往互联网上的其他主机。在发送端，它负责把上层传送下来的字节流分成报文段并传递给下层。在接收端，它负责把收到的报文进行重组后递交给上层。TCP 协议还要进行端到端的流量控制，以避免缓慢接收方没有足够的缓冲区接收发送方发送的大量数据。

UDP 协议是一个不可靠的无连接协议，主要适用于不需要对报文进行排序和流量控制的信息传输。

（4）应用层

TCP/IP 模型将 OSI 参考模型中的会话层和表示层的功能合并到应用层实现。应用层面向不同的网络应用引入了不同的应用层协议。其中，有基于 TCP 的文件传输协议（FTP，File Transfer Protocol）、虚拟终端协议（Telnet）、超文本传输协议（HTTP，HyperText Transfer Protocol）等，也有基于 UDP 的简单网络管理协议（SNMP，Simple Network Management Protocol）等。

TCP/IP 协议模型广泛用于 cdma2000 1x 系统中的数据域网元之间。在 TCP/IP 协议模型中，去掉了 OSI 参考模型中的会话层和表示层（这两层的功能被合并到应用层实现）。TCP/IP 参考模型和 OSI 参考模型的对比见表 5-1。

表 5-1　　　　　　　　　　　TCP/IP 和 OSI 参考模型对比

TCP/IP	OSI/RM
应用层	应用层、表示层、会话层
传输层（TCP）	传输层
网络层（IP）	网络层
物理层/数据链路层	数据链路层
	物理层

5.1.3　No.7 号信令系统

20 世纪 70 年代中期程控交换机迅速发展以及通信业务数据化趋势，ITU-T 的前身国际电报电话委员会（CCITT，Consultative Committee for International Telephone and Telegraph）于 1980 年提出了适合数字通信网接续控制的共路信令系统（CCS，Common Channel Signaling），替代以往的随路信令系统，并根据 ISO 7 层体系结构思路发展演进，最终形成了 No.7 CCS 信令系统模型，如图 5-3 所示。

（1）消息传递部分（MTP）

No.7 CCS 信令系统中的消息传输部分（MTP，Message Transfer Part）主要任务是保证信令消息的可靠传送，它可分为 3 级。

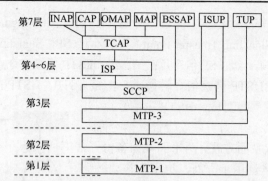

INAP：智能网应用部分　OMAP：操作维护应用部分　　　CAP：CAMEL 应用部分

MAP：移动应用部分　　　TCAP：事务处理能力应用部分　BSSAP：基站子系统应用部分

ISUP：ISDN 用户部分　　TUP：电话用户部分　　　　　SCCP：信令连接控制部分

MTP：消息传递　　　　　ISP：中间服务部分

图 5-3　CCS No.7 信令系统模型

① MTP-1 信令数据链路级：这是 No.7 信令传送的物理层，它定义了 No.7 信令的电气和功能特征等，要求一条独立的数据传输通道，是 No.7 CCS 消息的传送载体。在目前交换机上，一般由 PCM 系统的某一时隙提供，实际常采用 PCM 的 16 时隙（TS，Time Slot）；

② MTP-2 信令链路级：定义信令消息在数据链路上的传送方式和过程，如帧格式、差错检测、纠错重发、链路定位过程等，提供信令两端的信令可靠传送；

③ MTP-3 信令网功能级：完成 No.7 信令的网络层功能，如目的地寻址，同时保证信令能正确传送到目的点，当信令网中某些点或传输链路发生故障时它能保证信令消息在信令网中仍能可靠地传递。

（2）信令连接控制部分

信令连接控制部分（SCCP，Signaling Connect Control Part）扩充了 MTP 的用户部分，SCCP 支持不同的子业务系统，提供数据的无连接和面向连接业务，如智能网中账号查询、移动网中用户鉴权等许多实时性很强的消息就是利用无连接业务传送的。面向连接业务是传送消息前预先建立连接。如移动网的 A 接口消息主要采用面向连接来传送。

（3）用户部分

事务处理应用部分（TCAP，Transaction Capabilities Application Part）建立在 SCCP 面向无连接服务基础之上。TCAP 主要用于 SSP 和 SCP 之间建立远程操作对话、交换局访问网络数据库中心、网络数据库之间建立远程操作对话过程等方面。TCAP 由两个子层组成，即成分子层和事务处理子层：成分子层（Component Portion）是传送远端操作及响应的协议数据单元，提供对话处理和成分处理；事务处理子层（Transaction Portion）处理两个 TCAP 用户之间包含成分的消息交换。

电话用户部分（TUP，Telephone User Part）支持电话业务，控制电话网的接续和运行，如呼叫的建立、监视、释放等。TUP 在移动网中也称为 MTUP。

综合业务数据部分（ISUP，ISDN User Part）能够在 ISDN 环境中提供话音和非话业务所需的功能，以支持 ISDN 基本业务及补充业务。ISUP 具有 TUP 的所有功能，因此可以代替 TUP。

我国 No.7 信令网采用 3 级结构：高级信令点（HSTP，High Signaling Transfer Point）、低级信令点（LSTP，Low Signaling Transfer Point）、信令点（SP，Signaling Point），分别与话路网络对应，如图 5-4 所示。第一级：SP 信令点；第二级：LSTP 低级信令点转接点，汇接若干 SP，并联至 HSTP；第三级：HSTP 高级信令转接点，汇接 LSTP，HSTP 间全部采用直联方式。

3 级结构与信令点编码相对应，HSTP 主信令点、LSTP 分信令点、SP 信令点。为考虑安全性，信令网采用 A、B 结构相同的双平面方式，两平面互为备份。

7 号信令系统不仅广泛用于固网，也用于移动网络，在 cdma2000 1x 网络 MSC 之间、MSC 和 PSTN，以及不同运营商移动网网关局（GMSC，Gate MSC）之间基本上是采用 7 号信令系统。中国的 7 号信令和

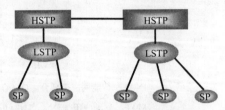

图 5-4　No.7 CCS 信令网 3 级结构图

国际上的 7 号信令的最大不同之处是：国内的信令点编码采用 24bit，而国外的信令点编码采用 14bit。

5.2　cdma2000 1x 信令与协议

5.2.1　cdma2000 1x 接口与协议

cdma2000 1x 系统主要接口包括 Um 空中接口，A 接口，Abis 接口，MSC 与 HLR 之间的 C 接口，MSC 与 VLR 之前的 B 接口，MSC 与 MSC 之间的 E 接口，HLR 与 VLR 之间的 D 接口，MSC 与 EIR 之间的 F 接口、G 接口、H 接口。

在 cdma2000 1x 网络系统互联采用的北美 IS-41 规范，使用了 No.7 CCS 规定的信令协议，其中电路域 A 接口主要传送基于信令连接控制部分 SCCP 和消息传递部分 MTP，上层采用 DTAP 及 BSSMAP 和 MSC 进行互通。分组域 A 接口协议采用物理层、链路层、TCP/IP、应用层 4 层 TCP/IP 模型。Abis 接口大多采用私有接口，3GPP2 规范建议物理层、媒体接入层（MAC，Medium Access Control）、应用层 3 层结构协议模型，MAC 层包含链路接入（LAC，Link Access Control）子层，MAC 一般基于 ATM 方式承载，在应用层采用 TCP/IP、UDP/IP、SCTP/IP 协议进行传输。Um 接口属公开接口，信令协议模型采用物理层、MAC 层、应用层 3 层结构，其中 MAC 层还包含 LAC 子层。cdma2000 1x 的移动应用部分 MAP 协议采用事物处理应用部分 TCAP 进行网络控制，No.7 CCS 信令的 ISDN 用户部分 ISUP 包含从 ISDN 标准承载的消息，如 cdma2000 1x 的呼叫相关信令采用 ISUP 连接至外部网络。CDMA 2000 1x 网络接口如图 5-5 所示。

cdma 2000 1x 网络结构中主要接口及大致的信令协议如下。

① Um 接口：MS←→BTS 之间接口，无线接口上要传输各种不同的协议。

② Abis 接口：BTS←→BSC，为内部协议接口，传输无线资源管理消息。

③ A 接口：BSC 与 MSC 之间的接口，遵守 CDG iOS 4.x 规范，又可细分为下列接口：A1/A2 接口，BSC←→MSC 接口，A1 负责传输信令，A2 负责传输话音。A3/A7 接口，BSC←→BSC 接口，A3 接口传输 BSC 和 SDU 之间的信令，A7 负责传输 BSC 之间软切换信

令。A8/A9 接口，BSC←→PCF 接口，A8 用于传输用户数据，A9 用于传输信令。A10/A11 接口，PCF←→PDSN 接口，又称为 RP 接口，A10 用于传输用户数据，A11 用于传输信令，负责 RP 通道的建立、维持和拆除。A1p 接口，A1p 接口是 BSC 与 MSCe 之间的信令接口，主要用于移动软交换网络中，传送 BSC 与 MSCe 之间的呼叫控制和移动性管理功能的信令消息。A2p 接口，A2p 接口承载 BSC 和 MGW 之间的用户业务。

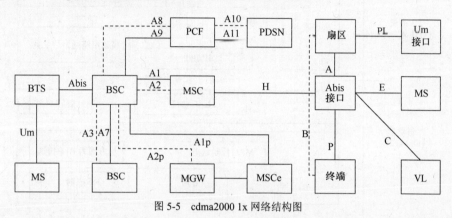

图 5-5　cdma2000 1x 网络结构图

④ B 接口：MSC 与 VLR 之间的接口，一般 MSC 和 VLR 合设并使用 MAP，因此该接口是内部接口。

⑤ C 接口：MSC 和 HLR 之间的接口，C 接口使用 MAP 信令协议。

⑥ E 接口：MSC 之间、MSC 和 PSTN、PLMN 之间的接口，该接口一般使用 7 号信令的 MAP、TUP、ISUP 信令。

⑦ F 接口：MSC 和 EIR 之间的接口，国内移动网未安装 EIR 网元，该接口不予介绍。

⑧ G 接口：VLR 之间的接口，该接口使用 MAP。

⑨ H 接口：HLR 和 AuC 之间的接口，该接口使用 MAP。

5.2.2　cdma2000 1x 协议结构

cdma2000 1x 系统协议采取分层结构，分为横向 3 层：物理层、链路层和高层，纵向分为两个平面：用户业务平面，分布包含电路和分组域的话音与数据业务，以及控制信令平面组织协议。协议分层和 OSI 的对应关系如图 5-6 所示。

其中，IP 为网际互联协议；PPP 为点对点协议；TCP 为传输控制协议；UDP 为用户数据报协议；LAC 为链路接入控制；MAC 为媒体接入控制；RLP 为无线链路协议。

对应 cdma2000 1x 系统各接口信令协议模型如图 5-7 所示。

各接口功能描述如下。

（1）物理层

它由一系列前、反向物理信道组成，其主要功能是完成各类物理信道中的软、硬件信息处理，如信源编解码、信道编解码、调制解调、扩频解扩等。

（2）链路层

它根据高层对不同业务的需求提供不同等级的 QoS 特性，并对业务提供协议支持和控制机制，同时完成物理层和高层之间的映射和变换。它可分为两个子层，复用与 QoS 保证子层及 RLP 子层，它们共同完成媒体接入功能。链路接入控制（LAC）层主要针对信令，完成信令打包、分割、重装、寻址、鉴权及重传控制功能。

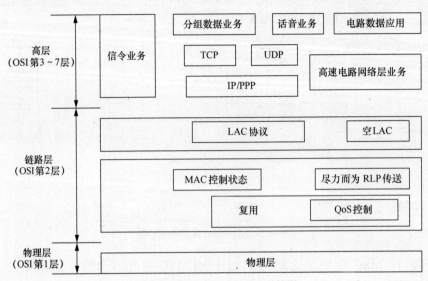

图 5-6　cdma2000 1x 分层协议结构图

	Um 接口信令	Abis 接口信令	A1	A7/A3 信令	A9	A11
高层	层3信令	层3信令	层3信令	层3信令	层3信令	层3信令
链路层	LAC MAC	TCP IP 链路层	SCCP MTP-3 MTP-2 MTP-1	SCTP IP 链路层	TCP/UDP IP Ethernet	UDP IP Ethernet
物理层	空口物理层	E1/FE	E1/FE	E1/FE	GE	E1/FE

图 5-7　控制信令平面协议

（3）高层

包含了 OSI 中的网络层、传输层、会话层、表示层和应用层。主要功能是负责对各类业务的呼叫、接续、无线资源管理、移动性管理及相应的信令和协议处理，并完成 2G 与 3G 之间的高层兼容处理。

5.2.3　Um 空中接口

cdma2000 1x Um 空中接口划分为物理层、链路层和高层，其中链路层包括 LAC 子层和 MAC 子层，如图 5-8 所示。

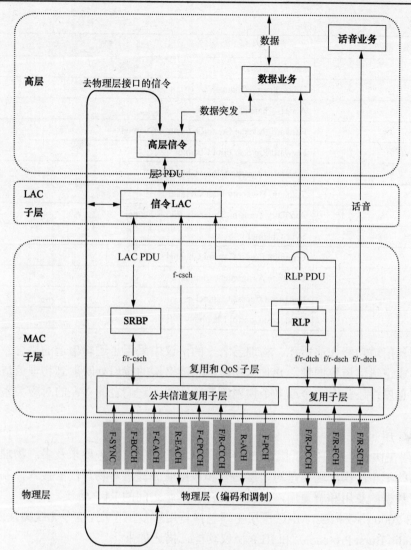

SRBP: Signaling Radio Burst Protocol，信令无线突发协议
RLP: Radio Link Protocol，无线链路协议

图 5-8 空中接口层次结构图

1. 物理层

物理层完成高层信息与空中无线信号间的转换，通过各种物理信道实现前反向信号的调制和解调，以保证信号在空中的正确传输，包括的物理信道见表 5-2。

表 5-2　　　　　　　　　　　　　　　　物理信道

信道缩写	全　　称
F/R-FCH	Forward/Reverse Fundamental Channel
F/R-DCCH	Forward/Reverse Dedicated Control Channel
F/R-SCCH	Forward/Reverse Supplemental Code Channel
F/R-SCH	Forward/Reverse Supplemental Channel

续表

信 道 缩 写	全　　　称
F-PCH	Paging Channel
F-QPCH	Quick Paging Channel
R-ACH	Access Channel
F/R-CCCH	Forward/Reverse Common Control Channel
F/R-PICH	Forward/Reverse Pilot Channel
F-APICH	Dedicated Auxiliary Pilot Channel
F-TDPICH	Transmit Diversity Pilot Channel
F-ATDPICH	Auxiliary Transmit Diversity Pilot Channel
F-SYNCH	Sync Channel
F-CPCCH	Common Power Control Channel
F-CACH	Common Assignment Channel
R-EACH	Enhanced Access Channel
F-BCCH	Broadcast Control Channel

　　物理层各信道功能如前所述。物理层之上的协议中采用了逻辑信道的概念。高层数据在链路层中形成逻辑信道数据帧，并且从物理层和链路层的接口处映射到物理信道上。逻辑信道传输的信息最终还是由一个或多个物理信道所承载，它们之间存在的对应关系称为"映射（mapping）"。

　　2．MAC 层

　　MAC 层在协议架构中属于层 2 部分，是为了适应并发业务要求及多种物理信道的处理要求而引入的一个层次，主要是对上层话音和数据业务提供对物理层的接入控制功能，包括上层信令、数据的复用和解复用，以及移动台和基站之间的 RLP 协议。

　　按照 IS-2000 协议构架，MAC 子层主要包括复用解复用子层、信令无线突发协议（SRBP，Signaling Radio Burst Protocol）和 RLP 协议功能，描述如下。

　　公共信道复用子层完成公共信道和公共信令信道的复用/解复用，主要是根据消息的长度和要发送的时隙，完成分时隙发送和接收。

　　专用信道复用子层完成专用信道（业务信道）的复用解复用，前向将分别来自 LAC 层 SAR 子层的信令分片、来自话音编码器（Vocoder）的话音数据、来自 RLP 的电路数据或分组数据复用到一个物理信道帧中；反向从一个具体的物理信道帧中解复用出信令分片、话音数据、电路数据、分组数据，并分别提交到相应的上层协议栈进行处理。

　　RLP 协议根据上层协议栈的不同要求，完成基站到移动台之间可靠的或实时的数据传输，具体包括为面向连接、基于否定应答的数据发送协议，将高层信息合并为物理层服务数据单元（SDU，Service Data Unit），并将 SDU 中的信息分割发送给对应实体。

　　SRBP 协议对公共信令做接入功率计算、接入模式选择等。

　　3．LAC 子层

　　LAC 层在协议架构中相对于 MAC 层属于层 2 的较高层次。按照 IS-2000 协议构架，LAC 子层完成的功能主要包括层 3 信令的证实重传机制、分段与重组机制等，对于前反向和不同类别的信道，其完成的功能有所不同。LAC 各子层功能描述如下。

① 鉴权（Authentication）子层：移动台在反向公共信令信道的 LAC 协议数据单元中提供鉴权有关的字段信息，以发起移动台的鉴权过程。

② ARQ 子层：完成基站和移动台之间的信令传递证实机制，保证信令的可靠接收和发送，并实现信令的重复检测功能。

③ 地址（Addressing）子层：移动台在前反向公共信令信道的 LAC 层协议数据单元中提供与移动台地址有关的字段，以为基站识别移动台提供依据。

④ 效用（Utility）子层：在前反向 LAC 协议数据单元中维护消息类型、无线环境报告等字段，为上层区分不同的消息、发起接入切换的判决提供依据；完成在协议数据单元（PDU，Protocol Data Unit）中维护填充比特和消息长度的功能。

分段重组（SAR，Segmentation and Reassembly）子层功能：分段与重组功能、前向完成对消息的分段，以使之可以复用到一个物理信道帧中；反向完成多个消息分段的按序重组功能，以拼装出一个完整的消息。

不同功能的逻辑信令所经的协议处理有所不同，见表 5-3。

表 5-3　　　　　　　　　　　　　信道映射处理协议过程

逻辑信道	LAC 子层协议	MAC 子层协议	物理信道
f/r-dsch	ARQ/SAR/Utility	复用及 QoS	F/R-FCH，F/R-DCCH
r-csch	Authentication/ARQ/ Addressing/Utility/SAR	SRBP/复用及 QoS	R-ACH，R-EACH
f-csch	ARQ/Addressing/Utility/SAR	SRBP/复用及 QoS	F-SYNCH，F-PCH
f/r-dtch_数据	—	RLP/复用及 QoS	F/R-FCH，F/R-DCCH， F/R-SCH
f/r-dtch_话音	—	复用及 QoS	F/R-FCH

4．高层

高层（IS-2000 协议的第三层及以上）为业务和信令的高层信息，主要用于支持空中接口协议所规定的业务流程，包括接入切换处理、短消息、业务协商过程和切换处理等。

层 2 和层 3 的接口是服务接入点（SAP，Service Access Point）。层 2 和层 3 通过 SAP 交换业务数据单元 SDU 以及接口控制信息。cdma2000 1x 系统采用"消息控制和状态块（MCSB，Message Control and Status Block）"的概念定义这些控制信息。MCSB 中包含了有关层 3 消息的信息以及这些信息是如何通过 MAC/LAC 层被发送或已被接受的。发送时，MCSB 从层 3 收到，在 SAP 处丢弃；接收时，由 SAP 生成传递给层 3。MCSB 包括的信息有：消息类型、SDU 长度、SDU 分类（例如注册、起呼）、鉴权数据、逻辑信道加密状态、消息收/发的 CDMA 系统时间、收发消息的物理信道等。其中，"收发物理信道"信息是和 MAC 原语中的"信道类型"参数相关联的，体现了逻辑/物理信道的映射关系。

5.2.4　A 接口

A 接口协议层次结构如图 5-9 所示。

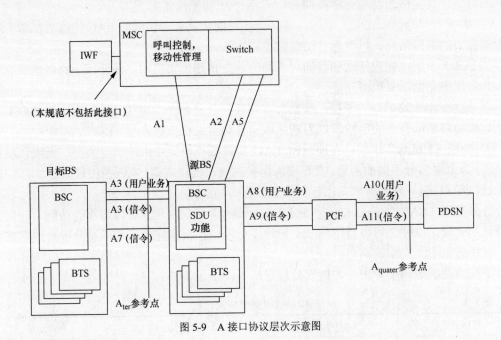

图 5-9　A 接口协议层次示意图

1．A1 接口

A1 接口主要承载 BSS 和 MSC 之间包括与呼叫处理、移动性管理、无线资源管理、鉴权和加密有关的信令消息。A1 接口信令协议参考模型如图 5-10 所示。

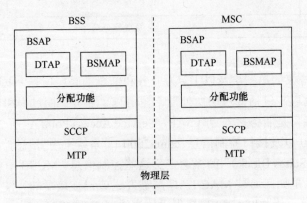

BSAP：Base Station Application Part，基站应用部分

BSMAP：Base Station Management Application Part，基站管理应用部分

DTAP：Direct Transfer Application Part，直接传送应用部分

MTP：Message Transfer Part，消息传送部分

SCCP：Signaling Connection Control Part，信令连接控制部分

图 5-10　A1 接口信令协议参考模型图

BSAP 协议描述了 BSMAP 和 DTAP 两类消息，其中 BSMAP 消息负责业务流程控制，

需要相应的 A 接口内部功能模块处理。对于 DTAP 消息，A 接口仅相当于一个传输通道，在 BSS 侧，DTAP 消息被直接传递至无线信道；在 MSC 侧，DTAP 消息被传递到相应的功能处理单元。DTAP 消息主要包括呼叫处理、移动性管理和应用数据递送业务这些面向连接的消息。

MSC 和 BSS 之间的 SCCP 协议通信，为 CCITT 规定的 SCCP 功能的子集，完成 BSS 到 MSC 的接口管理，并提供寻址能力。SCCP 以 MTP 为基础，为任何形式的信息交换提供可靠服务。SCCP 不但提供网络业务功能，而且具有一定的路由功能与网络管理功能。

MTP 消息传递部分的主要功能是在信令网中提供可靠的信令消息传递，并在系统和信令网故障情况下，为保证可靠的信息传递而做出响应，同时采取措施避免或减少消息丢失、重复及失序。

2．A2 接口

A2 接口主要承载基站侧 SDU 与 MSC 侧交换网络之间的 64/56kbit/s PCM 数据码流。A2 接口包含数字信令链路协议级别 0（DS0，Digital Signal Level 0）和无限制数字信息（UDI，Unrestricted Digital Information）两种协议栈。

3．A1p 接口

A1p 接口是 BSC 与 MSCe 之间的信令接口，主要用于移动软交换网络中，传送 BSC 与 MSCe 之间的呼叫控制和移动性管理功能的信令消息。A1p 接口包含 SCCP、SIGTRAN（Signaling Transport Protocols）两种协议栈，如图 5-11 所示。

IOS：Interoperability Specification，互操作规范

SCCP：Signaling Connection Control Part，信令连接控制部分

M3UA：MTP3 User Adaptation Layer，MTP3 用户适配协议

SCTP：Stream Control Transmission Protocol，流控制传送协议

SUA：SCCP User Adaptation Layer，SCCP 用户适配层

图 5-11　A1p 接口信令协议参考模型图

SCCP 以 MTP 为基础，为任何形式的信息交换提供可靠服务。SCCP 不但提供网络业务功能，而且具有一定的路由功能与网络管理功能。

M3UA 是 SS7 MTP3 用户适配协议，它使用 SCTP 通过 IP 传输 SS7 MTP3 用户信令消息（即 ISUP 消息和 SCCP 消息），实现 MTP3 对等用户在 SS7 和 IP 域里的无缝操作。该协议可用于信令网关（SG）和媒体网关控制器（MGC）或 IP 数据库之间的信令传输，也可用于基于 IP 的应用之间的信令传输。

SCTP 可提供基于 IP 的可靠数据报传输，通过 IP 网传输 SCN 窄带信令消息。SCTP 的功能主要包括耦联的建立与关闭、流内消息的顺序传递、用户数据分段、证实和避免拥塞、数据块捆绑、分组有效性验证和通路管理等。

IP 用于为网络协议分组数据提供路由，实现 IP 分组的封装和寻径发送。CDMA 系统遵从 RFC 791 定义的标准 IP 协议，它提供了一种全球统一的报文格式，屏蔽了网络链路层差异，使网络互联成为可能；同时提供了一种全球统一的编址方式，屏蔽了物理网络地址的差异，使路由查找成为可能。

SUA 协议属于信令传输协议（SIGTRAN，Signaling Transport Protocols）族，是一种不对等协议。SUA 协议兼容了 SCCP 协议的大部分功能特性。可提供 0、1 类无连接业务，以及 2、3 类有连接业务，并可提供全局名称（GT，Global Title）寻址等功能。在 IP 网，可完全替代 SCCP 的应用。SUA 协议有 IP 服务器处理（IPSP，IP Server Process）和信令网关应用服务处理（SG-ASP，Signaling Gateway-Application Server Process）两种应用模式。

4．A2p 接口

A2p 接口承载 BSC 和 MGW 之间的用户业务，A2p 接口协议栈如图 5-12 所示。

其中，用户应用数据承载在用户数据报协议（UDP）之上。UDP 提供面向事务的、无连接的、不可靠的数据报服务，是一种比 TCP 更加简单的协议。UDP 进程的每个输出操作都正好产生一个 UDP 数据报，并组装成一份待发送的 IP 数据报。相较于面向字节流的 TCP 而言，UDP 的可靠性更低，它把应用程序传给 IP 层的数据发送出去，但并不保证它们能可靠地到达目的地。

图 5-12　A2p 接口协议参考模型

5．A3 接口

A3 接口用于支持移动台处于业务信道状态时所发生的 BSS 之间的软切换，包括信令接口和业务接口，主要承载 BSC 和选择分配单元（SDU，Selection/Distribution Unit）之间的信令和用户业务（包括话音业务和数据业务）。A3 接口包括独立的信令和业务子信道。A3 信令对业务子信道进行控制和分配。A3 接口支持 ATM 承载方式和 IP 承载方式。

① 在 ATM 承载方式中，A3 信令协议栈如图 5-13 所示。

TCP：Transmission Control Protocol，传输控制协议

AAL5：ATM Adaptation Layer 5，ATM 适配层 5 协议

ATM：Asynchronous Transfer Mode，异步传输模式

图 5-13　基于 ATM 的 A3 接口信令协议参考模型

ATM 承载方式时，A3 业务协议栈如图 5-14 所示。

② 在 IP 承载方式中，话路信令信息等基于 IP 协议承载，A3 接口信令协议栈如图 5-15 所示。

用户业务数据通过 UDP 和 IP 协议承载，A3 接口业务协议栈如图 5-16 所示。

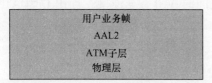

图 5-14　基于 ATM 的 A3 接口业务协议参考模型　　　图 5-15　基于 IP 的 A3 接口信令协议参考模型

6．A5 接口

A5 接口主要承载基站侧 SDU 与 IWF 之间电路数据的传输。其数据流主要基于 DS0 和系统间链路协议（ISLP，Inter-System Link Protocol）承载。

7．A7 接口

A7 接口用于支持移动台处于非业务信道状态时所发生的 BSS 之间的切换，同时支持移动台在进行 BSS 之间软切换、需要建立新业务时的控制流程。A7 接口支持 ATM 承载方式和 IP 承载方式。

ATM 承载方式时，A7 协议栈如图 5-17 所示。

图 5-16　基于 IP 的 A3 接口业务协议参考模型　　　图 5-17　基于 ATM 的 A7 接口协议参考模型

IP 承载方式时，A7 协议栈如图 5-18 所示。

8．A8/A9 接口

A8/A9 接口用于承载 BSS 和 PCF 之间信令和数据，A9 接口承载信令，用于维护 BSS 到 PCF 之间的 A8 数据连接。A8 接口上的数据传输基于通用路由封装协议（GRE，Generic Routing Encapsulation）实现，GRE 封装提供了一种特殊的防止递归封装的机制。GRE 封装数据包括 GRE 信头和用户业务两部分。A8 接口标准协议栈如图 5-19 所示。

图 5-18　基于 IP 的 A7 接口协议参考模型　　　图 5-19　A8 接口协议参考模型

A9 接口传输 BSC 和 PCF 之间的信令，用于实现 BSC 和 PCF 之间的分组型数据业务。BSC 设备中，PCF 可以作为一个单独的物理节点，也可以作为 BSC 的一部分。A9 接口标准协议栈如图 5-20 所示。

9．A10/A11 接口

A10/A11 接口用于承载 PCF 和 PDSN 之间的信令和

图 5-20　A9 接口协议参考模型

数据，A11 接口承载信令，用于维护 BSS 到 PCF 之间的 A10 数据连接。当 IP 作为 A10 接口的网络层时，使用标准的 IP QoS 机制。A10 接口标准协议栈如图 5-21 所示。

A11 接口使用移动 IP 的消息来管理 A10 连接。标准协议栈如图 5-22 所示。

图 5-21　A10 接口协议参考模型

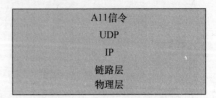

图 5-22　A11 接口协议参考模型

5.2.5　Abis 接口

BSC 和 BTS 之间的接口称为 Abis 接口，由于协议规范没有规定 Abis 接口的标准，因此不同厂商设备的 BSC 和 BTS 之间不可以互联。Abis 接口承载数据包括 Abis 业务、Abis 信令和 OML 信令 3 个部分，其中，Abis 业务部分是连接 BSC 的 SDU 和 BTS 的 CEs（Channel Elements）之间的接口，它用于承载用户业务；Abis 信令部分用于承载 BSC 和 BTS 间的信令；OML 信令部分用于实现相关的操作维护。Abis 接口示意图如图 5-23 所示。

Abis 接口主要完成以下功能。

① cdma2000 1x 寻呼信道管理：用于在 Abis 接口上传送 Um 接口的寻呼信道消息。

② 接入信道管理：用于在 Abis 接口上将 BTS 接入信道收到的接入信道消息传送到 BSC。

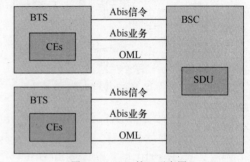

图 5-23　Abis 接口示意图

③ 链路资源分配：用于建立和释放 Abis 接口的 Abis 业务信道，连接和分配 Um 接口的无线链路。

④ 业务信道管理：负责在 Abis 接口上将 BTS 收到的业务信道消息传送到 SDU，或从 SDU 传送业务信道消息到 BTS。同时，该管理流程还可以对业务信道的一些参数进行更改等操作，并报告一些网络所必需的参数，如单向传输延时等。

⑤ 逻辑相关 OAM：可分为实现相关部分和逻辑相关部分。逻辑相关部分是通用的，它属于 Abis 信令，包括载频的配置、系统消息发送等。

⑥ 实现相关的 OAM：实现相关部分是各个设备制造商自定义的，通过 OML 信令链路从（OMC）下载到 BTS。系统在 Abis 接口上预留一条永久虚连接（PVC，Permanent Virtual Connection）作为实现相关的 OML 链路，它承载实现相关的 OAM 信令。BSC 对实现相关的 OAM 信令不做处理。

Abis 接口支持 ATM 承载方式和 IP 承载方式。ATM 承载方式时，Abis 信令面和业务面协议栈如图 5-24 所示。

IP 承载方式时，Abis 信令面和业务面协议栈如图 5-25 所示。

图 5-24 基于 ATM 承载的 Abis 接口信令和业务协议参考模型

图 5-25 基于 IP 承载的 Abis 接口信令和业务协议参考模型

5.3 cdma2000 1x 网络其他接口协议

5.3.1 移动应用部分（MAP）

移动应用部分（MAP，Mobile Application Part）是公众陆地移动网（PLMN）在网内和网间进行互连而特有的一个重要协议。MAP 协议给出了移动网在使用 No.7 信令系统时所要求的必需的信令功能，以便提供移动网必需的话音和非话音业务。

MAP 信令的传输以 CCITT 的 No.7 信令系统为基础，此外，MAP 信令交换还可基于其他符合 OSI 分层标准的网络。MAP 协议的基本功能包括：

① 位置登记/删除；

② 位置寄存器故障后的复原；

③ 用户管理；

④ 鉴权加密；

⑤ 路由功能；

⑥ 接入处理及寻呼；

⑦ 补充业务的处理；

⑧ 切换；

⑨ 短消息业务；

⑩ 操作和维护。

上述每个功能的实现均含有数个操作，每个操作均具有相应的要素操作名、操作码、操作类别、操作调用的参数、成功结果参数、操作失败时的错误码及参数、允许的链接操作、完成操作的时限值等。

MAP 协议消息传输可基于 TDM 或者 IP。在 TDM 方式中，利用消息传递部分（MTP）提供的服务来进行信息传递；在 IP 方式中，利用信令传输协议（SIGTRAN）提供的服务进行传输。其协议栈如图 5-26 和图 5-27 所示。

在 No.7 信令系统中，MAP 消息作为 TCAP 消息的成分部分传递，MAP 消息的编码采用 ASN.1 格式，其在链路消息中的位置如图 5-28 所示。

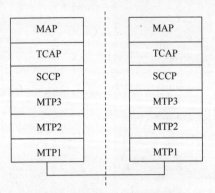

图 5-26 基于 TDM 传输 MAP 消息

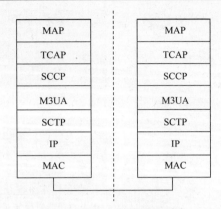

图 5-27 基于 IP 传输 MAP 消息

MAP 业务消息在 TCAP 消息中以成分的形式存在，一般来讲，MAP 业务的消息类型和 TCAP 成分中的操作码一一对应，而在消息传递过程中，一个消息对应一个调用标识，一个调用标识在其 MAP 对话过

图 5-28 MAP 消息封装方式

程中是唯一的，通过区分调用标识，可以将一个成分"翻译"成对应的 MAP 业务消息，MAP 与 TCAP 之间的消息转换通过 MAP 协议状态机完成，此外，协议状态机还负责对话流程以及操作流程的控制等功能。

按照有关的协议规范，操作可分为以下 4 类。

① 1 类操作：操作成功与否都需要返回，成功返回结果，失败返回错误；

② 2 类操作：只有在操作失败时才需要返回；

③ 3 类操作：只有在操作成功时才需要返回；

④ 4 类操作：操作不需要返回。

为安全性考虑，当 MAP 发起远程操作时，需要给出操作时限，如果在时限内没有响应返回，则根据其操作类别做不同的处理：对 1 类操作或 3 类操作，认为是操作失败；对 2 类操作或 4 类操作，认为操作成功。

在 cdma2000 1x 系统中的 C、D、E、G 等接口实现都基于 MAP 协议消息。如 MSC Server 与 HLR 之间的 C 接口，通过 No.7 信令系统传递 MAP 协议信息，实现 MSC/GMSC Server 通过 C 接口向 HLR 获取路由信息，HLR 通过 C 接口向 MSC/GMSC Server 提供路由信息和用户管理信息等。

VLR 与 HLR 之间的 D 接口，通过 No.7 信令系统传递 MAP 协议信息，实现 HLR 与 VLR 之间有关移动台位置信息及用户管理信息的交换。

MSC Server 与 MSC Server、MSC Server 与 MSC 之间的 E 接口，都通过 No.7 信令系统传递 MAP 协议信息，实现切换、短消息等业务。

5.3.2 移动智能网应用部分

1. 移动智能网

移动智能网是在移动网络中引入智能网功能实体，以完成对移动呼叫的智能控制的一种网络。移动智能网的最大特点是通过 No.7 信令网和大型集中式数据库的支持，将网络的交换功能与控制功能相分离，能更有效地利用已有资源，快速、简便、灵活地提供各种新业务。cdma2000 1x 网络中引入移动智能网，使得网络运营者可以提供丰富多彩的业务，即使用户漫游出归属网络，所提供的业务依然有效。

移动智能网一般由业务交换点（SSP）、业务控制点（SCP）、智能外设（IP）、业务管理系统（SMS）、业务生成环境（SCE）等几部分组成，如图 5-29 所示。

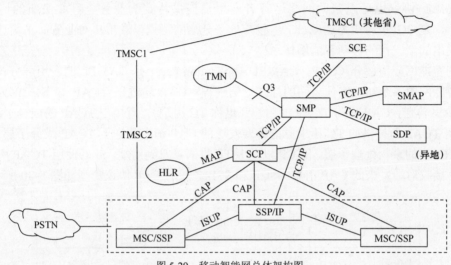

图 5-29 移动智能网总体架构图

① 业务交换点（SSP）是连接现有移动网与智能网的连接点，提供接入智能网功能集的功能。SSP 可检出智能业务的请求，并与 SCP 通信，SSP 一般以 MSC 为基础（通常和 MSC 合设），再配以必要的软硬件以及 No.7 公共信道信令网接口。

② 业务控制点（SCP）是智能网的核心构件，它存储用户数据和业务逻辑。SCP 接收 SSP 送来的查询信息并查询数据库，进行各种解码；同时，SCP 能根据 SSP 上报来的呼叫事件启动不同的业务逻辑，根据业务逻辑向相应的 SSP 发出呼叫控制指令，从而实现各种智能呼叫。无线智能网所提供的所有业务的控制功能都集中在 SCP 中，SCP 与 SSP 之间按照移动智能网的标准接口协议进行通信。

③ 智能外设（IP，Intelligent Peripheral）是协助完成智能业务的特殊资源。通常具有各种话音功能，如话音合成、播放录音通知、接收双音多频拨号、进行话音识别等。

④ 业务管理系统（SMS，Service Management System）一般具备业务逻辑管理、业务数据管理、用户数据管理、业务监测以及业务量管理 5 种功能。在业务生成环境中创建的新业务逻辑由业务提供者输入到 SMS 中，SMS 再将其装入 SCP，就可在通信网上提供该项新业务。

⑤ 业务生成环境（SCE，Service Creation Environment）根据客户的需求生成新的业务逻辑。SCE 为业务设计者提供友好的图形编辑界面。业务设计好后，需要首先通过严格的验证和模拟测试，以保证其不会给电信网已有业务造成不良影响。此后，SCE 将新生成业务的业务逻辑传送给 SMS，再由 SMS 加载到 SCP 上运行。

⑥ 业务数据点（SDP，Service Data Point）完成智能网中的数据存储和管理功能。它保

存系统的用户数据、业务数据、网络数据和资费数据，处理 SCP 在执行智能网业务时对数据的实时访问，并接受 SMP 的管理。

2. 移动智能网应用部分（CAP）

在移动智能网中，最主要的协议即为移动网络增强逻辑的定制应用（CAMEL，Customized Applications for Mobile Network Enhanced Logic）。CAMEL 协议的特征是为用户提供一种网络无关的业务一致性。即使用户不在其归属的公共陆地移动网络（HPLMN）中，作为一种手段，CAMEL 协议也可以帮助网络运营者向用户提供特定的业务。目前最新的协议版本 CAMEL4，是 3GPP 组织为适应 3G 承载与信令分离的特点以及用户对业务需求快速增长的特点所提出的新一代的移动智能网体系。

移动智能网应用部分（CAP，CAMEL Application Part）是 CAMEL 的应用部分，它描述了移动智能网中各个功能实体之间的标准通信规程。CAP 通过以 TCAP 和 SCCP 为基础的 No.7 信令网传送，CAP 作为 TCAP 的用户（也称 TC 用户），直接与 TCAP 的成分子层相连。CAP 使用 TCAP 所提供的 TC 请求原语将要发送的 CAP 消息传送至 TCAP 成分子层；然后，再通过 TCAP 的事物处理子层、SCCP 以及 MTP 将消息发到对端，或者使用 TCAP 所提供的指示原语接收对端发来的 CAP 消息。SCP 和 SSP 之间的 CAP 协议模型如图 5-30 所示。

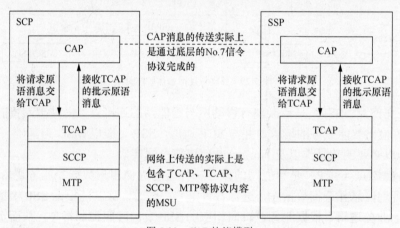

图 5-30　CAP 协议模型

CAP 受限于 SSP-SCP、SCP-IP 之间的接口规范，CAP 可利用 SCCP 全局码 GT 和 MTP 信令点编码或业务码 SSN 完成寻址。

5.4　IETF 相关协议

5.4.1　IP

IP 工作在 TCP/IP 协议模型中的网络层，它提供了一种全球统一的报文格式，屏蔽了网络链路层差异，使网络互联成为可能；它还提供了一种全球统一的编址方式，屏蔽了物理网络地址的差异，使路由查找成为可能。

目前主要应用的是协议第四版本，即 IPv4。IPv4 分组由首部和数据两部分组成。分组首部的前面部分长度固定为 20Bytes，包括的字段有版本、首部长度、服务类型、总长度、标识、标志、段偏移、寿命、协议、首部检验和地址（包括源 IP 地址字段和目的 IP 地址）。IP 分组首部的后面部分为可选字段，长度可变，用来提供排错、测量以及安全等功能。

IP 地址使用 32bit，由类别字段（又称为类别比特，用来区分 IP 地址类型）、网络号码字段（Net-ID）和主机号码字段（Host-ID）3 部分组成。IP 地址主要分为 A 类、B 类、C 类、D 类和 E 类 5 种类型。

① 126 个 A 类网络，每个 A 类网络包括大约 1 600 万个 IP 地址；

② 16 000 多个 B 类网络，每个 B 类网络包括 65 534 个 IP 地址；

③ 200 多万个 C 类网络，每个 C 类网络包括 254 个 IP 地址；

④ D 类地址从 224.0.0.0 开始，为组播使用；

⑤ E 类地址从 240.0.0.0 开始，用于实验目的。

这种地址分配原则允许地址管理机构基于网络大小来分配地址。为了使组网更加灵活，管理更加方便，并减轻 IP 地址浪费现象，IP 地址的子网编址方式得到广泛运用。TCP/IP 体系规定用一个 32bit 的子网掩码来表示子网号字段的长度。子网掩码由一连串的"1"和一连串的"0"组成。"1"对应于网络号码和子网号码字段，而"0"对应于主机号码字段。

基于 IP 的路由，是要寻找一条将分组从信源机传往信宿机的传输路径的过程，称之为寻径。寻径通常采用表驱动方式。在网络的各主机和网关上都包含一个路由表，指明去往某信宿机的路径。在传送报文时，根据报文的目的地址，查找路由表，得到一条去往目的地址的路径（下一跳）。IP 路由表主要内容包括 3 种：缺省路由，当路由表中所有路径都无效时，缺省路由被选中；间接路由，该路由的下一跳是路由器；直接路由，该路由的下一跳是目的主机。

由于近十年来互联网的蓬勃发展，IP 地址的需求量越来越大；而 IPv4 地址使用 32bit 标识，已经面临着地址不够用的局面，因此 IETF 着手制订了下一代 IP 协议版本，即 IPv6。IPv6 中的地址长度为 128bit，相比 IPv4 有着更大的地址空间；IPv6 简化了报头格式增强对组播（Multicast）的支持以及对流的支持（Flow-control），并具有更高的安全性等。

5.4.2　TCP

传输控制协议（TCP）提供一种面向连接的、可靠的字节流服务。CDMA 系统遵从 RFC 793 定义的"传输控制协议（TCP）"。面向连接意味着两个使用 TCP 的应用程序（通常是一个客户和一个服务器），在彼此交换数据之前，必须先建立一个 TCP 连接。

通过 TCP 通信时，应用数据被分割成 TCP 认为最适合发送的数据块，由 TCP 传递给 IP 的信息单位称为报文段或段（segment）。当 TCP 发出一个报文段后，它启动一个定时器，等待目的端确认收到这个报文段。如果不能及时收到一个确认，将重发这个报文段。当 TCP 收到发自 TCP 连接另一端的数据，它将按照一定的时延发送一个确认。

TCP 会保持它首部和数据的端到端检验，如果收到段的检验有差错，TCP 将丢弃这个报文段或不确认收到此报文段，使发送端重发此报文段。

TCP 基于 IP 分组传送，因此 TCP 会对收到的数据进行重新排序，将收到的数据以正确的顺序交给应用层。TCP 的接收端会将重复的数据丢弃。

TCP 具有流量控制机制。TCP 连接的每一方都有固定大小的缓冲空间。TCP 的接收端只允许另一端发送接收端缓冲区所能接纳的数据，从而防止发送较快的主机致使接收较慢主机的缓冲区溢出。

5.4.3　UDP

用户数据报协议（UDP）提供面向事务的、无连接的、不可靠的数据报服务，是一种比 TCP 更加简单的协议。

UDP 进程的每个输出操作都正好产生一个 UDP 数据报，并组装成一份待发送的 IP 分组。这与面向字节流的 TCP 协议不同。UDP 不提供传送的可靠性，它把上层应用数据封装为 UDP 数据报，再通过底层的链路发送出去，但并不保证它们能到达目的地。

应用程序必须关心 IP 数据报的长度，如果长度超过网络的最大消息传输单元 MTU，那么就要对 IP 分组进行分片。

UDP 数据报包括 UDP 首部和 UDP 数据两部分。UDP 首部包含 4 个字段：源端口、目的端口、长度和 UDP 校验和。源和目的端口字段和它们在 TCP 报头中的功能完全相同。长度字段规定了 UDP 报头和数据的长度，校验和字段允许进行数据分组的完整性检查；此外，UDP 校验和是可选的。

5.4.4　ATM 协议

异步传输模式（ATM）由一组协议构成，可在分组环境中为用户业务提供快速高效的传输。CDMA 系统主要使用 ATM 协议参考模型中的 ATM 子层和 ATM 适配层传送 A 接口上的相关信息。

ATM 综合了电路交换和分组交换的特点。ATM 是面向连接的，即任何一个 ATM 终端用户在与另一用户通信时都需要建立连接，具有电路交换的特点，时延较小；ATM 传输采用了固定长的信元，又具有分组交换的特点，使各连接可以共享带宽资源。因此 ATM 能在单一的主体网络中实现高速分组交换，支持多速率业务，承载多媒体业务，并且能够保证 QoS（Quality of Service）。

ATM 子层使用 53Bytes 信元。该信元由 5Bytes 的信头和 48Bytes 的信息段构成。CDMA 系统直接引用 ANSI T1.627-1993 Telecommunications Broadband ISDN - ATM Layer Functionality and Specification 中的 ATM 子层规定。

ATM 适配层（AAL，ATM Adaptation Layer）位于 ATM 子层之上，与业务相关，即针对不同的业务，采用不同的适配方法。但 ATM 适配层都需要将上层传来的信息流（长度、速率各异）分割成 48Bytes 长的 ATM 业务数据单元，并将 ATM 子层传来的 ATM 业务数据单元组装、恢复传给上层。

在 CDMA 系统中直接引用 AAL2 和 AAL5 两种 ATM 适配层。AAL2 为端到端具有定时关系的可变比特率（VBR）业务所提出，用以传输用户业务（话音/数据）。AAL5 支持收发端之间没有时间同步要求的可变比特率业务。

5.4.5　PPP

用户接入 Internet，在传送数据时都需要有数据链路层协议，其中，最为广泛的是串行线路网际协议（SLIP）和点对点协议（PPP）。由于 SLIP 仅支持 IP，主要用于低速（不超过 19.2kbit/s）的交互性业务，因此它并未成为 Internet 的标准协议。为了改进 SLIP，提出了点对点 PPP 协议。相关 IETF 标准包括 RFC 1661、RFC 1662 及 RFC 1663。

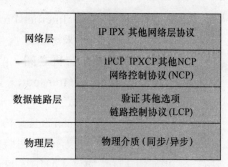

图 5-31　PPP 协议栈模型

PPP 主要由链路控制协议（LCP）、网络控制协议族（NCPs）和用于网络安全方面的验证协议族（PAP 和 CHAP）组成，PPP 协议栈如图 5-31 所示。

PPP 有 3 个组成部分。

① 一个将 IP 数据报封到串行链路的方法。PPP 既支持异步链路（无奇偶校验的 8bit 数据），也支持面向比特的同步链路。

② 一个用来建立、配置和测试数据链路的链路控制协议（LCP，Link Control Protocol）。通信的双方可协商一些选项。RFC 1661 定义了 11 种类型的 LCP 分组。

③ 一套网络控制协议（NCP，Network Control Protocol），支持不同的网络层协议，如 IP、OSI 的网络层、DECnet、AppleTalk 等。

PPP 在 CDMA 数据业务中的位置如图 5-32 所示。

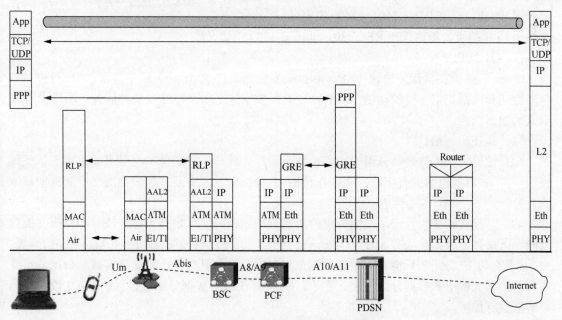

图 5-32　PPP 在 CDMA 数据业务中的位置

在 cdma2000 1x 系统中，终端触发数据业务后，开始与 PDSN 协商 PPP。首先进行 LCP 协议协商，确定认证方式等；然后进行用户名/密码的认证；最后通过认证后进行 IPCP 协商，获得 PDSN 分配的 IP 地址后，即可进行 IP 数据连接。

5.4.6　IPSec 协议

IP 安全协议（IPSec，Internet Protocol Security），是通过对 IP 协议的分组进行加密和认证来保证数据的机密性、来源可靠性（认证）、无连接的完整性及提供抗重播服务的相关协议集合。IPSec 提供了两个主机之间、两个安全网关之间或主机和安全网关之间的保护。IPSec 有隧道（tunnel）和传输（transport）两种工作方式。

IPSec 由两大部分组成：

① 密钥交换（IKE，Internet Key Exchange）；

② 保护 IP 分组的协议，包括封装安全载荷协议（ESP）和认证头协议（AH，Authentication Header）。IPSec 体系架构如图 5-33 所示。

其中，域名解析（DOI，Domain of Interpretation）为解释域，定义了载荷（Payload）的格式、交换的类型以及对安全相关信息的命名约定，比如对安全策略或者加密算法和模式的命名。

在 IPv4 中的使用 IPSec 是可选的，而在新一代的 IPv6 标准中，IPSec 是其中必选的内容。第一版 IPSec 协议在 RFCs 2401～2409 中定义。2005 年发布的第二版协议在 RFC 4301 和 RFC 4309 中定义。

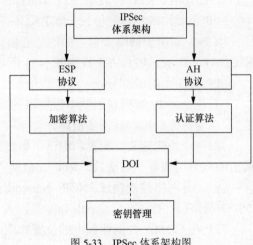

图 5-33　IPSec 体系架构图

1. AH 和 ESP 协议

IPSec 包括报文验证头协议（AH）和报文安全封装协议（ESP）两个协议。AH 可提供数据源验证和数据完整性校验功能；ESP 除可提供数据验证和完整性校验功能外，还提供对 IP 报文的加密功能。

（1）认证头（AH）

AH 被用来保证被传输分组的完整性和可靠性。此外，它还保护不受重放攻击。认证头试图保护 IP 数据报的所有字段，那些在传输 IP 分组的过程中要发生变化的字段就只能被排除在外。

AH 是报文验证头协议，主要提供的功能有数据源验证、数据完整性校验和防报文重放功能，可选择的散列算法有 MD5（Message Digest 5）、SHA1（Secure Hash Algorithm 1）等。AH 插到标准 IP 分组头后面，它保证数据分组的完整性和真实性，防止黑客截断数据分组或向网络中插入伪造的数据分组，AH 采用了 Hash 算法来对数据分组进行保护。AH 没有对用户数据进行加密。

在传输模式下，AH 协议验证 IP 报文的数据部分和 IP 头中的不变部分。在隧道模式下，AH 协议验证全部的内部 IP 报文和外部 IP 头中的不变部分。

（2）封装安全载荷（ESP）

封装安全载荷（ESP，Encapsulating Security Payload）协议对分组提供了源可靠性、完整性和保密性的支持。与 AH 头不同的是，IP 分组头部不被包括在内。

ESP 为报文安全封装协议，它将需要保护的用户数据进行加密后再封装到 IP 分组中，以验证数据的完整性、真实性和私有性。可选择的加密算法有 DES、3DES 等。

在传输模式下，ESP 协议对 IP 报文的有效数据进行加密。在隧道模式下，ESP 协议对整个内部 IP 报文进行加密。

2. 因特网密钥交换协议（IKE）

IKE 是 IPSec 的信令协议，为 IPSec 提供了自动协商交换密钥、建立安全联盟的服务，能够简化 IPSec 的使用和管理，大大简化 IPSec 的配置和维护工作。IKE 并不在网络上直接传送密钥，而是通过一系列数据的交换，最终计算出双方共享的密钥，并且即使第三者截获了双方用于计算密钥的所有交换数据，也不足以计算出真正的密钥。IKE 具有一套自保护机制，可以在不安全的网络上安全地分发密钥，验证身份，建立 IPSec 安全联盟（SA）。

IKE 协商分为两个阶段。第一阶段在网络上建立 IKE SA，通过协商创建一个通信信道，并对该信道进行认证，为双方进一步的 IKE 信息交互提供机密性、消息完整性以及消息源认证服务。第二阶段在 IKE SA 的保护下完成 IPSec 的协商。IKE 协商过程中包含 3 对消息，如图 5-34 所示。

① 第一对：SA 交换，是协商确认有关安全策略的过程；

② 第二对：密钥交换，交换 Diffie-Hellman 公共值和辅助数据（如随机数）；

③ 最后一对：ID 信息和验证数据交换，进行身份验证和对整个 SA 交换进行验证。

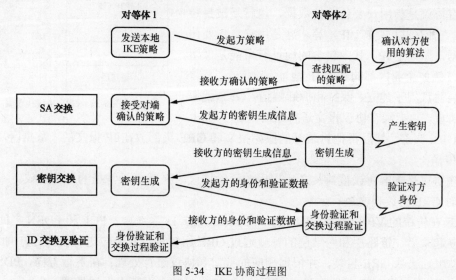

图 5-34　IKE 协商过程图

IKE 协议中的密钥交换过程，每次的计算和产生结果都毫无关系。为保证每个 SA 所使用的密钥互不相关，每次 SA 的建立都必须运行密钥交换过程。

IPSec 使用 IP 报文头中的序列号实现防重放。此序列号是一个 32bit 的值，此数溢出后，为实现防重放，SA 需要重新建立，这个过程要与 IKE 协议配合。

对安全通信的各方身份的验证和管理，将影响到 IPSec 的部署。IPSec 的大规模使用，必须有认证中心（CA，Certification Authority）或其他集中管理身份数据的机构参与。

5.4.7　GRE 协议

通用路由封装协议（GRE）最早由 Cisco 和 Net Smiths 公司提出，形成的 IETF 标准为 RFC 1701、RFC 1702。2000 年，Cisco 等公司又对 GRE 协议进行了修订，形成了标准文档 RFC 2784。

GRE 通过对某些网络层协议（如 IP、IPX、AppleTalk 等）的数据报文进行封装，使这些被封装的数据报文能够在另一个网络层协议（如 IP）中传输。目前，最新的 GRE 封装规范，可实现对第二层数据帧的封装，如 PPP 帧、MPLS 等。在 RFC 2784 中，GRE 的定义是"X over Y"，X 和 Y 可以是任意的协议。因此，GRE 协议实际上是一种封装协议，它提供了将一种协议的报文封装在另一种协议报文中的机制，使报文能够在异种网络中传输。异种报文传输的通道称为 tunnel（隧道）。

GRE 隧道不能配置二层信息，但可以配置 IP 地址。GRE 利用为隧道指定的实际物理接口完成转发，转发过程如下：

① 所有发往远端 VPN 的原始报文，首先被发送到隧道源端；

② 原始报文在隧道源端进行 GRE 封装，填写隧道建立时确定的隧道源地址和目的地址，然后再通过公共 IP 网络转发到远端 VPN。

隧道协议数据分组格式都是由乘客协议、封装协议和运输协议 3 部分组成的，GRE 协议栈如图 5-35 所示。

乘客协议是指用户要传输的数据，也就是被封装的数据，它们可以是 IP、IPX 等。这是用户真正要传输的数据，如果是 IP，其中包含的地址有可能是保留 IP 地址，例如企业内部的私网 IP 地址。

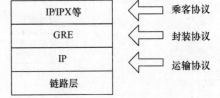

图 5-35　GRE 协议栈模型

封装协议用于建立、保持和拆卸隧道。GRE 就属于封装协议，它把乘客协议报文进行了"包装"，加上了一个 GRE 头部，然后再把封装好的原始报文和 GRE 头部放在 IP 报文的"数据区"中，由 IP 进行传输。

运输协议是乘客协议被封装之后应用的运输协议。IP 就是最常见的运输协议，一般使用 IP 协议对 GRE 协议报文进行运输。

GRE 在传统的 VPN 中应用很广泛。在 cdma2000 1x 系统中，PCF 和 PDSN 之间的 A10 连接建立起来后，链路层和网络层的帧就通过 GRE 组帧进行双向传送。在上行方向，PDSN 接收这些帧，去除 GRE 封装，并根据相应的接口和协议进行处理；在下行方向，PDSN 将帧封装在 GRE 中，当 PCF 接收到这些帧后去除 GRE 封装，再交由上层处理。

5.4.8　RADIUS 协议

远程用户拨号认证协议（RADIUS），由 RFC 2865、RFC 2866 定义，是目前应用最广泛的 AAA 协议，包括鉴权（Authentication）、授权（Authorization）及计费（Accounting）。它是一种 C/S 结构的协议，其客户端最初就是网络接入服务器（NAS，Network Access Server），现在任何运行 RADIUS 客户端软件的计算机都可以成为 RADIUS 的客户端。RADIUS 协议认证机制灵活，可以采用 PAP、CHAP 或者 Unix 登录认证等多种方式。RADIUS 是一种可扩展的协议，它进行的全部工作都是基于属性长度值（Attribute-Length-Value）向量进行，RADIUS 也支持厂商扩充厂家专有属性。

由于 RADIUS 协议简单明确，可扩充，因此得到了广泛应用，RADIUS 协议栈结构如图 5-36 所示。

RADIUS 客户端/服务器模式如图 5-37 所示。

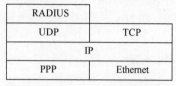

RADIUS	
UDP	TCP
IP	
PPP	Ethernet

图 5-36　RADIUS 协议栈结构

图 5-37　RADIUS 客户端/服务器模式

在这个模型中，NAS 服务器对于用户是服务器端，对于 RADIUS 服务器是客户端，其作用就是把用户的认证信息提取后封装为标准的 RADIUS 报文，并送到 RADIUS 服务器处理。RADIUS 服务器根据 NAS/BAS 服务器送来的用户名和密码进行验证，并对用户的访问权限进行授权，同时 NAS/BAS 统计用户使用网络的信息（时间、流量）并送给 RADIUS 进行计费处理。

在 cdma2000 1x 系统分组域中，基于 RADIUS 协议的接口包括 PDSN 与 AAA 之间的接口、HA 与 AAA 之间的接口、AAA 之间的接口、AAA 与 WAP 网关之间的接口等。

5.4.9　移动 IP 协议

移动 IP 协议提供了一种 IP 路由机制，使移动节点可以由一个永久的 IP 地址连接到任何链路上。典型的移动 IP 网络由移动节点、归属代理和外地代理组成（在 RFC 2002 系列标准中定义）。

（1）移动节点

一个移动节点可在任意子网上接入 IP 网；移动节点第一次联入网络时，将分配到一个固定不变的 IP 地址，称为移动节点的归属地址；移动节点位置变化时，其归属地址保持不变；移动节点通过归属地址与归属网进行连接。

（2）归属代理

归属代理（HA）是实现移动 IP 的重要网络实体，它维护移动节点的位置信息。当移动节点离开注册网络后，需要向 HA 进行登记，HA 在收到发往该移动节点的数据分组时，将通过 HA 与 FA 之间的隧道（Tunnel）将数据分组送往移动节点，完成移动 IP 功能。

（3）外地代理

外地代理（FA）是在移动节点的拜访地网络中的重要网络实体。在 cdma2000 网络中，通常由 PDSN 来实现 FA 的功能。移动节点在 FA 登记后，FA 通知其 HA 移动节点的转交地址（CoA，Careof Address），CoA 是 HA 指向移动节点的隧道终点地址，它是数据分组进行路由选择时使用的动态地址；通常，移动节点每移入一个新的网络，就要重新登记一个 CoA 转交地址。

在 cdma2000 1x 系统中，主要通过移动 IP 提供移动分组数据业务。cdma2000 1x 系统支持简单 IP 和移动 IP 两类模式。

简单 IP 模式中，用户 IP 地址动态分配，在同一个 PDSN 覆盖范围内有效，因此只能本地移动。在跨越 PDSN 时，用户需要重新建立 PPP 连接，业务也将发生中断。简单 IP 使用 CHAP 或 PAP 认证方式，认证机制比较简单，因此实现比较容易，安全性较低。

移动 IP 模式中，可为用户分配静态或动态 IP 地址，本地移动并可漫游至外地（跨越 PDSN），通过 HA 接入网络。移动 IP 的注册、鉴权需要通过 FA 和 HA 之间的安全信道进行。移动 IP 的认证机制则相对较复杂，同时安全性也更高。

cdma2000 1x 系统中基于移动 IP 的网络结构模型如图 5-38 所示。

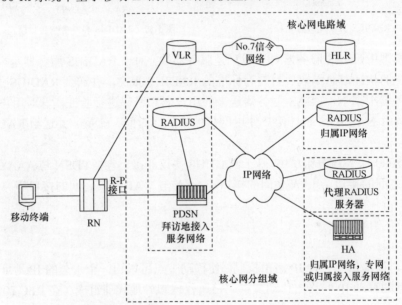

图 5-38　cdma2000 1x 系统中的移动 IP 网络结构模型

在 cdma2000 1x 系统中，基于移动 IP 的分组数据核心网络除了 PDSN 和 RADIUS 服务器之外还包括 HA。HA 负责向用户分配 IP 地址，将分组数据通过隧道技术发送给移动用户，并实现 PDSN 之间的移动管理。同时，PDSN 还增加了 FA 功能，负责提供隧道出口，并将数据解封装后发往移动终端。

移动用户在不同的 PDSN 所属的无线网络之间进行切换时，可以保持 IP 地址不变，使业务不发生中断。移动 IP 的协议结构分为控制平面和用户数据平面，分别如图 5-39 和图 5-40 所示。

随着 IPv6 的逐步引入，移动 IP 还将向 IPv6 演进。IETF 在最初的 MIPv6 基础上，定义了 PMIPv6 标准。PMIPv6 协议是 MIPv6 协议的扩展，该协议为基于网络的移动性管理协议，移动节点终端（MN）只需支持简单 IP，由网络代替 MN 完成移动性注册、跟踪 MN 移动、管理 MN 的移动性以及建立对应的路由状态。PMIPv6 可支持 IPv4 单栈、IPv6 单栈和 IPv4/IPv6 双栈接入。PMIPv6 的基础协议是 RFC 5213，3GPP2 的相应标准是 X.S0061。

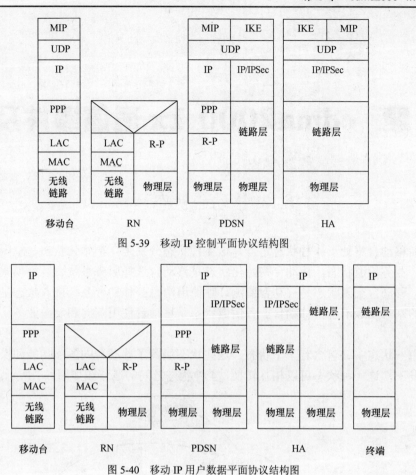

图 5-39　移动 IP 控制平面协议结构图

图 5-40　移动 IP 用户数据平面协议结构图

参 考 文 献

［1］3GPP2 N.S0005-0 Version 1.0 Cellular Radio telecommunications Intersystem Operations.

［2］3GPP2 X.S0004-000-E Version 1.0.0 Introduction to TIA-41.

［3］3GPP2 X.S0061-0 Version 1.0 Network PMIP Support.

［4］许锐，梅琼，金亮. 3G 无线接入网接口演进与设计[M]. 北京：人民邮电出版社，2008.

［5］中国电信集团网络优化中心. 中国电信 cdma2000 1x 基础无线参数设置规范[Z]，2009.

［6］高通. cdma2000™ 1x 分组数据业务手册[Z]，2001.

第6章 cdma2000 1x 通信事件及流程

6.1 移动台状态迁移

加电后移动台将处于 4 种状态之一，这 4 种状态分别是：初始化状态、空闲状态、系统接入状态、业务信道状态。移动台初始化状态是移动台选择服务系统、运行模式并与选定的系统同步；移动台空闲状态是移动台监测寻呼信道消息；移动台系统接入状态是移动台向接入信道上的基站发送消息；移动台业务信道状态是移动台使用前向和反向业务信道与基站进行通信。

其中每一状态中又包含若干子状态，这些状态涵盖了移动台的各项功能和操作。在一定条件的触发下，这 4 种状态可以相互转换，4 种状态之间的迁移图如图 6-1 所示。

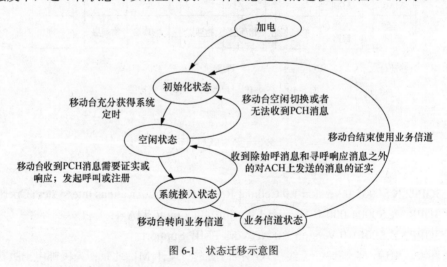

图 6-1 状态迁移示意图

6.1.1 移动台初始化状态

上电、系统丢失或业务状态结束后，移动台进入初始化状态，初始化状态就是相当于小区选择。在此状态中，移动台不断检测周围各基站发来的导频信号和同步信号。各个基站使用相同的 PN 导频序列，但其相位偏置各不相同，移动台只要改变其本地 PN 序列的相位偏置，很容易测出周围有哪些基站在发送导频信号。移动台比较这些导频信号的强度，即可判断出自己处于哪个小区之中。

移动台初始化状态又分为 4 个子状态：确定系统子状态、导频信道捕获子状态、同步信道捕获子状态以及定时改变子状态。其状态转移图如图 6-2 所示。

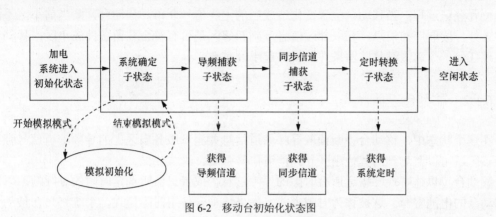

图 6-2　移动台初始化状态图

1. 系统确定子状态

当移动台上电后，就会产生上电指示，进行系统自检（如检查电池电量），然后进入系统确定子状态并复位相应的系统参数，根据移动台的设置确定工作模式为 CDMA 系统还是模拟系统，并确定工作频点。移动台从最近一次保存的载频或者从移动台内保存的第一或第二载频中选择一个频点作为接入 CDMA 系统的载频，此步骤可以称为系统选择过程。这一过程完成后，移动台进入导频捕获子状态。

2. 导频捕获子状态

在导频信道捕获子状态中，移动台将其频率调谐到之前所确定的频点上，按照所选的 CDMA 信道进行搜索，如果导频信道在规定的时间 T20m（15s）内捕获成功，则转入同步信道捕获子状态；反之，如果超出这一时间，应产生捕获失败指示，并返回到确定系统子状态。在这个阶段，移动台的导频搜索器利用本地相关器对所有的 PN 偏置进行搜索，找出 Ec/Io 最大的 PN。如果所有的偏置均低于可解调门限，则认为在该信道上捕获失败。

3. 同步信道捕获子状态

进入这一子状态后，移动台将 Rake 接收机的分支置于最强的 PN 偏置同步信道上，同时本地 Walsh 码生成器输出 W32，去解调同步信道中的消息（由于同步信道没有经过长码扰码，故可以解调相应的同步信道）。

如果移动台在 T21m（1s）内没有收到一个有效的同步信道消息，则携带"捕获失败指示"返回系统确定子状态。

4. 定时转换子状态

在这一状态中，移动台主要完成两个工作：一是利用从同步信道消息中提取出的长码状态值（lc_state）设置自己的长码发生器，另一个就是使自己的系统时间与所提取的系统时间（sys_time）同步。由于同步信道的消息发送与系统定时严格对齐，这样就使得移动台可以把自己的长码发生器状态与整个系统的长码状态对齐。除此之外，还可能进行频率的调整：对于 IS-95 手机，将使用同步信道消息（SCHM）中的 CDMA_FREQ 接收主寻呼信道的系统消息。如果当前手机与该 CDMA_FREQ 不一致，手机将频点调整到该频点。对于 1x 手机，使用同步信道消息（SCHM）中的 EXT_CDMA_FREQ 接收主寻呼信道的系统消息。如果当前手机所在频点与该 EXT_CDMA_FREQ 不一致，手机将频点调整到该频点。

在此基础上，移动台就进入空闲状态。也就是移动台已经完成了小区选择即系统选择，发起位置登记过程；当移动台位置变化造成当前无线信号衰落，移动台判断当前小区不满足驻留条件，读取广播信息，获取邻区信息，判断邻区是否有符合驻留条件的小区；移动台如果发现任何一个邻区满足驻留条件，就发起小区重选。

6.1.2 移动台空闲状态

在这个状态中，移动台不断读取寻呼信道信息并测量服务扇区上的导频信道信号强度，以及该区域可以监测到的其他扇区导频信道信号强度。

移动台可以监听寻呼信道所有时隙的寻呼信息，或者只监听选定时隙的寻呼帧，以便延长移动台的电池寿命。这被称为时隙模式。如果移动台使用时隙模式，系统将只在移动台激活时隙所在的帧寻呼移动台。移动台和基站在移动台能够进入时隙模式前必须协商要使用的时隙帧，在移动台初始接入系统时和基站进行协商。

在空闲状态下，如果移动台在 T30m 内未收到寻呼信道任何有效消息，则判断寻呼信道丢失，移动台将退出空闲状态并重新进入初始化状态。

6.1.3 移动台系统接入状态

如果移动台要发起呼叫，或者要进行注册登记，或者收到一种需要确认或应答的寻呼信息，移动台即进入"系统接入状态"，并在接入信道上向基站发送有关的信息。这些信息可分为两类：一类属于应答信息（被动发送）；一类属于请求信息（主动发送）。在处于系统接入状态时接收到对其他任何命令或消息的确认将导致移动台重新进入空闲状态。

6.1.4 移动台业务信道状态

在此状态中，移动台和基站利用前反向业务信道进行用户话音、数据信息和部分的信令的交互。

6.2 开机选网原理

移动台初始化状态的目的就是选择合适的网络和小区，以便移动台可以和 CDMA 系统进行通信，移动台会保存关机前和近期曾登记网络的频点和系统信息，并将该信息存储到移动台内部最近使用列表（MRU，Most Recently Used List）中。当通过 MRU 无法完成网络选择时，手机才会通过首选漫游列表（PRL，Preferred Roaming List）逐一搜索可接入的频点和网络。

开机选网流程如图 6-3 所示。开机后，手机按照 MRU、PRL、移动终端设置优先顺序创建频点扫描列表（Full scan list），并按照列表顺序依次捕获频点。成功捕获频点后，搜索最强导频，读取同步信道信息，获得网络的 SID/NID。然后，手机将获得的 SID/NID 与 PRL 列表进行匹配，若匹配成功，则登记网络；若没有匹配，则将该网络记录为"可用系统（Available system）"，手机按照列表顺序依次捕获下一个频点。

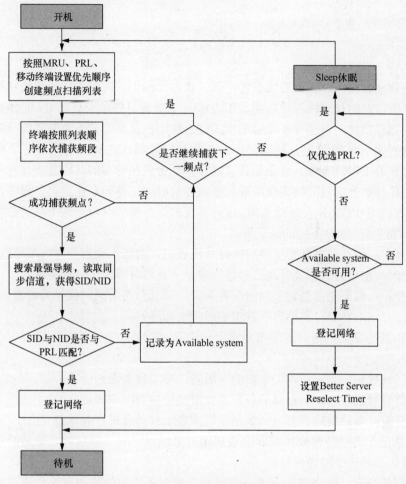

图 6-3　开机选网流程图

若频点扫描列表和 PRL 中无匹配，当"首选 PRL"设置为"可用（True）"时，手机暂时进入"休眠（Sleep）"态；当"首选 PRL"设置为"不可用（False）"时，手机会尝试通过"可用系统（Available system）"登记网络。

6.3　空　闲　切　换

CDMA 移动台通过测量邻区列表中 PN 的 Ec/Io 的强度，在满足一定条件时进行空闲切换（又可称为小区重选）。不同类型的相邻小区使用不同的判断门限（Threshold）：频内（Intra-Frequency）、频间（Inter-Frequency）、系统间（Inter-System）。小区重选中候选小区会进行排队（Ranking），然后根据相关准则重选至最好的小区。

频内小区重选，当移动台测量到邻区的 PN 导频信号强度 Ec/Io 大于当前服务小区的 PN

导频信号强度 3dB 时，移动台就驻留到邻区，并监听邻区寻呼信道的消息。当邻区和当前的服务小区不在统一个位置区（登记区）时，移动台将启动位置登记流程。

6.4 移动台登记

登记就是移动台向 CDMA 系统报告位置、状态、标识、时隙周期和其他特性的过程，是移动通信网所特有的移动性管理功能，当 CDMA 系统要寻呼一个移动时，必须知道移动台的位置方能找到移动台。当运行在非时隙模式时，移动台需要连续不断的监听寻呼信道的每个时隙，这样移动台比较费电，移动台可以工作在时隙模式，移动台内部有个周期性指数（SLOT_CYCLE_INDEX）参数，这个参数可以让移动台只在特定的时隙监听寻呼信道而不会遗漏呼叫，这样移动台可以节约电池用量，延长待机时间。移动台在登记、起呼、寻呼响应时将 SLOT_CYCLE_INDEX 发送给系统，这样系统知道在哪些时隙给这个移动台发送相关消息。CDMA 支持以下 10 种不同的登记形式。

① 开机登记：移动台在打开电源后执行开机登记，为防止频繁开关电源导致多次登记，移动台进入空闲状态后延迟一段时间后再进行登记（延迟时间由 T57m 决定）；

② 关机登记：如果先前登记在当前服务系统，移动台在关机时执行关机登记；

③ 基于定时器的登记：移动台在规定的时隙发起登记；

④ 基于距离的登记：当目前基站和它上一次登记的基站之间的距离超过一个门限时发起的登记；

⑤ 基于区域登记：当它进入一个新的区域时，移动台登记；

⑥ 参数改变登记：当某些存储的参数改变时执行参数改变登记；

⑦ 指令登记：基站发送"登记请求指示"来要求移动台进行登记；

⑧ 隐含登记：当移动台成功发送一条初始消息或寻呼响应消息时，基站能识别移动台的位置，这被认为是一个隐含登记；

⑨ 业务信道登记：每当基站有了一个已经指配业务信道的移动台的登记消息时，基站可以通知移动台它已登记；

⑩ 用户区域登记：当移动台选择了一个有效用户区域时，移动台发起登记。

6.5 位置更新

移动台采用什么登记方式以及何时登记，可以通过解析系统参数消息（SPM，System Parameter Message）得到。当满足登记条件时，移动台就会触发一次登记，登记消息承载于 R-ACH 上，位置更新是 MSC 更新移动台位置信息的过程，当 BSS 收到移动台的登记消息时，在此之前 BSS 将相应的参数保存在寄存器中或者上报给 MSC，当 MSC 向 BSS 返回位置更新接收消息时，BSS 就会向 MSC 回应 ACK 消息，位置更新流程主要如下，流程如图 6-4 所示。

① MS 在接入信道上发送 Registration Message 到 BSS。

② BSS 在收到 Registration Message 后创建登记表，一些信息保存在登记表中，然后构

造 Location Updating Request 消息，把它放在 Complete Layer3 Information message 中发送到 MSC，然后启动定时器。

③ MSC 处理完后，发送 Location Updating Accept 消息到 BSS。BSS 收到 Location Updating Accept 消息后，停止定时器。若定时器超时，则清空登记表。

④ BSS 向 MS 发送 Registration Accepted Order 用来指示 Location registration 操作成功。

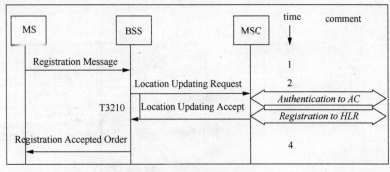

图 6-4 位置更新流程图

6.6 随 机 接 入

接入是指移动台向基站发出消息的一种尝试，包括移动台主动发起的呼叫和移动台响应系统的寻呼响应消息。

移动台主动的始发呼叫（Origination Call）即移动台发送 Origination Message 开始的呼叫；移动台寻呼响应接入即移动台对一般寻呼消息（GPM，General Page Message）或者通用寻呼消息（UPM，Universal Page Message）进行响应，发送寻呼响应（Page Response）的呼叫。

起呼接入状态包括两个关键子状态，即更新开销消息子状态（Update Overhead Information Substate）和移动台始发呼叫试探子状态（Origination Attempt Substate）。更新开销消息子状态中，当移动台企图更新开销消息时，就会监听寻呼信道，此时定时器为 T41m（4s）。如果当前开销消息在 T41m 内未收到和保存，移动台将会指示系统丢失，重新进行初始化。移动台起呼接入试探子状态中，移动台设置系统接入状态定时器 T42m(12s)，如果定时器超时，移动台将会返回到空闲状态。只有当移动台退出了接入状态，该定时器才会停止使用。寻呼响应接入状态也包括两个关键子状态，即更新开销消息子状态和寻呼响应接入子状态。这两种接入类型很相似，只是在呼叫流程的开始阶段有所区别。

发生随机接入失败时造成用户投诉分两种情况：一种是用户投诉不能打通电话；另一种是用户开机并在信号很好的状态下，不能接到电话。

6.7 安 全 机 制

cdma2000 1x 网络安全机制主要是考虑以下几个方面：非合法用户不能提供服务、合法用户的通信不能被盗号及监听，因此需要建立一个用户接入网络的安全机制以及加密机制。CDMA 安全基于密钥技术，安全性依赖于一个 64bit 认证密钥（A_Key）和终端的电子序列号（ESN），其安全机制包括采用伪随机码 PN 对信号进行扩频，用户接入鉴权，对话音、数据和信令加密等，cdma2000 1x 安全机制如图 6-5 所示。

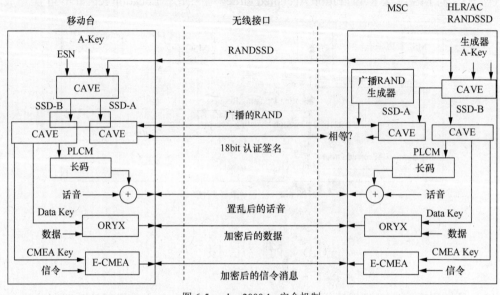

图 6-5 cdma2000 1x 安全机制

cdma2000 1x 系统采用以下 4 种安全算法。

① 蜂窝认证和话音加密（CAVE，Cellular Authentication and Voice Encryption）算法，用于查询/应答（Challenge/Response）认证协议和密钥生成；

② 专用长码掩码（PLCM，Private Long Code Mask）控制扩频序列，再通过扩频序列与话音数据异或实现话音保密；

③ ORYX 是基于 LSFR 的流密码，用于无线用户数据加密服务；

④ 增强的蜂窝信息加密算法（E-CMEA，Enhanced Cellular Message EncryptionAlgorithm）是一个密码，用于加密控制信道。

6.7.1 接入鉴权

CDMA 无线网络仅提供终端接入鉴权，而终端并不对网络进行鉴权。CDMA 鉴权涉及的内容有共享密钥 A-Key、共享秘密数据（SSD）、SSD 更新以及网络对终端的鉴权过程。在终端用户入网时，一些重要数据需要预先存在终端 UIM 卡和网络鉴权中心（AuC），这些数据包括密钥 A-Key、终端的 IMSI、ESN（UIM ID）、鉴权算法等。

（1）鉴权密钥 A-Key

密钥 A-Key 是仅为终端（UIM 卡）和网络侧 AuC 共享的密钥，其他实体无权知道 A-Key 的值。A-Key 的长度为 64bit，A-Key 的值通常由运营商来决定的，A-Key 的值被写入后通常就不再做改变。因为 A-Key 是产生其他加密数据的基础，所以 A-Key 的安全是非常重要的。

终端和认证中心的 A_Key 必须同步更新。

（2）共享秘密数据（SSD）

SSD 共 128bit，由终端 UIM 卡和 AuC 共享。SSD 是网络对终端进行鉴权以及信息加密过程中的重要数据。

SSD 不能在空中接口传送，SSD 生成或更新过程由 AuC 发起，在终端和 AuC 使用相同的算法计算完成，更新过程可以在控制信道进行也可以在业务信道进行。SSD 分为 SSD-A 和 SSD-B 两部分，各为 64bit。SSD-A 用于鉴权，SSD-B 用于加密。新的 SSD 生成以及对新的 SSD 验证的过程如下，如图 6-6 所示。

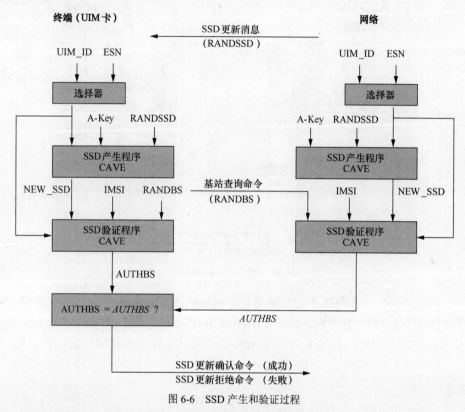

图 6-6　SSD 产生和验证过程

① AuC 首先要将 SSD 更新请求的消息发送到终端；

② 终端收到 SSD 更新消息后，将其中的 RANDSSD 作为终端侧的输入参数，与其他参数一起计算出新的 SSD 值，终端侧选择一个随机数 RANDBS 传给 AuC；终端和 AuC 使用同样的算法和输入参数进行计算，计算出 AUTHBS；

③ AuC 发送消息将自己计算出的 AUTHBS 值传给终端；

④ 终端比较自己计算的 AUTHBS 值和 AuC 计算的 AUTHBS 值，如果两个值相同，则新的 SSD 通过验证，终端将 SSD 值状态变为可用状态；

⑤ 终端发送消息向网络侧确认 SSD 更新成功，AuC 收到此消息后，也将新 SSD 值变为可用状态，则 SSD 更新过程完成。

（3）鉴权基本算法

在共享秘密数据的更新、验证过程中，鉴权过程中都会使用到 CAVE 算法。输入参数的不同，CAVE 算法参数初始化和输出结果不同，从而能够被应用到 CDMA 安全的各个环节中去。其主要的应用环节包括 SSD 更新过程和对终端的鉴权过程。对终端鉴权过程如图 6-7 所示。其中，终端和 AuC 分别用 SSD 等参数进行 CAVE 算法，终端将 CAVE 算法产生的值传送给 AuC，AuC 将此值与自身执行 CAVE 算法计算出的值比较，若相等，则鉴权成功。

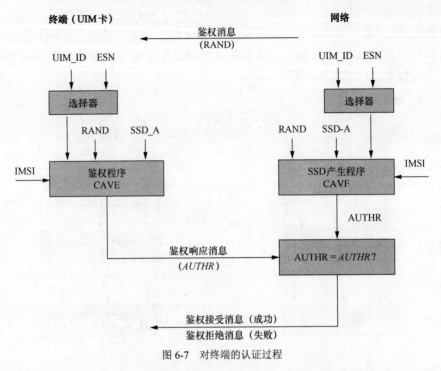

图 6-7　对终端的认证过程

此外，cdma2000 1x 系统还在核心网提供分组域的安全接入认证。在简单 IP 方式中，通过终端和 PDSN/RADIUS 服务器之间的 CHAP 或 PAP 实现用户的身份认证。在移动 IP 接入方式中，通过终端和 HA/归属域 RADIUS 服务器之间的鉴权来实现用户的认证。

6.7.2　加密

通过对用户和网络间传输信息的加密能够防止非法者获取信息内容。系统中能够对话音、数据及部分信令进行加密，提供对信息完整性的保护。

1. 话音加密

话音加密是对用户在空口的通话信息进行保密，是在 MS 与 BSC 中完成对通话信息的加密与解密。话音保密通过专用长码掩码扩频在业务信道进行，用户可以在始呼时请求话音保密，也可以在通话的过程中请求话音保密功能。在进行话音保密之前用于话音保密的设备要生成或写入相关的秘密数据，终端和网络侧通过 CAVE 算法生成用于保密的专用长码掩码。

2. 信令加密

信令消息加密能够提供对在 MS 到 BSC 之间的部分信令的加密。接入信道消息 AUTH 值若为 01 才对其加密，若为 00 则不加密。目前信令加密所支持的级别有两种：第一种支持在专用信令控制信道上的部分信令消息的关键字段的加密；第二种支持在专用信令控制信道和公共信令控制信道上的部分信令消息的加密。

第一种信令加密只能在专用信令控制信道上进行，能够保护的信息为部分信令的用户敏感信息，例如用户的 PIN 码等内容，使用的加密算法为蜂窝信息加密算法（CMEA，Cellular Message Encryption Algorithm）或增强型蜂窝信息加密算法（E-CMEA）。

第二种信令加密相对第一种是一种扩展的加密过程，保护的范围更大，而且提供的安全性也更高，它不仅能够提供专用控制信道上的信令保护，也能够提供公共控制信道上的信令保护。它提供的是部分信令消息的保护，但它保护的是整条信令消息而不是信令消息的敏感字段。可采用的算法有 CMEA、ECMEA 和 Rijndael 等，将来也有可能采用其他的加密算法。

3．数据加密

早期标准的版本中不支持数据加密，若需实现数据加密只能使用上面提到的扩展加密接口，提供 MS 到 BSC 之间的数据保密功能。目前数据加密主要使用 ORYX 算法。

6.8　话音呼叫和释放

6.8.1　话音业务主呼

话音业务作为 CDMA 系统的基本功能，流程如图 6-8 所示，其始发呼叫流程如下。

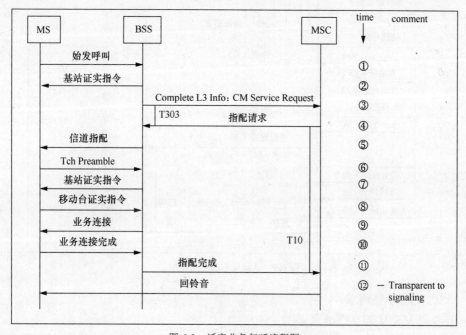

图 6-8　话音业务起呼流程图

① MS 发送始发呼叫消息；

② BSS 回证实指令；

③ BSS 向 MSC 发送完整的层 3 消息，其中包含 CM Service Request 消息；

④ MSC 回指配请求消息；

⑤ BSS 向 MS 发送信道指配消息；

⑥ MS 开始在业务信道上发送前缀；

⑦ BSS 回基站证实指令；

⑧ MS 回移动台证实指令；

⑨ BSS 发送业务连接消息；

⑩ MS 发送业务连接完成消息；

⑪ BSS 发送指配完成消息；

⑫ MSC 送回铃音。

6.8.2 话音业务被叫

话音业务被呼流程主要如下，流程如图 6-9 所示。

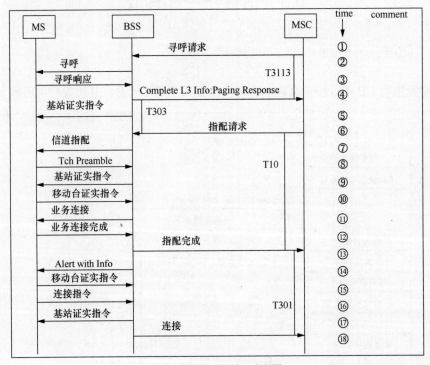

图 6-9 话音业务被呼流程图

① MSC 发起寻呼请求；

② BSS 向 MS 发送寻呼消息；

③ MS 向 BSS 回寻呼响应消息；

④ BSS 向 MSC 回寻呼响应消息，并设置定时器 T303；

⑤ BSS 向 MS 发送基站证实指令；

⑥ BSS 收到 MSC 的指配请求；

⑦ BSS 发送信道指配消息；

⑧ MS 开始在业务信道上发送前缀；

⑨ BSS 回基站证实指令；

⑩ MS 回移动台证实指令；

⑪ BSS 发送业务连接消息；

⑫ MS 发送业务连接完成消息；

⑬ BSS 发送指配完成消息；

⑭ BSS 发送信息提示消息；

⑮ MS 回证实指令；

⑯ MS 发送连接指令；

⑰ BSS 向 MS 发送证实指令；

⑱ BSS 向 MSC 发送连接指令。

6.8.3　话音业务释放

话音业务释放流程主要如图 6-10 所示。

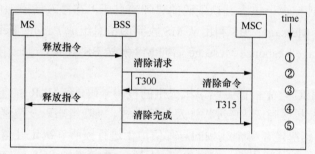

图 6-10　话音释放流程图

① MS 收到用户的释放指示（关机或挂机）后，在反向业务信道发送呼叫释放命令；

② BSS 向 MSC 发送清除请求消息，启动呼叫释放，同时启动定时器 T300；

③ MSC 发送清除命令消息给 BSS，通知 BSS 释放相关资源，同时启动定时器 T315；

④ BSS 收到 MSC 的指令后，释放相关资源；

⑤ BSS 回送清除完毕消息给 MSC。

上面介绍的是移动台发起的话音业务释放流程，至于基站发起、MSC 发起的话音业务释放流程与 MS 发起的流程类似，这里不再叙述。

6.9　寻　呼

寻呼是移动网络中的重要过程，移动台被叫都是通过 MSC 下发寻呼请求后才建立起通信链路的。cdma2000 1x 的寻呼消息主要通过寻呼信道、快速寻呼信道发送。

寻呼信道对应的 Walsh 码为 1~7，寻呼信道的速率根据协议的规定有 9 600bit/s 和 4 800bit/s 两种。在 cdma2000 1x 系统中，寻呼信道上承载的消息有很多，主要有呼叫处理（话音和数据）和补充业务（短消息）两大类与业务相关消息。另外，还有空的通用寻呼消息和服务重定向消息、特征通知消息等。空的通用寻呼消息不包含任何移动台信息，它通过相关字段的设置，表明时隙内所有的消息都已发送完毕。

快速寻呼信道的速率也有 9 600bit/s 和 4 800bit/s 两种，其对应的 Walsh 码为 80、48、112。在快速寻呼信道上只发送 3 类信息，分别是寻呼指示比特、配置变更指示比特、广播指示比特，而且它们是重复发送的。

由于寻呼信道被分成多个时隙，因此对于移动台在空闲状态时，存在时隙化和非时隙化工作模式。时隙化模式，是指移动台在特定的时隙周期性地被唤醒以检查指向它的寻呼消息，时隙化模式允许移动台降低功率直到它预先指定的时隙出现，移动台的具体唤醒时隙，是由移动台和 MSC 通过使用 Hash 函数，以移动台的 MIN 号码作为输入变量得到的；非时隙化模式，是指移动台处于空闲状态时，它监视所有的寻呼时隙，并接收所有的寻呼时隙上的消息。显然非时隙化工作模式下，移动台电池消耗大很多，因此一般移动台都工作在时隙化模式。

在移动台被呼过程中，首先 MSC 给 BS 发送寻呼请求消息 Paging Request，启动寻呼 MS 的呼叫建立过程；BS 收到寻呼请求消息后，在寻呼信道上发送寻呼消息 Paging Message 给 MS；MS 识别出寻呼信道上包含其识别码的寻呼消息后，在接入信道上向 BS 回复寻呼响应消息 Page Response Message；BS 利用从 MS 收到的信息组成 Paging Response，封装后发送给 MSC；BS 收到 Page Response Message 后向 MS 发送 BS ACK Order；随后就可为移动台分配无线资源。

为实现寻呼，MSC 首先根据主叫手机提供的被叫号码，到 HLR 中查询该手机目前位置，并在相应的区域内发起寻呼。寻呼过程涉及寻呼方式、寻呼策略以及位置区寻呼的一些参数。手机则通过 MIN 号码决定在哪个载频的寻呼信道上进行监听、决定驻留在哪个寻呼时隙中。16 个寻呼时隙组成一个寻呼周期：$16 \times 80ms=1.28s$。系统参数 SCI（Slot Cycle Index）取值的不同决定采取时隙模式或非时隙模式以及时隙模式激活时间。常用的寻呼策略有以下 4 种。

① 全 MSC 寻呼，只在本 MSC 内进行寻呼。

② 登记的位置区域（LA，Local Area）寻呼；在手机登记位置区寻呼，如将 MSC 划分为若干的 LA，手机最后一次在哪个 LA 内进行注册，就在哪个 LA 内寻呼。

③ 位置区域簇（LAC，Local Area Cluster）寻呼；手机登记位置区域簇寻呼。

④ 在不同厂商的 CDMA 系统边界之间开通 ISPAGE 功能，即第 2 次寻呼可以跨不同的系统之间同时对移动台进行寻呼，以增强用户被叫寻呼成功率。

为保证区域内寻呼的可靠性，一般系统会采用多次寻呼，每一次寻呼时所采用的寻呼策略可以自由指定。若第一次寻呼不到，则在手机最后一次注册的 LA 附近的区域簇内进行寻呼。如手机最后一次是注册在 LA2 内的，则 LAC 寻呼=LA1+LA2+LA3。

6.10 切　　换

切换是移动通信区别于固定通信的最大特点，移动通信采用无线方式实现移动台与移动台或移动台与固定电话之间信息传递。CDMA 移动通信网络由很多基站组成，移动台通过无线电波和基站之间实现通信联系，基站之后的链路仍然通过有线方式进行传输，由于每个基站的信号覆盖范围有限，移动台在移动的过程中，为了保持通信连续不中断，移动台需要从一个基站的扇区更换到另一个基站的扇区，在移动通信中将这种通信行为定义为切换。

CDMA 通信系统中的切换分为接入切换、硬切换、软切换 3 大类。

6.10.1　接入切换

接入切换根据接入时间过程点又分为接入入口切换、接入试探切换、接入切换 3 大类。

1．接入入口切换

在移动台从空闲状态向接入状态转移的过程中，例如移动台收到了原基站的寻呼消息，在向原基站回复寻呼响应之前，如果监听到原基站对应的寻呼信道丢失，将在新基站上发寻呼响应消息，此过程称为接入入口切换（Access Entry Handoff）。接入入口切换允许移动台在开始接入尝试之前选择最强的导频，从而使移动台成功接入基站的可能性更大，降低了接入尝试失败率。

2．接入试探切换

移动台在发送接入试探时，发现当前寻呼信道变差而其他基站的导频足够强后，停止发送当前的接入试探，转向导频更强的基站重新开始发送新的接入试探，该过程称为接入探测切换（Access Probe Handoff）。

3．接入切换

在移动台等待原基站指配业务信道期间，如果移动台监听到原基站的寻呼信道丢失，将转向新基站的寻呼信道等待业务信道的指配，此过程称为接入切换（Access Handoff）。

6.10.2　软切换

软切换采用先通后断的方式，即在切换过程中，移动台保持与原基站的通信，同时建立与目标基站的通信，之后再切断与原基站的通信，软切换由 BSC 完成。软切换根据切换小区的基站归属关系分为软切换和更软切换，移动台在同一个基站的不同扇区之间进行的软切换称为更软切换，更软切换是由 BTS 完成的。软切换的流程如图 6-11 所示。

① 导频信号超过 T_ADD，移动台将导频强度测量报告消息（PSMM）作为软切换的请求事件上报给当前基站，同时将目标导频加入候选集，当前基站将对 PSMM 消息做出 Order 应答；

② BSC 处理该次切换请求，对切换请求的合法性、当前资源的占用情况进行评估，如果允许切换，则目标基站准备好相应的资源，同时开始在切换的目标基站发送前向业务信道帧；

③ 在当前基站以及切换的目标基站均分送切换指导消息，MS 对切换指导消息做出应答；

④ MS 向当前基站以及切换的目标基站发送切换完成消息，BTS 侧向 MS 发送切换完成消息的 Order 应答；

⑤ BSC 向 MSC 发送切换执行消息，通知 MSC 发生了软切换。

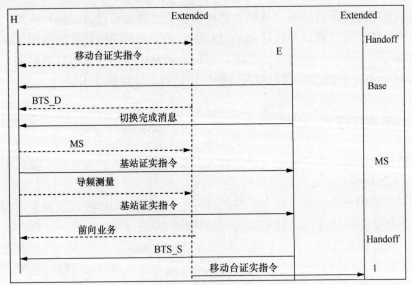

图 6-11　软切换流程图

6.10.3　硬切换

硬切换采用先断后通的方式，即在切换过程中，移动台先中断与原基站的通信，再建立与目标基站的通信。CDMA 系统中的硬切换发送在以下两种情况：不同频率之间不可能发生软切换，只能是硬切换；同一系统中无 A3/A7 接口连接的 BSC 之间的切换属于硬切换（一般发生在不同厂商设备之间）。BSC 间硬切换流程主要阶段如图 6-12 所示。

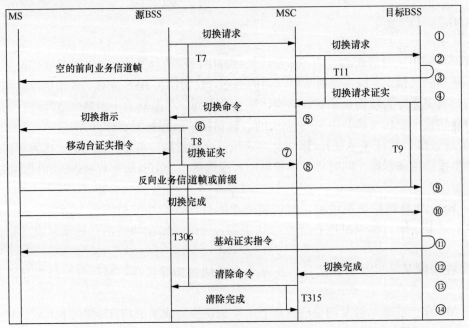

图 6-12　硬切换流程图

① 根据 MS 的报告，信号强度已经超过网络指定的阈值或有其他原因，源 BSS 切换判决后发起至目标小区的硬切换。源 BSS 向 MSC 发送带小区列表的切换请求消息，并启动定时器 T7。

② 由于切换请求消息中已指示切换为硬切换，因此 MSC 向目标 BSS 发送带信道识别单元的切换请求消息。在异步数据或传真进行硬切换的情况下，切换请求消息中的电路识别码扩展单元将指示连至目标 BSS 侧的电路识别码，以支持 A5 连接，MSC 启动定时器 T11。

③ 收到 MSC 的切换请求消息后，目标 BSS 按照消息中的指示，分配相应的无线资源，向 MS 发送空的前向业务信道帧。

④ 目标 BSS 向 MSC 发送切换请求证实消息，MSC 关闭定时器 T11。目标 BSS 开启定时器 T9，等待捕获到 MS 的反向业务信道前导。

⑤ MSC 准备从源 BSS 至目标 BSS 切换，向源 BSS 发送切换命令，源 BSS 关闭定时器 T7。

⑥ 源 BSS 向 MS 发送切换指示消息，源 BSS 开启定时器 T8 等待切换完成消息。

⑦ MS 向源 BSS 发送移动台证实指令，源 BSS 关闭定时器 T8。

⑧ 源 BSS 向 MSC 发送切换开始消息，通知 MS 已经被命令切换至目标 BSS 信道。

⑨ MS 向目标 BSS 发送反向业务信道帧或前缀，目标 BSS 捕获 MS 后停止 T9。

⑩ MS 向目标 BSS 发送切换完成消息。

⑪ 目标 BSS 发送基站证实指令。

⑫ 目标 BSS 向 MSC 发送切换完成消息，通知 MS 已经成功完成了硬切换。

⑬ MSC 向源 BSS 发送清除命令消息。

⑭ 源 BSS 向 MSC 发送清除完成消息。

6.11　系 统 消 息

在 CDMA 系统中，几乎所有的呼叫流程由消息驱动。除同步信道发送同步信道消息外大部分系统消息由寻呼信道发送。cdma2000 协议规定了 13 种空闲状态的系统消息。其中，6 种是必选的。一个扇区载频完成配置后，紧接着要进行这 6 条系统消息的更新，只有在必选系统消息更新都成功后，扇区载频才可以提供服务。另外 7 种是可选的，不同 CDMA 系统会根据实际功能需要，选择性地下发这 7 种可选系统消息；不同的设备商也可能对这几条系统消息做出不同的选择使用。

6.11.1　必选系统消息

必选系统消息主要包括以下几种。

（1）同步信道消息（SCHM，Sync Channel Message）

SCHM 消息在同步信道广播发送；MS 在初始化状态时，从该消息中获得系统配置及时间信息。利用 SCHM 消息中的 PILOT_PNs、LC_STATEs 及 SYS_TIMEs 同步长码时间及系统时间。

（2）接入参数消息（APM，Access Parameters Message）

APM 消息在寻呼信道广播发送，消息中的重要参数主要包括：PILOT_PN、消息序列号、接入信道个数、NOM-P、INIT-P、P-STEP、接入探测数量 NUM-STEP 等。

（3）系统参数消息（SPM，System Parameters Message）

SPM 系统参数消息在寻呼信道广播发送，指明寻呼信道上的其他一些系统消息是否可用；通知 MS 寻呼信道的变化情况，指定重新搜索，告知 MS 的漫游状态，提供注册参数等等。消息中的重要参数包括 PILOT_PN、SID、NID、配置消息序列号、REG-ZONE、ZONE-TIMER、BASE-ID 等。

（4）邻小区列表消息（NLM，Neighbor List Message）

NLM 邻小区列表消息在寻呼信道广播发送，为了保证系统的连续服务，降低系统内干扰，提升网络服务质量，扇区之间需要配置相应的邻区关系，所配置的邻区关系由激活导频的邻区列表消息下发。消息中的重要参数包括 PILOT-PN、PILOT-INC、配置消息序列号、邻小区 1 的信息（相邻配置、相邻基站导频 PN 序列偏移索引）、邻小区 2 的信息，以及至邻小区 N 的信息等。

（5）CDMA 信道列表消息（CCLM，CDMA Channel List Message）

CCLM 消息在寻呼信道广播发送。用户在选择网络时需要知道 CDMA 载波的频率。无论是多载波组网还是单载波组网，CDMA 网络均需要通过 CCLM 消息告诉移动台该驻留的频点号。消息中的重要参数包括 PILOT-PN、配置消息序列号、CDMA 信道分配频率（如 201 频点）等。

（6）扩展系统参数消息（ESPM，Extended System Parameters Message）

ESPM 扩展系统参数消息在寻呼信道广播发送，消息中的重要参数包括 PILOT_PN、Config-Msg-Seq、首选接入信道手机标识类型等。

6.11.2 可选系统消息

可选系统消息主要包括以下几种。

（1）全局业务重定位消息（GSRDM，Global Service Redirection Message）

在寻呼信道广播发送，消息中的重要参数包括 PILOT_PN、Config-Msg-Seq、重定向接入过载级别、重定向失败返回指示、重定向记录类型和长度等。

（2）扩展邻小区列表消息（ENLM，Extended Neighbor List Message）

在寻呼信道广播发送，重要参数包括 PILOT-PN、PILOT-INC、配置消息序列号、邻小区 1 的信息（相邻配置、相邻基站导频 PN 序列偏移索引、导频搜索优先级、频率包含指示、邻区频率级别、邻区频率分配等）、邻小区 2 的信息，以及至邻小区 N 的信息等。

（3）扩展 CDMA 信道列表消息（ECCLM，Extended CDMA Channel List Message）

在寻呼信道广播发送，消息中重要参数包括 PILOT-PN、配置消息序列号、CDMA 信道频率数目、CDMA 信道频率信息（分配的 CDMA 信道频率、RC 和 QPCH 选择包含指示、RC_QPCH 信道容量指示）。

（4）专用邻小区列表消息（PNLM，Private Neighbor List Message）

在寻呼信道广播发送，消息中的重要参数包括 PILOT_PN、邻区配置和 PN 偏移包含指示等信息。

（5）通用邻小区列表消息（GNLM，General Neighbor List Message）

在寻呼信道广播发送，消息中的重要参数包括 PILOT_PN、Config-Msg-Seq、PILOT_INC、邻区搜索模式、邻区配置和 PN 偏移包含指示、频率设置指示、使用时间信息指示、全局时间信息包含指示、全局相邻发射持续时间、全局邻区发射时间周期、相邻集导频 PN 序列数目等。

（6）用户区识别消息（UZIM，User Zone Identification Message）

在寻呼信道广播发送，终端会存储配置消息序列号。如果序列号更改表明这条消息内容有更新，需要重新存储，如果序列号与终端一致，则丢弃本消息。消息中的重要参数包括 Config-Msg-Seq。

（7）扩展全局业务重定位消息（EGSRDM，Extended Global Service Redirection Message）

扩展全局业务重定位消息（EGSRDM）在寻呼信道广播发送，消息中的重要参数包括 PILOT_PN、Config-Msg-Seq、重定向接入过载级别、重定向失败返回指示等。

此外，业务状态下的系统消息主要在业务信道上发送，主要包括业务在线系统参数消息（ITSPM，In-traffic System Parameters Message）；邻小区列表更新消息（NLUM，Neighbor List Update Message）；扩展邻小区列表更新消息（ENLUM，Extended Neighbor List Update Message）。

6.12 短消息流程

CDMA 交换系统与短消息业务相关是移动应用协议（MAP）信令流程，该流程主要包括 MS 发送短消息和 MS 接收短消息。短信中心 MC 可以接收移动台提交的短消息，并转发给目的地短消息实体（SME，Short Message Entity）。目的地 SME 可能是接收短消息的 MS 的拜访 MSC 或归属 MC。

6.12.1 短消息发送流程

MS 发送短消息信令流程如图 6-13 所示。

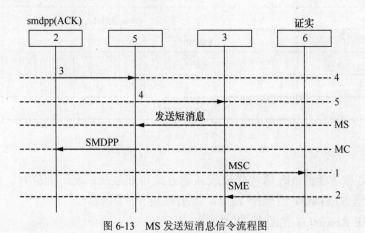

图 6-13 MS 发送短消息信令流程图

① MS 构造一个短消息，通过空中接口发送短消息给 MSC。

② MSC 将空中接口发送的短消息转换为 SMDPP 消息，发送给 MS 的归属 MC。

③ MC 发送 SMDPP 给 MSC，证实收到了短消息。如果有数据要返回，smdpp 中也包括需要返回的数据。

④ MSC 将 smdpp 转换为空中接口的证实消息。

⑤ MC 发送 SMDPP 消息目的地 SME。

⑥ 目的地 SME 发送 smdpp 给 MC，证实收到了短消息。如果有数据要返回，smdpp 中也包括需要返回的数据。

6.12.2 短消息接收流程

MS 接收短消息信令流程如图 6-14 所示。

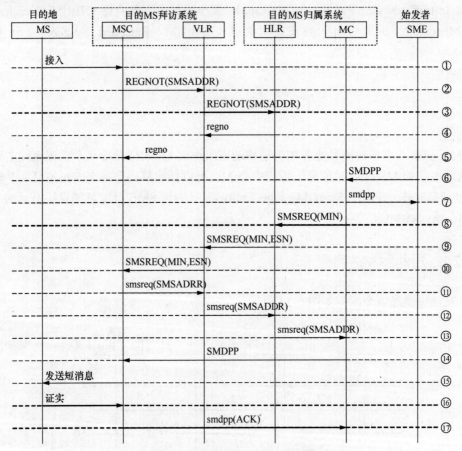

图 6-14　MS 接收短消息信令流程图

① 支持短消息功能的 MS 通过登记或其他方式告知系统目前所处位置。

② MSC 发送 REGNOT 消息给 VLR，请求告知 MS 的地址。

③ VLR 转送 REGNOT 消息给 HLR。

④ HLR 记录该移动台的 SMS 地址并向 VLR 发送 regnot 消息，其中包含用户的服务项目清单。

⑤ VLR 发送 regnot 消息给服务 MSC。

⑥ MC 收到一个 SMDPP 请求，要求传送 SMS 消息给 MS。

⑦ MC 发送 smdpp，证实收到的信息。

⑧ 若 MC 不知道 SMS 当前临时地址或 MS 状态，则执行步骤⑨～⑬；MC 发送 SMSREQ 给 HLR，要求 SME 的地址。

⑨ 若 HLR 不知道 SMS 当前临时地址或 MS 状态，则执行步骤⑩～⑫；HLR 发送 SMSREQ 给 VLR，要求 SME 的地址。

⑩ VLR 转送 SMSREQ 给服务 MSC，要求 SME 的地址。

⑪ MSC 发送 smsreq，其中包含被服务 MS 的临时 SMS 选路地址。

⑫ VLR 转送 smsreq 给 HLR。

⑬ HLR 转送 smsreq 给 MC。

⑭ 目的地 MC 使用 SME 的临时选路地址转送 SMDPP 给目的地 SME。

⑮ 通过空中接口，MSC 发送短消息给目的地 MS。

⑯ 目的地 SME 发送证实响应，表示收到了短消息。若有返回的数据，证实中可以包括 SMS 数据。

⑰ MSC 将空中接口的证实响应翻译为 smdpp 肯定证实，且将其送给 MC。如果步骤 16 中提供返回数据，smdpp 可以包括一个 SMS 承载数据参数。

6.13　呼叫进程中异常

呼叫进程中的异常情况主要有呼叫失败、掉话、软/硬切换成失败。

6.13.1　呼叫失败原因

呼叫失败原因主要有以下几种。

① A1 接口故障：BSC 因未收到"Assignment Request"而造成呼叫失败。如太多非法用户尝试连接、BSC 与 MSC 间信令异常等；

② 资源分配失败：BSC 因分配呼叫资源失败而造成呼叫建立失败。如 A 接口或 Abis 接口业务链路异常，系统容量问题、时钟同步系统故障等；

③ 捕获反向 TCH 信道前导失败。呼叫接入过程中 BSC 在发送"Extended Channel Assignment Message"后，没有接收到反向"TCH Preamble"而造成呼叫建立失败。如前反向链路不平衡、功控参数设置不当、反向业务信道搜索窗设置不当、导频污染等。

6.13.2　掉话主要原因

掉话主要原因有以下几种。

① Erasure 帧过多造成较高掉话次数。如软切换分支时延过大、前向 Ec/Io 过低、反向链路 FER 过高；

② 收不到反向帧造成掉话。如软切换分支时延过大；

③ Abis 接口原因导致掉话次数过高，如包括 BTS 资源故障、Abis 链路资源故障、SDU

资源故障以及其他 BSC 相关设备资源故障等；

④ A 接口异常：如 MSC 发起的异常释放、A2 接口电路异常发起的释放、A3/A7 接口资源故障以及其他 BSC 相关设备资源故障。

6.13.3 BS 内软切换失败原因

BS 内软切换失败原因主要有以下几种。

① 目标小区无可用无线资源（或无无线资源）而导致的 BS 内软切换失败，如 Walsh 码、CE 或功率不足。

② 因要求的 Abis 资源不可用而导致的 BS 内软切换失败，如 Abis 接口传输故障或阻塞、信道处理板或接口板故障、CXIE、CBIE 或 CFMR 板故障。

③ 无线接口故障，如 MS 收到"Extended Handoff Direction Message"或"Universal Handoff Direction Message"后没有返回 MS Ack Oder 而导致的 BS 内软切换失败。

6.13.4 BS 内硬切换失败原因

BS 内硬切换失败原因主要有以下几种。

① 太多硬切换请求导致硬切换成功率低；

② 源侧无线资源管理模块触发硬切换后，目标侧呼叫管理模块开始申请各种资源（申请顺序为：A 接口资源，无线资源，Abis 接口资源），因无可用无线资源而导致硬切换失败；

③ 目标侧捕获 MS 失败（等待 Preamble 超时），导致硬切换失败，此时 MS 还处在源侧，前向链路上 MS 没有收到 HDM 消息；

④ MS 无法捕获目标导频；或由于反响链路差，目标 BTS 不能捕获反向业务前导，因此导致 BS 内硬切换失败。

6.14 漫　　游

漫游是 CDMA 系统向外区域来访的移动台提供服务的能力。漫游类型包括国内省间漫游、国际漫游、系统内漫游、系统间漫游。为了实现 cdma2000 1x 网络漫游，首先要保证漫游网络之间在信令网层面、话路网层面和数据网络层面实现互通。信令网连接通过信令转接点（STP）实现互通，话路网通过关口移动交换中心（GMSC）实现互通，数据网络通过路由器实现互通。

漫游地 MSC/VLR 通过互通的 STP 向归属 HLR 发起鉴权和登记过程，并配合归属 HLR 完成鉴权过程和登记过程。鉴权完成后，归属 HLR 将用户的相关信息，如呼叫权限、长途权限以及智能网属性等，发送到漫游网络的服务 MSC/VLR。此时用户归属的 HLR 和漫游地 MSC/VLR 中关于该用户相关的信息是同步的。在下次登记之前，无论是归属地 HLR 还是漫游地 MSC/VLR 检测到用户的数据有变化，都会通过已经互通的信令链路通知另一个实体，以保持 HLR 和 MSC/VLR 中用户信息的同步更新。

当漫游用户访问异地 CDMA 系统时，移动台可以通过接收系统参数消息（SPM）获得当前系统和网络识别码（SIDs，NIDs），移动台本地存储一个系统识别码表（SIDs，NIDs），如果发现系统下发的（SIDs，NIDs）与本地识别码不匹配，则移动台判定自己处在漫游状态。移动台在异地搜索服务网络时，发现该网络的（SIDs，NIDs）和本身存储的不一致时，即向网络发起登记请求，异地 MSC/VLR 根据用户上报的 IMSI 发现该用户不是本地用户，并可以识别该用户的归属 HLR，通过本地 MSC/VLR 和该移动台归属地的 HLR 进行联系，如该用户具有漫游功能，即为该移动用户分配一个临时的 MRSN 号，并通知该漫游用户的 HLR 修改该用户的位置及号码信息，这样该漫游用户具备了呼入呼出的功能。从 MAP 应用层看，整个过程与用户没有发生漫游的情况则完全相同，只是承载 MAP 的底层信令网需要通过互通的 STP 进行连接。

漫游用户在使用数据业务时，其认证需通过归属网络完成。例如，针对简单 IP 呼叫时，用户通过漫游地 PDSN 向漫游地的 AAA 服务器发送认证请求，并经过漫游地关口 AAA 服务器将认证请求转发至用户归属地 AAA 服务器进行认证。用户认证通过后，用户即可通过拜访地 PDSN 访问归属地的数据业务，如 WAP、移动 E-mail、流媒体等。

6.15　数据业务流程

6.15.1　数据业务起呼流程

数据业务起呼流程主要阶段如图 6-15 所示。

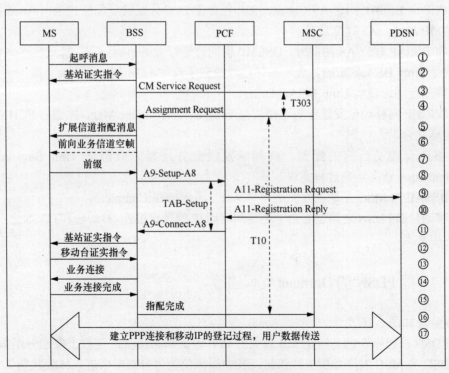

图 6-15　数据业务起呼流程图

① 为了进行分组数据业务，移动台通过接入信道向基站发送带有要求层 2 确认指示的起呼消息，起呼消息包括有一个分组数据业务选项。

② 基站通过向移动台发送基站证实指令表明接收到了起呼消息。

③ 基站构造一条 CM Service Request 消息，将它放在完整的层 3 消息中发送给 MSC，并开启定时器 T303。

④ MSC 向基站发送 Assignment Request 消息请求指配无线资源，并开启定时器 T10，在 MSC 与 BSS 之间没有地面电路指配给分组数据呼叫。

⑤ 基站分配无线资源，向 MS 发送 ECAM 消息。

⑥ 基站向 MS 发送前向业务信道空帧。

⑦ MS 在反向业务信道上发送业务信道前缀，帮助基站捕获反向业务信道。

⑧ 基站接收到移动台发送的反向业务信道前缀后，基站向 PCF 发送带有数据准备指示比特为 1 的 A9-setup-A8 消息，建立 A8 连接，并开启定时器 TA8-setup。

⑨ PCF 确认目前没有本移动台的 A10 连接后，为本次呼叫选择一个 PDSN。PCF 向选中的 PDSN 发送一条带有存活时间 Lifetime 为非零的 A11-Registration Request 消息。本消息也包括统计数据（R-P 部分的空中链路记录），PCF 开启定时器 Tregreq。

⑩ 如果 A11-Registration 是有效的，并且 PDSN 接受了该连接通过回送带有接受指示和存活时间 Lifetime＝Trp 的 A11-Registration Reply 消息。PDSN 和 PCF 都对该 A10 连接产生一个捆绑记录，PCF 停止定时器 Tregreq，PCF 和 PDSN 均开启定时器 Trp。如果 PDSN 支持快速切换，其 P-P 地址作为 NVSE 单元的一部分传送给 PCF，否则该 P-P 地址被丢弃，继续进行下面的处理。

⑪ PCF 向 BSSAP 回送 A9-Connect-A8，包含由 PCF 分配的分配标识前向 A8 连接的 Key 和 PCF 的 IP 地址，A8 建立成功。

⑫ 在 BSSAP 建立 A8 的同时，DSCHP 也同时进行业务协商过程。基站向移动台发送基站证实指令 Umf_BSAckOrder，表明基站已经捕获了反向 FCH 的 preamble。

⑬ 移动台回送证实 Umr_MSAckOrder。

⑭ DSCHP 向移动台发送业务连接消息 Umf_ServiceConnectMsg，把当前 FCH 的配置信息发送给移动台。

⑮ 移动台接受当前的配置，向基站发送业务连接完成消息 Umr_ServiceConnectCompletionMsg。业务协商过程完成。

⑯ BSSAP 向 MSC 发送指配完成消息 A1r_AssignmentComplete。

⑰ 移动台和 PDSN 之间建立 PPP 连接和移动 IP 的登记过程，移动台和 PDSN 之间在 FCH 上传送分组数据。

6.15.2　同 PDSN 的 Dormant 切换流程

主要阶段如图 6-16 所示。

① PDSN 在已存在的与特定 MS 相关的 PPP 连接和 A10/A11 连接上发送分组数据。

② BSC 向 MSC 发送指配失败消息，其中原因值为"分组呼叫进入休眠状态"。

③ PDSN 向源 PCF 发送 A11-Registration Update 消息以启动与源 PCF 间 A10 连接的终

止程序。

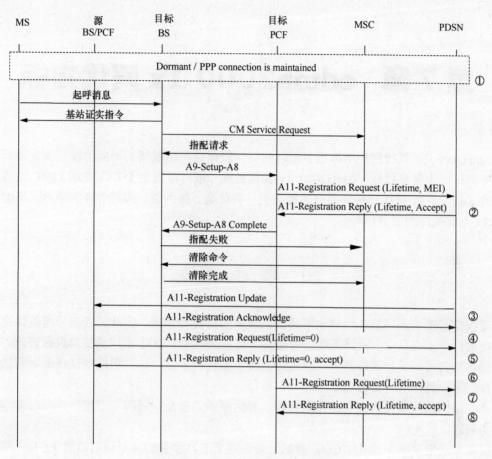

图 6-16　同 PDSN 的 Dormant 切换流程图

④ 源 PCF 发送 A11 注册证实消息。

⑤ 源 PCF 向 PDSN 发送释放 A10 连接请求。

⑥ PDSN 返回应答消息。

⑦ 目标 PCF 发送 A11-Registration Update 消息以更新与 PDSN 之间 A10 连接的注册。

⑧ 对于有效的 A11-Registration Update，PDSN 返回带接受指示和生存期值的应答消息，PDSN 在返回注册应答消息之前保存与计费相关的信息用于进一步处理。

参 考 文 献

[1] CDMA1x 话务统计分析指导书 V3.0（华为）.

[2] cdma2000 路测数据分析指导书.

[3] CDMA 网络无线优化技术手册（高通白皮书）.

[4] 谢玉生，颜琨，CDMA 网 PRL 更新原理及典型案例分析. 移动通信，2010(10):13-17.

第7章 cdma2000 1x 网优指标

cdma2000 1x 系统网络指标很多，运营商一般根据网络发展的不同阶段，制定不同的关键性能指标作为运营目标，cdma2000 1x 优化指标一般可以通过 DT/CQT 或 OMC 话务统计两种方式获取。1x 网优指标分类分为覆盖类、负荷类、接入类、保持类 4 大系列，下面分别介绍 1x 网优关注的主要指标。

7.1 覆盖指标

无线信号覆盖是 CDMA 移动网络提供服务的前提和基础，因此无线信号覆盖优化是网络优化的一个重点。一个网络无线信号覆盖率可以通过 DT/CQT 采样测试来进行评价。衡量信号覆盖是否可以满足通信需求，事先定义覆盖指标门限值，这样根据测试结果对测试采样点进行门限分类计算得到覆盖率指标。

在实际网络测试过程中会出现弱覆盖、越区覆盖、前反向链路不平衡、导频污染等实际覆盖类问题。

覆盖率的定义是采用 DT/CQT 测试结果来定义的，涉及前向导频信道的 Ec/Io、移动终端的接收功率 Rx_Power 和发射功率 Tx_Power。覆盖率可以按照覆盖区域的不同分为城区覆盖率和郊区农村覆盖率。覆盖率定义如下。

城区覆盖率指标定义=(Ec/Io≥−12dB&Tx_Power≤15dBm&Rx_Power≥−90dBm)的采样点数/采样点总数×100%。

郊区和农村覆盖率指标定义＝(Ec/Io≥−12dB&Tx_Power≤20dBm&Rx_Power≥−95dBm)的采样点数/采样点总数×100%。

需要说明的是，覆盖率一般是采用 DT/CQT 数据采样点定义的，包含主、被叫测试手机的采样点样本数之和，同时覆盖率测试也包含通话状态及空闲两种状态的综合结果。

7.2 负荷类指标

7.2.1 话务量

话务量单位是国际电报电话咨询委员会 CCITT 建议使用的单位，叫做"爱尔兰（Erl）"，是为了纪念话务理论的创始人 A.K.Erlang 而命名的。简单地说，话务量反映了一个网络在一定统计周期内话务负荷总量。

话务量公式为：

$$A=C\times t$$

式中，A 是话务量，单位为 Erl（爱尔兰）；C 是呼叫次数，单位是个；t 是每次呼叫平均占用时长，单位是 h。1Erl 就是一条电路可能处理的最大话务量。如果观测 1h，这条电路被连续不断地占用了 1h，话务量就是 1Erl，也可以称作 "1 小时呼"。

有时也用百秒呼（CCS，Centum Call Second）作为话务量单位，以 100s 为测量时间长度，爱尔兰和百秒呼的换算关系如下式：1Erl =36CCS。

在移动电话系统中，无线信道的话务量可分为流入话务量和完成话务量。流入话务量取决于单位时间内发生的平均呼叫次数与每次呼叫平均占用无线波道的时间，在系统流入的话务量中，完成接续的那部分话务量称作完成话务量，未完成接续的那部分话务量称作损失话务量，损失话务量与流入话务量之比称为呼损率。

话务量属于资源利用率指标，通常作为运营商的考察指标，主要用来了解网络负荷。现在 CDMA 网络考核话务量的指标主要有两个。

① 业务信道承载的话务量（含切换）：系统中业务信道完成话音、短信等业务时所承载的总话务量（含切换）；

② 业务信道承载的话务量（不含切换）：系统中业务信道完成话音、短信等业务时所承载的总话务量（不含切换）。

7.2.2 数据业务流量

数据业务流量的单位是 bit（kbit/Mbit/Gbit），它反映了当前流经 CDMA 业务信道数据比特流的大小，因而能够真实反映网络资源的占用情况和网络负荷大小。在 OMC 侧提取主要流量数据指标如下（FTP 应用层的流量主要应用于 DT/CQT 测试中）：

① 前向物理层流量；

② 反向物理层流量；

③ 前向 RLP 层流量；

④ 反向 RLP 层流量。

7.2.3 数据业务吞吐率

吞吐率是衡量用户感受的重要指标，表示每秒数据通过的比特数，其单位是 bit/s，即通常所说的速率，即单位时间内的数据业务的流量。数据业务吞吐率可以分成前向链路吞吐率和反向吞吐率。

① 前向物理层吞吐率；

② 反向物理层吞吐率；

③ 前向 RLP 层吞吐率；

④ 反向 RLP 层吞吐率；

⑤ 前向 FTP 层吞吐率；

⑥ 反向 FTP 层吞吐率。

一般情况下，物理层吞吐率和 RLP 层吞吐率主要用 OMC 统计，前向 FTP 吞吐率和反向 FTP 吞吐率通过 DT/CQT 测试得到。

反向 FTP 吞吐率=FTP 上传应用层总数据量/总上传时间，单位一般是 kbit/s。前向 FTP 吞吐率＝FTP 下载应用层总数据量/总下载时间，单位一般是 kbit/s。

说明：需要注意的是，以上所说的前向/反向 FTP 吞吐率是在业务状态下的测试结果，FTP 掉线时的数据不计入吞吐率统计指标。

7.3　接入性指标

7.3.1　拥塞指标

拥塞指标一般在 OMC 侧统计，网络拥塞指信令信道拥塞以及业务信道拥塞。业务信道（TCH，Traffic Channel）拥塞指标指业务信道拥塞率和业务信道拥塞次数，信令信道拥塞主要是指接入信道负荷和寻呼信道负荷。

（1）业务信道拥塞次数

业务信道拥塞次数是指用户在进行话音、短信业务等业务（含切换）时，系统因沃什码（Walsh Code）、功率、业务信道、编码器、Abis 接口传输链路等各种原因导致没有成功获取业务信道的总次数。

（2）业务信道拥塞率

业务信道拥塞率=业务信道拥塞次数/业务信道分配请求次数×100%。拥塞率是非常关键的指标，同时也是网络扩容的重要依据。

业务信道分配请求次数：移动用户在话音、短信等业务状态（含切换）下，请求分配业务信道的总次数。

（3）寻呼信道负荷

单位时间内寻呼信道发送系统消息的占比。

（4）接入信道负荷

单位时间内接入信道发送的接入探针消息占比。

7.3.2　呼叫建立成功率

cdma2000 1x 呼叫建立成功率根据业务类型可分为话音呼叫建立成功率、1x 分组业务建立成功率和短信发送成功率。

（1）话音呼叫建立成功率

话音呼叫建立成功率=话音业务信道分配成功次数/话音呼叫尝试总次数×100%，呼叫建立成功率是评价系统性能的一个非常重要的指标，反映系统接通呼叫的能力。成功率低的用户感受就是出现难以打通电话等问题。

（2）1x 分组业务建立成功率

分组业务建立成功率＝PPP 连接建立成功次数（分组）/分组业务尝试次数×100%。这里的数据分组业务是指 1x 数据业务。PPP 连接建立成功次数（分组）是指移动台连接尝试之后，收到拨号连接成功消息的次数，而分组业务尝试次数是指移动台分组业务试呼叫（拨号）次数。

（3）短信发送成功率

短信发送成功率＝短信成功接收总次数/短信发送次数×100%。

7.3.3　寻呼成功率

该指标是在交换侧统计，寻呼响应次数是指所有 MSC/MSCe 收到的被叫用户寻呼响应的总次数（含话音和短信）。寻呼请求次数是指所有 MSC/MSCe 发出寻呼被叫的总次数（含话音和短信）。

寻呼成功率＝寻呼响应次数/寻呼请求次数×100%。

7.3.4　呼叫建立时延

cdma2000 1x 呼叫时延根据业务类型可分为话音平均呼叫建立时延和平均分组业务建立时延。呼叫时延一般在 DT/CQT 中常用指标，同时该指标还能反映用户实际感受。

（1）话音平均呼叫建立时延

话音平均呼叫建立时延＝话音呼叫建立时延总和/话音业务接通总次数。

话音呼叫建立时延是指主叫手机发出第一条 Origination Message 到被叫手机接收到 Alert with information 的时间差。

（2）平均分组业务建立时延

平均分组业务建立时延＝分组业务呼叫建立时延总和/分组业务接通总次数。分组业务呼叫建立时延是指终端发出第一条拨号指令到接收到拨号连接成功消息的时间差，分组业务接通次数是指 PPP 连接建立成功次数（分组）。

说明：需要注意的是，话音平均呼叫建立时延和平均分组业务建立时延的测试定义为正常业务状态下，连接失败情况外的平均时长不在统计范围内。

7.4　保持性指标

7.4.1　掉话率

cdma2000 1x 掉话率根据业务可以分为话音业务信道掉话率和分组业务掉线率两个指标。业务信道掉话率指标用于反映系统是否稳定运行的状况和给用户提供服务质量的好坏程度。

（1）话音业务信道掉话率

话音业务信道掉话率＝话音业务信道掉话次数/话音业务信道分配成功次数×100%。

话音业务信道掉话总次数是指因各种原因导致的话音业务接续中或在呼叫建立后业务

信道的异常释放次数（包含无线接口消息失败、无线接口失败、操作维护干预、定时器超时、设备故障和 BS 与 MSC 之间协议错误等原因）。而话音业务信道分配成功次数是指在话音业务中，BSC 成功分配业务信道的次数。

（2）分组业务掉线率

分组业务掉话率＝异常释放的分组呼叫次数/分组业务接通总次数×100%。

7.4.2　话务掉话比

该指标反映业务信道承载话务量和掉话的比例情况，是衡量话务服务的稳定性和可靠性的依据。

话务掉话比=业务信道承载的话务量（不含切换）×60/系统掉话总次数。

业务信道承载的话务量（不含切换）是指业务信道在完成话音、短信等业务时所承载的话务量，不含切换话务量，单位为 Erl。系统掉话总次数是指由于系统原因导致的话音业务接续中或在成功建立业务信道后的异常释放次数。

7.4.3　切换成功率

切换成功率也是衡量业务保持性好坏的重要指标，根据切换的类型可以分为系统软切换成功率和系统硬切换成功率。

（1）系统软切换成功率

软切换包括 BSC 之间、BSC 内不同 BTS 间软切换和 BTS 内不同小区扇区间的更软切换。软切换成功率越高，用户在通话过程中掉话的可能性就越少。

系统软切换成功率=系统软切换成功次数/系统软切换请求次数×100%。

（2）系统硬切换成功率

系统硬切换包括同系统载频间硬切换、不同 CDMA 系统间硬切换和不同地区间硬切换。系统硬切换成功率=系统硬切换成功次数/系统硬切换请求次数×100%。

7.4.4　话音质量（MOS 值）

MOS 值主要应用于 DT/CQT 测试中，MOS 测试的思路是：对原始信号（参考信号）和通过测试系统的信号进行电平调整并调整到标准听觉电平，再用输入滤波器模拟标准电话听筒并进行滤波。对通过电平调整和滤波后的两个信号在时间上对准，并进行听觉变换，这个变换包括对系统中线性滤波和增益变化的补偿和均衡。将两个听觉变换后的信号之间的不同作为扰动（即差值）。分析扰动曲面并提取出两个失真参数，在频率和时间上累积起来，再映射到主观平均意见分的预测值。

简单地说，MOS 测试是一种模拟用户通话感知的测试，其原理是在主叫手机播放一段模拟的音频信号，接受并复原被叫的信号，然后跟原信号做对比，根据特定的算法计算出 MOS 值。值越大，说明相似度越高，也就是网络质量越好。

MOS 测试就是播放音频样本，接收通过网络传播后收到的音频信号并结合软件进行对比做出相似度评估，也就是 MOS 值。

话音 MOS 值比例指标定义：MOS 高分比例＝MOS 值≥3 采样点数/总采样点数×100%。
MOS 等级分值表见表 7-1。

表 7-1 MOS 等级分值表

等级	收听注意力说明	PESQ LQ 值
1	即使努力去听，也很难听懂	[1, 1.7]
2	需要集中注意力	(1.7, 2.4]
3	中等程度的注意力	(2.4, 3.0]
4	需要注意，不需要明显集中注意力	(3.0, 3.5]
5	可以完全放松，不需要注意力	(3.5, 4.5)

参 考 文 献

[1] CDMA 网络 DT/CQT 测试技术规范（2010 年版）. 中国电信，2010 年 3 月.

第8章　cdma2000 1x 参数优化

8.1　概　　述

cdma2000 1x 移动通信网络是一个包含了网络技术、数字程控交换技术、各种传输技术、IP 技术、互联网技术和无线接入技术等多个技术领域的综合系统。从系统的物理结构分析，CDMA 系统一般可以分为 3 个部分，即网络子系统（NSS）、基站子系统（BSS）和移动台（MS），其中网络子系统又分为电路域和分组域两个部分。从信令结构分析，CDMA 系统主要包含了 MAP 接口、A 接口、Abis 接口和 Um 接口。

所有这些实体和接口需要配置大量的参数，其中一些参数在设备的开发生产过程中已经确定，但更多的参数需要由运营单位根据网络的实际需求和运营策略决定。这些参数的设置和调整对整个 CDMA 网络的运营具有至关重要的作用，因此 CDMA 的网络优化在某种意义上也可以看作是各种参数的优化和调整过程。

作为移动通信系统，CDMA 网络中与无线设备和接口相关的参数对网络的服务性能和质量影响最大，CDMA 无线参数是指与无线资源有关的参数，这些参数对网络中小区覆盖、信令接续、网络流量负荷等业务性能具有非常重要的作用。因此，合理调整无线参数是 CDMA 无线网络优化工作的重要组成部分。

8.1.1　无线参数调整说明

无线参数调整关系到网络是否稳定正常运行及运行的质量是否良好，因此对网络参数的修改和调整需要非常慎重，尤其是事关全网的参数修改要经过事先的评估和审批手续。

1. 无线参数调整的前提

网络操作人员首先必须对各个无线参数的意义、调整方式和调整的结果有深刻的了解，对网络中出现的问题所涉及的无线参数具有一定的经验，这是调整无线参数的必要条件。另一方面无线参数的调整依赖于网络实际运行过程中大量的统计数据。

2. 无线参数调整说明

不同的无线参数级别不同，根据无线参数影响的网元级别不同分为 MSC、BSC、基站、扇区、载频 5 种，调整参数之前需要明确问题存在的网元级别是哪一网元级别，在进行全局性的参数调整前一定要进行小范围的实验，然后逐步推广。有些参数的调整需要配合其他参数一起调整方能产生结果，因此需要对参数之间的相互关系进行充分了解。

此外，当网络出现局部性问题时，需要确定是否是设备故障（包括设备硬件、软件及中间的传输系统问题）造成的，只有在确定网络中的问题确实是由于业务或无线环境变化引起时，才能进行无线参数调整。

由于移动通信的特殊性和各地的应用环境不同，无线参数很难有统一的标准，因此本章中提出的各种无线参数优化观点仅供读者参考。

8.1.2　主要涉及无线参数种类

根据参数在网络中的服务对象不同，CDMA 无线参数一般可以分为两大类：一类为工程参数，如天线型号、挂高、方位角、俯仰角、增益等，工程参数是指在工程设计阶段确定的参数，在进行网络优化时也会做调整，本节不详细介绍，读者可以参见第 3 章天馈相关知识指导优化调整；另一类是无线资源参数，可分为系统识别参数、开销增益参数、系统接入参数、注册登记参数、切换参数、功控参数、数据业务参数7 类。

8.2　网络识别参数

8.2.1　系统识别码（SID）

CDMA 系统由系统识别码（SID）来识别，不同区域和不同运营商采用不同的系统识别码。基站只是某个 CDMA 系统中的一个网络成员，一个系统内可由多个网络（NID）组成。该字段于同步信道消息和系统参数消息中发送，手机入网时在 UIM 卡中也存储归属地的 SID，手机可以对比系统的 SID 和本地的 SID 是否一致判断手机是否在漫游状态。

参数设置范围是 0～32767，不同的运营商 SID 有不同的设置。这个参数在运营商网络规划时一旦决定以后不做更改。

8.2.2　网络识别码（NID）

NID 网络识别码主要作用是网络标识，它是一个空中接口概念。网络是一个系统的子集，它由网络识别码 NID 来标识，一对（SID，NID）识别码表示系统唯一的一个网络。在 SID 下可划分多个 NID，它能影响手机的漫游。

参数设置范围是 0～65535，不同的运营商 SID 有不同的设置。一般一个交换机设置一个NID，同一区域 CDMA 系统有新的 MSC 入网，需要分配新的 NID，NID 参数在网络规划设计确定后一般也不做修改。

SID 和 NID 结合使用，同一个运营商的 SID 不能重复，不同的 SID 下可以有相同的NID。

8.3　开销增益参数

8.3.1　导频信道增益（PILOTGAIN）

用 dB 来表示导频信道占总功率的百分比。分配给导频信道的发射功率越高，前向覆盖范围越大，但留给业务信道用的功率减少，导致前向业务容量缩小。因此设置导频增益需注意前反向是否平衡。

不同厂商导频信道增益设置不同，一般情况设置要求导频信道占总功率的 15%～20%。

8.3.2　同步信道增益（SYNGAIN）

同步信道增益设置用来分配同步信道功率，用 dB 来表示同步信道功率占总功率的百分比。相对导频信号和话务信道同步能得到更高的处理增益，在保证一定的误帧率的情况下考虑前向信道覆盖范围一致性，同步信道可以用较低的功率发射。

不同厂商同步增益数值设置不同，一般情况要求设置同步信道占总功率的 1%左右。

8.3.3　寻呼信道增益（PCHGAIN）

寻呼信道增益设置用来分配寻呼信道功率，用 dB 来表示寻呼信道占总功率的百分比。参照导频信道的数字功率设置，设定相应的寻呼信道数字功率的值。

不同厂商寻呼增益数值设置不同，一般情况设置要求寻呼信道占总功率的 7%左右。如果设置过高，MS 容易解调寻呼信道，但前向容量下降；如果设置过低，MS 可能无法正确解调寻呼信道，但可以增加前向容量。

8.4　系统接入参数

接入参数对系统的接入性能和接入时延影响很大，cdma20001x 系统中用到的接入参数主要有以下几个，见表 8-1。

表 8-1　　　　　　　　　　　　　　　　　　**接入相关参数**

英文参数名	中文参数名	范围	描述	单位
PAM_SZ	接入试探前缀长度	0～15	接入试探分组头，20ms 一帧	帧
MAX_CAP_SZ	接入试探消息实体长度	3～10	接入消息实体长度	帧
PROBE_PN_RAN	接入试探随机延迟	0～9	$2^{PROBE\_PN\_RAN-1}$	chip
PROBE_BKOFF	接入试探滞后	0～15	RT=0～1+PROBE_BKOFF	帧
ACC_TMO	接入响应等待时间	0～15	TA=80×（2+ACC_TMO）	ms

续表

英文参数名	中文参数名	范围	描述	单位
MAX_REQ_SEQ	接入尝试最大试探序列数	0~15		个
MAX_RSP_SEQ	寻呼响应最大试探序列数	0~15		个
BKOFF	接入试探序列滞后	0~15	RS=0~1+BKOFF	帧
NUM_STEP	接入试探个数	0~15	接入试探数量	个
ACC_CHAN	接入信道数量	0~32	接入信道的数量	个
NOM_PWR	初始标称功率偏置	−8~7		dB
INIT_PWR	初始功率偏置	−16~15		dB
IP	初始开环功率			dBm
PWR_STEP（PI）	功率递增步长	0~7		dB

在具体了解 CDMA 系统的接入参数设置之前，先介绍 CDMA 终端的接入流程及机制。CDMA 手机接入是由一组接入试探序列组成，每个接入试探由几个接入尝试组成。图 8-1 显示了 CDMA 接入请求和响应序列。图 8-2 为 CDMA 系统中每个接入尝试的包囊帧结构。

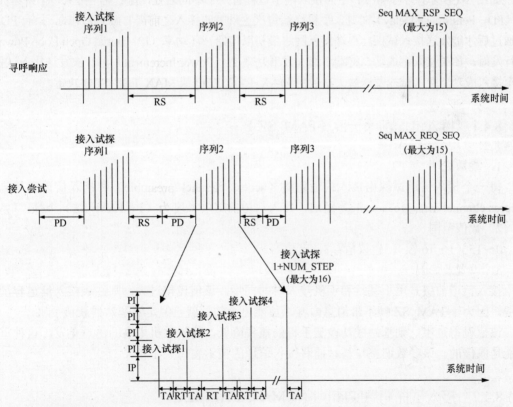

RS：接入试探系列响应时延；TA：接入试探响应时延；PD（Persistence Delay）：接入试探系列持续时延；

RT：接入试探滞后时延；PI（Power Increment）：功率增加步长

图 8-1　接入信道的请求和响应序列

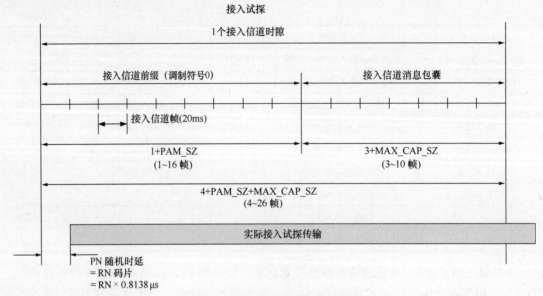

图 8-2　CDMA 接入尝试包囊帧结构

如图 8-1 所示，寻呼响应和主叫接入两个过程有一个不同之处，就是主叫接入有个持续性测试（PD，Persistence Delay）时延，手机终端每次主动呼叫接入之前需要做 PD 测试，只有 PD 测试通过后才能发送接入试探。终端接入网络最初以初始开环功率（IP，Initial Open Loop Power）进行发射，如果接入不成功，终端将增大发射功率 PI（Power Increment）再一次发送接入试探，直至接入成功。接入试探发送最大次数由 MAX_REQ_SEQ 或 MAX_RSP_SEQ 决定。

8.4.1　接入试探前缀长度（PAM_SZ）

1．参数说明

每一个接入信道试探由接入信道前缀（access channel preamble）和接入信道消息包囊（access channel message capsule）组成，接入信道前缀的长度为（1 + PAM_SZ）个帧。

2．数值范围

0～15（1～16 帧），建议值：3。

3．设置及影响

接入信道前缀是用于基站和手机接入时的同步，该值设得过大，则造成接入信道容量的浪费。因为 1+PAM_SZ 帧不带消息内容，可能更少的帧就已经足够基站捕获该手机。

该值设得过小，则基站成功检测手机的概率降低，导致手机更多的消息重发，这种重发可能是成倍的。该参数调整与基站捕获接入信道的搜索窗口大小相关。

8.4.2　接入试探消息实体长度（MAX_CAP_SZ）

1．参数说明

每一个接入信道试探由接入信道前缀（access channel preamble）和接入信道消息包囊

（access channel message capsule）组成，接入信道消息实体的长度应为 3 + MAX_CAP_SZ。

2．数值范围

0～7（3～10 帧），建议值：3 或 4，每消息允许的最大帧个数为 6 或 7 帧。

3．设置及影响

该值的设置需要考虑短信发送信道，在短信业务较多的情况下，建议将短信发送到业务信道，这样接入信道消息包囊可以设置小一点，如果考虑短信发送到接入信道，接入信道消息包囊可以设置大一点。

该值设得过小，将不能发送大的接入信道消息，对于某些带有很多拨号数字的始呼消息，或短信类数据突发消息（Data burst Message），可能会有问题。

该值设得大，允许传送大的接入信道消息，由于这些消息的发送需要更长的时间，增加了接入信道发生消息冲突的机会，降低接入信道的容量。举例分析：若 MAX_CAP_SZ 为 3，则消息最大允许帧数为 6 帧。而接入信道速率为 4 800bit/s，这样最大消息长度为 6×20×4 800/1 000=576bit。普通的接入消息一般都比较短，为 100～300bit。一些短的短消息也是没有问题的。

8.4.3　接入试探随机延迟（PROBE_PN_RAN）

1．参数说明

用于计算 PN 随机时延，在一次接入尝试中，接入信道的精确传输时间是由一个 PN 随机化的过程决定的，手机较系统时间延时 RN 个 PN 码片后发射，RN 由 Hash 函数计算得出，范围为 0～$2^{PROBE\_PN\_RAN-1}$ 个 PN 码片。

2．数值范围

0～9，默认值：0，接入试探时延设置值和时延对应关系见表 8-2。

表 8-2　　　　　　　　　　接入试探随机时延

PROBE_PN_RAN	时延（chips）
0	0
1	0～1
2	0～3
3	0～7
4	0～15
5	0～31
6	0～63
7	0～127
8	0～255
9	0～511

3．设置及影响

反向负荷重时，提高该参数设置，可降低接入的碰撞。

8.4.4　接入试探滞后（PROBE_BKOFF）

1．参数说明

表示在接入序列中，接入试探的最大时延。在对应当前 F-PCH 的相同的 R-ACH 上传送一个接入序列中的所有接入试探时，下一个接入试探将经过一个附加的时延（RT+TA）后发送，其中 RT 从（0，1+PROBE_BKOFF）个时隙中随机产生；该参数 RT 和 TA 一起决定了接入试探之间的时间间隔。

2．数值范围

0～15，建议值：3。

3．设置及影响

如果该参数设置太大，在每次接入试探较多的情况下会延缓手机接入。

如果该参数设置太小，当系统负荷较高时接入试探发生碰撞的概率加大。负荷轻，则本参数可设得小一些；负荷重，应设得大一点。

8.4.5　接入试探数（NUM_STEP）

1．参数说明

此参数设置每个接入试探序列中允许的接入试探个数，允许的接入试探个数为 NUM_STEP+1。

2．数值范围

0～15，建议值：5。

3．设置及影响

本参数设置越大，一个接入试探序列成功接入的概率加大，但有可能相应地增加了反向链路的干扰，因为接入不成功也有可能是因为碰撞造成的。而且接入不成功的话，每次发起呼叫尝试的间隔比较长。NUM_STEP 与 PWR_STEP、INIT_PWR 等参数共同决定了接入性能。

通常在 PWR_STEP 和 NUM_STEP 两个参数之间存在一个平衡考虑，当 PWR_STEP 设置得较小，则 NUM_STEP 应该相应地设置较大一些，反之，PWR_STEP 设置较大，则 NUM_STEP 可以设得小一些。

8.4.6　接入试探序列滞后（BKOFF）

1．参数说明

该值影响接入试探序列发送的延迟时间。发送接入试探序列之间（第一个试探序列除外）有一个序列延时 RS，RS 从（0，1+BKOFF）中随机产生。

2．数值范围

0～15，建议值：3。

3．设置及影响

寻呼响应的接入试探序列由 RS 影响时延，在主叫接入试探中 RS 和 PD 一起影响下一个接入试探序列的延时时间，如果该参数设置太大，在反向负荷高时碰撞减小，但会延长手机接入时间。

如果该参数设置太小，由于碰撞而造成的接入试探重复发送的情况会增加，对于负载较轻的网络还是可以接受的。

8.4.7　接入信道数目（ACC_CHAN）

1．参数说明

取值为每个寻呼信道相关的接入信道个数。

2．数值范围

0～31，建议值：1。

3．设置及影响

该参数设置应根据接入信道负荷配置，一般在接入信道负荷较轻的情况下，设置一个接入信道。当接入信道负荷接近 60% 时，需要开启第二个接入信道。

8.4.8　接入响应等待时间（ACC_TMO）

1．参数说明

接入试探响应超时时间，手机在超过 TA=【(2+ACC_TMO)×80ms】+RT 时间后没有收到基站的 ACK 消息，将认为基站没有收到该接入试探道消息，手机将发送第二个试探。一次接入试探和响应之间的时间大约为 350ms，因此本参数值通常设为 3。

2．数值范围

0～15，建议值：3。

3．设置及影响

如果该参数设置太小，MS 会等不及基站的响应而再次发送接入试探，从而增加接入信道的负荷和碰撞概率，反向链路干扰也会加大，因此该参数设置太小，基站将无法满足要求，特别是在负载很重的情况下。

如果设置太大，接入过程会变慢，因为每次接入试探所需要等待的时间增加了。

ACC_TMO 不能太小，以避免发生下面的情况：当移动台发送另外一个接入试探的时候基站对前一个试探的确认消息已经发出。

从基站接收到来自移动台的接入试探到基站通过寻呼信道发送确认消息大概需要 350ms（在无负载的系统中），因此 ACC_TMO 不得小于 3（当设置为 3 时，代表 80ms×(3+2)=400ms）。

减小 ACC_TMO 不会加快接入过程，除非发送第一个接入试探就收到了基站的确认，而且会导致移动台发送一些不必要的接入试探和反向链路的干扰增加。

随着基站负载的增加，ACC_TMO 需要设置为比 3 大的值，因为基站发送确认消息需要更多的时间。

8.4.9　最大接入请求试探序列数（MAX_REQ_SEQ）

1．参数说明

表示一个主叫接入信道手机可以发送的最大接入试探序列数。对于接入试探序列（第一个试探序列除外）有一个序列延时 RS+PD，RS 从（0，BKOFF）中随机产生。

2．数值范围

1～15，建议值：3。

3．设置及影响

本参数值若设置过大，接入成功率可能得到提高，但影响接入信道容量。

如果设置过低，如设为 1，则序列没有重发的机会。建议该参数至少设为 2。

8.4.10　最大接入响应试探序列数（MAX_RSP_SEQ）

1．参数说明

表示一个接入信道响应（如寻呼响应）手机可以发送的最大接入试探序列数。对于接入试探序列（第一个试探序列除外）有一个序列延时 RS，RS 从（0，BKOFF）中随机产生。

2．数值范围

1～15，建议值：3。

3．设置及影响

如果该参数设置太大，会导致一次接入响应中重复发送接入试探序列的次数太多，从而影响接入信道的容量。

此参数设置太小，试探序列重发机会少，基站捕获的概率小。在无线环境波动的情况下，第一次没能成功接入，手机很可能在发送第二个序列时无线环境已经好转，增加手机成功接入的机会，所以建议至少设为 2。

8.4.11　初始标称功率（NOM_PWR）

1．参数说明

本参数指标是定义移动站在计算其开环发射功率估计值时采用的偏移。

2．数值范围

−8～7dB，建议值：0。

3．设置及影响

目前大部分厂商没有启用这个参数，所以不用设置。

如果启用该参数，该参数设置过高，移动台将以很高的初始发射功率发送接入试探，导致整个网络产生潜在的干扰。如果设置过低，移动台将因发射功率较低而不能被基站检测捕获。

8.4.12　初始功率偏置（INIT_PWR）

1．参数说明

本参数确定接入信道试探的最初功率偏移。

2．数值范围

-16～15dB，建议值：-3～3dB。

3．设置及影响

如果设置过高，则移动站接入可能会造成反向链路的阻塞，从而降低接入信道性能。

如果设置过低，则移动站接入试探可能会太弱，造成第一次尝试无法接到，从而移动站需要发射数个接入试探，并且可能会在基站收到几个接入序列，增大接入信道碰撞的概率。

8.4.13　功率调整步长（PWR_STEP/PI）

1．参数说明

PWR_STEP 参数也称为 PI，定义一个试探序列中连续接入试探之间的功率增量。

2．数值范围

0～7（dB/步长），建议值：2～3。

3．设置及影响

设置高可能会造成反向发射功率偏大，会增加反向的干扰。

设置低会需要手机进行多次接入试探才能成功接入，从而造成接入信道的负载加大，并加大碰撞概率。

8.5　注册登记参数

8.5.1　寻呼信道数目（PAGE_CHAN）

1．参数说明

该参数设置的是在该 CDMA 信道上的寻呼信道的数目。

2．数值范围

1～7，建议值：1。

3．设置及影响

一个扇区载频被增加到 BSC 的配置中后，该载频会自动拥有一个主寻呼信道。一个扇区的寻呼信道数目不能为 0，根据所需要的寻呼信道容量设置，一般是 1。半速率下寻呼信道容量不够时，首先提高寻呼信道速率。全速率下寻呼容量不够，需多配寻呼信道，但寻呼信道配得过多会占用码资源和功率资源，影响 SCH 功率分配。

当需要增加第二个寻呼信道时，可以采用以下两种方法：第一种是在单载频下配置多寻呼信道，第二种是在其他载频开启寻呼信道。

8.5.2 最大时隙周期索引（MAX_SLOT_CYCLE_INDEX）

1．参数说明

该参数决定移动台监听寻呼信道的时间间隔，为了节省移动台功耗，延长移动台待机时间，CDMA 系统容许移动台间隙性监测寻呼信道。移动台可以通过登记消息、起呼消息或寻呼响应消息提出自己首选的时隙周期索引。移动台和基站均使用相同的 Hash 函数来确定移动台将要监听的时隙号 Slot_Num（0～2047），而寻呼信道被划分成 80ms 的寻呼时隙。移动台循环周期时间计算方式为：$T=1.28\times2^{\text{MAX\_SLOT\_CYCLE\_INDEX}}$。

其中 T 就是移动台监听周期（单位为 s），它是时隙周期索引的函数。最大允许的监听周期为 $1.28\times2^{\text{MAX\_SLOT\_CYCLE\_INDEX}}$，系统和手机均有这个参数。手机根据通过寻呼信道得到系统的这个参数并与移动台本身参数比较，选择较小的周期工作。

时隙周期指数值越大（0～7，最大为 7），时隙周期的时间长度也越长，手机在特定的时隙周期性地被唤醒以监听寻呼信道消息的指定时隙周期也越长，则待机时间也越长，手机就越省电。但是，这样会造成手机接入时间过长，还会影响系统的被叫接通率。

2．数值范围

0～7，建议值：1。

3．设置及影响

该值设置较低时，呼叫建立时延减少，但是会增加手机功耗；该值设置较高时，加大了呼叫建立时延，但手机功耗下降。MAX_SLOT_ CYCLE_INDEX 的选取需要平衡寻呼信道的容量以及手机待机时间两个方面。

8.5.3 参数变化登记（PARAMETER_REG）

1．参数说明

当移动台的一些特定参数发生改变，或当它进入一个新系统时，移动台会进行一次登记，这种登记称为参数变化登记。以下参数的改变会触发参数改变登记：时隙周期索引（SLOT_CYCLE_INDEX）、移动台等级标志（SCM，Station Class Mark）、呼叫终止使能指示器（MOB_TERM_HOME、MOB_TERM_FOR_SID 和 MOB_TERM_FOR_NID）。当移动台支持的以下参数发生改变时也会触发参数改变登记：波段类、功率等级、速率集、操作模式。

2．数值范围

0/1（允许为 1，否则为 0），建议值：1。

3．设置及影响

主要依据手机存储的 SCM、SLOT_CYCLE_INDEX、MOB_TERM 参数是否发生变化。

8.5.4 周期登记（REG_PRD）

1．参数说明

周期性登记是对应于移动台的基于时间的周期性登记，只要用户在一定的时间没有登记，超过周期登记时间后手机主动向系统发起登记消息。系统使用周期性登记来确保手机始终处于激活状态。在位置区之间移动时，由其他登记方式保证，基于 ZONE 的登记、基于参数的登记等。如果移动台不是基于时间登记，那么该参数设置为 0；如果移动台是基于时间登记，那么它的范围为 29～85。它所对应的登记周期是：$2^{REG\_PRD/4} \times 0.08s$。

2．数值范围

0，29～85，建议值：58（约 30 分钟）。

3．设置及影响

该值改变将影响移动台基于时间的登记周期。

设置越高，移动台登记时间周期越长，系统对移动台的监控能力越弱。这样，如果移动台进入到信号盲区，或者是出现关机登记失败、电池掉电等现象时，系统不能及时判断出移动台的状态，导致系统有可能向移动台发起无效的寻呼，从而增加了系统负荷，降低了寻呼成功率，导致出现被叫无法接通现象。

设置过小可能导致接入信道负荷急剧升高导致接入信道过载，这样也会影响系统的接入性能。该值设置的最低时间是 5 分钟，一般不建议设置最低状态。

8.5.5　距离登记（REG_DIST）

1．参数说明

如果移动台进行基于距离的登记，那么该值非零，当移动台所在基站和其最后一次登记所在的基站之间的距离超过该值时，移动台将重新进行登记。如果移动台不进行基于距离的登记，那么该值设置为 0。

2．数值范围

$0～2^{11}-1$，建议值：0。

8.5.6　登记区数量（TOTAL_ZONES）

1．参数说明

此参数定义移动台同时登记区域的最大数量。此参数用于避免不必要的基于区域改变的频繁登记，如果移动台进行基于区域的注册，那么该值为非零值。该值决定在手机中可以进行基于区域注册的区域数量。

2．数值范围

0～7，0 表示不允许使用基于区域的登记，建议值：1。

3．设置及影响

和区域注册相关的参数还包括 Zone_ID、Zone_TIMER。启动基于区域的注册机制后，根据区域边界的具体分布，对 3 项参数进行均衡。

该参数设置大于 1，可以避免移动台在 ZONE 区域边界频繁登记，减少接入信道的负荷。尤其是对于导频污染较严重的边界区域，由于经常发生空闲切换，即便移动台不移动也会发生频繁的登记。但是，这样会造成位置更新不及时，系统无法向正确的 LAC 区域下发寻呼消息。当不采取其他的寻呼机制时，如果将该参数设得大于 1，最好同时把 ZONE_TIMER 设得小一点，例如 1。

8.5.7 注册定时器（ZONE_TIMER）

1．参数说明

本参数规定了移动台进行频繁区域登记的定时器的大小，当任何一种登记（包括隐含登记）发生时，移动台所在地区域都被加到该表中，该表中任何一个区域都对应一个定时器，这些区域定时器在移动台离开其对应区域时被激活。当定时器的计时值达到上限时，该定时器所对应的区域将被删除。网络也同时从表中删除这一区域，有助于网络对移动台进行有效的寻呼。当一个登记区域从区域表中删除时，其对应的区域定时器关闭。

2．数值范围

0～7，建议值：1、2。注册定时器取值对应时间为见表 8-3。

表 8-3　　　　　　　　　　　　　　　　注册定时器取值

取值	对应时间（min）
0	1
1	2
2	5
3	10
4	20
5	30
6	40
7	60

3．设置及影响

手机将系统参数消息 SPM（System Parameter Message）中的 REG_ZONE 保存到 ZONE 列表中，如果超过该参数规定的时间内没有收到包括该 REG_ZONE 的消息，手机删除该 REG_ZONE，当使用基于 ZONE 的注册即 TOTAL_ZONES 不为 0 时，该值才起作用。

此数值如果设定过高，由于系统要对多个区域发起寻呼，对寻呼信道的资源占用较大，将会导致寻呼丢失；此数值如果设定过低，将会导致过多的不必要的登记信息产生。

4．说明

对于 ZONELIST 保存的每一个 REG_ZONE，移动台都维护了一个定时器。移动台根据这些定时器来判断对应的 REG_ZONE 是不是超出 ZONE_TIMER 规定的时间，如果没有收到包含它的系统参数消息，就会从 ZONE_LIST 中删除该 REG_ZONE。注意：这并不等同于手机会发起登记。手机是根据所接收到的 SPM 中是否包含 ZONE_LIST 没有的 REG_ZONE，来判断是否发起基于 ZONE 的登记。同样，移动台可以根据这些定时器来判断哪个 REG_ZONE 历史最久。

可以简单地概括为，当手机接收到一个系统参数消息后，保存其携带的 REG_ZONE，如果 ZONE_LIST 中包含该 REG_ZONE，则激活对应的定时器；对于 ZONE_LIST 中的其他

REG_ZONE（和接收到的 REG_ZONE 不同），如果没有激活的定时器，则手机为其设置一个初始时长为 ZONE_TIMER 的定时器。

8.5.8　多 SID 存储（MULT_SIDS）

1．参数说明

该参数用于基于注册区的登记，表示手机是否允许存储多个 SID 在它的 SID_NID_LISTS 中。

2．数值范围

0、1（允许为 1，不允许为 0），默认值：0。

8.5.9　多 NID 存储（MULT_NIDS）

1．参数说明

该参数用于基于注册区的登记，表示手机是否允许存储多个 NID（基于每个 SID）在它的 SID_NID_LISTS 中。

2．数值范围

0、1（允许为 1，不允许为 0），建议值：0。

8.5.10　市地用户登记（HOME_REG）

1．参数说明

该参数表示本地用户的移动台是否被允许自动登记。

2．数值范围

0、1（允许为 1，不允许为 0），建议值：1。

3．设置及影响

当该值为 1 时，且 MOB_TERM_HOME（手机在归属小区允许被叫指示，在手机中设置）为 1 时，手机能够自动登记。自动登记包括：手机上电自动登记、手机关机自动登记、定时器登记、区域登记、基于距离自动登记。

8.5.11　外部系统用户登记（FOR_SID_REG）

1．参数说明

该参数表示从其他 SID 漫游过来的手机是否允许自动登记。

2．数值范围

0、1（允许为 1，不允许为 0），建议值：1。

3．设置及影响

当该值为 1 时，且 MOB_TERM_FOR_SID（在手机中设置）为 1 时，手机能够自动登记。自动登记包括：手机上电自动登记、手机关机自动登记、定时器登记、区域登记、基于距离自动登记。

8.5.12 外部网络用户登记（FOR_NID_REG）

1．参数说明

该参数表示从其他 NID 漫游过来的手机是否被允许自动登记。

2．数值范围

0、1（允许为 1，否则为 0），建议值：1。

3．设置及影响

当该值为 1 时，且 MOB_TERM_FOR_NID（在手机中设置）为 1 时，手机能够自动登记。自动登记包括：手机上电自动登记、手机关机自动登记、定时器登记、区域登记、基于距离自动登记。

8.5.13 开机登记（POWER_UP_REG）

1．参数说明

是否允许开机登记，表示是否允许移动台在上电且收到系统消息后立即自动登记。为了防止移动台频繁地开机和关机所造成的频繁地登记，在这种登记方式中采用了一个定时器 T57m（一般的期望值是 20s），在移动台进入空闲状态时，该计时器被激活。如果允许移动台进行开机登记，那么在该计时器溢出时移动台进行开机登记。在计时器还没有溢出之前，无法触发移动台的登记。通常与关机登记同时使用。

2．数值范围

0、1（允许为 1，否则为 0），建议值：1。

3．设置及影响

为防止手机快速开机关机导致的多次注册，手机进入空闲状态后，计时器超时才允许发起开机注册。

8.5.14 关机登记（POWER_1x EV-DOWN_REG）

1．参数说明

是否允许关机登记，表示是否允许手机在用户关机时自动登记。如果在通话过程中用户要关机，那么移动台将发送带有关机指示的释放消息，在逻辑上等同于进行关机登记。但是如果移动台在接入的过程中用户要求关机，移动台不发送登记消息，因为接入信道协议要求在任何给定的时间只允许发一条消息。通常与开机登记同时使用。

2．数值范围

0、1（允许为 1，否则为 0），建议值：1。

3．设置及影响

如果在当前 SID、NID 中还没有进行登记，则不进行关机登记。按下手机电源关机开关后手机需要完成关机登记，才会关掉电源。

8.6　切换、搜索及邻区参数

8.6.1　软切换参数

1．软切换加入门限（T_ADD）

（1）参数说明

用于移动台触发发送导频信号强度测量消息以启动切换过程。移动台根据服务小区的切换指示消息，当相邻集或剩余集中的导频信号强度超过参数 T_ADD 设置值时，移动台将该导频信号移到候选集或有效集中。T_ADD 门限值与扩频增益和系统要求的最小 Ec/Io 有关。

（2）数值范围

0～63（以–0.5dB 为单位），建议值：26～28（–14～–13dB）。

（3）设置及影响

如果 T_ADD 设置过高（如大于–13dB），可能会由于缺乏足够的切换区域导致掉话和无覆盖区。

如果 T_ADD 设置过低（如低于–14dB），可能会产生过多的切换开销，进而损失前向链路容量并且造成需要的信道板增加，网络成本上升。另外，呼叫和切换阻塞会增加，切换阻塞又可能造成掉话。

（4）说明

基站可以不发送切换指示消息。根据具体基站设备厂家不同，T_ADD 可以是系统范围的参数或是扇区的参数（即每个不同扇区的 T_ADD 值可以不相同）。在后一种情况下，如果移动台要求把一个导频加入激活集，而此导频的 T_ADD 值与激活集中其他导频的 T_ADD 值不同，这样一来，在呼叫期间，移动台可以及时更新它的 T_ADD 值（选用最小的 T_ADD）。

当基站接收到一个导频强度测量消息，指示一个邻集导频超出 T_ADD 值时，无论当时链路的质量如何，基站都会给移动台发送切换方向消息。实际上，切换是由移动台"指挥"的，而不是"协助"的，因为基站并不对移动台是否需要附加链路做出判断和决定。

如果 T_ADD（T_DROP、T_COMP、T_TDROP）存储在系统内不同位置上（如基站和基站控制器），必须要注意确保这两个值的一致性。

如果手机在回应 PSMM 时激活集没有变化，原基站可以不发送切换指示消息。另一种情况，PSMM 消息要求增加一个导频，但目标基站无法在所要求的扇区提供话务信道（如由于缺乏资源），原基站可以不发送切换指示消息。

2．软切换去掉门限（T_DROP）

（1）参数说明

该参数用于移动台触发发送导频信号强度测量消息以启动切换去过程。移动台根据服务小区的切换指示消息，当激活集或候选集的导频强度降至 T_DROP 以下时，移动台将为该导频开启切换去掉定时器。定时器超时后移动台将该导频到相邻集或剩余集中。

（2）数值范围

0～63（以–0.5dB 为单位），建议值：30～32（–16～–15dB）。

（3）设置及影响

如果 T_DROP 设置过高（例如大于−15dB），则可能会导致有用导频被迅速从激活集剔除，变成干扰，从而导致掉话。

如果 T_DROP 设置过低（如小于−16dB），则可能会导致过多的软切换，从而影响前向链路的容量，进而增加切换堵塞，切换堵塞很可能导致掉话。

（4）说明

每个厂家基站具体情况有差异，T_DROP 可以是系统范围的参数或是扇区的参数，在后一种情况下，如果移动台要求把一个导频加入活动集，而此导频的 T_DROP 值与活动集中其他导频的 T_DROP 值不同，基站必须将最低 T_DROP 值发送给移动台，在呼叫期间，移动台就可以更新它的 T_DROP 值。

由于 T_DROP 使用的导频强度是基于 finger 估计（而不是搜索估计），其准确性往往远远优于 T_ADD 机制。

选择 T_DROP 值必须和 T_TDROP 值匹配，因为前者的执行形式为功率滞后，而后者的执行形式为时间滞后。例如，不建议同时过大设置 T_DROP 和 T_TDROP。

3．软切换去掉定时器（T_TDROP）

（1）参数说明

当激活集或候选集导频强度降至 T_DROP 以下时，移动台将为该导频开启切换去掉定时器。一旦定时器超过 T_TDROP，移动台将发送导频强度测量消息，指示它要从激活集或候选集转移到相邻集。

（2）数值范围

取值范围：0～15，建议值：2～3（2～4s），取值和时间的对应关系见表8-4。

表 8-4　T_TDROP 取值和时间对应关系

T_TDROP	定时器有效期（s）	T_TDROP	定时器有效期（s）
0	0.1	8	27
1	1	9	39
2	2	10	55
3	4	11	79
4	6	12	112
5	9	13	159
6	3	14	225
7	19	15	319

（3）设置及影响

如果 T_TDROP 设置过高，弱导频将在激活集内停留较长时间，进而导致无用的导频扰乱激活集和候选集。

如果 T_TDROP 设置过低，有用导频会过早地从激活集或候选集回到邻集，从而可能导致呼叫中断。

（4）说明

每个厂家基站具体情况有差异，T_TDROP 可以作为系统范围的参数或是每个扇区的参数（即每个扇区的 T_TDROP 值可以不相同）。在后一种情况下，如果即将增加到激活集中的导频所使用的 T_TDROP 值不同于其他激活集导频，则基站向移动台发送的 T_TDROP 必须是所有扇区中的最大值。呼叫中移动台就可以调整其 T_TDROP 值。

在设置 T_TDROP 时必须考虑 T_DROP 的设置，因为前者引入了时间迟滞，而后者引入的是功率迟滞。

4．导频强度比较门限（T_COMP）

（1）参数说明

该参数用于控制导频信号从候选集到激活集的转移。当候选集中的一个导频信号强度超过激活集中的一个导频信号强度的 T_Comp×0.5dB 时，移动台则发射一个导频信号强度测量消息，并根据服务小区的切换指示消息，将该导频信号移到激活集中，替换低强度的导频信号。

（2）数值范围

0～15（以 0.5dB 为单位），建议值：4～6（2～3dB）。

（3）设置及影响

T_COMP 设置较大，将导致比激活集中导频强度强的导频滞留在在候选集中；T_COMP 设置较小（如 0），将导致移动台频繁发送 PSMM 消息。

（4）说明

每个厂家基站具体情况有差异，T_TDROP 可以作为系统范围的参数或是每个扇区的参数（即每个扇区的 T_TDROP 值可以不相同）。在后一种情况下，如果即将增加到激活集中的导频所使用的 T_COMP 值不同于其他激活集导频，则基站向移动台发送的 T_COMP 必须是所有扇区中的最小值。这样，在呼叫中移动台就可以调整其 T_TDROP 值。

在确定 T_COMP 的时候，需要考虑 T_ADD 的设置。因为前者是基于功率的相对值来估计导频的可用性，而后者是基于功率的绝对值来估计导频的可用性。不过，由于基站实行的是"移动台指示"的切换，大多数切换是在导频强度高于 T_ADD 的情况下基站授权进行的。

在确定 T_COMP 时，需要考虑 T_TDROP 的设置值，后者决定了一个弱导频在激活集中可能的滞留时间，如果设置很大，则会触发大量的 PSMM 消息（当候选集中的导频比该弱导频大 T_COMP 时发送）。

如果设置过低，则动态 T_ADD 和动态 T_DROP 会很高，导频切入激活集会变得困难，而切出会变得容易。这会导致过多的掉话。

如果设置过高，则动态 T_ADD 和动态 T_DROP 会过低，导频切入激活集会变得容易，而切出会变得困难。这会导致过多的导频留在激活集内，从而影响前向链路的容量。

5．动态软切换斜率（SOFT_SLOPE）

（1）参数说明

该参数定义了动态软切换中的切换斜率。当打开动态软切换功能时，导频切入和切出激活集时都使用该参数。IS-95A 的终端不支持动态软切换。

（2）数值范围

0～63（以 1/8dB 为单位），建议值：16～24（2～3dB）。

（3）设置及影响

将这个参数设置为 0，即关闭动态软切换算法（即回复到静态 T_ADD 和 T_DROP）。动态软切换算法的主要好处在于限制了移动台激活集内的导频数量，从而增加前向链路的容量。

6．动态软切换加入截距（ADD_INTERCEPT）

（1）参数说明

该参数指标定义了软切换算法中的导频加入截距动态门限。

（2）数值范围

−32～31（以 1/2dB 为单位），建议值：0～6（0～3dB）。

（3）设置及影响

如果设置过高，则动态 T_ADD 将会过高，导频加入激活集会变得困难。这会导致过多的掉话。

如果设置过低，则动态 T_ADD 将会过低，导频加入激活集会变得容易，这会导致过多的导频留在激活集内。

7．动态软切换去掉截距（DROP_INTERCEPT）

（1）参数说明

该参数指标定义了软切换算法中的导频去掉截距动态门限。

（2）数值范围

−32～31（以 1/2dB 为单位），建议值：0～6（0～3dB）。

（3）设置及影响

如果设置过高，则动态 T_DROP 将会过高，导频从激活集切出会变得容易。这会导致过多的掉话。

如果设置过低，则动态 T_DROP 将会过低，导频从激活集切出会变得困难，这会导致过多的导频滞留在激活集内。

8.6.2　搜索相关参数

1．激活集/候选集搜索窗（SRCH_WIN_A）

（1）参数说明

SRCH_WIN_A 决定了激活集和候选集中导频搜索窗口的大小，移动台的搜索窗口以有效导频信号集中最早到来的可用导频信号多径为搜索中心。

（2）数值范围

0～15，建议值：6～9（28～80chips），参见表 8-5。

表 8-5　　　　　　　　　　　　　搜索窗口的尺寸

SRCH_WIN_A SRCH_WIN_N SRCH_WIN_R	窗口尺寸 （PN 码片）	SRCH_WIN_A SRCH_WIN_N SRCH_WIN_R	窗口尺寸 （PN 码片）
0	4	8	60
1	6	9	80
2	8	10	100
3	10	11	130
4	14	12	160

续表

SRCH_WIN_A SRCH_WIN_N SRCH_WIN_R	窗口尺寸 （PN 码片）	SRCH_WIN_A SRCH_WIN_N SRCH_WIN_R	窗口尺寸 （PN 码片）
5	20	13	226
6	28	14	320
7	40	15	452

（3）设置及影响

SRCH_WIN_A 搜索窗口应满足导频信道中可用多径中最大到达时间差，即导频信道的最大时延扩展。SRCH_WIN_N 和 SRCH_WIN_R 搜索窗口应满足导频信道路径传播时延的最大时延扩展。

搜索窗口的大小与搜索速度成反比关系。缩小搜索窗口，移动台搜索速度快，但无法搜索到窗口外的强导频信号，即使是具有足够强度的多径信号，由于搜索窗口过小也有可能造成有用导频信号的丢失，而没有被基站识别。这将会造成一些明显多径丢失，对系统造成强烈的干扰，降低信号的 Eb/Io，导致通话质量下降或掉话。反之，如果此窗口设置过大，将有助于收集所有的多径能量，但会导致测量过程很慢，会使系统把大量的处理能力都浪费在无用的搜索上，这对高速运动下的移动台很不利。显然，窗口大小是延时扩散的一个函数，应考虑移动速度分布而进行每个小区的单独优化。

2．邻集搜索窗（SRCH_WIN_N）

（1）参数说明

SRCH_WIN_N 指标定义了邻集导频的搜索窗口大小，用于搜索当前不在激活集或候选集的导频，但有可能成为软切换候选的导频信号。它只对邻区列表（Neighborlist）中规定的导频信号进行搜索。窗口的定位是以移动台自己的定时为参考，以该导频的 PN 偏置为窗口的中心。

（2）数值范围

0～15，建议值：9～12（80～160chips），参见表 8-5。

（3）设置及影响

如果 SRCH_WIN_N 设置过低，某些邻集导频可能会搜索不到。如果 SRCH_WIN_N 设置过高，邻集导频的搜索时间会变得过长，导致搜索速率降低，从而影响网络性能。

（4）说明

搜索窗口的大小与搜索速度成反比关系。扩大搜索窗口将增加移动台导频信号搜索处理的工作量，减少单位时间内搜索到的导频信号数。缩小搜索窗口，移动台将无法搜索到窗口外的强导频信号，导致这个导频对服务小区构成强干扰。这个参数的设置应当和 PILOT_INC 的设置相配合。

3．剩余集搜索窗（SRCH_WIN_R）

（1）参数说明

SRCH_WIN_R 指标定义了搜索剩余集导频时窗口的大小。移动台应仅搜索剩余导频信号集中导频信号 PN 序列偏置等于 Pilot_Inc 整数倍的导频信号。窗口的定位是以移动台自己的定时为参考，以该导频的 PN 偏置为窗口的中心。

（2）数值范围

0～15，建议值：9～12（80～160chips），参见表 8-5。

（3）设置及影响

该参数的设定值应与 SRCH_WIN_N 相同，如果 SRCH_WIN_R 设置过低，则某些剩余集导频可能搜索不到。但是移动台很少对剩余集导频进行搜索，所以这种影响通常忽略不计。如果 SRCH_WIN_R 设置过高，则会降低搜索速率，从而影响系统性能。

（4）说明

不支持业务信道系统参数消息，因此 SRCH_WIN_R 不能在呼叫过程中改变。换句话说，即使每个扇区设置的 SRCH_WIN_R 不同，也无论服务移动台的当前扇区设置值是多少，移动台在呼叫的整个持续时间内都将使用原始扇区提供的值（来自呼叫开始前该扇区的寻呼信道的系统参数消息）。移动台只搜索导频偏移是 PILOT_INC 整数倍的剩余集导频。

8.6.3 邻集列表参数

1. PN 偏置增量（PILOT_INC）

（1）参数说明

该参数定义了导频的 PN 偏置索引的增量。根据 CDMA 规范，从总共可能的 32 768 个 PN 偏移中，最多可以使用 512 个不同的偏移，因为两个有效偏移之间最小的 PN 距离为 64。通过下面公式，PILOT_INC 进一步降低 PN 的数量。PN 数量 ＝512/PILOT_INC。

（2）数值范围

1～15，建议值：2～4。

（3）设置及影响

如果设置太大，可用导频偏移的数量将减少，结果是导频偏移的复用频繁，潜在地增加了发生同 PN 码干扰的可能。

如果设置太小（设置为 1，总共有 512 个可用 PN 偏置），则容易发生邻 PN 干扰。可能潜在地增加发生邻 PN 码干扰问题的区域。在这种情况下，不同扇区间的长时间错误因某单个扇区的多路径而加重的可能性将增加。

（4）说明

当 PILOT_INC＝4 时，系统中有 128 个可用的 PN 偏置，可以很好地平衡同 PN 码干扰和邻 PN 码干扰之间的矛盾。PN 偏置为 0 的 PN 并不特别，只是 log 信息中记录了移动台在获取 CDMA 系统时使用的 PN 偏置为 0，为了简化 log 文件的分析，系统中一般不使用偏置为 0 的 PN。

在实际部署中，为和相邻的系统协调，边界扇区 PILOT_INC 的选择需要特别考虑。PILOT_INC 的值决定了 SRCH_WIN_N 和 SRCH_WIN_R 的最大可能值。例如，如果 PILOT_INC＝4，PN 偏置之间的最小距离是 4×64＝256chips，在这种情况下，SRCH_WIN_N 和 SRCH_WIN_R 的设置值不能大于 13（也就是 226chips）。

2. 邻集最大年龄（NGHBR_MAX_AGE）

（1）参数说明

这个参数定义邻集中导频成员被保留的最大保持年龄。该字段的含义是保留相邻导频信号集成员的最大时间。移动台为相邻导频集中的每一个导频维持一种老化机制，主要是为了保持最新被检测的导频不被删除。这种机制是邻集中的每一个导频都有一个计数器，当激活集或候选集中的导频转移到邻集中时，它的计数值被初始化为 0；当剩余导频集中的导频转移到邻集中时，它的计数值被初始化为 NGHBR_MAX_AGE。每当接收到邻集列表更新消息，邻集中每一个导频的计数值要加 1。一旦发现某一个导频的计数值达到 NGHBR_MAX_AGE，该导频就要从邻集转移到剩余集。

（2）数值范围

0～15，建议值：0（如果网络中的邻集列表非常好）。

（3）设置及影响

如果设置过高，导频将会从活动集或候选集降级到邻集并长时间保留在邻集中，这可能造成新的也可能是至关重要的邻集导频因邻集导频个数的限制而被从邻集驱出。

如果设置过小（例如为 0），从活动集或候选集降级到邻集的导频不会在邻集停留过长时间，而且除非邻集列表更新消息中专门提到将它作为邻集导频，它几乎会被立即转移到剩余集。这将增加在邻集发现不了所需导频的可能性，结果对它的搜索会非常不频繁（因为它将留在剩余集内），所以要求基站有精确的邻集列表管理算法。

（4）说明

在 IS-95 中规定，如果一个导频从激活集或者候选集被转移到剩余集（当该导频强度低于 T_DROP 门限的时间超过 T_TDROP），移动台需要将其"age"设置为"0"。之后，移动台每接收到"邻集列表更新消息"一次就将其加 1，只有当其"age"到达 NGHBR_MAX_AGE 时，且最新的"邻集列表更新消息"中没有提到该导频，才会将其从邻集中转移到剩余集中。

从激活集和候选集中被转移到邻集且低于 NGHBR_MAX_AGE 限制的导频，比邻集列表消息中定义的导频有更高的优先级进入移动台邻集。

8.7　功率控制参数

8.7.1　慢速前向功控参数

慢速功率控制参数可以在寻呼信道（PCH）的 SPM 消息中发送给移动台，也可以通过 F-FCH 信道中的功率控制参数消息（PCPM，Power Control Parameter Message）发送给移动台。移动台根据这些消息中相关参数的设置，基于周期性或者门限触发地发送功率测量报告消息（PMRM）来控制 F-TCH 的发射功率。BTS 可以设定以下几个参数来禁止 MS 发送 PMRM 消息：

① PWR_REP_THRESH；

② PWR_REP_FRAMES；

③ PWR_THRESH_ENABLE；

④ PWR_PERIOD_ENABLE；

⑤ PWR_REP_DELAY。

　　如果 PWR_THRESH_ENABLE 设为 1（即打开门限报告功能），则要求 PWR_REP_THRESH 设为非零值，否则移动台将不会发送任何功率测量报告消息。

　　1．功率测量报告坏帧门限（PWR_REP_THRESH）

　　（1）参数说明

　　此参数定义了在一个测量时段，移动台（MS）必须收到一定数量坏帧后才能发送功率测量报告消息（PMRM）。

　　（2）数值范围

　　0～31（帧），建议值：2。

　　（3）设置及影响

　　设置过高会导致前向功率控制反馈环路延时增加，因为移动台需要等待更多的坏帧，这将降低前向链路的性能。

　　设置为 1 个会导致反向链路的信令增加，因为移动台每接到一个坏帧就发送一个功率测量报告消息。

　　2．功率测量报告的总帧数（PWR_REP_FRAMES）

　　（1）参数说明

　　对于门限报告方式，当手机接收到前向基本信道或补充信道的总帧数超过该值后，累加误帧数，当误帧数超过 PWR_REP_THRESH 时上报功率测量报告消息。本参数定义了 MS 统计坏帧的总帧数，总帧数=$2^{PWR\_REP\_FRAMS/2} \times 5$。

　　（2）数值范围

　　0、1、…、15，分别对应于 5、7、…、905 帧，建议值：13～15。

　　（3）设置及影响

　　如果该值设置过小，会导致漏报坏帧，如果该值设置得很大，则意味着要求非常大的处理内存。

　　3．前向慢速功控开关（PWR_THRESH_ENABLE）

　　（1）参数说明

　　此参数决定移动台是否生成基于门限值的功率测量报告消息。

　　（2）数值范围

　　0/1（关/开），建议值：当使用 RC1 时，设定值为 1，采用其他类型的 RC 时，设定值为 0。

　　（3）设置及影响

　　BTS 通过 PCH 信道上的系统参数消息 SPM 或者 TCH 信道上的功率控制消息 PCM 将该参数发送给 MS。

　　（4）说明

　　在 cdma2000 网络中，该参数一定要设置为 1，以便网络中的 IS-95 用户可以进行前向功控。cdma2000 用户（使用 RC3 及以上）是使用快速功控机制的，这种慢速功控并不需要。因此，当 cdma2000 用户已经进入业务信道状态，BTS 要给用户发送一条功率控制参数消息 PCPM，将其中的 PWR_THRESH_ENABLE 设置为 0，从而阻止 MS 发送 PMRM。但是，PMRM 消息除了报告 FER 信息之外，还可以报告激活集中的导频的强度。如果这些信息在 cdma2000 中前向 SCH 的分配策略中使用，则需要将该参数设置为 1。

4. 周期性功率测量报告开关（PWR_PERIOD_ENABLE）

（1）参数说明

本参数指标定义了移动台是否生成定期功率测量报告消息。

（2）数值范围

0/1（关/开），建议值：0，即关闭周期性功率测量报告。

（3）设置影响

周期性功率测量报告不能很好反映前向链路所需要的功率，比基于门限功率测量报告的效果差，而且还增加了反向链路的信令负载，所以一般建议关掉周期性功率测量报告。

5. 发送功率测量报告时延（PWR_REP_DELAY）

（1）参数说明

此参数定义移动台在开始增加接收总帧数（TOT_FRAMES）以及坏帧数（BAD_FRAMES）计数器之前必须等待的时间（以 4 帧为单位）。

（2）数值范围

0～31，建议值：1 或 2。

（3）设置及影响

该参数设置过高会导致随后的功率测量报告消息有较大的延迟，使功率的调整相对滞后于信号的变化，从而导致链路质量下降，但这有利于较低的反向链路消息开销。

设置过低则会造成在基站对前一个功率测量报告消息响应之前发送不必要的功率测量报告消息，增加消息负载并影响反向链路容量的质量。

8.7.2　快速前向功控参数

1. 前向快速功控的模式（FPC_MODE）

（1）参数说明

该参数定义了系统所采用的快速前向功控的模式，该模式定义于 TIA/EIA/IS-2000-2 的，在现网中基本上只使用前 3 种。

（2）数值范围

见表 8-6。建议值：当没有分配 SCH 时为 000 或 001。当分配 SCH 时为 001 或 010。

表 8-6　　　　　　　　　　　前向快速功控的模式

FPC_MODEs	FCH	SCH
'000'	800bit/s	0
'001'	400bit/s	400bit/s
'010'	200bit/s	600bit/s
'011'	EIB（50bit/s）每帧重复 16 次	0
'100'	QIB（50bit/s）每帧重复 16 次	0
其他所有值	保留	保留
'000'	800s	0

（3）设置及影响

当没有 F-SCH 分配时，FPC_MODE 的推荐设置为 000 或 001。实验室测试表明，在静止环境下，FPC_MODE=001 时的性能比 FPC_MODE=000 更好；而在低速环境中 FPC_MODE=000 更好一些；预计 FPC_MODE=000 在高速环境下优势更大。

当有 F-SCH 分配时，前向功控的模式是与 SCH 的分配策略相关的，而且 FPC_MODE 的设置会被 FPC_MODE_SCH 改写。

2. 前向补充信道快速功控的模式（FPC_MODE_SCH）

（1）参数说明

本参数指示 SCH 信道前向功控模式，本参数由基站在扩展补充信道分配消息（ESCAM，Extended Supplemental Channel Assignment Message）中发送，用于指示移动台补充信道采用的前向功率控制模式。

（2）数值范围

与 FPC_MODE 的范围相同，建议值：对于专用模式的 SCH 设置为 001 或 010，对于共享模式的 SCH 设置为 000。

（3）设置及影响

如果把 SCH 分给一个用户一段有限的时间，那么 SCH 可能会采用快速前向功控（FFPC，Fast Forward Power Control），FPC_MODE 可为 001 或 010，分别对应于400bit/s 和 600bit/s 的控制频率。在这种情况下也有可能采用 FPC_MODE 000，即根据 FCH 的功率调整来调整 SCH 的功率；但是 FPC_MODE＝001 或 010 的功控模式下性能更好，而且分配的 SCH 时间越长，FFPC 模式对 SCH 的性能影响越大。

如果 SCH 分给多个用户，那么 SCH 可能不会采用 FFPC，因为移动台的外环功率控制在有很多坏帧时（同时发送给其他移动台）不能正常的工作。这时可有以下选择。

将 SCH 的功率设置为一个固定值（如果没有足够的功率满足要求，关闭 SCH）；对于 SCH 采用简单化的 FFPC，这时 SCH 的增益是基于发送 SCH 的基站的 FCH 信道增益，在软切换的情况下，SCH 应该由激活集中最强的导频发送。

3. 前向快速功控的初始外环 Eb/Nt

（1）参数说明

这组参数确定了 FFCH、F-DCCH 和 F-SCH 信道的初始外环功控的 Eb/Nt 调整点。

（2）数值范围

0～255（以 0.125dB 为单位，即 0～31.875dB）。

建议值：

FPC_FCH_INIT_SETPT: 24～40（即 3～5dB）;

FPC_DCCH_INIT_SETPT: 24～40（即 3～5dB）。

（3）设置及影响

如果设置过高，将浪费前向链路容量；如果设置过低，则不能保证呼叫或数据突发的最初链路质量。

（4）说明

本组参数只确定移动台为前向链路外环功控中使用的最初调整点，外环功控中会不断进行调整以达到所需要的 FER（参见 FPC_FCH_FER、FPC_DCCH_FER 和 FPC_SCH_FER）。

在 cdma2000 中是由移动台而不是基站来维护 FFPC 的外环功控调整点，IS-95 也是这样。

4．前向快速功控的外环 Eb/Nt 最小值

（1）参数说明

这些参数确定了 F-FCH、F-DCCH 和 F-SCH 信道的外环功控中 Eb/Nt 调整点的最小值。

（2）数值范围

0～255（以 0.125dB 为单位，即 0～31.875dB）。

建议值：

FPC_FCH_MIN_SETPT: 8～24（即 1～3dB）；

FPC_DCCH_MIN_SETPT: 8～24（即 1～3dB）；

FPC_SCH_MIN_SETPT: 8～24（即 1～3dB）。

（3）设置及影响

如果设置过高，会浪费前向链路容量，因为系统不允许信道发射功率降低到某个实现上述最低调整点的值。

如果设置过低，会影响链路质量，尤其是在要求发射功率从最低调整点快速增加的情况下（例如，由于用户从静止点开始快速移动）。

（4）说明

本组参数是确定前向链路容量的关键，因为本组参数确定一个移动台最低可接受的 Eb/Nt 调整点，从而又确定每个信道（FCH，DCCH，SCH）可以分配到的最低发射功率量。

因为针对 FCH 建议前向快速功控 FFPC 频率是 800Hz 或 400Hz，链路可以比 IS-95 更快速地从低设置中恢复过来，而 IS-95 最多只能以 50Hz 的速度调整前向基站的发射功率。因此可以采用比 IS-95 更低的设置。这也是比 IS-95 的前向链路容量增加的一个重要原因。

5．前向快速功控的外环 Eb/Nt 的最大值

（1）参数说明

这些参数为 F-FCH、F-DCCH 和 F-SCH 分别确定前向外环功控的 Eb/Nt 调整点最大值。

（2）数值范围

0～255（以 0.125dB 为单位，即 0～31.875dB）。

建议值：

FPC_FCH_MAX_SETPT: 56～80（即 7～10dB）；

FPC_DCCH_MAX_SETPT: 56～80（即 7～10dB）；

FPC_SCH_MAX_SETPT: 56～80（即 7～10dB）。

（3）设置及影响

如果设置过高，则会浪费前向链路容量；如果设置过低，则会影响前向链路质量并可能引起掉话。

（4）说明

本组参数是确定前向链路容量的关键，因为本组参数确定一个移动台在任何时间所具有的最大允许 Eb/Nt 调整点。如果调整点设置得过大，则会引起一个呼叫不必要地占据过多的前向链路功率。但是也不可将此参数设置过低，因为不给一个呼叫提供所要求的功率量，可能会导致呼叫质量下降（话音呼叫的话音质量、分组数据呼叫的数据总处理能力）。

6．前向快速功控的目标误帧率

（1）参数说明

这些参数为 F-FCH、F-DCCH 和 F-SCH 分别确定了目标误帧率 FER。

（2）数值范围

见表 8-7，建议值：FCH 和 DCCH：1%，SCH：5%。

（3）设置及影响

FCH 或 DCCH 目标 FER 不得设置过高，以保证信令/控制消息在基站和移动台之间能够可靠地传达。

SCH 目标错误率可以设置高一些，因为物理层之上的无线链路协议 RLP 对错误的帧有重传机制。高 FER 的设置会降低所要求的发射功率，因此增加了容量，但也降低了每用户的吞吐量。

（4）说明

目标 FER 值的设置还可以成为调整扇区负载的一项重要工具。如果只有一个激活的数据用户，则最好是以低 FER 来运行 SCH，以最大化用户（和扇区）的吞吐量。但是，随着更多的活动用户的出现，增加 FER 可以使更多的用户接入。

表 8-7 目标帧错误率

FER（二进制）	帧错误率
0	0.20%
00001～10100	0.5%～10%（以 0.5%为单位）
10101～11001	11%～15%（以 1.0%为单位）
11010～11110	18%～30%（以 3.0%为单位）
11111	保留

8.7.3　反向功控参数

1．反向业务信道相对反向导频信道增益（RLGAIN_TRAFFIC_PILOT）

（1）参数说明

该参数应用于 RC2 以上。参数定义了反向业务信道相对于反向导频信道的增益。

（2）数值范围

–32～31（以 1/8dB 为单位），建议值：0。

（3）设置及影响

如果设置过高，会损失反向链路容量。如果设置过低，会降低反向链路业务信道的可靠性。

注意：反向功控与前向链路不同，在反向链路上，功率控制是针对反向导频信道的，并没有单独对 R-SCH 发送功控比特的机制。另参见 RLGAIN_SCH_PILOT。

2．反向补充信道相对反向导频信道增益（RLGAIN_SCH_PILOT）

（1）参数说明

应用于 RC2 以上，指标定义了反向 SCH 信道相对于反向导频信道功率的增益。

（2）数值范围

−31～32（2 的补数，以 1/8dB 为单位），建议值：0。

（3）设置及影响

如果设置过高，会浪费反向链路容量。如果设置过低，会降低反向 SCH 信道的可靠性。

3. 反向闭环功率控制时延（REV_PWR_CNTL_DELAY）

（1）参数说明

本参数指标定义了反向闭环功率控制延迟，以 1.25ms 为单位。移动台在切换后使用，并且用于 Revision A 中的带有功控的接入和 1/8 门控的 R-FCH 帧。

（2）数值范围

0～3（对应 1～4 个功控组，一个功控组的时长是 1.25ms），建议值：0 或 1。

（3）设置及影响

通常按照基站能力和覆盖的大小尽可能小地设置。对应回路时延比较大的小区，该值要设置得相对大一些。

4. 反向基本信道门控模式指示（REV_FCH_GATING_MODE）

（1）参数说明

本参数指示基站是否允许移动台在反向链路上对于 1/8 速率的 R-FCH 帧按照 1/8 门控的方式进行发送。

（2）数值范围

0/1（关/开），建议值：1（开）。

（3）设置及影响

如果设为 0（关），将要求移动台 1/8 速率不按 1/8 门控速率发送帧；

如果设为 1（开），则移动台能够发送 50%的门控帧。这大约会节约移动台 15%～25%的功率。

5. 反向闭环功控步长（PWR_CNTL_STEP）

（1）参数说明

本参数是基站调整移动台反向链路功控时的步长。

（2）数值范围

0.25、0.5、1（dB/步长），建议值：0.5dB。

（3）设置及影响

小步长尺寸会产生较小的功率偏差，但会增加反应时间；大步长尺寸会产生较大的功率偏差，但会减少反应时间。

8.8　1x 数据业务参数

8.8.1　前向补充信道的持续时间（FOR_SCH_DURATION）

1. 参数说明

基站指配 F-SCH 持续的时长。

2. 数值范围

0～14，15 代表无限期分配，建议值：8～11（代表 8、16、32、64 个 20ms 帧）。

3. 设置及影响

如果设置过低（例如 1 个帧），信令负载变得很大，占用无线链路容量。但是设置小时如果基站调度程序很快，吞吐量可能会提高，因为此时调度程序能够更快地适应信道状态。

如果设置过高，信道灵敏度会降低，从而大大降低了吞吐量。如果采用大的 FOR_SCH_DURATION 值，则强烈建议如果基站决定分配值不合适（通过查看相关的 FCH 增益，通过查看 RLP NAKs 的频率或者通过查看移动台发送的任意 PSMMs 中的导频强度），可以在任何时候取消分配（通过发送一个 ESCAM 来取消）。

8.8.2 反向补充信道的持续时间（REV_SCH_DURATION）

1. 参数说明

基站指配 R-SCH 持续的时长。

2. 数值范围

1～14，15 代表无限期分配，建议值：8～11（单位：20ms）。

参数设置值和时间对应关系见表 8-8。

表 8-8 反向补充信道设置和时间关系表

REV_SCH_DURITION	二进制	20ms
1	1	1
2	10	2
3	11	3
4	100	4
5	101	5
6	110	6
7	111	7
8	1 000	8
9	1 001	16
10	1 010	32
11	1 011	64
12	1 100	96
13	1 101	128
14	1 110	256
15	1 111	无穷大

3．设置及影响

此参数与参数 DURATION 紧密相关但不完全相同，DURATION 是移动台在补充信道请求消息（SCRM，Supplemental Channel Request Message）中的 SCRM_REQ_BLOB 中设置的。DURATION 代表移动台的要求时延，而 REV_SCH_DURATION 代表基站的指配时延。

如果设置过低（例如 1 帧），反向和前向链路上的信令负荷就会变得很大，消耗无线链路容量（反向链路上的 SCRMs 和前向链路上的 ESCAMs）。但是，设置小时如果基站调度程序很快，吞吐量可能会提高，因为此时调度程序能够更快地适应信道状态。

如果设置过高，信道灵敏度会降低，从而大大降低了吞吐量。

前面提到的 ESCAM 中规定的数据速率为固定数据速率，在没有发送出另一个速率不同的分配前不能改变。

8.8.3　反向补充信道 DTX 时间（REV_SCH_DTX_DURATION）

1．参数说明

该参数指示基站给移动台分配 R-SCH 完成后不连续发送（DTX，Discontinous Transmission）的最大持续时间，超时后基站将释放 R-SCH 信道。

2．建议值

REV_SCH_DURATION 的一半。

3．设置及影响

REV_SCH_DTX_DURATION 设置过低会降低性能，因为数据传输中的任何小的停顿都会触发移动台释放 R-SCH。如果随后它又需要 SCH，则必须发送 SCRM 并等待基站发送新的分配。另外，附加的 SCRM 的信令负载会浪费反向链路容量。注意当移动台由于 REV_SCH_DTX_DURATION 引起 SCH 释放时，除了发送重建链路所要求的 SCRM 之外，它必须先发送一个 SCRM 声明这种情况（也称为取消 SCRM）。

如果 REV_SCH_DTX_DURATION 设置过高，且移动台已经在 SCH 分配结束之前发送完所需要发送的内容，则长时间内 R-SCH 可能没被使用，从而降低 R-SCH 的效率，并降低可能的反向链路数据吞吐量。

REV_SCH_DTX_DURATION 的设置与前文描述的 REV_SCH_DURATION 紧密相关。如果前者设置的值低于后者，则表明基站希望移动台在 REV_SCH_DTX 持续时间结束时不发送任何消息就释放 R-SCH。如果前者设置的值高于后者，则表明基站给移动台提供全部的 R-SCH 持续时间，并且移动台根据需要使用部分或全部的 SCH 分配时间，这会浪费无线链路容量。

8.8.4　SCH 调度起始时间（START_TIME_UNIT）

1．参数说明

指配 SCH 的时间点。

2．数值范围

0～7（单位为 20ms），或者 20～160ms，每 20ms 为一个步长，建议值：0（即 20ms）。

3．设置及影响

设置高使基站可以推迟 SCH 的分配时间，减缓 SCH 资源占用。设置低可以使基站对信道的状态更敏感。

此参数应设为最低值，因为对信道状态敏感带来的好处（即使 20ms 也过大）比能够将 SCH 的分配安排在更远的将来更有价值。

8.8.5　R-SCH 终止标识（USE_T_ADD_ABORT）

1．参数说明

该参数指示移动台是否启用反向 R-SCH 终止发射标识。当移动台检测到相邻或剩余集导频强度超过 T_ADD 时指示移动台是否终止任何 R-SCH 的发射。

2．数值范围

0 或 1，建议值：1。

3．设置影响

如果设为 0（即停用），R-SCH 的传输会对其他小区/扇区造成大量的反向链路干扰。如果设为 1（即启用），R-SCH 传输可能会在多路切换环境中频繁被中断，尤其是在切换执行过程相对较慢的情况下。

8.8.6　R-SCH 期望速率（PREFERRED_RATE）

1．参数说明

该参数用于指示移动台在 R-SCH 上传输时的期望（不是必须的）速率。

2．数值范围

0～6（对应数据速率公式为 $9.6 \times 2^{\text{PREFERRED\_PATE}}$ kbit/s），建议值：1～4。

3．设置影响

设置高则要求移动台有足够的发射功率来支持该速率，设置低则会造成有限的反向链路吞吐量以及更长的终端用户延时。

8.8.7　时隙周期单元（DURATION_UNIT）

1．参数说明

该参数定义 DURATION 参数的单位（20ms 帧）。例如，如果 DURATION_UNIT = 4，则 DURATION 可以设的值为 0、40ms、80ms、120ms 等。

2．数值范围

0～7，建议值：0。

3．设置及影响

如果设置过高，DURATION 可以设置的最小值将很大，会造成反向链路容量的浪费。但是如果 REV_SCH_DTX_DURATION 设得足够小，则可以克服这一缺点。

如果设置过低，DURATION 可以设的最大值将很小。因为 DURATION 是一个 9bit 的字段，DURATION_UNIT = 0 时可以设的值最大为 511 帧，这可以满足大多数情况。

参 考 文 献

[1] cdma2000 1x 基础无线参数设置规范. 中国电信，2009 年 5 月.

[2] cdma2000^{TM} 1x 分组数据业务手册 2001 年第一版.

[3] CDMA 性能参数分册（1x 部分）. V2.0 华为技术有限公司，2007 年 8 月.

[4] 无线参数配置. 中兴通讯，2004 年 3 月.

[5] CDMA 移动通信网络优化. 人民邮电出版社，2003.

第 9 章 cdma2000 1x 无线优化

9.1 概　述

进行 CDMA 1x 无线网络优化之前，首先了解评估网络质量，从中发现网络问题。评估网络质量可以从 DT/CQT 测试和 KPI 性能指标统计展开。DT 测试是模仿用户行为采集的无线覆盖等样本数据，数据比较客观，而 KPI 性能指标是统计全网设备运行指标的综合指标数据，采样数据全面但比较主观，两者之间有一定的相关性，均是评估网络的主要组成部分。

通过 DT/CQT 测试得到网络覆盖率指标（Ec/Io、Txpwr、Rx 分布比例）、话音质量质量指标（FER、MOS 比例）、用户感知指标、呼叫建立成功率、掉话率、切换成功率、呼叫建立时长等。

通过系统 KPI 指标统计得到是网络性能指标，通常将分为负荷类、接入类、保持类指标。网优主要关注如下监控指标：话务量、流量、吞吐率等负荷类指标；拥塞率、（短信、数据、话音）呼叫建立成功率、寻呼成功率等接入类指标；掉话率、切换成功率、话务掉话比等保持性指标。

通过以上分析，网络优化主要从覆盖、负荷、接入性、保持性、1x 数据业务 5 个方面开展。在实际网络优化工作中通常需要结合 DT/CQT 分析方法和 KPI 分析方法。

9.2　DT/CQT 测试介绍

DT 测试和 CQT 测试是模拟用户行为并采用专业测试工具进行的数据采集和统计，是获取无线网络覆盖、网络质量及性能的常用方法。通过对比测试可以了解竞争对手的网络质量，以及 CDMA 网络与竞争对手在网络覆盖、质量及性能的差距。

DT 测试也是评价网络质量、发现网络问题最直接的方法。通过分析 DT 测试数据可以解决测试中发现的问题，提出优化建议，然后再通过 DT 测试验证优化后的效果。无线网络的优化是个循序往复、螺旋式渐进的长期过程。DT 测试及分析是网络规划、优化的一项重要工作，也是网优工程师所必备的基本功。

无线网络覆盖率根据覆盖门限要求统计 Ec/Io、Rx、Txpwr 等相关比例，无线网络质量通过误帧率（FER）、MOS 等相关指标比例获得。下面就其中指标统计进行介绍。

9.2.1　导频强度 Ec/Io

在 cdma2000 1x 系统中，导频强度（Ec/Io）是手机接收到服务小区信号的导频码片能量和整个频带内的干扰信号强度之比，只要服务小区的导频强度（Ec/Io）大于−13dB，手机就可以解调此基站信号。因此 Ec/Io 是衡量网络前向覆盖的重要指标，同时 Ec/Io 也是衡量导频污染（前向干扰）的指标之一。因为 cdma2000 1x 手机同时解调 3 个进入激活集的导频信号，第 4 路超过 T_ADD 导频信号不能加入激活集而成为干扰信号，这就是导频污染现象产生的原理。导频污染严重影响 CDMA 网络的通信质量，因此控制和减少 CDMA 网络导频污染是网络优化的一个主要任务。

通过 DT 测试记录无线网的 Ec/Io、Rx 数据，将这些数据导入 Mapinfo 中，可以发现导频污染的区域。找出那些 Rx 大于−90dBm 而 Ec/Io 小于−13dB 的区域，一般这些区域均可能是导频污染区域。对 Ec/Io、Rx 数据进行统计分析可以得出测试区域的网络覆盖水平及干扰情况。

导频污染主要是由于多个扇区之间信号相互干扰造成的。在理想的状况下，各个扇区的信号应该严格控制在其设计范围内。但由于无线环境的复杂性：包括地形地貌、建筑物分布、街道分布、水域等各方面的影响，使得信号非常难以控制，无法达到理想的状态。导频污染主要发生在基站比较密集的城市环境中。正常情况下，在城市中容易发生导频污染的几种典型的区域为高楼密集区、宽阔街道或广场区域、高架上、水域周围的区域。

9.2.2　接收电平

手机接收电平 Rx 是网络前向覆盖的指标之一。CDMA 手机的接收电平 Rx 由服务小区及周边小区传输到手机接收地点的信号总和，每个扇区到达手机接收地点出的信号强度和前向链路损耗、天线下倾角、天线增益等参数决定有关。

由于手机接收到的 Rx 不仅仅是服务小区的信号，而是所有可能辐射该处整个频带内的信号总和，因此 CDMA 手机的 Rx 不能衡量前向信号覆盖情况。Rx 需要和 Ec/Io 一起才能判断 CDMA 前向的信号覆盖情况。

9.2.3　发射功率

发射功率 Tx 是表征网络反向覆盖的指标。影响 Tx 的因素有很多，如反向干扰、基站接收机放大器性能变差、搜索窗设置不当等。

反向干扰过大造成发射功率偏高是因为 CDMA 系统是干扰受限系统，由于干扰的存在，手机必须发射更大的功率才能克服干扰，以保持和基站的通信。

9.2.4　前向误帧率（FER）统计

FER 是反映业务信道通信质量的指标，对通话质量有直接影响。很多因素都会影响前向信道的 FER 的值，如环境、车速、呼叫类型以及前向 Eb/Nt。另外，重要的系统参数，如前向功率控制的参数、信道功率配比、切换参数、搜索窗（不合理的设置会可能会导致 PN 混乱的问题）等设置，都会体现出 FER 高误码，系统质量下降。

9.3 KPI 分析介绍

9.3.1 网优常用 KPI 指标

KPI 性能指标是系统运行过程中各种信令点、各种事件、设备状态的累积统计值，通过 KPI 数据可以了解网络整体情况，发现、分析、定位和解决各种问题。尤其是网络忙时话务性能统计是网络优化的重要参考数据，通过对网络重要指标的监控和趋势跟踪分析，可以及时发现网络中存在的问题。日常网优主要监控以下重要 KPI 指标。

① 寻呼成功率：了解寻呼响应情况、寻呼成功率，协助分析网络被叫接通情况；
② 呼叫建立成功率：了解主被叫接通情况，掌握呼叫失败主要原因及成功率；
③ 掉话率：掌握网络掉话率水平以及分析掉话主要原因，降低掉话率；
④ 拥塞率：了解拥塞程度及拥塞主要原因；
⑤ 话务量：主要了解网络负荷中不含切换的话务量情况；
⑥ 软切换成功率：掌握软切换、更软切换及总软切换成功率，软切换比例是否正常；
⑦ 硬切换成功率：若是不同厂家间的硬切换，重点为切出的成功率及不成功原因。

9.3.2 KPI 分析注意事项

通过对整体性能测量指标统计分析，可以掌握网络质量运行变化的趋势。从整体指标观察哪些类指标下降，对该类指标进行 TopN 过滤法，先找出指标明显异常的小区，结合版本、硬件、传输、天馈（含 GPS）等告警信息进行排查分析，如无异常告警，再分析基站周边的无线环境变化、周边基站小区性能情况以及是否有话务突增的事件发生，必要时进行现场测试以协助分析 KPI 指标异常问题。

指标分析时，不能只关注指标的绝对数值是高是低，更应该注重指标的相对高低情况。只有在统计量较大时，指标数值才具有指导意义。例如，出现掉话率为 50%并不就代表网络差，只有在呼叫次数、呼叫成功次数、掉话总次数的绝对值都已具备统计意义时，这个数值才具有意义。

各个指标的存在并不是独立的，很多指标都是相关的，如干扰、覆盖等问题就会同时影响多个指标。同样，如果解决了切换成功率低的问题，掉话率也能得到一定程度的改善。实际分析解决问题时，在重点抓住某个指标的同时需结合其他指标同步分析。

9.4 覆 盖 优 化

9.4.1 影响覆盖因素

覆盖是网络提供服务的基本条件，也是一切网络优化的基础。影响覆盖的主要因素有以下几个方面。

① 地理条件，包括周边建筑环境、站址和基站高度等；

② 天线选型，不同的天线直接影响覆盖效果；

③ 基站和移动台的最大允许发射功率；

④ 接收机灵敏度。

9.4.2 覆盖问题分类

与覆盖相关的网络问题有：弱覆盖、越区覆盖、导频污染问题、前反向链路不平衡等。弱覆盖的优化分为室外弱覆盖和室内信号覆盖优化，室外覆盖可分为弱覆盖和越区覆盖优化；室内覆盖优化主要是室内信源的选择方式、室内外切换参数设置等优化。

9.4.3 室外弱覆盖分析

1. 室外弱覆盖现象

由于两个基站的覆盖区不重叠或有障碍物阻挡，可能会形成覆盖弱区或覆盖盲区。室外弱覆盖问题主要通过以下途径发现：

① DT 和 CQT 发现接收信号弱；

② 话单记录数据显示信号电平偏低；

③ 用户投诉经常出现不在服务区内；

④ 终端脱网或搜索不到网络。

2. 室外弱覆盖解决方法

① 调整天线方位角和天线高度来增加基站的覆盖范围；

② 增加基站发射功率来加强前向覆盖，通过增加塔放等方法加强反向覆盖；

③ 对于周边基站稀疏且信号交叠较小的覆盖空洞区域，应考虑新建基站，或通过调整周边基站的覆盖范围，增大信号覆盖交叠深度，保证合理的软切换区域。

④ 对于楼体或山体阻挡造成的弱覆盖区，可通过增加 RRU、直放站等手段延伸覆盖。

从投资角度以及解决问题的快慢程度方面考虑，优先采用提高基站发射功率、调整天线方位角和高度的方式来增加基站的覆盖范围。其次考虑采用基站、直放站的方式来延伸覆盖范围。

9.4.4 室外越区覆盖分析

1. 问题产生原因

由于越区覆盖一般原因是基站天线挂高过高，或者天线主瓣方向存在平原、道路、水面等有利于无线传播的环境，使得该扇区的信号可以传播到离基站很远的地区，这个地区的终端经常占用高站的信号，可能造成"孤岛"效应，移动台占用越区信号进行通信时，由于和周边基站没有邻区关系极易形成干扰和掉话问题。在 CDMA 网络建网初期存在大功率远覆盖的基站，天线过高，覆盖距离过远，在经过数期扩容后，基站密度有所增加，基站天线的高度如果没有及时降低，容易造成越区覆盖，对四周基站扇区产生干扰。

2．解决方法

① 网络规划建设时要及时降低基站天线挂高或采用带电子倾角的天线以方便网络优化过程中及时进行调整；

② 调整天线下倾角和基站的发射功率，调整天线方位角，避免天线主瓣正对道路、水面河流方向传播。

9.4.5　室内覆盖优化

改善室内移动通信覆盖信号的常用方法是建设室内分布系统，室内分布系统可以改善建筑物内的移动通信环境。室内分布系统主要是利用室内分布天线将移动基站的信号均匀分布在室内每个角落，从而保证室内移动通信信号覆盖。另一种方法是采用宏蜂窝分裂小区作为覆盖室内的信号，即就近从附近基站的机顶加装耦合器分离一路信号给室外天线，该天线方向指向所需覆盖的室内，采用特型天线对准附近大楼的室内。其前提是要充分结合现场无线环境正确使用特型天线，以防止无线信号泄漏或过覆盖形成网内干扰。

室内覆盖系统信源选择有基站和直放站两种方式，选择基站作为信源是最佳解决方案，基站携带的室内布线系统可以保证室内通话质量，同时能够增加网络容量，对室外的宏蜂窝系统的影响也较小。直放站也是室内覆盖信源常用方式，它具有体积小、灵活方便、价格低廉等优势。直放站主要分为无线直放站与光纤直放站两种。

无线直放站是补盲、扩大覆盖区域的常用方法，但无线直放站存在干扰不好控制、施主基站信号杂乱等缺点，一般不建议在市区使用。光纤直放站具有施主基站信号唯一且稳定、对外网的影响相对较小、覆盖区域和基站传输不受环境影响等优点，因此在 CDMA 网络中应用广泛。使用直放站时要控制施主基站的底部噪声电平。室内覆盖系统一般优化内容如下。

（1）无线参数优化

无线参数主要是指搜索窗参数。搜索窗参数决定了移动台捕获基站前向信号的搜索半径。为了移动台捕获基站服务范围的导频信号，需要设置一个捕获搜索窗口尺寸，以通知小区覆盖范围内的移动台搜索捕获系统。搜索窗参数主要有 SRCH_WIN_A、SRCH_WIN_N、SRCH_WIN_R 3 类，它们的合理设置可以使移动台准确搜索活动地点的导频信号，及时进行软切换，否则移动台会遗漏应有的基站信号，造成掉话等网络质量问题。

（2）邻区列表优化

在高层室内会接收到许多附近基站的信号，为了能与室内的主覆盖小区进行正常切换，需要把相关扇区加入到室内基站的邻小区列表中。对于过远扇区的信号，还是需要调整天线与参数来控制远处扇区的覆盖。

（3）高层窗边优化

移动用户有靠窗打电话的习惯，高层在靠近窗口的地方也会收到来自其他小区的信号，如果室内信号在窗口处信号过低，就可能在窗口处和室外小区构成切换区，不但会影响小区容量，还可能引起乒乓切换增大掉话概率，这就是常说的高层导频污染现象。对于室内和室外为同频相邻小区的时候，可以将天线安装在窗户边且天线方向朝内覆盖；或者将所有室内使用的频点和室外的频点设置为不同，以减少干扰。室内覆盖信号也不能过强，否则会泄漏到室外过远，对室外小区造成干扰。

（4）室内外切换区域优化

在室内和室外的过渡区（一般是大楼入口处），如果室内小区和室外小区的频点不同，就会出现异频硬切换，由于异频硬切换的成功率一般低于软切换，掉话风险升高，可以采用如下方法解决：通过合理调整切换参数，控制室内外小区硬切换区域；采用伪导频技术，在室内构建一个过渡小区，这样室外小区先软切换到室内小区，然后在两个异频的室内小区之间进行异频切换。通过合理布置天线及控制天线口的功率控制硬切换区的大小，从而提高室内小区之间的硬切换成功率。

9.4.6　导频污染优化

导频污染严重影响了用户通信质量和感受，关系到 CDMA 网络发展。CDMA 网络规划基本上采用软件仿真得到无线信号的覆盖情况，实际无线环境极其复杂，很难在网络规划阶段完全避免导频污染问题，只有通过日常网优手段解决导频污染问题。

1．导频污染定义

当移动台测量到有 4 个以上的导频信号超过激活集加入门限 T_ADD，这些导频与最佳导频的 Ec/Io 值之差小于 3dB，而且这其中没有一个信号能强到足以成为真正的主导频，在这些区域，由于存在强导频无法进入移动台激活集，强导频信号成为干扰源，导致移动台通话过程中产生掉话现象，这就是导频污染概念的由来。

CDMA 网络利用软切换技术减少了切换掉话的概率，提高了用户通信质量，因此 CDMA 扇区边缘区域需要设计一定的重叠覆盖，但重叠覆盖过多就会带来导频污染问题，因此在 CDMA 无线网络优化中，合理控制切换和导频污染区域显得非常重要。应尽可能为用户提供良好的信号覆盖，减少导频污染区域。

2．导频污染分析

解决导频污染可以通过多种手段来解决，解决问题的核心是减少污染导频信号的强度并增强有用导频信号的强度，使不在激活集中的其他导频信号降低，从而达到消除导频污染的目的。导频污染分析首先从查看污染区域的无线环境，参考周边的地形、所有参与导频污染信号扇区和污染区域的距离以及参与污染导频的信号强度信息，从中找到问题的解决方案。

（1）地形分析

是否有阻挡。地形因素是影响信号传播的主要因素之一，由于受到地形因素影响，本来应该覆盖到该区域的信号变弱，而其他较远小区的信号强度与主服务小区的信号强度差别不大，便会产生导频干扰现象。

（2）导频信号强度分析

分析导频污染区域共有多少个导频，有多少个有用导频，每个导频的信号强度是多少，是否全部大于 T_ADD（激活集门限），或部分大于 T_ADD，或全部小于 T_ADD。

（3）周围基站分析

分析周围环境是由哪几个扇区来覆盖，一般选择离污染区距离最近的扇区覆盖主小区且不要超过 3 个，除了这 3 个小区的导频外，其余的导频都属于无用的干扰的导频，需要加以控制，以减小干扰。

（4）导频信号功率分析

通过改变导频功率，可以控制导频信号的覆盖范围。增加某些扇区的导频功率，提高导频信号的强度，加强覆盖，使该区域只有一个或两个强的主导频，并相应提高 T_ADD 的门限，滤除其他无用的信号。减少某些扇区的导频功率，降低其导频信号的强度，并控制这些导频信号的强度在 T_ADD 以下，减少对某地点的干扰，避免导频污染。

（5）基站天线分析

改变天线高度：提高主导频天线高度，提高主导频信号强度；降低非主导频天线高度，控制覆盖范围，避免越区覆盖，减少导频污染的几率。更换天线型号：主导频小区天线换用高增益天线，加强主导频信号强度；非主导频小区天线选用低增益天线，减少导频污染，避免越区覆盖。调整天线的方位角，有针对性地加强主导频小区天线的覆盖，移开非主导频天线方位角主瓣减弱覆盖，或避开高层建筑的阻挡。调整天线的倾角，减少主导频小区天线俯仰角，加强信号覆盖，加大非主导频小区天线的俯仰角，降低信号强度。

3．导频污染优化

解决导频污染主要思路就是突出强的导频信号、使进入激活集的导频减少、减弱部分导频信号，这样可以减少导频信号造成的干扰，解决导频污染问题。要解决导频污染问题，就要找到产生导频污染的根源。以下是结合实际工作总结归纳的主要解决方法。

（1）调整基站天线

调整基站天线是解决导频污染的重要措施，包括调整天线的方位角、俯仰角、基站天线高度以及使用特殊天线类型等。调整基站天线的根本目的就是增强主导频信号的强度，提高主导频信号的 Ec/Io，减小引起污染的导频信号强度。对于污染源的导频信号，应适当增加其天线的俯仰角或方位角，控制其主瓣的覆盖范围，减少对其他小区的导频信号的影响。

（2）调整基站小区发射功率

调整基站小区发射功率的目的是使彼此强度相差不大的导频功率拉开差距，从而产生主导频。改善导频污染情况，一般的做法是把区域内距离较远的导频或较弱导频的信号功率降低，或者把区域内主导频的信号功率适当的加大，提高激活集的导频的 Ec/Io，以改善和解决导频污染。

（3）增加基站或室内分布

如果一个导频污染区域的话务量较高，通过优化调整效果不明显，最有效的解决方法就是增加基站或增加室内分布。

新站的加入要避免出现新的越区覆盖，同时需要重新规划 PN，新站的位置规划需考虑可能产生的导频污染和干扰问题。

（4）参数修改

对于比较严重的大范围的导频污染区域，可以适当增加系统的切换门限 T_ADD，这样可以使得一些导频的 Ec/Io 不能满足进入激活集的条件，从而达到消除导频污染的目的。

在 CDMA 网络优化中，导频污染问题是普遍存在的一个问题，要做到完全消除导频污染是非常困难的，加强网络优化和网络规划工作非常重要，将导频污染控制在一个合理的范围或者将导频污染区域控制在用户活动数量较少区域。

9.4.7　链路不平衡分析

1．链路不平衡原因

前反向链路不平衡问题中，前向覆盖范围大于反向覆盖范围的情况比较常见。通常造成前反向链路不平衡主要有以下几个原因。

① 网络负荷过高：随着网络负荷的上升，在用户平均分布的情况下反向覆盖性能恶化程度比前向更为明显，导致前向覆盖大于反向覆盖，造成前反向链路不平衡。

② 干扰：由于反向链路存在干扰，会导致前反向链路不平衡。

③ 导频信道增益过高，前向导频信号的覆盖范围远超过反向覆盖范围，导致前反向链路不平衡。

前反向链路不平衡可以通过 DT/CQT 测试和 OMC 数据分析来发现问题，在 DT 测试数据中表现为：RxPower 正常，Ec/Io 较强，TxPower 较高，反向 FER 高。在 OMC 观察基站的反向 RSSI 指标值较高，也可以初步判断出该基站可能存在前反向链路不平衡。

2．链路不平衡影响

（1）前向链路覆盖大于反向链路覆盖

如图 9-1 所示，小区 B 前反向链路平衡，小区 A 前反向链路不平衡，且前向链路大于反向链路。一移动台从小区 B 逐渐向小区 A 移动，当移动到图中阴影区域时，移动台接收到来自小区 B 的信号逐渐减弱，来自小区 A 的导频信号逐渐增强，小区 A 的导频强度超过了切换门限，此时小区 A 的前向是允许移动台从小区 B 切换到小区 A 的，但这时由于移动台没有足够功率支持良好的反向链路，因此无法实现切换。这也导致处于阴影区的移动台对小区 B 的反向干扰大大增加，小区 B 的容量下降，严重的还会导致移动台掉话。

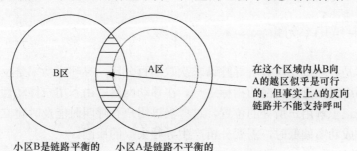

小区B是链路平衡的　　　小区A是链路不平衡的

图 9-1　前向链路覆盖大于反向链路覆盖

（2）前向链路覆盖小于反向链路覆盖

如图 9-2 所示，小区 B 是前反向链路平衡的，小区 A 是前反向链路不平衡的，且前向链路小于反向链路。一移动台从小区 B 逐渐向小区 A 移动，当移动到阴影处边缘时，本来此时移动台是可以接收到小区 A 超过切换门限的导频信号，但由于小区 A 的前向链路覆盖不够，导致小区 A 的导频信号没有到达切换门限，移动台根本不会上报导频测量报告消息，所以此处没有切换的可能，移动台对小区 B 的反向干扰大大增加，使小区 B 的容量下降，严重时也会掉话。同样，处于阴影区的移动台在发起呼叫时因不能获得切换增益也可能因反向不足而导致呼叫建立不成功。

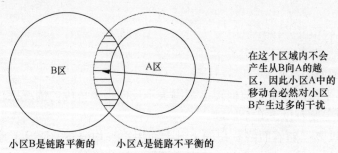

在这个区域内不会
产生从B向A的越
区，因此小区A中的
移动台必然对小区
B产生过多的干扰

小区B是链路平衡的   小区A是链路不平衡的

图 9-2   反向链路覆盖大于前向链路覆盖

3．链路不平衡优化

对于解决前反向链路不平衡问题，一般要检查基站的参数设置是否有误，导频增益设置是否在正常的范围之内，反向搜索窗是否过小。在保证参数设置正常之后，一般有以下几种方法。

① 如果载扇 RSSI 明显偏高，应及时查找干扰并清除干扰源。干扰定位和清除方法详见干扰分析 RSSI 处理章节。

② 对于一些高山站、越区覆盖的基站，要控制其覆盖范围，以免出现手机信号无法被正确解调的现象。

③ 如果基站带有直放站，要考虑直放站和施主基站的距离过远带来的延时，适当提高基站搜索窗值。同时注意合理设置直放站的前反向增益，避免造成前反向链路不平衡的问题。

9.5   接入性能优化

9.5.1   寻呼成功率分析

寻呼成功率是寻呼成功次数占寻呼请求次数的百分比，寻呼成功率是反映用户的被叫接通情况，也是网络优化重点关注的指标之一。在移动网络中由于用户移动性，系统需要通过移动用户主动登记了解用户所处的位置，这样当该用户有呼叫时能及时建立通信链路完成该次呼叫。当寻呼成功率偏低时，需要分析产生寻呼失败的原因。

1．寻呼失败原因

① 位置更新不及时：被叫手机频繁在两个 MSC 的 REG_ZONE 边界处移动，位置更新不及时，造成寻呼失败。

② LAC 和 REG_ZONE 对应关系错误：由于误配，导致 REG_ZONE 对应了多个 LAC，手机在 LAC 区发生变化的情况下，不能及时进行登记，导致寻呼失败。

③ 弱覆盖问题：由于被叫手机处在弱覆盖区域而导致寻呼失败。

④ 寻呼信道过载：在寻呼信道过载的情况下，部分寻呼信道消息被系统抛弃，造成寻呼失败。

2．寻呼失败解决思路

① 位置更新不及时：对于这个问题，应尽量通过合理的位置区规划、合理的基站覆盖，

缩小交界区，同时交界区尽量在用户少的地方，使位置更新不及时的情况尽量减少。也可以通过开启系统间寻呼功能（ISPAGE，Inter-System Paging）来提高边界区的寻呼成功率。

② LAC 和 REG_ZONE 对应关系错误：LAC 和 REG_ZONE 的关系是一个 LAC 可以包含多个 REG_ZONE，但是一个 REG_ZONE 只能对应一个 LAC。

③ 弱覆盖问题：由于被叫手机处于覆盖区域导致寻呼失败，主要解决方法是通过提高弱覆盖区域的信号强度，减少手机进入上述区域而导致的寻呼无响应。

3．寻呼信道过载解决思路

① LAC 区规划过大，导致寻呼量较大，可将该 LAC 区进行分裂成两个 LAC 区。

② LAC 区边界位于高话务区域或人流量较大区域而导致位置更新频繁，可考虑优化 LAC 边界。

③ 检查交换侧的寻呼策略是否合理，是否开启 2 次、3 次寻呼机制，寻呼间隔设置是否合理。

④ 检查当前网络是否打开了 BSC 级别的 ECAM 重发机制，如果有寻呼信道过载的话，建议取消这个功能。

⑤ 检查现网络中是否存在大量的短消息，特别有很多超长短消息，建议在系统侧进行设置，限制寻呼信道上传送的短消息。

9.5.2　呼叫建立成功率分析

呼叫建立成功率分析一般从两个角度入手，一个是基于 KPI 性能指标分析，即从全网扇区筛选呼叫建立成功率指标低的 TopN 小区，从 KPI 呼叫失败的子计数器查找呼叫建立成功率低的原因。

1．计数器（COUNTER）分析

呼叫建立成功率是呼叫建立成功次数和呼叫尝试次数的百分比，该指标反映 CDMA 移动网络无线业务信道分配成功情况，包括主被叫、话音/数据等业务呼叫建立情况（不包括短消息和切换）。下面以电路域为例说明呼叫失败原因分析方法。CS 域呼叫建立失败的原因主要有以下几个，见表 9-1（不同厂商的子计数器略有差异，以下是以 A 设备厂商为例进行具体说明）。

表 9-1　　　　　　　　　　　　　　CS 呼叫建立失败计数器表

测量子集	指标含义
A1 接口失败次数-CS	BSC 因未收到 "Assignment Request" 而造成呼叫建立失败的次数
分配呼叫资源失败次数-CS	BSC 因分配呼叫资源失败而造成呼叫建立失败的次数
捕获反向业务信道前导失败次数-CS	BSC 在发送扩展信道指配消息后，没有接收到反向 "TCH Preamble" 的次数
层 2 握手失败次数-CS	BSS 捕获到 "TCH Preamble" 后给手机发送 "BTS Ack Order"，却没有接收到反向 "MS Ack Order" 的次数
业务连接失败次数-CS	BSC 发送 "Service Connect" 消息之后却没有接收到 "Service Connect Complete" 消息的次数
业务信道信令交互失败次数-CS	BSC 收到反向 "TCH Preamble" 后，在向 MSC 发送 "Assignment Complete" 之前出现的呼叫建立失败次数

当呼叫成功率低时,先分析表 9-1 中呼叫失败次数占比最大的计数器。如各种失败次数都较均衡,可先关注捕获反向业务前导失败及业务信道信令交互失败指标。下面结合网络容量、单板配置、参数配置和告警信息对不同呼叫失败计数器进行分析。

(1)A1 接口失败次数占多数

该指标说明 A1 接口原因导致的呼叫失败次数,可能的原因是 A1 接口传输链路故障或不稳定、传输定时器设置不合理等造成。

可以通过检查 A 接口链路连接是否正常、是否有硬件告警、传输定时器设置的长短来分析问题,还可以通过 A1 接口信令挂表测试分析是否存在异常点。

(2)分配呼叫资源失败次数占多数

分配呼叫资源失败是指 BSC 申请各种呼叫所需资源过程的失败,包括无线资源、地面电路资源、各种硬件资源等,也就是从 BSC 收到 MSC 的指配请求消息一直到 BSC 发送 ECAM 消息期间的失败都认为是分配呼叫资源失败。

分配呼叫资源失败只是呼叫建立资源分配不成功中的一个部分。它与业务信道拥塞率统计中的拥塞总次数不同,业务信道拥塞是包含呼叫资源分配的失败和切换分配资源失败的总计,一般而言,呼叫资源的拥塞绝大部分应该是无线资源拥塞,这种拥塞的原因将在业务信道拥塞率统计中分析。如果统计的分配呼叫资源失败次数很多而业务信道拥塞统计很少,则可以排除无线资源拥塞的原因,考虑地面链路的拥塞或设备内部软硬件等问题。在传输链路容量规划正确的情况下,传输链路的拥塞应该基本可以通过链路故障的告警排查。

(3)捕获反向业务信道前导失败次数、层 2 握手失败次数、业务连接失败次数占多数

以上 3 种失败次数是无线链路失败导致的接入失败,可能是由于移动台此刻处于弱信号覆盖区,导致移动台发送业务信道的空帧不能被基站接收而导致的接入失败。

(4)业务信道信令交互失败占多数

业务信道信令交互失败和捕获反向业务信道前导失败一样归为是无线链路的失败,区别在于业务信道交互时反向已是闭环功控过程,基站如果已解调反向业务信道则进入前向功率控制过程。在现网中,捕获反向业务信道前导失败是呼叫建立不成功的最主要原因。

2.优化分析思路

① 由于资源缺乏导致主被叫建立失败,资源缺乏大致可以分为信道单元不足、前向功率不足、反向功率不足、Walsh 码不足 4 种情况,由于资源不可用导致请求没有响应,主叫在发送业务完成消息前被释放。

② 从 CM 收到寻呼响应消息到真正占用业务信道这段时间内,由于主叫端的断开导致被叫端的被释放。

③ 无线环境恶劣导致的呼叫失败。主叫的起呼消息和被叫的寻呼响应消息中含有系统不能识别的信息或是在业务协商时有不支持的服务选项。

④ 市区基站可能因为基站过密且话务量比较大,导致不同手机在接入信道上存在碰撞。基站的覆盖范围过大、多径比较多、基站捕获搜索窗设置过大,但 PAM_SZ 却设置得相对小,导致在有效的时间内,接入探针被基站成功接收的可能性降低。

⑤ INIT_PWR、NUM_STEP 设置不合理。

3.解决措施建议

① 检查是否存在硬件问题;

② 解决由于资源缺乏导致的呼叫建立失败；

③ 通过做 Call trace，检查是否有部分手机发送消息时系统不接收或不支持，分析发生呼叫失败时手机的 FER；

④ 跟踪 A 接口信令，检查是否是网络原因（中继拥塞或是交换机模块问题）导致的呼叫建立失败；

⑤ 检查 MAX_SLOT_CYCLE_INDEX 是否设置得过大，导致部分手机在做被叫时接续时间过长，导致主叫端的人为拆链；

⑥ 解决覆盖问题，控制基站覆盖范围；

⑦ 对于市区基站，可适当地提高 PROBE_PN_RAN1x EV-DOM，因为在市区，基站相对比较密，不同移动台在同一接入信道上的同一时隙到达基站的时间差可能会小于 1chip，以至于基站不能区分；

⑧ 调整搜索窗和 PAM_SZ，增加基站捕获手机的可能性；

⑨ 增大 INIT_PWR、NUM_STEP 等开环功率控制参数的设置，增加接入成功的可能性，但也会增大反向链路上的干扰，需要做到折中。

9.5.3　呼叫失败流程分析

日常的 DT/CQT 测试会出现呼叫失败的事件，下面从呼叫建立的信令流程分析呼叫失败的原因。呼叫分为起呼和寻呼两种，绝大部分流程相同，区别仅仅在于流程的最初阶段。起呼是移动台主动发出起呼消息（Origination Message），以此作为呼叫的起点，而寻呼是基站先发寻呼请求消息（Paging Message）给移动台，移动台在接收到寻呼请求消息后需要向基站发送响应消息（Page Response Message），以此寻呼请求消息作为寻呼的起点。移动台起呼信令流程参见图 9-3。移动台起呼完成需要经过以下 12 个步骤。

步骤 1：MS 在空中接口的接入信道上向 BSS 发送 Origination Message，并要求 BSS 应答。

步骤 2：BSS 收到 Origination Message 后向 MS 发送 BS Ack Order。

步骤 3：BSS 构造 CM Service Request 消息，封装后发送给 MSC。对于需要电路交换的呼叫，BSS 可以在该消息中推荐所需地面电路，并请求 MSC 分配该电路。

步骤 4：MSC 向 BSS 发送 Assignment Request 消息，请求分配无线资源。如果 MSC 能够指配 BSS 在 CM Service Request 消息中推荐的地面电路，那么 MSC 将在 Assignment Request 消息中指配该地面电路。否则将指配其他地面电路。

步骤 5：BSS 为 MS 分配业务信道后，在寻呼信道上发送 Channel Assignment Message 或 Extended Channel Assignment Message，开始建立无线业务信道。

步骤 6：MS 在指定的反向业务信道上发送 Traffic Channel preamble（TCH Preamble）。

步骤 7：BSS 捕获反向业务信道后，在前向业务信道上发送 BS Ack Order，并要求 MS 应答。

步骤 8：MS 在反向业务信道上发送 MS Ack Order，应答 BSS 的 BS Ack Order。

步骤 9：BSS 向 MS 发送 Service Connect Message 或 Service Option Response Order，以指定用于呼叫的业务配置。

步骤 10：MS 收到 Service Connect Message 或 Service Option Response Order 后，开始根据指定的业务配置处理业务，并以 Service Connect Completion Message 作为响应。

步骤 11：无线业务信道和地面电路均成功连接后，BSS 向 MSC 发送 Assignment Complete Message，并认为该呼叫进入通话状态。

步骤 12：在业务信道帧内提供呼叫进程音的情况下，回铃音将通过话音电路向主叫 MS 发送。

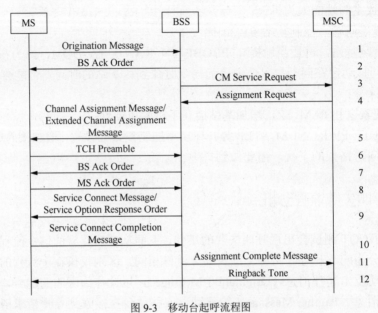

图 9-3　移动台起呼流程图

从移动台起呼信令流程分析中可知，移动台必须在接入信道上发送起呼消息；接下来的一系列过程必须随之发生。如果其中任何一步没能完成，将会导致接入失败，整个过程中有 5 个重要的里程碑。

① M1：当基站收到移动台的起呼消息时，必须给予响应，基站用应答消息（ACK）来实现。在得到基站给予的应答消息之前，移动台会发送多次起呼消息。

② M2：基站必须向移动台发送信道指配消息。BSS 建立前向业务信道，开始发送前向业务信道空帧，并在寻呼信道发送信道指配消息给移动台。

③ M3：成功获得前向业务信道。当移动台收到基站发来的信道指配消息时，移动台就开始尝试获得前向业务信道。

④ M4：当前向业务信道成功解调时，移动台就开始在反向业务信道上发送 R-FCH Preamble。当反向业务信道前缀被基站成功捕获时，基站会在前向业务信道上发送一个证实给移动台。

⑤ M5：基站发送业务连接消息给移动台。

一般呼叫失败发生在前 4 个里程碑，业务协商阶段失败的比例不大，因为前反向业务信道都成功捕获之后可以进行软切换、前反向的功率控制等关键技术来弥补无线网络环境的不足，除非网络环境极差，才会发生失败。另外一种可能的失败是业务协商中参数不正确，最后协商不成功导致的失败。下面分析 4 个里程碑的失败原因及优化方法。

1．M1 阶段分析（移动台发送起呼消息，但没有收到基站的确认消息）

（1）呼叫请求次数达到最大限制，移动台的发射功率较低

需要检查移动台最后几次呼叫请求试探序列的发射功率是否达到最大值。

（2）呼叫请求次数达到最大限制，移动台发射功率已经达到允许的最大值

① 链路不平衡：强干扰阻塞了反向链路，反向链路的覆盖范围会收缩，而前向链路的覆盖并不受影响；导频信道的增益设置得太高，造成前向覆盖范围远超过反向覆盖范围，反向信号不能被正确解调。

② 基站搜索窗口设置不合理：在反向覆盖很好的情况下，因为基站搜索窗设置不合理造成呼叫请求不能被检测到。

③ 接入参数设置不合理：如接入信道前缀太小，造成基站不能正确解调接入帧。

（3）呼叫请求次数没有达到最大限制的情况

① 系统丢失：如果呼叫请求次数没有达到最大限制，有可能在接入过程中发生了因覆盖问题或者导频污染问题造成的系统丢失，即 T40m 计时器超时后返回空闲状态。

② 接入和切换冲突：如果移动台在接入失败后重新初始化到相邻集中的一个新的导频上，就意味着可能发生了接入和切换冲突情况，造成接入和切换冲突问题可能是空闲切换区域太小或基站覆盖范围太小，手机在移动过程中频繁发生空闲切换，造成接入和切换冲突；接入过程太慢造成移动台在高速移动情况下发生接入和切换冲突；寻呼信道增益太小造成公共信道覆盖范围过小，手机不能解调基站下发的接入确认消息。

（4）M1 阶段的优化方法

① 呼叫请求次数达到最大限制。检查移动台最后几次呼叫请求试探序列的发射功率是否达到或接近手机发射功率的最大值，如果并没有达到最大，说明有可能是接入参数设置不合理，需要检查这几个参数是否在正常范围之内。与之有关的接入参数有：INIT_PWR、NOM_PWR、PWR_STEP、NUM_STEP、MAX_REQ_SEQ、MAX_RSP_SEQ。

如果移动台的发射功率接近最大值，但是仍然没有接收到确认消息，可能是如下原因：接入信道冲突：通过调整 ACC_TMO、PROBE_BKOFF、BKOFF、PN Randomization Delay 参数减少接入冲突概率；链路不平衡：优化方法参考无线覆盖优化相关章节；参数设置问题：接入信道搜索窗口太小，造成接入消息不能被基站捕获，需要检查接入信道搜索窗设置是否正常。

② 呼叫请求次数没有达到最大限制。因覆盖差或导频污染造成的系统丢失，优化方法参见覆盖优化相关章节；接入和切换冲突：打开接入切换功能，通过调整基站覆盖的方法来调整切换区域，优化 PWR_STEP、ACC_TMO、Probe backoff、Sequence backoff 接入参数。

2．M2 阶段分析（移动台没有收到基站的指配消息）

移动台只有在 T42m（12s）的时间内等待信道指配消息，如果超过 T42m 没有收到信道指配消息，移动台会返回空闲状态。

（1）移动台没有收基站指配消息可能原因

① 覆盖原因：覆盖问题导致 Ec/Io 恶化，不能正确解调寻呼信道消息。

② 前一次呼叫没有拆链：如果基站没有接收到移动台的链路释放消息或者消息丢失，交换机会在一段时间内认为移动台仍然处在通话状态。在这种情况下，如果用户在结束通话之后很快发起第二次呼叫，那么交换机不会为移动台分配第二条业务信道。

③ 资源不足：当基站的信道单元、Walsh 码、功率和传输等资源不足时，基站将拒绝为移动台指配信道。

（2）M2 阶段优化方法

① 针对因信号质量差导致接收不到信道指配消息的情况，除优化网络覆盖外，还可以调整 CAM 或 ECAM 消息的重发次数，提高信道指配消息成功接收概率。中兴设备最大重发次数可以设为 2～4 次，ECAM 重复发送次数和间隔可在 OMC 进行设置；华为设备重发次数为 10 次，且不能修改。

② 容量不足：此情况需要通过 OMC 进行统计，找出资源拥塞的小区，针对拥塞的原因进行相应的优化。

3．M3 阶段分析（移动台没有捕获前向信道）

从呼叫流程图来看，在 BSC 发送了 ECAM 或 CAM 后出现接入失败有两种情况：手机没有成功获取前向 Null 帧、手机未能收到反向业务信道确认消息。

（1）移动台没有捕获前向信道可能原因

① 弱覆盖或覆盖盲区、前反向链路不平衡、导频污染等原因造成业务信道建立失败。

② 如下功率控制参数设置不合理：在接入过程中前向业务信道发射功率由前向基本信道初始发射功率参数控制，如果此参数设置较低，移动台成功捕获前向 Null 帧的概率低，可造成接入失败。基站在收到 Ms Ack Order 后开始启用前向快速功率控制参数。

（2）M3 阶段优化方法

① 网络覆盖问题：参见 6.4 "无线覆盖优化"相关内容。

② 功控参数设置问题：初始业务信道功率由初始业务信道功率参数控制，适当提高前向初始发射功率，能够提高前向信道解调成功率，进而提高接入成功率，但提高前向初始发射功率会降低系统容量，需要综合考虑网络负荷等情况进行调整。

4．M4 阶段分析（基站不能捕获反向向信道）

反向信道前缀捕获失败最大可能是反向链路衰减比较大。

（1）引起反向捕获失败的可能原因

① 反向覆盖不好或存在反向突发性干扰，如果是直放站覆盖范围内，直放站的反向链路可能会导致这个问题。

② CE 信道板、声码器等硬件故障。

（2）M4 阶段优化方法

提高反向覆盖，消除干扰，重新调整直放站，更换损坏的板件。

9.5.4 呼叫建立时延分析

CDMA 呼叫建立时延关系到客户感受，由于 CDMA 的接入机制可能导致呼叫建立时延过长的现象，因此需要分析 CDMA 呼叫建立时延。下面以本网的手机互拨信令流程为例来分析呼叫建立时延，具体呼叫流程如图 9-4 所示。

从图 9-4 可以看出，呼叫接入时延总体包括 3 部分：主叫接入时延、交换侧时延、被叫接入时延。主叫侧的时延由静默时间（主叫手机按下 SEND 键到首个 Origination Message 探针的间隔）、M01、M02、M03 和 M04 5 个阶段累积而成。被叫侧的时延由 MT1、MT2、MT3、

MT4、MT5、MT6 和 MT7 7 个阶段组成。

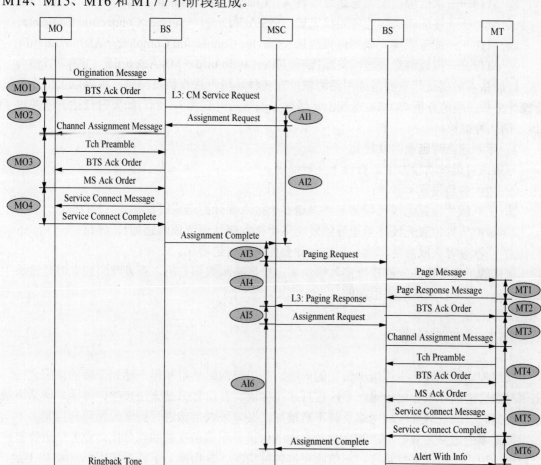

图 9-4　CDMA 呼叫流程示意图

1. 呼叫建立时延分析

交换侧时延与经过的交换区域数量和距离有关，国内长途、国际长途、本地等接入时延有所不同，一般本地电话交换侧时延在 1 000ms 左右。下面主要分析无线侧接入时延的构成及优化方法。无线侧主叫侧接入时延组成如下。

① MO1——从起呼消息到基站确认：Origination Message→BTS Ack Order；

② MO2——从基站确认到信道指配消息：BTS Ack Order→Channel Assignment Message；

③ MO3——从信道指配消息到信道捕获成功消息：Channel Assignment Message→Tch Preamble；

④ MO4——从信道捕获成功消息到指配完成消息：Tch Preamble→Assignment Complete。

无线侧被叫侧接入时延组成如下。

① MT1——寻呼到寻呼响应：Paging Request→Paging Response Message；

② MT2——从寻呼相应消息到基站确认：Paging Response Message→BTS Ack Order；

③ MT3——从基站确认到信道指配消息：BTS Ack Order→Channel Assignment Message；

④ MT4——从信道指配消息到终端确认：Channel Assignment Message→MS Ack Order；

⑤ MT5——终端确认到业务连接完成：MS Ack Order→Service Connection Complete；

⑥ MT6——业务连接完成到振铃消息：Service Connection Complete→Alert With Info；

⑦ MT7——振铃消息到被叫终端接听：Alert With Info→MS Ack order（主叫回铃）。

呼叫接入时延统计主要是采用路测软件在各种环境下进行拨打测试，根据以上信令点进行统计分析。理论分析 CDMA 系统正常情况下的呼叫时延为 6～8s，如果时延达到或超过了 20s，则认为过长。

2. 呼叫建立时延原因及优化

导致该时延波动较大主要有以下几种原因：

① 接入参数设置不合理；

② 主叫所处位置无线环境差导致发送多个接入探针而造成时延加长（MO1）；

③ 被叫所处位置无线环境差导致发送多个接入探针而造成时延加长（MT1）；

④ 一次寻呼失败启动二次、三次寻呼会使呼叫时延增加。

优化的重点是提高一次探针接入成功率，根据路测数据分析，查看呼叫建立时延过长主要原因是否是探针发送过多引起的。

9.5.5　拥塞率分析

网络拥塞是无线网络系统中常见的问题，是引起网络质量和用户感知下降的原因之一。出现拥塞会造成呼入呼出困难、多次拨打才可接通、有信号但是无法起呼、掉话、通话质量较差等问题。随着局部区域网络负荷不断增加，必须采取措施进行拥塞的预防与控制。

拥塞率的定义是业务信道拥塞次数占业务信道分配请求次数的百分比，业务信道拥塞定义：移动用户在用户进行话音、短信收发等各种情况（含切换）下，系统因 Walsh 码不足、功率不足、业务信道不足、编码器不足、BTS 到 BSC 的传输链路不足等各种原因导致不能成功分配业务信道的总次数。

CS 业务信道分配失败的子计数器见表 9-2。

表 9-2　　　　　　　　　　　　　CS 业务信道分配失败的子计数器表

测量子集	指标	指标含义
FCH	信道分配失败次数（Walsh 不足）	因 Walsh 码不足造成分配 FCH 信道失败次数
	信道分配失败次数（前向功率不足）	因前向功率不足造成分配 FCH 信道失败次数
	信道分配失败次数（反向功率不足）	因反向功率不足造成分配 FCH 信道失败次数
	信道分配失败次数（信道不足）	因 CE 不足造成分配 FCH 信道失败次数
	信道分配失败次数（其他）	除以上四种情况之外，造成分配 FCH 信道失败次数
SCH	信道分配失败次数（Walsh 不足）	由于 Walsh 码不足而导致失败次数
	信道分配失败次数（前向功率不足）	由于前向功率不足而导致失败次数
	信道分配失败次数（反向功率不足）	由于反向功率不足而导致失败次数
	信道分配失败次数（信道不足）	由于信道（CE）资源不足而导致失败次数
	信道分配失败次数（其他）	除以上 4 种情况之外，造成分配 SCH 信道失败次数

1．网络拥塞原因分析

CDMA 用户的一次呼叫，需要涉及 BTS 的 Walsh 码、CE、前向功率、公共信道开销等资源；需要涉及传输链路资源、BSC 中信令处理板、声码器等资源。拥塞产生的主要原因是上述资源不足。

（1）BTS 侧资源不足

BTS 侧主要包括物理信道资源不足、逻辑业务信道资源不足、基站前向功率不足、寻呼信道资源不足、接入信道资源不足等因素。

① 物理信道资源不足：物理信道资源主要取决于 CE 的数量。CE 即 Channel Element，用于 CDMA 系统的信道调制解调。CE 的数量决定基站支持的并发用户数（含软切换）。CE 在基站内的小区及载频间共享。当配置的 CE 不足时会引起拥塞。

② 逻辑业务信道资源不足：逻辑业务信道数主要由 Walsh 码资源决定。Walsh 码资源和 CE 资源存在区别，CE 资源是整个基站共用，Walsh 码资源每载扇只有 64 个（RC3），去除导频、同步和寻呼信道则最多为 61 个，当可用 Walsh 码数量不足时会引起拥塞。

③ 基站前向功率不足：基站前向功率是有限的，前向功率的消耗主要由固定的公共信道消耗和基于用户数及无线环境的业务信道消耗组成。用户数增加以及用户渐远等因素对基站前向功率的需求增加，但基站功率是一定的，这就会出现通常所说的功率不够用的情况，拥塞也就在所难免。前向功控参数设置不合理等因素也会引起基站前向功率不足的拥塞。

④ 寻呼信道资源不足：寻呼信道用于用户寻呼、公共消息广播等。当寻呼信道负荷过高（通常认为超过 70%）时，会引起寻呼信道的拥塞。在 MSC 侧可以设置短信使用业务信道传输的触发门限，字节数小于该门限的短信会在寻呼信道下发，当该类短信较多时，会引起寻呼信道的拥塞。

⑤ LAC、REG_ZONE 规划不合理：如 LAC 规划过大，导致寻呼量较大；或 REG_ZONE（一般 LAC 与 REG_ZONE 规划相同）边界位于高话务区域或人流量大的交通要道，REG_ZONE 嵌套等，导致位置更新频繁，同样也会引起寻呼信道的拥塞；寻呼机制配置不合理，也会引起寻呼信道的拥塞。

⑥ 接入信道资源不足：接入信道用于用户接入或登记时的信令交互，过多用户同时接入或登记（一般认为当接入信道负荷超过 50%时），会引起接入信道拥塞。

⑦ 接入参数设置不合理：也会引起接入信道的拥塞。

⑧ 用户登记机制设置不合理：同样会引起接入信道的拥塞。如 TOTAL ZONE 设置过小，当用户处于多个位置区的边界时，会频繁登记，导致接入信道拥塞。

（2）传输侧资源不足

传输链路包括 BTS 与 BSC 之间的 Abis 链路、BSC 与 MSC 之间的 A2 链路及 BSC 之间的 A3 链路。吞吐量过大而传输链路带宽不足时，会引起传输拥塞。

（3）BSC 侧资源不足

BSC 的各处理板 CPU 负荷过高、声码器及 PCF 配置不足、信令链路配置不足等，会引起 BSC 的拥塞。

2．网络拥塞优化措施

（1）码资源不足

当网络相对稳定时，Walsh 码资源不足不会出现在成片区域，一般出现在部分小区。Walsh

码资源不足需要结合 Walsh 码话务量、CE 负荷、软切换比例及前向功率负荷等进行分析，避免解决该类资源不足时引起其他资源拥塞。

优化措施为增加载频或者新站点，同时可以根据实际情况，采用小区分裂方式。对于基站密度较高的区域，可以通过新建独立信源加室内分布系统的方式吸收话务，解决网络拥塞问题。

如果小区的软切换及更软切换区域位于话务密集区，软切换及更软切换会占用大量资源，可通过调整天线方位角等方式调整小区边界或者调整本小区及相邻各小区的切换参数降低软切换比例解决拥塞。

对于基站各载频 Walsh 码负荷差异较大首先要检查有无设备故障，其次可采用载频间负荷动态均衡方法，解决拥塞。

对于基站各载频 Walsh 码负荷差异不大，邻近基站 Walsh 码负荷不高可以通过调整天线的高度、下倾角、发射功率等方式，收缩拥塞小区的覆盖范围，并根据实际情况扩大相邻空闲小区的覆盖范围，减少拥塞小区话务负荷，解决拥塞。

高速数据业务占用 Walsh 码资源过多会限制高速数据业务的接入，同时应考虑话音业务及数据业务之间的平衡。

（2）CE 资源不足

CE 资源不足需要结合 Walsh 码话务量、CE 负荷、软切换比例及前向功率负荷等进行分析，避免因该类资源不足引起其他资源拥塞。

分析增加 CE 资源或者增加站点。对于基站密度较高的区域，可以通过新建独立信源加室内分布系统的方式吸收话务，解决网络拥塞问题。优化时，需要考虑全网 CE 利用率，对现有基站进行调整，将闲基站的过剩 CE 资源调配到忙基站，使 CE 资源得到更为合理的利用。

如果基站小区的软切换区域位于话务密集区，会因软切换占用大量资源，可通过调整天线方位角等方式调整基站的小区边界，或者调整本基站小区及相邻基站小区的切换参数降低软切换比例解决拥塞。

如果本基站 CE 负荷高，邻近基站 CE 负荷不高，可以通过调整天线的高度、下倾角、发射功率等方式，收缩拥塞基站的覆盖范围，并根据实际情况扩大相邻空闲基站的覆盖范围，减少拥塞基站话务负荷，解决拥塞。

（3）前向功率不足

前向功率资源不足需要结合 Walsh 码话务量、CE 负荷、软切换比例及前向功率负荷等进行分析，避免因该类资源不足引起其他资源拥塞。

基站前向功率不足，其他资源（Walsh 码、CE 等）负荷也很高，可以增加载频或者增加站点。对于基站密度较高的区域，可以通过新建独立信源加室内分布系统的方式吸收话务，解决网络拥塞问题。

如果基站各载频话务量差异较大，前向功率负荷差异也较大，可首先检查有无设备故障或者干扰，其次可进行载频间负荷动态均衡，解决拥塞。

基站各载频话务量差异不大，邻近基站前向功率负荷不高时，可以通过调整天线的高度、下倾角、发射功率等方式，收缩拥塞小区的覆盖范围，并根据实际情况扩大相邻空闲基站的覆盖范围，减少小区话务负荷，解决拥塞。

　　如果基站小区的软切换及更软切换区域位于话务密集区，会因软切换及更软切换占用大量资源，可以通过调整天线方位角等方式来调整基站小区边界，解决拥塞。

　　对于功控等功率参数设置不合理引起前向功率不足，可以通过调整前向功率控制参数、优化功率控制以及业务信道允许的最大及最小发射功率等参数，减少不必要的功率消耗，解决拥塞。

　　（4）寻呼信道资源不足

　　LAC 区规划不合理引起寻呼信道拥塞应重新调整 LAC 区的大小及边界等，解决拥塞。寻呼机制不合理引起寻呼信道拥塞可以通过优化寻呼机制。如可通过减少寻呼区域、增加寻呼信道、优化寻呼策略等方式减少寻呼信道负荷，缓解寻呼信道拥塞情况。

　　短信引起寻呼信道拥塞，可以在 MSC 侧降低短信通过业务信道的触发门限，减少短信对寻呼信道的占用。

　　（5）接入信道资源不足

　　REG_ZONE 规划不合理引起接入信道拥塞，可以重新调整 REG_ZONE 的大小及边界等，解决拥塞。

　　对于登记机制设置不合理引起的接入信道拥塞，可优化登记机制。如调整 TOTAL ZONE、ZONE TIMER 等参数，改善多个位置区交界处频繁登记现象；或优化 REG_PRD 等参数，增加 REG_PRD 登记周期时间长度。

　　接入参数设置不合理引起接入信道拥塞，可优化接入信道参数如接入初始功率偏置、功率增量、接入试探数、最大接入消息信息分组长度、接入信道前缀长度等，减少接入碰撞概率，提高接入信道容量及性能。

　　对因用户数量导致的接入信道过载可以通过增加接入信道数量的办法来解决。

　　（6）传输链路资源不足

　　扩容增加相应传输链路资源。

　　（7）BSC 各板件资源不足

　　通过增加 BSC 的帧处理板、声码器及 PCF 板件等资源板件解决 BSC 拥塞。

9.6　保持性能优化

9.6.1　掉话率分析

　　掉话是指呼叫保持过程中的异常释放，包括话音与数据业务。掉话率是反映 CDMA 移动网的无线环境与系统质量情况的重要指标。无线网络有一定比例的掉话是正常的，但对于一些掉话率较高的小区必须进行优化。

　　在 CDMA 系统中，产生掉话的原因是多种多样的，如无线链路差、传输链路故障、设备软硬件故障、干扰、切换、参数设置不当等。

　　1. CDMA 掉话机制

　　（1）移动台侧掉话机制

　　cdma2000 规范协议详细定义了移动台掉话机制，对于基站的掉话机制没有统一规定，各厂有各自的定义。

① 移动台错帧：移动台在前向业务信道上接收到 12 个连续的坏帧时，将关闭移动台的发射机，在此之后，如果移动台又在前向业务信道上收到 2 个连续的好帧，移动台将重新打开发射机，否则将产生一次掉话。

② 移动台衰落定时器：移动台会维持一个前向业务信道衰减定时器，该定时器为 5s。业务信道的移动台控制状态中有业务信道初始化子状态，当移动台处于这个子状态，一旦移动台打开反向发射机，衰落定时器就开始生效，如果在定时器衰减为 0 的时间范围内，移动台一直没有收到连续的两个好帧，将产生一次掉话。简单地说就是通话过程中移动台必须在 5s 内能够收到连续的两个好帧。

③ 移动台证实失败：移动台在发送需要应答的消息后，应该在 0.4s 时间内收到基站的应答消息，如果没有收到，移动台将再次发送消息要求应答，尝试总次数为 13，如果 13 次尝试结束后还是无法收到前向的应答消息，也将产生掉话。

（2）基站侧掉话机制

① 基站侧错帧：基站有可能也有与移动台类似的"坏帧"机制，当接收到一定数目的反向坏帧之后，前向业务信道不再继续发送信号。各个厂商设置略有不同。

② 基站证实失败：基站有可能也有与移动台类似的接收确认消息失败机制。各个设备厂商可能不同。

从上述介绍的掉话机制可以看出，产生掉话不外乎两种情况：前向误帧或者反向误帧造成的消息丢失。如果排除移动台和基站的调制发射和接收解调问题之外，上述两种情况都说明当前移动台处在前/反向链路质量很差的环境而导致误帧率很高，信号无法解调而造成链路释放掉话现象。

2．掉话原因及优化分析

（1）切换失败引起的掉话

掉话的特征是移动台的发射功率达到最大，移动台的接收电平不断增加，导频的 Ec/Io 不断下降，在重新同步到新导频上后又很快增加，TX-GAIN-ADJ 的幅度保持平坦。导频的 Ec/Io 随着移动台的接收电平 Rx 不断增加而下降说明有新的强导频成为干扰源，应当进行切换。当导频强度降低到−15dB 以下时，前向链路的质量严重恶化，当前向链路不能成功解调时移动台将关闭它的发射机。因为移动台不再发射信号，反向闭环功控比特将被忽略，TX-GAIN-ADJ 的幅度保持平坦，一般是正的几分贝。很高的移动台接收电平将使开环功控过程低估所需的移动台发射功率。切换失败掉话又分以下几种。

① 资源不足引起的软切换失败：当进行软切换时，需要向目标基站申请资源。目标基站必须有足够的资源来支持软切换，如果系统的激活用户数很多或由于切换率过高，最终所有的资源都用尽了，会导致没有可用资源导致切换失败。若为切换呼叫预留过多的资源将导致新呼叫阻塞概率的增高，因此接入控制过程可能不会为切换预留足够的资源，从而导致切换失败。可能的原因有：网络负载过大；软切换比例过高。可以通过调整切换参数 T-ADD、T-COM、T-DROP、T-TDROP 和切换准许算法来解决。

② 切换信令引起的软切换失败：软切换是否成功还依赖于信令消息的及时传输和接收。如果用于切换的信令不完整或不及时，也可能导致切换失败。如果基站没有接收到包括强导频的导频强度测量消息（PSMM）或延迟很长时间收到 PSMM，会使切换信令出现问题。主

要原因包括以下几种。

a. 切换参数设置不当引起：移动台向基站报告检测到的强导频，如果移动台检测导频很慢或没有检测到所有的导频，切换就不会及时地进行。若移动台没有发送包括强导频的 PSMM 或发送得很慢，可能的原因是：搜索窗口太小、T-ADD 太高、移动台的导频搜索太慢。可以调整的参数有：SERACH-WIN-A、SERACH-WIN-N、SERACH-WIN-R、T-ADD、PILOT-INC。

b. 反向链路 FER 高：随着服务导频信号强度的不断降低，切换信令必须及时地发送。如果反向链路下降得太快，基站将永远不会接收到 PSMM，因此导致切换失败。

c. 前向链路 FER 高：移动台接收道德切换指示消息（HDM）出错或丢失，导致切换失败。

③ 邻区问题引起的软切换失败：切换成功的一个关键因素是必须保证切换邻区列表的正确设置和维护。由于邻区问题造成切换失败导致掉话的原因有，邻区配置顺序不合理、邻区错配、邻区漏配。

（2）前向干扰掉话

掉话的特征是移动台的接电平不断增加，而导频强度 Ec/Io 却不断降低，TX-GAIN-ADJ 的幅度保持水平。随着移动台的接收电平不断增加而导频强度 Ec/Io 不断降低，表示在前向链路存在强干扰源，造成前向 FER 过高。当导频强度低于 –15dB 时，前向链路的质量严重下降，移动台因 FER 变大不能成功解调前向信道，此时移动台很快启动 T5m 计数器，如果 FER 恶化持续时间大于 T5m 设定的时间，则手机就会重新初始化，导致掉话，连续收到 12 个坏帧后，移动台关闭发射机，衰落计时器启动（当连续收到 2 个好帧后发射机会重新开始发射）。

若 MS 掉话后重新初始化进入新导频，这就是最明显的前向干扰掉话；如果 MS 的 FER 是由外部干扰造成，MS 将长时间地进入搜索模式（大于 10s），这是因为干扰源信号很强但是 MS 解调不出相关信息。产生前向干扰的干扰源有两种：CDMA 的自干扰和外部干扰。

① CDMA 自干扰引起掉话：如果移动台马上在另外一个导频上进行初始化，那么掉话是因为切换失败，这是前向链路干扰造成掉话的最普遍的情况。解决的方法是优化邻集列表，把强导频加入邻集列表，但要保证邻集列表长度不超过限制。

② 外部干扰引起掉话：如果移动台掉话后进入长时间的搜索模式（超过 10s），造成很高的 FER，从而导致掉话。此时干扰源不可能是 CDMA 系统中的可用导频信号。优化方法是检测前向频谱，找出干扰源并消除，保证于 CDMA 系统频谱比较纯净。

（3）覆盖掉话

在覆盖边缘区域，此时前向覆盖 RxPower 与 Ec/Io 都较差，手机与基站无法建立正确的连接，掉话是必然的。需要从覆盖优化着手，实施 RF 优化，尽可能增加此处的覆盖强度，否则只有通过增加微蜂窝或者是直放站来加强覆盖了。

（4）基站故障导致的掉话

基站本身故障也会产生大量的掉话。大的故障如停电或者传输终端导致的掉站肯定会产生大量掉话，某些单板故障也同样不可忽视。

（5）其他问题导致的掉话

① 工程质量：网络性能不仅仅由系统的软、硬件的性能来决定，而且还受到工程质量等因素的影响。在工程进度比较紧张的时候，工程质量有可能得不到严格的保证。天馈系统

安装是否合格、天馈是否接反、接头是否合乎要求、驻波比是否正常等工程质量问题都会造成掉话。

② 终端问题：在处理掉话问题时排查网络故障固然重要，但也要注重终端性能的分析。从优化经验来看，终端问题也是引起掉话的一个原因。问题终端主要表现为接收信号能力偏弱、容易脱网、终端缺陷等。

9.6.2 切换分析

切换性能是移动通信网络重要性能，切换失败也是造成高掉话率的主要原因，CDMA 系统特点是软切换，软切换可以减少掉话及提升用户主观感受，但由于 CDMA 系统标准规范存在缺陷，不同厂家设备交换机之间的切换信令不统一，造成不同厂商之间的硬切换成功率较低。切换性能优化涉及切换参数、邻区列表、软切换比例、软切换成功率、硬切换成功率几个方面的优化。

1. 切换参数优化

参数 T_ADD、T_DROP、T_COMP、T_TDROP 是 CDMA 系统进行软切换增加、删除分支的重要参数，如果设置不合理，会导致系统掉话率升高，也会影响系统容量。

T_ADD、T_COMP 如果设置过高，会导致强导频信号不能进入激活集而成为干扰，导致前向链路误码率增大，容易引起掉话问题；如果设置过低，软切换分支频繁增加，会导致频繁切换，系统负荷增高，影响系统容量，也会引起掉话。

T_DROP 如果设置过低，手机不容易快速删除强度弱的软切换分支，信号强的分支不容易加入，造成干扰，导致掉话；如果设置过高，软切换分支频繁增加，会导致频繁切换，系统负荷增高，容易掉话。

而且 T_ADD、T_DROP 不能设成相同的值，需保持合理的差值，才可避免过多的乒乓切换。

T_TDROP 过高会导致候选集中较强的导频加入激活集较慢，形成强干扰，甚至掉话；过低会导致手机频繁增删分支，系统信令负荷加大，影响系统容量。

2. 邻区列表优化

无论终端是处于待机还是业务状态，都会维护一个邻区列表。移动台会按照循环的顺序搜索邻区列表中每个导频当前的强度，如果是超过 T_ADD 门限的，则加入候选集之中，并且发出 PSMM 给基站，启动一次切换。根据规则不在服务小区邻区列表之内的导频信号不能参与切换。因此邻区关系规划是否合理，会影响到网络的性能和质量。

（1）漏配邻区的影响

① 造成掉话，小区 A 信号较强，小区 B 邻区列表中无小区 A，小区 A 导频无法加入移动台激活集而成为导频污染的干扰信号，二是小区 A 信号较弱，小区 A 邻区列表中没有小区 B，当移动台以 A 作为服务小区并逐步进入小区 B 时，不能切换到小区 B，小区 A 信号逐渐变弱，直致最终掉话，形成所谓的孤岛效应。

② 影响呼叫成功建立，如果手机当前服务小区为 B，小区 B 信号较差，小区 A 信号较强，手机需要向小区 A 空闲切换。若小区 B 邻区列表中无小区 A，则手机无法空闲切换，若此时发起呼叫，将很可能呼叫建立不成功。

③ 切换不成功，手机通过邻区列表更新相邻集导频，如果某导频在手机相邻集中超过 NGHBR_MAX_AGE，即相邻集导频最大生存期限，则该导频将从相邻集中去除到剩余集。虽然候选集中的导频也可以加入到激活集中，但是，一方面手机通过 PILOT_INC 逐个搜索剩余集中的导频速度很慢，一方面导频报上去之后，如果系统中该 PN 有复用，系统不能确定该 PN 对应的到底是哪一个基站的信号，会造成切换不能完成。

④ 话务量高的扇区漏配邻区，导致本可以切换到其他小区的移动台一直不能切出去，造成本小区的拥塞。

（2）邻区优先级设置

邻区关系很重要，邻区优先级设置也很重要，基站的邻区列表数量是有限的。手机接收和搜索的邻区的时间关系到切换性能。对 IS-95 的手机更新邻区列表一次仅支持下发 20 个邻区，cdma2000 手机为 40 个。以 IS-95 手机为例，在空闲状态时，手机只与一个导频保持联系，可以接收该导频的 20 个邻区消息。但在通话状态时，如果手机与 3 个 PN 保持联系，接收邻区也只能接收 20 个，BSC 会将 3 个 PN 的邻区合在一起下发，按优先级排序，优先级在后的邻区就会被砍掉，不能发到手机上。另一方面，手机接收到新的邻区消息，手机邻区列表需要更新，手机首先搜索优先级高的 PN。如果将重要的邻区优先排在后，就会造成邻区搜索不及时而造成切换掉话问题。因此，要将切换可能性高的小区的优先级要排在前。

在 CDMA 网络优化中，邻区关系优化是一项非常重要的工作。目前系统不支持对邻区优先级自动排序，邻区优先需要人工维护，这需要投入大量的时间精力去进行路测，分析数据，得到最合理的邻区关系。

（3）邻区列表的优化

新站入网时初始邻区规划设置可能不太合理，另外无线网络拓扑结构持续变化需要不断优化邻区列表。下面列出了一些调整的基本原则。

① 原则上要求各扇区的邻区不超过 20 个（IS-95）、40 个（cdma2000 1x）。

② 同一基站的另两个扇区应互配为邻区，同时都互相配在载频邻区列表的最前面（即优先级最高）。

③ 原则上，同一个载扇下的邻区不能同时包含另一个基站下超过两个以上的扇区，即使同这 3 个扇区的切换次数都比其他基站多。

④ 邻区增加，应根据网络切换数据、周边站点的分布情况，发现邻区缺失和单边邻区的情况，增加相应的邻区关系。

⑤ 邻区删减，应根据网络切换数据、周边站点的分布情况，发现一些超远的邻区，或者在邻区表中，但很长时间都没有切换请求的邻区，对这些邻区关系要进行删除。

⑥ 邻区优先级排序，根据网络切换数据，根据一定时间切换请求次数，对整个小区邻区列表进行优先级排序，以提高切换成功率。

（4）邻区列表参数核查

① 邻区的同、邻 PN 干扰检查：根据邻区列表、周边站点的分布情况以及 PN 规划情况，对邻区中同、邻 PN 干扰检查，核实是否满足 PN 规划要求。

② 邻区的 ONEWAY/TWOWAY 分析：所谓的邻区的 ONEWAY，是指邻区中 PN 相同或邻区的邻区 PN 和原小区的 PN 相同；TWOWAY 是指邻区的邻区中 PN 相同或邻区中 PN 和邻区的邻区中 PN 相同。一般来说，ONEWAY 这种情况要严格禁止，因为它很容易造成掉话。

邻区中的 TWOWAY 不可能完全避免。在控制好小区的覆盖范围的情况下，问题不是很严重。所以通过邻区优化后争取将其控制在 10%以内。

③ 邻区冗余核查：一般这种情况主要发生在一些老站上，由于网络的扩容和新站的建设，在一些老站周围增加了很多站，但邻区的更新工作没有及时跟上，没有及时将一些距离远的邻区从邻区配置表中删除，而导致网络中邻区 TWOWAY 问题的产生。

④ PN 复用距离核查：邻区 TWOWAY 问题产生的另一个主要原因是网络 PN 规划中 PN 复用距离过小。为了保证邻区的完整性，防止切换失败，周边的小区必须增加，但由于 PN 复用距离过小，不可避免会产生邻区 TWOWAY。

⑤ 邻区的错误检查，根据邻区列表和现网的基础数据检查邻区列表中的错误内容，主要是网元编号和 PN 码、切换类型等。

邻区调整的原则是尽可能让切换完成得顺利，将切换失败率降低到最低，这就需要经常进行分析、维护。

3. 软切换成功率分析

软切换为 CDMA 的关键技术之一，采用软切换能够有效地减少掉话问题，并且获得 3dB 的软切换增益。软切换可以分为切换入和切换出，也可以分为软切换和更软切换。软切换机制在前面的介绍中已经提到，这里不再赘述。本节主要分析切换失败的原因和解决措施。常见切换失败优化分析如下。

(1) 邻区搜索窗口设置过小

移动台搜索邻区导频是按照事先设置的搜索窗口宽度进行搜索的。移动台搜索窗过小会引起掉话问题，举例说明如下。

移动台激活集内的导频为 PN-A，码片延迟为 20chip，A 小区的邻区搜索窗口宽度设置为 9，也就是 80chip，另外有一个远处的高站，导频为 PN-B，于是移动台就在以 B+20chip 为中心，左右各宽 40chip 为单位的窗口内搜索导频 B，所以实际的搜索范围是从 B−20chip 到 B+60chip，但是如果 B 的信号时延比较大（如果 B 小区是 20km 外，直线时延就是 80chip，实际上肯定存在折射和绕射使得 B 的时延会更大），这样到达移动台处可能是 B+100chip，超出了搜索范围，移动台肯定是无法搜索到的，这样导频 B 就成了一个比较强的干扰，对话音质量产生严重影响，甚至掉话。

对于上面这种情况，应该将 A 小区的邻区搜索窗口从 9 调整到 13，这样搜索窗口范围是从 B−93chip 到 B+133chip，对于搜索到导频 B 应该是没有问题的。

(2) 时钟混乱

如果一个小区的 GPS 时钟已经失锁，那么切换将出现严重的问题。在该小区起呼的移动台将检测不到别的小区的导频（除了更软切换的小区），而它周围的小区也无法检测到它的信号，互相形成严重的干扰。对于 GPS 时钟故障的小区，一定要立即处理，否则会出现严重问题。时钟混乱也可能由于遮挡无法锁定 GPS 卫星，GPS 信号被干扰，GPS 板件故障（如 GPSTM、TCM 等），GPS 蘑菇头丢失等。

(3) 邻区漏配

在配置邻区时候遗漏重要邻区，当移动台处于小区和漏配邻区的交界处，却不能搜索到周围的漏配的强导频小区，造成话音质量差和掉话问题。严格来说，这种情况不能看作是切换失败，而是抑制了本该发生的切换，因为移动台搜索不到漏配的强导频，也就不会主动发出 PSMM 要求软切换。

（4）邻区错配

邻区配置是一个比较枯燥的工作，且工作量比较大，在实际配置过程中，由于操作人员的失误，可能会导致邻区配置错误，配置为同导频复用的另外一个小区，这样也会造成邻区软切换不能正常进行而导致掉话。

（5）邻区优先级配置不合理

对于一个小区，最多可以配置 20 个邻区，如果这 20 个邻区不区分优先级的话，在待机状态下搜索时间对移动台影响不大，移动台循环搜索这 20 个邻区的导频，因此排列先后对搜索没有什么影响，就像一个圆环，一旦已经循环起来，就谈不上先后顺序了；同理，在进入业务状态下，如果激活集中一直就只有一个导频，那么也不存在这种问题。但是，如果移动台进入软切换状态，例如激活集中原本只有 A，现在增加 B 导频进来，移动台的邻区配置将会改变，A 的邻区和 B 的邻区按照一定规则进行合并，并且还是保持 20 个邻区的规模，这意味着必然有部分导频将从邻区中挤出，如果邻区配置不合理，将切换次数最多的导频配置在邻区的最后面，那么在软切换状态下，该邻区很容易被挤出合并后的邻区列表，从而导致一次切换失败。

（6）PN_INC 设置错误

PN_INC 是用来标记一个业务区内所使用的导频间隔尺度。如果设置为 3，那么可用的导频就是 3、6、9、12、…、510，如果设置为 4，那么可用的导频就是 4、8、12、16、…、508，依此类推。另外，PN_INC 还被用来判决导频号，移动台其实是上报其所测量到的导频相位，基站依据该相位进行计算（其中使用到 PN_INC），确定导频号。

（7）前向快衰落导致的切换失败

在实际优化工作中，有时候会遇到这样的情况：候选集中导频强度比较高，却迟迟不能切换加入激活集中。排除配置参数错误上的可能后，另外一种可能是移动台遇到了快衰落，也就是说，导频的强度由于各种原因（比如街道拐角处）忽然从正常水准衰落到很低，这个时候移动台上报 PSMM 消息，即使小区能够收到并且下发切换指示消息，移动台也无法收到了，切换始终无法成功。对于这种问题，需要从 RF 优化方面着手。

（8）基站故障

很多硬件故障会导致切换失败，可以从告警管理中查找并及时解决。

4．软切换因子分析

软切换因子公式=（CE 话务量−业务信道话务量（不含切换））/业务信道话务量（不含切换）×100%，业界认为软切换因子统计值为 30%～40%较合理。

软切换能利用多个扇区支持一个呼叫产生分集增益，改善小区边界区域链路质量，通过软切换的功率控制还能减少移动台对其邻近小区产生的干扰。因此，适当的软切换可以提高呼叫质量。但若软切换因子过高，一方面会增加系统信令负荷，占用较多的系统信道资源，影响系统容量。造成软切换因子过高的几个主要因素：软切换区域过大、无主导频覆盖、切换门限设置不合理。

软切换带即在邻小区的交界处规划的重叠覆盖带状区域，过大导致软切换频繁。路测数据能够掌握软切换区域情况。一般主要通过调整天线的高度、下倾角及方位角来控制软切换带的大小，采用调整功率方法来控制软切换带时需要特别小心，注意防止切换重叠覆盖区域过小造成掉话率上升。

5．硬切换成功率分析

系统硬切换包括 BSC 内硬切换和 BSC 间硬切换，含同频、异频间的硬切换。由于同一个 BSC 内有不同的信令点之分，不同信令点间的硬切换，用 BSC 间硬切换流程实现，所以话务统计中区分为 BSC 信令点内和信令点间的概念。对于 BSC 间的切换，分别统计了切入和切出。

（1）硬切换失败信令统计点

① 返回旧信道：指切入目标侧不成功后返回旧信道。BSS 发送"Handoff Direction Message"消息，收到来自移动台的"Candidate Frequency Search Report Message"消息时统计返回旧信道。对于 BSC 间硬切换，如果目标 BSC 捕获 MS 失败（等待 Preamble 超时）导致硬切换失败，目标侧通过 MSC 给源 BSC 侧回 Handoff fail 消息；源 BSC 通过发送试探帧检测 MS 是否还在源 BSC，如果在，则统计。

② 目标侧导频捕获手机失败：如果目标侧捕获 MS 失败（等待 Preamble 超时）导致硬切换失败，如果此时 MS 没有停留在源侧，则统计。对于 BSC 间硬切换，如果目标 BSC 捕获 MS 失败（等待 Preamble 超时）导致硬切换失败，目标 BSC 通过 MSC 给源侧回 Handoff fail 消息；源 BSC 通过发送刺探帧检测 MS 是否还在源 BSC，如果 MS 不在，则统计。

③ 切换执行失败：目标 BSC 收到"Handoff Request"消息后，给 MSC 发送"Handoff RequestAck"，然后目标侧再因为切换失败给 MSC 发送"Handoff Failure"消息时统计。此指标一般是由于目标侧等待 MS 的"handoff completion"超时或等待 PCF 的"A9-AL Connected Ack"超时。

④ 切换执行过程被 MSC 中断：BSC 间硬切换目标侧回应"Handoff Request Ack"后，在未给 MSC 发送"Handoff Complete"或"Handoff Failure"消息前收到 MSC 的"Clear Command"时统计。此指标一般是由于 MS 切换失败又返回源侧，或源侧等待 MSC 的"clear command"超时引起。

⑤ 其他：指除上述原因值外的其他原因，如传输断链、BSC 的处理器负荷过高等。

（2）硬切换失败原因

① 邻区关系不合理：对于邻区关系，在最初规划硬切换相邻关系时规划得较多，这样很多的边界小区一方面可能造成乒乓切换，另一方面由于过多不必要的边界小区，手机需要频繁监测异频信号，加重了手机的负担。通过路测，可以掌握实际与真正相邻的基站情况。将不必要和不重要的邻区关系去除，可以减少切换发生地带，减少乒乓切换，降低切换失败次数。

② 存在 CDMA 信号覆盖差区域。

③ 切换参数设置不合理：在同频硬切换中，由于双方信号相互干扰，切换边界上信号波动非常大，衰落也很快。如果设置的硬切换相对门限较低，这样切换就很容易触发，导致乒乓切换，而当硬切换发生时，信号又发生了改变，目标导频的强度可能又衰落了，导致切换不成功。这时可以将硬切换触发相对门限提高，以减少硬切换尝试次数，提高成功率。但要注意，该门限也不能设置得过高，否则切换触发得太迟，服务小区前向链路可能已衰落得太快，当触发切换时，手机可能已经不能收到源侧的切换指示 HDM 消息。

④ 搜索窗设置不合理。

⑤ 接入参数设置不合理。

⑥ 功率设置不合理。

若硬切换源小区及目标小区覆盖不一致，如目标小区导频功率大于源小区导频功率，会造成切换带偏向源小区一方，而这时如手机距目标小区距离较远，触发切换时，会造成手机捕获目标小区困难。可调整双方的功率，避免这种情况。

如果硬切换失败现象为手机向源侧回了候选频率搜索报告消息，失败返回原信道。这说明手机的失败原因是"捕获目标侧信道"失败。捕获失败有两种解决办法：一是提高目标小区的初始业务信道发射功率；二是加大手机的搜索窗口。

6．不同厂商硬切换机制介绍

因为厂商硬切换方式有差异，主要介绍一下华为、中兴、朗讯 3 个厂家的硬切换方式。

（1）华为硬切换介绍

① 常规同频硬切换

在 BSC 内部的两个同频小区之间，一般都可以进行软切换。但是，在两个不同的 BSC 之间如果没有 A3/A7 接口而不能进行软切换时，这时可配置为进行同频硬切换，以硬切换的方式切换到目标 BSC 的导频。当一次软切换的目标激活集全为外部 BSC 的导频时，通过进行同频硬切换将呼叫迁移至外 BSC。同频硬切换通过 PSMM/PPSMM 触发，因此对于各种协议版本手机皆适用。

触发条件：设软切换目标激活集的强度为 ShoTargEcIo；设同频硬切换目标激活集的强度为 HhoTargEcIo；当 BSC 收到 PSMM/PPSMM 时，分别计算以上两强度；它们满足下面任意一项条件，即触发同频硬切换：（ShoTargEcIo≤TADDHHOSF）且（HhoTargEcIo≥THHOSFABSTHRS）或者（HhoTargEcIo–ShoTargEcIo）≥THHOSFRELTHRS。

② HTC 硬切换

为了解决同频干扰导致的硬切换成功率低的问题，华为公司开发了 HTC 硬切换方案，该方案适用于运营商有多余频点的情况，该功能从 V3R1C02 版本开始支持。

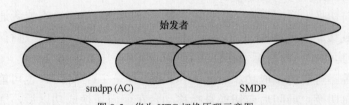

图 9-5　华为 HTC 切换原理示意图

如图 9-5 所示，利用华为基站的多载频特性，在边界区域增加一个 HTC 载频 F2。因为该载频没有同频干扰，因此 F2 可以在边界区域覆盖一个足够宽的过渡带。用不易乒乓切换的硬切换方式替代同频硬切换，从而保证切换成功率，规避同频硬切换存在的同频干扰和易掉话的问题。

对于空闲态，HTC 载频不配置寻呼信道，同步信道消息中填写基本载频的频点。接入不进行基本载波向 HTC 载频的硬指配。

异厂商配置华为的载频（基本载频或者 HTC 载频）为其硬切换目标，当其触发向华为的硬切换时，华为系统会在 HTC 载频上分配资源，实现对 HTC 载频增加 HTC 标志的功能，即使从异厂商发起切换要求增加基本载频，只要该扇区配置了 HTC 载频且其正常开工、满足准入条件即可。为了防止 HTC 载频上负荷过高导致覆盖受影响，增强了 Handdown 硬切换算法以便于用户在靠近基站处切换回基本载波，在 HTC 载频的覆盖边缘可以选择即有切换算法切换到基本载频上。

当用户从华为往异厂商移动时，可以通过 Handdown 算法硬切换到 HTC 载频上，如果用户继续移动，可以考虑通过即有切换算法切换到异厂商。为进一步提高性能，建议避免 HTC 载波与基本载波使用邻频。

触发条件：从基本载频 Handdown 到 HTC 载频和从 HTC 载频硬切换到异厂商的配置参见具体硬切换算法部分的相关描述，该处只描述从 HTC 载频在近处 Handdown 到基本载频的配置。

设软切换目标激活集（源载频）的导频强度为 ShoTargEcIo；设当前激活集最大的前向 RTD 为 AsMaxRtd；当 BSC 收到 PSMM/PPSMM 时，根据下面的判断条件进行硬切换：（ShoTargEcIo > NEARABSTHRS）&&（AsMaxRtd < MINRTD）。

（2）中兴硬切换介绍

中兴同频硬切换示意图如图 9-6 所示。

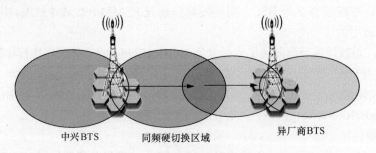

中兴BTS　　　同频硬切换区域　　　异厂商BTS

图 9-6　中兴同频硬切换示意图

中兴的同频硬切换有以下 3 种方式。

① 局间前向切换：前向切换是指移动台在振铃态、等待振铃态或者通话态，从中兴服务 MSC 覆盖区域移动到目标 MSC（邻近 MSC）的覆盖区域，基站在进行信号收集、处理、判断后，决定向其他异厂商目标 MSC 发起前向切换。中兴服务 MSC 收到目标 MSC 的 MSONCH 消息后，前向切换成功。服务 MSC 可能也是主控 MSC，也可能是中间 MSC。

② 局间后向切换：局间后向切换是指移动台在前向切换成功以后，继续通话，在这个过程中，移动台又从服务 MSC 的覆盖范围返回到先前发起前向切换的 MSC 的覆盖范围，由于是企图沿路返回，所以向目标的 MSC 发起后向切换，后向切换成功后，目标 MSC 主动发起释放请求，释放掉原来与服务 MSC 的话路连接，新的目标 MSC 变成了服务 MSC。

③ 局间第三方切换：局间第三方切换是一种带路由优化的切换，它是指当移动台已经完成了前向切换，处于正常的通话过程，同时移动台又移动到一个新的目标 MSC 的覆盖范围，需要发起新的切换。这时为了实现路由的优化，向先前发起前向切换的 MSC（一般为主控 MSC，也有可能为中间 MSC）发起第三方切换。此时，如果主控 MSC 能按照后向切换处理，否则试图发起前向切换，成功的话释放掉与服务 MSC 之间的话路中继，不成功的话，

返回失败消息，继续保持在原信道上。

（3）朗讯的硬切换

① 导频辅助 IS-41 F1/F1 切换（目前朗讯系统采用的硬切换机制）

如图 9-7 所示。

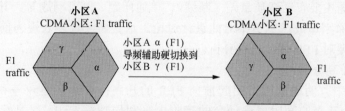

图 9-7　朗讯导频辅助同频硬切换方式图

基本条件：主服务小区 A α Sector（Primary Sector）：候选小区（小区 B γ）要指标定义在 fci 表中；小区 B γ 扇区的导频信号强度（Ec/Io）大于或等于 T_ADD。

切换触发：候选集的小区 B γ 扇区的导频信号（Ec/Io）强度高于激活集中最强导频信号（Ec/Io）强度 T_COMP。

② 直接 IS-41 F1/F1 切换

如图 9-8 所示。

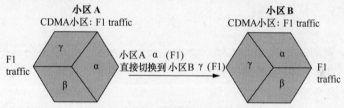

图 9-8　朗讯直接同频硬切换方式图

切换触发：使用 Tr_CHo（CDMA-to-CDMA Handoff Threshold）：激活集的导频都是来自 border sectors；通话处于单一或两方软切换/更软切换状态；激活集中最强的导频信号强度（Ec/Io）低于 Tr_Cho。

③ 使用 IFHOTI

有效导频集内一个或多个边界扇区中的最强导频信号减去属于多个或一个非边界扇区的最强导频信号，其差值大于一定的门限值（BPIP_COMP）。

Ec/Io 衰耗矩阵的估算结果大于边界扇区导频信号衰减的门限值。

备注：BPIP_COMP 算法，BPIP_COMP=Ec/Io max（border sector）−Ec/Io max（none border sector），Ec/Io 衰耗矩阵的估算：

$$\textbf{Ec/Io Loss Metric} = \textbf{Transmitting Ec/Io}_{max}(\textbf{dB}) - \textbf{Ec/Io}_{agg}(\textbf{dB})$$

$$The\,Transmitting\,Ec/Io = \frac{(Pilot\,Power/Maximum\,Power)serving\,frequeny}{(Forward\,Link\,Loading\,Factor)serving\,frequency}$$

④ 基于距离的切换机制

这种切换方式主要是根据手机中导频集的距离和门限距离的比较来决定是否启动硬切

换。由于这种方式不常使用因此不做介绍。

9.6.3　话音质量分析

话音质量问题主要有话音质量差（断续）、单通问题、回音问题等，其中单通和回音问题一般是交换侧原因造成，本节不对此进行讨论。话音断续较多表现为前反向业务信道的FER差，下面主要对FER优化进行分析。

1．前向FER高分析

在前向链路中有两种原因会引起前向FER的升高：业务信道较差和导频信道较差，如果在前向FER升高的同时，移动台的接收电平和导频的Ec/Io都很好，那么话音质量的变差主要是由于前向业务信道变差所致。在这种情况下，一般是由于功控问题或干扰问题导致。

（1）前向功率控制太慢

当导频很强时，指配给前向业务信道的功率不足，而前向功率控制却不能快速地响应，可通过调整功控参数改善前向业务信道质量。

（2）业务信道最大增益太小

业务信道最大增益值是一个可以设定的参数，如果这个参数过小，系统就可能不能分配足够的功率资源给业务信道。

（3）干扰

不合理的PN规划会导致一个区域内多个基站到达移动台的信号落在同一个搜索窗内，导致来自不同基站的多径信号形成干扰。

2．反向FER高分析

如果反向链路上干扰的强度上升到一定程度，服务小区反向信道的信噪比就会下降，反向FER升高。如果前向覆盖好而反向业务信道的FER升高，则可能是由于系统参数导致MS不能以足够的功率发射信号给基站。具体来说，有以下3种原因。

（1）反向功率参数设置不当

反向功控参数设置不当，造成移动台不能及时克服快衰落影响，造成FER升高。

（2）前反向平衡不平衡

高Ec/Io表示前向链路覆盖良好，如果反向链路非常差，那说明前反向链路出现了不平衡现象。

（3）基站搜索窗的问题

基站搜索窗设置过小就可能导致基站不能搜索到有用的多径信号。

9.7　负荷性能优化

话务量指标是指网络承载话务、数据负荷的情况，是运营商密切关注的重要指标，它关系到整个CDMA网络系统运行安全并且是网络下一步建设的依据。因此需要关注的负荷类指标有：高话务负荷、高寻呼负荷、高接入负荷以及多载频话务均衡分析。

9.7.1　高话务负荷分析

针对业务信道的无线资源利用率过高的情况，可以从网管上提取业务信道资源拥塞率和业务信道负载率，分析过载产生的原因。射频功率不足、Walsh 码拥塞、信道板资源拥塞、载频话务不均衡都会造成业务信道资源过载。

对于业务信道，产生过载的原因有大话务量、设备故障、话务不均衡、参数设置不当等。解决业务信道过载最根本的方法是针对过载的类型进行优化。

1．射频功率过载

通过检查小区的设计功率、功率过载门限等参数设置是否合理来确定解决方案。

① 参数设置不符合话务需求时，根据第 8 章参数优化进行核查与优化调整；

② 分析是否是软切换话务量过大，占用了大量的资源，可以考虑通过覆盖控制、动态软切换来控制软切换的次数，达到节省资源的目的；

③ 分析基站扇区的话务量，话务量过高可以通过增加载频或话务分流来解决问题。

2．针对 Walsh 码拥塞问题

通过检查软切换话务量比例和小区承载话务能力的数据来确定解决方案。

① 分析是否是软切换话务量过大，占用了大量的资源，可以考虑通过覆盖控制、动态软切换来控制软切换的次数，达到节省资源的目的；

② Walsh 码话务量高可通过增加载频或话务分流的方式来解决问题；

③ 打开动态 RC3 到 RC4 功能，具体见 9.8 "数据业务性能优化"章节。

3．信道板拥塞问题

查看告警，确定信道板工作是否正常，同时通过检查软切换话务量和小区承载话务能力的数据来确定解决方案。

① 确定信道板工作处于正常工作状态，如硬件有故障，更换相应设备；

② 分析是否是软切换话务量过大，占用了大量的资源，可以考虑通过覆盖控制、动态软切换来控制软切换的次数，达到节省资源的目的；

③ 增加信道板来解决信道板拥塞问题。

9.7.2　高寻呼负荷分析

寻呼信道用于用户寻呼、公共消息广播等。当寻呼信道负荷过高时，会引起寻呼信道的拥塞。由于寻呼信道过载，系统启动寻呼过载机制，造成寻呼信令丢失，影响呼叫建立性能。根据不同厂家设备能力，获取基站最大寻呼量和寻呼负荷，不同厂家的负荷门限值不同，建议将 70%作为寻呼信道过载门限。

1．寻呼负荷过载原因分析

下面几种情况会引起寻呼信道过载：

① LAC 规划不合理；

② 交换侧寻呼机制配置不合理；

③ CAM 消息重发次数设置不合理；

④ 大量突发话音或者短消息业务;

⑤ 载频话务不均衡。

2. 寻呼负荷过载优化

针对寻呼信道过载,可以通过以下手段进行优化。

① 检查当前网络的 LAC 区设置是否合理。LAC 区规划过大,导致寻呼量较大,可考虑对比较大的 LAC 区进行拆分。LAC 区边界位于高话务区域或人流量较大的交通要道,导致位置更新频繁,同样会引起寻呼信道的过载,可考虑对 LAC 边界进行优化。

② 检查交换侧的寻呼机制是否合理。

③ 现在网络中存在大量的短消息,特别有很多的超长短消息。建议在交换侧进行设置,超过规定字节的短信通过业务信道发送。在突发业务发生期间,采用话务分流或限制话务的方式来减弱其对整体系统性能的影响。

9.7.3 高接入负荷分析

1. 接入负荷过载原因分析

接入信道用于用户接入或登记时的信令交互,过多用户同时接入或登记,会引起接入信道拥塞。通过接入信道利用率统计,判定接入信道过载,建议 60% 为过载判断门限。影响接入信道利用率一般有以下几种情况:

① 定时登记周期设置不合理;

② 接入参数设置不合理;

③ 登记区 REG_ZONE 设置不合理;

④ 大量突发话音或者短消息业务;

⑤ 载频话务不均衡。

2. 接入负荷过载优化思路

针对接入信道过载可以通过以下手段进行优化。

① 检查登记周期参数是否合理,避免由于登记周期过小引起的频繁登记。

② 可以关闭基于参数变化登记的方式,减轻接入信道的压力。

③ 检查接入信道参数,如 Max_Cap_sz、Pam_sz 设置过大,也可能导致接入信道过载,根据实际情况确认是否需要调整,一般超远覆盖基站和郊区或山区的基站才会使用较大的 Max_Cap_sz、Pam_sz。

④ 合理规划 REG_ZONE 的设置,避免设置过多的 REG_ZONE,造成频繁登记;避免将 REG_ZONE 的边界设置在话务量高、人流密集的地方,以防止频繁的登记。

9.7.4 多载频话务均衡分析

不同厂家多载频话务均衡的算法有差异,下面以朗讯设备为例加以介绍。多载频话务分担优化参数见表 9-3。

针对接入信道过载可以分析以下参数:

① 检查登记周期参数是否合理,避免由于登记周期过小引起的频繁登记;

② 可以关闭基于参数变化登记的方式，减轻接入信道的压力；

③ 检查接入信道参数，如 Max_Cap_sz、Pam_sz 设置过大，也可能导致接入信道过载，根据实际情况确认是否需要调整，一般超远覆盖基站和郊区或山区的基站才会使用较大的 Max_Cap_sz、Pam_sz；

④ 合理规划 REG_ZONE 的设置，避免设置过多的 REG_ZONE，造成频繁登记；避免将 REG_ZONE 的边界设置在话务量高、人流密集的地方，以防止频繁的登记。

表 9-3　　　　　　　　　　　　　　朗讯多载频话务分担参数

参数名	取值范围	建议范围
Allow Sharing 3G1x Carrier	Y/N	Y
Carry Assignment Algorithm	RF/OC	RF
RF Loading Weight Factor	0～100	20
2G Load Preference Delta	0～100	40
3G Load Preference Delta	−40～100	40
CDMA-1x Data Load Preference Delta	0～100	40

Allow Sharing 3G1x Carrier 参数控制寻呼消息下发的信道列表消息 CLM 是否包含相应的载频；Carrier Assignment Algorithm 参数，设置 RF 表示基于前向功率负荷来分配相应载频，设置 OC 表示基于起呼载频来确定业务信道建立载频；RF Loading Weight Factor 参数设置，如果起呼载频的负载大于负载最轻的载频为 RF Loading Weight Factor，则呼叫将被重新分配到负载最轻的载频，否则，呼叫将在起呼载频上；2G Load Preference Delta：2G Load Preference Delta，3G Load Preference Delta 该参数用以设置 CDMA-1x 移动台对有 CDMA-1x 硬件载频资源的优先使用率。

朗讯支持基于功率负荷的动态载频分配，同时亦支持话音和数据独立载频的分配算法，基于现网话务的动态变化，建议采用基于功率负荷动态载频分配的算法，具体参数设置以推荐值为主，对于有大量话音业务需求或数据需求的区域，可以灵活采用负载参数进行调整。对于需要对特定载频开通专用的话音或数据业务的情况，可以开通话音载频或数据载频的参数。

9.8　1x 数据业务优化

通过对 CDMA 1x 网络的数据业务性能进行优化，使网络在现有业务资源的条件下实现网络总的吞吐量最大化，同时使用户能够及时接入网络并获得满意稳定的数据传输速率服务。数据业务性能优化主要针对数据网络的关键性能指标（呼叫建立成功率、掉线率以及数据速率指标）进行优化。考虑到数据业务的特殊性，优化的重点集中在对数据速率的提升上，对于数据呼叫建立成功率和数据掉线率与话音基本类似，本节只做简单介绍。

9.8.1 数据呼叫建立流程

分组数据呼叫的完整建立过程包括两个主要阶段：空中接口信道的建立过程、PPP 协商建立过程，整个过程如图 9-9 所示。

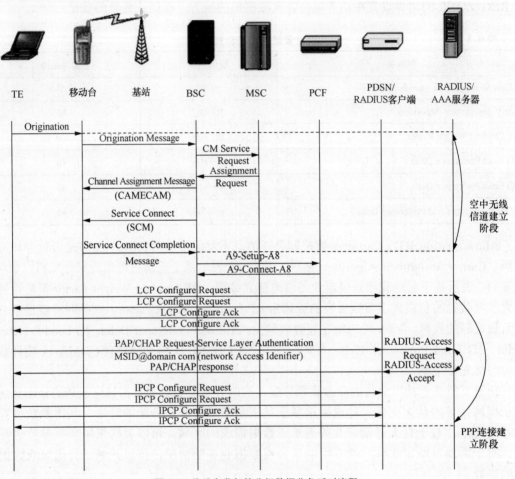

图 9-9 移动台发起的分组数据业务呼叫流程

9.8.2 数据呼叫建立分析

1．数据呼叫建立失败原因

无线侧统计的呼叫建立为第一阶段，包括空中物理信道建立、A8 和 A10 连接建立，影响数据呼叫建立成功率主要有以下几个可能因素。

（1）无线覆盖情况

主要对其所处区域的前反向信号质量是否足够支持数据呼叫进行分析。

（2）接入参数

主要分析是否有接入参数设置不合理导致的接入问题。

（3）无线资源配置情况

重点分析空中接口及基站侧资源配置是否能够满足数据业务的建立，包括载频话务分担、信道板资源、Walsh 码、资源、功率资源、传输资源等。

（4）A8/A10 接口物理和逻辑资源情况

主要分析交换侧物理和逻辑资源的配置是否可以满足数据呼叫建立的需求。

（5）非法终端和特殊用户行为造成接入失败

由于数据业务的多样性，在此项因素的分析中主要针对以下情况：在终端验证遇不过而多次呼叫的情况下，造成的指标性能变差；由于特殊业务的开发，例如物流定位、远程抄表、交通信息传递等，均属于短呼频繁的业务，因此在特定环境下，会造成该项指标变差，可以从呼叫详细记录中分析得出。

在分析中，要对每项因素进行统计确认，找出影响该问题的主要因素，可以有针对性地提出优化指导方案。

2．优化方法

对数据呼叫建立成功率的优化与话音业务的优化方法基本相同。

① 覆盖优化、接入性能优化和无线资源优化：与话音业务的优化方法相同。

② A8/A10 资源优化：主要是配置充足的物理和逻辑资源，减少由于 PPP 连接数不足导致的数据呼叫建立失败。

③ 非法终端和特殊用户行为造成接入失败：利用呼叫详细记录对非法终端和异常用户行为进行跟踪，确认是由于非法终端造成的认证失败还是异常用户的特殊行为造成的性能下降，然后制定一些有针对性的解决方案。

9.8.3　数据掉线率分析

1．数据掉话原因

数据呼叫的掉话与话音呼叫的掉话在原理上基本类似，都表现为无线连接的非正常释放。影响数据呼叫掉话率的主要因素包括以下几个。

（1）无线覆盖情况

主要对其所处区域的前反向信号质量是否足够支持数据呼叫进行分析。

（2）保持性能参数

主要是 FCH 信道的呼叫是否能够得到保持，针对相关的功控、切换参数进行分析核查。

（3）非法终端和特殊用户行为

2．优化方法

数据呼叫掉话的优化方法与话音业务基本相同。

① 覆盖、参数优化：与话音业务的优化方法相同。

② 非法终端和特殊用户行为。

利用呼叫详细记录对非法终端和特殊用户行为进行跟踪，确认异常掉话的来源，进一步分析掉话的原因，主要和用户使用的特殊业务或者所处的位置有较大关系，可以在终端定位后进一步判断和处理。

9.8.4　数据速率分析

1．影响数据速率的原因

从数据速率的分配过程可以看到，影响数据速率的主要因素有无线覆盖情况、无线资源配置、上层参数配置等。

影响数据速率还有另一个因素是算法相关参数配置，各厂商算法不同，不做介绍。

2．优化方法

通过后台参数检查，首先明确当前参数的设置是否符合数据业务的特点，同时分析资源的配置是否满足数据资源的需求。根据数据业务的测试结果和呼叫详细记录的分析，可以判断无线覆盖是否可以满足数据速率的基本需求。

（1）覆盖优化

无线覆盖优化是在保证话音业务质量的前提下尽可能提高数据业务覆盖质量，突出主导频覆盖的重要性。如果话音优化完毕，话音业务质量稳定，对于数据业务出现的问题，可以依据数据业务的重要和特殊性，进行针对性的调整。

（2）无线资源配置优化

由于数据业务相对话音业务，需要占用更多的系统资源，因此需要对各种网络资源进行合理配置。现网中影响数据业务性能的资源包括以下 4 种：信道板资源（前反向）、Walsh 码资源（前向）、功率资源（前反向）、基站到 BSC 的传输资源。对以上 4 类资源的优化主要方法在资源利用率优化中有一定涉及，在对数据业务的优化中，侧重于为支持高速数据业务所提供的合理配置资源，优化方法如下。

① 信道板资源扩容：数据速率受限的瓶颈集中在信道板资源，需要分析小区数据话务的分布特点，如果可以采用话务分流（通过小区覆盖控制，采用其他小区对数据话务进行吸收）的方法提高数据业务速率，应该优先采用。否则可以根据数据话务的需求量采用扩容信道资源的办法。

② Walsh 码资源优化：对于 Walsh 码资源，由于数据业务使用的特殊性，高速数据业务需要对 Walsh 码进行连续占用，例如 RC3，单载频下最多只能同时分配两个 16X 的 SCH，因此在高速数据业务需求较大的情况下，载频的 Walsh 码资源容易成为瓶颈。解决该类问题的主要手段还是考虑话务分流、载频扩容。另外，如果在功率资源允许的情况下，可以尝试激活 RC4 配置来解决 Walsh 码资源不足的问题，各厂家对该项功能设置有差异。

③ 功率资源的优化：由于数据高速业务使用的功率资源也较基本信道高出许多，因此，在信道资源和 Walsh 码资源充足的情况下，功率资源的不足容易体现出来。对于功率资源的扩容，主要采用话务分流和载频扩容的方法，功率分配和控制参数的调整可以针对特殊区域进行。

④ 传输资源的扩容：涉及基站传输资源不足造成的高速速率无法满足的情况，通过传输资源的调整和扩容进行解决。

（3）上层参数优化

上层参数优化是指通过对 RLP、TCP、PPP 层等上层协议参数的优化来提高数据业务速率。

① RLP 层参数优化：RLP 属于 MAC 子层，它利用物理层的前向和反向信道为上层应用提供面向比特流的传输，它不处理上层应用的具体内容，只是按照接收数据的顺序和当前的物理信道情况组成业务帧传送给下层；通过加帧序号保证数据的顺序发送和接收，并且采用错误重发机制（NAK）保证数据的正确传送和接收。

② SCH 申请门限优化：系统根据 RLP 中的缓冲区的数据量来决定初始申请速率的大小，通过改变缓冲区数据量门限可以一定程度地改善初始 SCH 高速率的分配，从而增加最终得到高速率的概率。但是这种方法会带来资源占用率上升，需要在优化中均衡考虑。

③ TCP 优化：当无线环境好，物理层 FER 不太高时，考虑开启 VJHC 分组头压缩技术（Van Jacobson Header Compression）选项，设置较大的消息传输单元（MTU, Message transmission Unit）尺寸，例如 1 500Bytes，以提高吞吐量；当无线环境不理想，FER 较高时（>5%），建议关闭 VJC 选项，设置较小的 MTU 尺寸，例如 500～1 000Bytes，以减少分组错误率。无线接入网一般推荐：关闭 VJHC，MTU 尺寸 1 500Bytes。IP 头压缩也属于 AT 和 PDSN 协商的内容，必须双方都支持，压缩才能生效。

开启有选择确认（SACK，Selective ACKnowledgment）功能，在无线环境不好，物理层高 FER 时，提高发送方的重传效率。（Windows 系统默认是打开的，所有一般不需要特别设置）。

增大来回时延（RTO，Round Time-out），在无线环境中，延时变化得非常快，分组丢失率非常高，所以现存的 RTO 计算算法对 TCP 在无线环境下已不可靠。默认值是 3s，考虑增加 2s，最小值 3s，推荐 3～5s。

参 考 文 献

［1］CDMA1x 话务统计分析指导书 V3.0（华为）.

［2］cdma2000 路测数据分析指导书.

［3］CDMA 网络无线优化技术手册（高通白皮书）.

第10章 1x EV-DO 网络技术

10.1 1x EV-DO 标准发展

cdma2000 1x EV-DO 由 cdma2000 1x 演进而来，1x EV-DO 的标准演进图如图 10-1 所示。

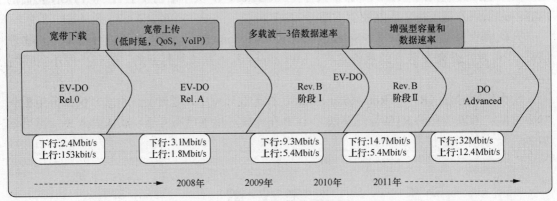

图 10-1　1x EV-DO 标准演进图

cdma2000 1x 是 cdma2000 的第一阶段，于 1999 年 7 月公布，并纳入 3GPP2 作为 3G 技术标准之一。在 cdma2000 1x 之后出现了两个分支，其一是 cdma2000 3x，即用 3 个 1.25MHz 载波捆绑来提供更高的数据速率，1x EV-DO 专为高速无线分组数据设计，在 1.25MHz 的载波上只提供分组数据业务，而 1x EV-DV 则可以在单载波上同时支持高速数据和话音业务。

2000 年 10 月，1x EV-DO 的第一个技术规范 IS-856 发布，意味着 1x EV-DO Rel.0 版本推出。2001 年 IS-856 被 ITU 接纳为 3G 技术规范。2002 年，1x EV-DO Rel.0 在全球得到大规模商用，韩国的 SKT、日本的 KDDI 等相继采用了这种技术。1x EV-DO Rel.0 主要对下行链路进行了优化，针对非对称的高速分组数据业务。通过使用前向 HARQ、自适应调制编码等关键技术，其前向可支持峰值 2.4Mbit/s 的数据速率，反向则无改进，仍维持最高 153.6kbit/s 的速率。

随着网络上流媒体等 QoS 业务越来越多，1x EV-DO Rel.0 版本对 QoS 支持能力有限的缺点逐步显现出来。2004 年 4 月，3GPP2 发布了 1x EV-DO Rev. A 版本，Rev. A 对 1x EV-DO 前反向链路均进行了优化，主要从频谱效率、快速接入、切换时延、系统容量、QoS 要求等方面作了改进，并且在反向链路上通过引入 T2P 算法和反向 HARQ 技术，使得前反向分别可支持峰值为 3.1Mbit/s 和 1.8Mbit/s 的数据速率。

而 2004 年后 Internet 业务逐渐进入高清视频阶段，对带宽的要求越来越高，1x EV-DO

Rev. A 由于支持的前反向速率有限，不足以支持良好的用户体验。2006 年 3 月，3GPP2 发布了 1x EV-DO Rev. B 版本。Rev. B 支持多载波，分为 phase 1 和 phase 2 两个阶段，phase 1 依靠软件升级可以实现 3 个载波的捆绑，前向支持最高 9.3Mbit/s 的数据速率，反向支持 5.4Mbit/s 的数据速率；phase 2 需要硬件升级，前向增加了 64QAM 调制方式和 8192 大分组传输格式，单载波前向峰值速率可提高到 4.9Mbit/s，三载波捆绑可使单用户前向峰值速率进一步提高到 14.7Mbit/s，若是 20MHz（15 个载波）带宽则最高可提供前向 73.5Mbit/s 和反向 27Mbit/s 的数据速率。1x EV-DO Rev. B 改善了频谱利用率的同时，人大提高了用户体验。

此外，为了进一步提高速率，高通公司提出了更先进的 1x EV-DO Advanced 版本，该版本主要在 1x EV-DO Rev. B 的基础上引入负载均衡、考虑扇区间负荷和无线链路的调度策略、功率自动调整等关键技术来提高运营效率。DO Advanced 也支持多载波，在 5MHz 带宽内峰值速率可达到 34.4Mbit/s。

本章主要介绍国内商用的 1x EV-DO Rev. A 的相关技术。

10.2   1x EV-DO 网络架构

cdma2000 1x EV-DO 网络架构如图 10-2 所示，1x EV-DO 网络可以划分为接入终端（AT，Access Terminal）、无线接入网（RAN，Radio Access Network）和分组核心网（PCN，Packet Core Network）3 部分，1x EV-DO 逻辑实体及网络参考模型如图 10-3 所示。

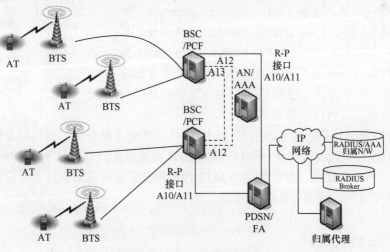

图 10-2   1x EV-DO 网络架构图

RAN 主要负责无线信道的建立、维护及释放，同时进行无线资源管理和移动性管理，它是 PCN 和 AT 之间的无线承载，用于传送用户数据和非接入层面的信令消息，AT 可通过这些信令消息与 PCN 进行业务信息交互。

RAN 包含的网元有接入网（AN，Access Network）、分组控制功能实体（PCF）、接入网鉴权授权及计费服务器（AN-AAA）。

PCN 主要负责承担对用户的移动性管理、对业务数据的转发、计费等功能。PCN 包含的网元有分组数据服务节点（PDSN）、认证鉴权计费（AAA）、归属代理（HA）、外部代理（FA）。在采用简单 IP 的网络中，仅包括 PDSN 和 AAA，而在采用移动 IP 的网络中，还包括 HA 和 FA。

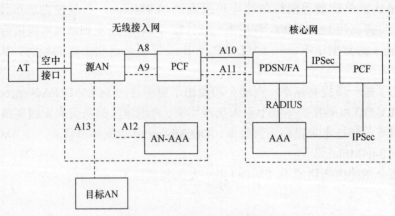

图 10-3　1x EV-DO 网络参考模型

10.2.1　接入终端

接入终端（AT）是用户端通信实体，它与 AN 之间通过 Um 接口（空中接口）进行数据和信令交互。接入终端结构如图 10-4 所示。

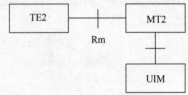

接入终端包括移动设备（ME，Mobile Equipment）和用户识别模块（UIM，User Identity Module）两部分。其中移动设备可包括移动终端（MT2，Mobile Terminal 2）和终端设备（TE2，Terminal Equipment 2），MT2 完成物理连接和无线传输（如手机），TE2 提供用户界面完成端到端应用（如笔记本电脑、PDA、普通电脑等）。

图 10-4　接入终端结构图

1x EV-DO 接入终端可以是仅支持 1x EV-DO 功能的单模终端，也可以是同时支持 1x 业务和 1x EV-DO 业务的混合终端。混合终端的 UIM 存储了用户在 1x EV-DO 网络和 1x 网络的两套接入鉴权参数和算法，混合终端的 MT2 包括两套独立的基带模块可以分别与 1x EV-DO 或 1x 网络进行通信，射频部分则共用。

10.2.2　无线接入网

无线接入网由 AN、PCF、AN-AAA 构成。AN 负责对无线链路的控制、访问，包括对无线信号的编码/解码、调制/解调、扩频/解扩、控制等，AN 一般由基站控制器（BSC）或无线网络控制器（RNC）和基站收发信机（BTS）构成。

PCF 负责转发无线子系统和 PDSN 之间的分组数据，其主要功能包括在无线资源分配前提供数据缓存、请求与管理无线资源、与 PDSN 交互支持休眠态切换、收集发送与无线网络相关的计费信息等，大部分厂商将 PCF 与 BSC 集成到一起。

AN-AAA 是接入网执行接入鉴权和对用户进行授权的逻辑实体，通常在 AT 和 AN 之间建立 PPP 链路触发 AN-AAA 对 1x EV-DO 用户进行 CHAP 鉴权。

AN 与 PCF 之间的接口为 A8/A9，它用于传送与数据会话、业务连接的建立/维持/释放以及休眠态切换等有关的信令和数据信息，A8 提供数据承载，A9 提供信令承载。

AN 之间（源 AN 与目标 AN）的接口为 A13，A13 接口用于在空闲状态下完成不同 AN 之间的 Session Transfer（会话传递）即 AN 间切换，Session 的配置参数需要从源 AN 迁移到目标 AN，这些配置参数用于在 AT 与目标 AN 间恢复空口 Session，此时无需重新协商 Session 属性。

AN 与 AN-AAA 之间的接口为 A12，A12 接口采用 RADIUS 协议。A12 接口用于传送接入鉴权信令消息和鉴权参数。一般用户首次开机接入 1x EV-DO 网络或者切换到不同的 1x EV-DO 网络时，会要求 AN-AAA 通过 A12 口对用户进行接入鉴权，鉴权成功后 AN-AAA 会返回 IMSI，该 IMSI 用于建立 R-P（A10/A11 接口）会话时进行用户标识。

10.2.3　分组核心网

分组核心网由 PDSN、AAA、HA、FA 构成。PDSN 负责建立、维持和终止与终端用户之间的 PPP 连接，以为每个用户提供分组数据业务。对于简单 IP 业务，PDSN 使用 IP 控制协议（IPCP）为用户分配 IP 地址；对于移动 IP 业务，由 HA 分配 IP 地址，PDSN 作为外部代理（FA），负责实现 HA-IP 与 FA 的转交地址之间的绑定。在移动终端发生 PCF 之间切换时，PDSN 负责保持 PPP 连接。同时，PDSN 还负责收集 AAA 服务器需要的分组会话计费数据和无线会话计费数据并把这些计费信息送到 AAA。

AAA 服务器提供用户的认证、鉴权，以及统计 PDSN 发送来的计费信息。AAA 决定了哪些用户可以访问网络，具有访问权的用户可以得到哪些服务，如何对正在使用网络资源的用户进行记账。通常 AAA 采用 RADIUS 协议。

HA 是移动用户归属网络的路由器，当使用移动 IP 时会用到 HA，它维护用户注册信息，将来自网络的 IP 分组以隧道方式发送到 FA。

FA 是位于移动台拜访网络的路由器，为在该 FA 登记的移动台提供路由服务。使用 Mobile IP 时，PDSN 实现 FA 功能，FA 为 AT 分配动态的转交地址，HA 为 AT 分配归属 IP 地址，并由 PDSN 负责实现转交地址和归属 IP 的绑定。对于发往移动台的数据，FA 从 HA 的隧道中提取 IP 数据分组转发到 AT，对于移动台发来的数据，FA 根据地址绑定记录利用反向隧道向 HA 转发。

PDSN 与 PCF 之间的接口为 A10/A11，也称 R-P 接口，其中 A10 承载用户的数据，A11 承载信令消息。A11 负责传送 A10 连接的建立、释放和刷新的信令，并向 PDSN 传送无线链路的计费信息。PDSN 与 PCF 间依靠建立隧道，对业务数据分组进行 GRE 封装后通过 A10 链路传送给对方。

PDSN 与其他 PDSN 之间的接口为 P-P 接口，P-P 接口提供相邻 PDSN 之间的快速切换。PDSN 与 Internet 之间的接口为 Pi 接口。

10.3 1x EV-DO 物理信道

EV-DO Rev.A 前/反向物理信道结构图如图 10-5 所示。

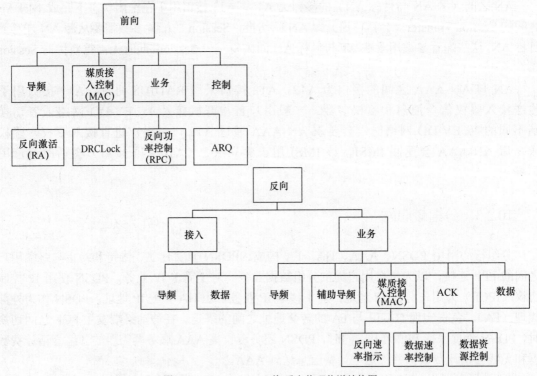

图 10-5　EV-DO Rev. A 前/反向物理信道结构图

10.3.1　前向物理信道

1x EV-DO Rev. A（物理层 Subtype2）的前向物理信道由导频（Pilot）信道、媒质接入控制（MAC）信道、前向业务（Traffic）信道和控制（Control）信道构成。MAC 信道包括 4 个子信道，分别为反向激活（RA，Reverse Activity）子信道、DRCLock 子信道、反向功率控制（RPC，Reverse Power Control）子信道和 ARQ 子信道，其中 ARQ 子信道是 1x EV-DO Rev. A 相对 1x EV-DO Rel.0 新增的前向信道种类。前向信道结构如图 10-6 所示。

导频信道的作用：系统捕获、相干解调、链路质量测量；RA 信道作用：发送 RAB 提示扇区反向负载情况；DRCLock 信道作用：指示系统是否正确接收 DRC 信息；RPC 信道作用：承载反向业务信道的功率控制信息；ARQ 信道作用：表示基站是否正确解调反向分组包；前向业务信道作用：承载物理层数据分组；控制信道作用：承载系统控制消息。

1x EV-DO 前向以时分为主、码分为辅，前向信道以时隙为单位。在一个时隙里，导频、MAC、业务/控制信道之间时分复用。1x EV-DO Rev. A 新增 ARQ 信道，具体由 H-ARQ、L-ARQ 和 P-ARQ 实现；Rev. A 的 RPC 信道和 DRC LOCK 信道与 Rel.0 不同，不再是时分复用，而是经正交调制分 I/Q 两路发送，并分别和 ARQ 信道时分复用。Rev. A 反向是按子帧发送的，其中 ARQ 信道在每个子帧的前 3 个时隙发送，RPC 或 DRC LOCK 在每个子帧的第四个时隙发送，因此 1x EV-DO Rev. A 的 RPC 速率和 DRC LOCK 速率均为 150 次/s。

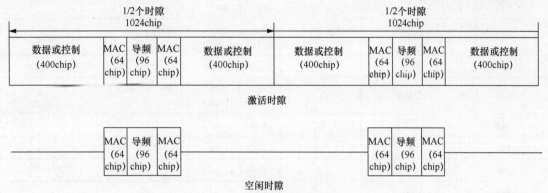

图 10-6　前向链路时隙结构图

1x EV-DO Rel.0 的控制信道的分组格式只有 1 024bit 一种，1x EV-DO Rev. A 引入了子同步包囊（SCC），因此控制信道的分组格式有 128bit、256bit、512bit、1 024bit 4 种，对应的控制信道速率有 19.2kbit/s、38.4kbit/s、76.8kbit/s 3 种。

1x EV-DO Rev. A 前向业务信道提供 8 种分组格式，最小为 128bit，最大为 5 120bit，加入短分组的格式可以提高吞吐量和保证时延。基站在进行调度时根据频谱效率和 QoS 要求可以使用单用户分组也可以使用多用户分组，采用多用户分组的方式称 PDMA 方式。1x EV-DO Rev. A 前向支持 14 挡 DRC index，对应最低 4.8kbit/s、最高 3.1Mbit/s 的 14 种速率，一挡 DRC Index 对应一组传输格式，传输格式分单用户和多用户，传输格式为三元组：分组大小、时隙数、前导，为 1x EV-DO Rev. A 单用户的传输格式见表 10-1，其中每档速率对应的最大分组传输格式称为典型传输格式。

1x EV-DO Rev. A 提供前向链路多用户分组是由于如 VoIP 等应用需要短的分组，这种情况下 MUP 会增加吞吐率和打包效率，并且因为同时调度多个用户，所以能减少时延。

表 10-1　　　　　　　　　1x EV-DO Rev. A 传输格式（单用户）

DRC Index	速率（kbit/s）	占用时隙	单用户传输格式
0x0	0	16	（128，16，1 024），（256，16，1 024）（512，16，1 024），1 024，16，1 024）
0x1	38.4	16	（128，16，1 024），（256，16，1 024）（512，16，1 024），（1 024，16，1 024）
0x2	76.8	8	（128，8，512），（256，8，512）（512，8，512），1 024，8，512）
0x3	153.6	4	（128，4，256），（256，4，256）（512，4，256），（1 024，4，256）
0x4	307.2	2	（128，2，128），（256，2，128）（512，2，128），（1 024，2，128）
0x5	307.2	4	（512，4，128），（1 024，4，128）（2 048，4，128）

DRC Index	速率（kbit/s）	占用时隙	单用户传输格式
0x6	614.4	1	（128，1，64），（256，1，64） （512，1，64），（1 024，1，64）
0x7	614.4	2	（512，2，64），（1 024，2，64） （2 048，2，64）
0x8	921.6	2	（1 024，2，64），（3 072，2，64）
0x9	1 228.8	1	（512，1，64），（1 024，1，64） （2 048，1，64）
0xa	1 228.8	2	（4 092，2，64）
1xb	1 843.2	1	（1 024，1，64），（3 072，1，64）
2xc	2 457.6	1	（4 092，1，64）
3xd	1 536	2	（5 120，2，64）
1xe	3 072	1	（5 120，1，64）

1x EV-DO 系统支持多个同时处于会话激活状态的用户，为了区分不同用户，1x EV-DO 系统引入了 MAC Index，作为与之通信的用户标识或前向信道标识。1x EV-DO Rev. A 的 MAC Index 是 128 个，具体分配情况见表 10-2。

表 10-2　　　　　　　　　　1x EV-DO Rev. A 的 MAC INDEX

MAC Index	MAC 信道使用	传输格式	探针使用
0、1	未使用	未使用	未使用
2	未使用	（1 024，8，512）	76.8kbit/s 控制信道
3	未使用	（1 024，16，1 024）	38.4kbit/s 控制信道
4	RA 信道	未使用	未使用
5	未使用	可变	前向业务信道（广播信道未协商）
6～63	RPC、DRCLock、ARQ 信道	可变	前向业务信道（单用户分组）
64、65	未使用	未使用	未使用
66	未使用	（128，4，256），（256，4，256） （512，4，256），（1 024，4，256）	多用户分组
67	未使用	（2 048，4，128）	多用户分组
68	未使用	（3 072，2，64）	多用户分组
69	未使用	（4 096，2，64）	多用户分组
70	未使用	（5 120，2，64）	多用户分组
71	未使用	（128，4，1 024） （256，4，1 024） （512，4，1 024）	19.2kbit/s 控制信道 38.4kbit/s 控制信道 76.8kbit/s 控制信道
72～127	RPC、DRCLock、ARQ 信道	可变	前向业务信道（单用户分组）

MAC Index 0～63 与 DO Rel.0 一样，MAC Index 64/65 不使用，MAC Index 66～127 是

DO Rev. A 特有的，其中 66~70 是多用户分组（Multi User Packet）。当手机向基站上报 DRC 以后，基站可以发送单用户分组（Single User Packet）也可以发多用户分组，如手机接收到一个新的物理层分组的第一个时隙的前导是用 MAC Index 66~70 来调制的则就是一个多用户分组。采用多用户分组发送保证了前向吞吐量和前向业务的 QoS，但是前向多用户分组的反向 ACK 信道要增加大量功率，可能会影响反向的吞吐量。MAC Index 71 默认为 1x EV-DO 控制信道的短分组，MAC Index72~127 则都可分配给用户。

1x EV-DO Rel.0 一个扇区下可带的极限用户数为 59 个，1x EV DO Rev. A 一个扇区下可带的极限用户数为 114 个。

1x EV-DO Rev. A 反向信道面向子帧发送，第一个子帧发送成功与否由前向 ARQ 信道应答，ARQ 由 3 个子信道 H-ARQ、L-ARQ、P-ARQ 组成，前 3 个子帧由 H-ARQ 应答，L-ARQ 对最后一个子帧应答，P-ARQ 对整个分组应答。

10.3.2　反向物理信道

1x EV-DO Rev. A（物理层 Subtype2）的反向物理信道由接入（Access）信道和反向业务（Traffic）信道组成，接入信道由导频（Pilot）信道和数据（Data）信道组成，反向业务信道由导频（Pilot）信道、辅助导频（Auxiliary Pilot）信道、媒体接入控制（MAC）信道、ACK 信道和数据（Data）信道组成，MAC 信道又分为反向速率指示（RRI，Reverse Rate Indicator）子信道、数据速率控制（DRC，Data Rate Control）子信道和数据资源控制（DSC，Data Source Control）子信道，反向业务信道中辅助导频信道和 DSC 信道是 1x EV-DO Rev. A 新增的信道，当反向业务数据分组大于某个门限时会触发反向辅助导频的发射，从而提供辅助相干解调的相位，而 DSC 子信道则是用来帮助虚拟软切换、降低切换时延的。

1x EV-DO 的接入信道用于传送基站对终端的捕获信息。它的导频部分用于反向链路的相干解调和定时同步，以便于系统捕获接入终端，数据部分携带基站对终端的捕获信息。1x EV-DO Rel.0 的接入信道只有 9.6kbit/s 一种速率，分组大小为 256bit，以接入包囊形式发送，1x EV-DO Rev. A 则提供 3 种接入速率，分别为 9.6kbit/s、19.2kbit/s、38.4kbit/s，分组大小则新增了 512bit、1 024bit 两种。Rel.0 的接入探针先使用反向导频作前导，发接入数据的时候反向导频功率迅速下降使得接入数据功率+反向导频功率=接入前导功率，前导和接入数据分别在 I 路和 Q 路发送，以帧为单位。Rev. A 前导以子帧为单位，接入数据的功率取决于接入信道采用的速率。

1x EV-DO Rev. A 的反向业务信道的不同信道之间，既有码分，也有时分。反向业务信道的作用如下：导频信道用于评估信道质量，提供相干解调和反向链路功率控制；Auxiliary Pilot 信道用于在 Payload Size 超过一定大小后评估信道质量，提供相干解调；RRI 信道指示反向速率；DRC 信道用于指示服务扇区和请求前向速率；DSC 信道 AT 用该信道提前通知 AN 要改变的服务小区；ACK 信道 AT 用于确认是否正确解码前向物理层上的分组。

1x EV-DO Rev. A 在反向业务信道上特别引入子帧的概念，每个子帧为 4 个时隙，以实现反向 ARQ。AN 在收到每个子帧的数据分组后，都向 AT 发 ACK 或 NAK，表明是否正确解调。

1x EV-DO Rev. A 反向以码分为主、时分为辅。由于 Rev. A 的每个子帧都要速率指示，因此 RRI 信道与反向导频信道不再如 Rel.0 中的时分复用，而是使用码分方式，这有利于反向导频的干扰消除。此外，辅助导频信道也是码分信道，而 Ack 信道和 DSC 信道则各自占用一个"半时隙"发送。

1x EV-DO Rev. A 的反向业务信道有 12 挡 48 种速率，最低速率为 4.8kbit/s，最高速率为 1.8Mbit/s。分组格式共有 12 种，其中最小为 128bit，最大为 12 288bit。

10.4　1x EV-DO 关键技术

1x EV-DO 系统设计的目的在于提供高速分组数据业务，为了解决高速分组在无线链路的可靠传送并实现系统容量的最大化，1x EV-DO 系统引入了时分复用、自适应编码调制、H-ARQ、多用户调度、虚拟软切换、速率控制、反向功率控制等关键技术。

10.4.1　时分复用

1x EV-DO 前向链路采用"时分为主，码分为辅"的方式，避免了码分导致的同扇区多用户干扰和高低速用户分享系统功率导致的资源利用率下降。

前向链路的时分复用体现在以下两个方面。

① 信道之间的时分概念：不同的前向信道分时共享每个时隙，每种信道均满功率发射，如图 10-7 所示。

② 用户间的时分概念：不同用户分享系统的时隙资源，在每个时隙内，系统只为特定用户服务，具体为哪个用户服务取决于多用户调度算法，如图 10-8 所示。

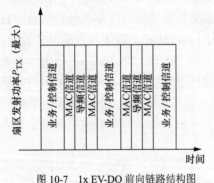

图 10-7　1x EV-DO 前向链路结构图

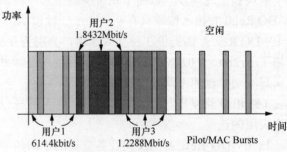

图 10-8　1x EV-DO 前向链路结构图

10.4.2　自适应调制编码

1x EV-DO 前向采用自适应调制编码，AT 测量当前时隙前向导频的 C/I（SINR），同时预测下一时隙前向链路所能支持的最大传送速率，并通过 DRC 信道上报给基站，基站根据调度算法选择被服务用户，并按照该用户请求的数据速率选择调制和编码方式。

自适应调制编码要求有准确的信道估计以及发送端和接收端之间应具有可靠的反馈信

道。影响自适应调制编码性能的主要因素包括信道估计误差和可靠性、多时隙中信道质量的变化情况。

10.4.3　HARQ

1x EV-DO 系统为了获得较小的分组错误率（PER），DRC 请求的速率通常会比较保守，从而导致前向链路资源的浪费。1x EV-DO 前向业务信道和控制信道根据数据速率不同，可以占用前向信道的 1～16 个时隙，长度超过 1 个时隙的分组，会采用 4slot interlacing 的方式进行传送。正常终止时，AT 在收到该分组的最后一个时隙后才发 ACK 消息。

1x EV-DO 前向采用 Turbo 编码，将数据分为信息位和校验位传递，所以在前向信道解调时，往往在信息位发送完成之后就能正确解码。HARQ 技术利用了这一点，如果 AT 可以提前正确解调，就可以提前向基站发送 ACK 信号，提前中止，无需再发校验位，基站在收到 AT 的 ACK 后将停止剩余时隙的传送，将这些剩余时隙用于其他数据分组的传送，从而提高系统容量和前向链路资源的利用率。Turbo 编码具有强大的纠错功能，进一步提高了 HARQ 的纠错能力。提前中止技术的采用使得大部分数据分组在实际传送中所占用的时隙数少于为 DRC 请求速率所分配的最大时隙数。

1x EV-DO Rev. A 在反向链路也采用了 HARQ 和提前终止传送机制，保证反向链路高速分组传送的可靠性，提高传送效率，降低传送时延。

为了实现反向链路的 HARQ，1x EV-DO Rev. A 在前向 MAC 信道新增了 ARQ 子信道，ARQ 子信道分为 H-ARQ、L-ARQ 和 P-ARQ，其中 H-ARQ 用于响应前 3 个子帧，L-ARQ 用于响应第 4 个子帧，H-ARQ 和 L-ARQ 在相同的 I/Q 路发送，P-ARQ 响应是否成功接收 MAC 分组，与 H-ARQ 和 L-ARQ 在不同的 I/Q 路发送。

10.4.4　多用户调度

1x EV-DO 前向链路根据多用户调度算法决定时隙的分配，即某一时刻 AN 应向哪个用户发送数据。一般常用的多用户调度算法有：

① Round Robin 时间循环调度算法；
② 最大 C/I 调度算法；
③ 比例公平（Proportional Fairness）调度算法。

其中 Round Robin 时间循环调度算法是最公平的算法，能保证多个用户获得相同的系统服务时间，但往往系统的吞吐量不高；最大 C/I 调度算法可以使系统的吞吐量达到最大，但却无法保证服务的公平性；而比例公平调度算法则综合考虑了系统吞吐量和服务公平性两方面的要求，既确保当前小区的所有用户都享有一定的服务机会，又使小区的整体吞吐量得到充分发挥，1x EV-DO 系统即采用了该调度算法进行前向时隙的分配。

比例公平调度算法主要关注用户当前信道条件（反映在申请速率上）和前一段时间累计吞吐率，具体表现如下：

① 用户当前申请的速率越高越有可能得到服务；
② 用户历史吞吐量越高，得到服务的概率越小，这样每个用户被服务的机会与申请的

DRC 成正比，与最近一段时间所接收的数据量成反比，以达到相对的公平，比例公平算法能获得显著的频谱利用率。

10.4.5　速率控制

与 cdma2000 前向采用功率控制不同，1x EV-DO 前向链路的发射功率不变，也即没有功率控制机制，而是采用了速率控制机制。1x EV-DO 系统能根据前向信道的变化情况自动调整前向信道的数据速率，由 AT 根据测得的前向信道 C/I 值通过 DRC 信道向 AN 请求相应的数据速率。具体步骤为：

① AT 测量服务扇区前向导频的 C/I；

② AT 根据预测和映射表（C/I 和速率档次对照表）决定向服务扇区申请的速率；

③ AT 通过 DRC 信道提前将申请速率通知服务扇区；

④ 服务扇区根据调度算法在某一时刻以 AT 的申请速率向 AT 传送数据。

而 1x EV-DO Rev. A 反向链路的速率控制不同于 1x EV-DO Rel.0，Rel.0 中通过 RAB 控制反向速率，Rev. A 引入了 T2P（Traffic to Pilot），通过 RAB 控制 T2P，再间接控制反向速率。

针对每个反向 MAC 流都存在漏桶管理机制，AT 根据空口环境（或 AN 配置数据）计算入桶的 T2P 资源，根据发包 Data 的大小计算出桶的 TxT2P 资源。桶中的 T2P 资源最大值受到 T2Pmax 的限制，出桶的 TxT2P 也受桶中 T2P 资源限制，这样实际反向发送速率受到桶中 T2P 资源的限制。

具体步骤如下：

① 基站在每个静默时间测量反向底噪，和当前反向 RSSI 相比，得到 ROT；

② 如果 ROT 小于门限，则 RAB=0，如果 ROT 大于门限，则 RAB=1；

③ AT 接收激活集中所有扇区的 RAB，计算得到系统短期负荷 QRAB 和系统长期负荷 FRAB；

④ 系统根据负荷情况、速率转移概率等控制 T2P 进而控制反向数据传输速率。

10.4.6　反向功率控制

1x EV-DO 前向链路以时分为主、码分为辅，因此不存在功率控制。反向链路以码分为主、时分为辅，因此要采用功率控制来抑制多用户干扰。

（1）反向开环功控

AT 对接入信道进行开环功控。AT 测量前向接收功率，如果接收功率较低，表明前向链路损耗较大，则 AT 认为反向链路的损耗也较大，因此会增大发射功率，反之减小发射功率。

（2）反向内环功控

系统对反向业务信道进行内环功控。在内环控制中，基站测量反向业务信道的信噪比，并与对应外环功控产生的信噪比门限比较，从而计算出功率控制比特，并通过 RPC 子信道发给 AT，AT 收到功控比特后，按固定步长调整反向业务信道的发射功率。

（3）反向外环功控

外环功控是根据 AT 的反向帧质量，周期性地调整反向闭环功率控制的信噪比门限，保证反向帧的目标 PER 在一定的预期范围内。

10.4.7　前向虚拟软切换

1x EV-DO Rel.0 是基于 DRC 的前向虚拟软切换，DO 系统在任一时刻只允许激活集中的一个扇区向 AT 发送前向数据，该扇区应是激活集中前向导频最强的扇区，由 AT 利用 DRC cover 动态选择，因此 DO 的前向数据切换是硬切换，而控制信息的切换是软切换，这种虚拟软切换技术大大减小了切换过程的心理开销。

但是，在 Rel.0 的虚拟软切换中，AT 在选择新小区时，会经历数据传送的中断，新的基站需要时间准备数据，因此会导致切换时延较大而无法满足时延敏感类业务的 QoS 要求。

1x EV-DO Rev. A 采用 DSC 辅助虚拟软切换，在 DRC 转变之前，DSC 信道提前指向该次切换的目标小区，降低切换时延。切换过程中，小区 1 和小区 2 都在手机激活集中，手机的 DSC 和 DRC 都指向小区 1，此时若手机检测到小区 2 的信号较强，则将 DSC 指向小区 2，以指示系统提前为小区 2 的数据队列准备好待发送数据，当 DRC 正式由小区 1 变为小区 2 时，则小区 2 可以立即向终端发送，使得空口可以无缝发送数据，提高了切换成功率，缩减了虚拟软切换时延。

10.5　1x EV-DO 无线网络规划

1x EV-DO 的网络规划作为网络建设的基础，通过对已有资源进行优化配置，按照要求设定相应的工程参数和无线资源参数，在满足一定的覆盖、容量和业务质量的前提下，使网络的工程成本最低。1x EV-DO 网络规划是网络优化的前提和补充，完善的网络规划为后续的网络优化打下良好的基础。1x EV-DO 一般采用与 1x 混合组网的方式，由于 1x EV-DO 与 cdma2000 1x 在系统设计上的紧密联系，1x 网络规划的许多方法和经验可以适用于 1x EV-DO 网络规划，而 1x EV-DO 网络由于提供的业务类型、前向覆盖功率等特性与 1x 网络有差异，因此 1x EV-DO 的网络规划也有自己的特别之处。因此在进行 1x EV-DO 网络规划的时候要从与 1x 网络规划的相似性和差异性两方面进行考虑。

10.5.1　1x EV-DO 无线网络规划原则

1x EV-DO 无线网络规划应遵循以下原则。

① 充分考虑网络发展情况，进行全网统一规划；根据环境、业务发展状况分步实施。

② 1x EV-DO 提供的是高速分组数据服务，Rev. A 可提供前向 4.8kbit/s～3.1Mbit/s、反向 4.8kbit/s～1.8Mbit/s 的数据速率，1x EV-DO 的网络规划需要从多速率及与 1x 混合组网方面来考虑。

③ 容量和覆盖进行统一规划，容量和覆盖需要平衡后统筹考虑，不同业务的覆盖所需速率不同，需满足的 Eb/No 门限也不一样。

④ 链路预算对上下行链路均需考虑。

⑤ 重点或热点区域应保证 1x EV-DO 连续覆盖，避免 DO 与 1x 边界区域话务量过高引起频繁切换。

⑥ 高速无线分组数据业务的使用主要来自室内，因而应重视室内覆盖，并尽可能采用分布系统，室内覆盖频率选择应根据干扰情况选择同频或异频方式。

10.5.2 1x EV-DO 无线网络规划的特点

1x EV-DO 和 1x 技术基础的广泛一致性决定了两者的无线网络规划具有相似性，具体表现如下。

① RF 特性相同。1x EV-DO 与 1x 具有同样的带宽和码片速率，分别占用不同频段或者相同频段的不同载频，它们可以共用一套射频子系统，它们的无线传播模型和路径损耗的计算方法也相同。

② 无线网络规划流程相似，站点选择、天线选择原则相同。

③ 两者均为反向覆盖受限。

④ 容量规划思路相似，根据实时业务和纯数据业务计算所需载扇数量的思路相似。

1x EV-DO Rev. A 提供高速数据业务和实时业务，而 1x 侧重于话音业务，这决定了它们的无线网络规划有差异性，具体表现如下。

① 系统网络结构不同。

② 业务模型不同。1x 包括话音业务和低速数据业务，1x EV-DO Rev. A 包括各种实时业务和数据业务，数据业务的速率要求高于 1x。

③ 单用户吞吐量差异，扇区吞吐量差异。1x EV-DO 单用户前反向理论峰值和扇区吞吐量比 1x 显著上升。

④ 前向覆盖差异。1x EV-DO Rev. A 的前向覆盖范围比 1x 大，因为 1x EV-DO Rev. A 前向始终是全功率发射，而且接收终端多为双天线可实现接收分集增益。

⑤ 链路预算不同。1x EV-DO Rev. A 和 1x 链路预算的主要差异见表 10-3。

表 10-3　　　　　　　　　　　　**1x EV-DO Rev. A 和 1x 链路预算差异**

项目	链路	1x EV-DO Rev. A	1x
速率等级	前向	38.4kbit/s～3.1Mbit/s，共 11 级	9.6～153.6kbit/s，共 5 级
	反向	4.8kbit/s～1.8Mbit/s	
终端类型		单天线和双天线终端	单天线终端
切换增益		虚拟切换	软切换增益
多用户分集增益	前向	有	无
业务信道发射功率		固定满功率	功率控制
解调门限		不同	
人体损耗	前反向	非话音业务：0dB VoIP 业务：3dB	3dB

10.5.3　1x EV-DO 无线网络规划流程

1x EV-DO Rev. A 的网络通常是在已有 1x 网络基础上升级或叠加，其无线网络规划的流程如图 10-9 所示。

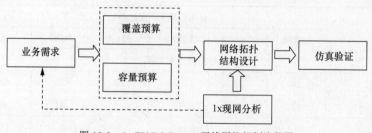

图 10-9　1x EV-DO Rev. A 无线网络规划流程图

1x EV-DO Rev. A 的无线网络规划流程包括业务分析需求阶段、覆盖预算阶段、容量预算阶段、网络设计阶段和仿真验证阶段。

业务需求包括规划区域的范围、需开展的主要业务类型、哪些业务需要连续覆盖业务速率要求、常规设计指标、用户业务模型等。

覆盖预算根据业务需求和覆盖区域的无线传播模型、基站的前向功率、手机功率、链路增益、链路损耗、不同速率的解调门限要求等进行链路预算，得出小区的覆盖半径。

容量预算根据用户规模发展的目标及规划区域的用户业务模型进行容量估算，得到所需的 1x EV-DO 载扇数量。

1x 现网分析是对已有 1x 网络的覆盖情况、数据业务热点区域、用户数和业务模型进行分析，这些数据对 1x EV-DO Rev. A 的网络规划和建设具有重要的参考意义。

网络设计综合了覆盖预算、容量预算和 1x 现网分析的结果进行网络拓扑设计。

仿真验证是利用规划软件对综合考虑了容量、业务因素的规划结果进行网络仿真，以验证是否合理。

10.5.4　1x EV-DO 无线覆盖规划

1x EV-DO 无线覆盖规划中，在各个典型地形地貌（如密集城区、城区、郊区、农村等）中进行链路预算，从而推算出各个环境区内的单个小区覆盖面积，通过计算得到各地形地貌下满足覆盖的大致基站数目。

链路预算是对发射端到接收端的完整链路的功率增益和损耗进行估算，以获得满足系统解调要求允许的最大路径损耗的链路过程。根据链路预算结果，结合传播模型可以确定单个小区的覆盖半径。

1x EV-DO Rev. A 的链路预算包括前向链路预算和反向链路预算，前反向覆盖半径中相对较小的一方即作为小区覆盖半径。1x EV-DO 前向链路预算包括前向导频信道、控制信道和前向业务信道的链路预算，1x EV-DO 反向链路预算包括反向接入信道和反向业务信道的链路预算。一般只进行前反向业务信道的链路预算。

在定义了小区边缘业务速率、通信概率等参数后才能分析哪个方向的链路覆盖受限。按照常用定义，前反向边缘业务速率分别为 38.4kbit/s 和 9.6kbit/s，由于 1x EV-DO Rev. A 是前向全功率发射，一般而言表现为反向覆盖受限。

800MHz 频段，一般城区的 1x EV-DO Rev. A 前向链路预算见表 10-4。

表 10-4   **1x EV-DO Rev. A 前向链路预算**

预算项目	1x EV-DO 下行业务信道速率（kbit/s）						
	2 457.6	1 843.2	1 228.8	614.4	307.2	76.8	38.4
基站有效发射功率							
基站发射功率（W）	20	20	20	20	20	20	20
基站发射功率（dBm）	43	43	43	43	43	43	43
基站天线增益（dBi）	15.7	15.7	15.7	15.7	15.7	15.7	15.7
跳线损耗（dB）	0.4	0.4	0.4	0.4	0.4	0.4	0.4
馈线损耗（dB/100m）	4	4	4	4	4	4	4
馈线长度（m）	70	70	70	70	70	70	70
其他损耗（dB）	1	1	1	1	1	1	1
基站馈线损耗（dB）	3	3	3	3	3	3	3
基站有效功率（dBm）	54.3	54.3	54.3	54.3	54.3	54.3	54.3
终端接收灵敏度							
热噪声（dBm/Hz）	−174	−174	−174	−174	−174	−174	−174
所需 Eb/Nt（dB）	10.5	7.5	5.0	2.5	2.5	2.5	2.5
信息速率（dBHz）	63.9	62.7	60.9	57.9	54.9	48.9	45.8
接收机噪声系数（dB）	9	9	9	9	9	9	9
目标 PER	1%	1%	1%	1%	1%	1%	1%
最小接收电平（dBm/Hz）	−90.6	−94.8	−99.1	−104.6	−107.6	−113.6	−116.7
正态衰落余量							
长期衰落储备（dB）	8	8	8	8	8	8	8
边缘覆盖	75%	75%	75%	75%	75%	75%	75%
阴影衰落（dB）	5.4	5.4	5.4	5.4	5.4	5.4	5.4
其他增益和损耗							
终端天线增益（dBi）	0	0	0	0	0	0	0
多用户分集增益（dB）	1	1	1	1	1	1	1
接收分集增益（dB）	0	0	0	0	0	0	0
软切换增益（dB）	0	0	0	0	0	0	0
建筑物损耗（dB）	10	10	10	10	10	10	10
人体损耗（dB）	0	0	0	0	0	0	0
最大路径损耗（dB）	122.5	126.7	131.0	136.5	139.5	145.5	148.6

Data Rate 表示前向速率范围。1x EV-DO Rev. A 的前向业务速率范围为 38.4kbit/s~3.1Mbit/s。

BTS EIRP 表示基站有效（全向）发射功率。BTS EIRP=基站最大发射功率+基站天线增益−基站天馈损耗。

Target PER 表示目标分组错误率。

Receiver Min Power 表示终端接收机灵敏度。即终端最小解调功率=热噪声功率谱密度+终端接收机噪声系数+前向解调门限 Eb/No+数据速率（dB/Hz）。热噪声功率谱密度与温度有关，室温卜为−174dBm/Hz。

Log-normal Fade Margin 表示正态衰落余量。传播模型中考虑的是路径损耗中值，如按平均路径损耗设计网络，则小区边界点的路径损耗有 50%的概率会大于路径损耗中值，小区边缘覆盖概率只有 50%。衰落余量是为了保证覆盖边缘的通信率，根据路径损耗中值慢衰落的分布特性取定的余量，其取值与小区边缘覆盖概率要求相对应。

Multi-user Diversity Gain 表示多用户分集增益。前向不同的用户经历各自独立的衰落过程，不可能存在所有用户的信噪比同时进入深度衰落的情况，更多的时候，在某些用户经历深度衰落的同时，另一些用户的接收信噪比达到峰值。前向调度算法可在一定程度维持用户速率的公平性，并尽量做到当用户信道状态达到峰值信噪比时给其提供服务。调度算法提高了高数据速率的服务概率，其在流量上的增益称为调度增益或多用户分集增益。

Rx Diversity Gain 表示终端接收分集增益。使用双天线终端时，终端接收并处理两路相对不相关的信号，相对于单天线终端而言存在接收分集增益。

Body Loss 表示人体损耗。指人体对无线电波的阻挡造成的损耗，话音业务一般该值取2~3dB，数据业务一般忽略不计。

BTS Antenna Gain 表示基站天线增益。根据天线的极化方式、水平半功率角、垂直半功率角的不同有所差别，一般为 17dBi、15dBi 等。

BTS Cable Loss 表示基站天馈损耗。BTS Cable Loss=基站跳线损耗+基站馈线损耗+其他损耗，一般 1/2 跳线每百米损耗为 7.45dB，7/8 馈线每百米损耗为 3.97dB，其他损耗主要是馈线插头损耗，范围为 0.5~1dB。

800MHz 频段，一般城区的 1x EV-DO Rev. A 反向链路预算见表 10-5。

表 10-5　　　　　　　　　　　1x EV-DO Rev. A 反向链路预算

预算项目	1x EV-DO 上行业务信道速率（kbit/s）				
	153.6	76.8	38.4	19.2	9.6
终端有效发射功率					
终端发射功率（dBm）	23	23	23	23	23
终端天线增益（dBi）	0	0	0	0	0
人体损耗（dB）	0	0	0	0	0
终端有效功率（dB）	23	23	23	23	23
基站天馈损耗					
跳线损耗（dB）	0.4	0.4	0.4	0.4	0.4

预算项目	1x EV-DO 上行业务信道速率（kbit/s）				
	153.6	76.8	38.4	19.2	9.6
馈线损耗（dB/100m）	4	4	4	4	4
馈线长度（m）	70	70	70	70	70
其他损耗（dB）	1	1	1	1	1
基站馈线损耗（dB）	3	3	3	3	3
基站接收灵敏度					
热噪声（dBm/Hz）	−174	−174	−174	−174	−174
所需 Eb/Nt（dB）	3.2	1.8	1.4	1.3	1.3
信息速率（dBHz）	51.9	48.9	45.8	42.8	39.8
接收机噪声系数（dB）	9	9	9	9	9
目标 PER	1%	1%	1%	1%	1%
最小接收电平（dBm/Hz）	−109.9	−114.4	−117.8	−120.9	−123.8
干扰余量					
负荷	75%	75%	75%	75%	75%
干扰余量	6	6	6	6	6
正态衰落余量					
长期衰落储备（dB）	8	8	8	8	8
边缘覆盖	75%	75%	75%	75%	75%
阴影衰落（dB）	5.4	5.4	5.4	5.4	5.4
其他增益和损耗					
基站天线增益（dBi）	15.7	15.7	15.7	15.7	15.7
软切换增益（dB）	4.1	4.1	4.1	4.1	4.1
最大路径损耗（dB）	128.9	133.4	136.8	139.9	142.8

Data Rate 表示反向速率范围。1x EV-DO Rev. A 的反向业务速率范围为 4.8kbit/s～1.8Mbit/s，本链路预算表以 9.6kbit/s、19.2kbit/s、38.4kbit/s、76.8kbit/s、153.6kbit/s 为例。

Terminal EIRP 表示终端有效发射功率。Terminal EIRP=终端最大发射功率+终端发射天线增益−人体损耗。

BTS Min. Received Power 表示基站接收机灵敏度。也叫基站最小接收功率，其值=热噪声功率谱密度+基站接收机噪声系数+反向解调门限 Eb/No+数据速率（dB/Hz）+外部干扰因子。热噪声功率谱密度与温度有关，室温下为−174dBm/Hz。基站接收机噪声系数为基站接收机放大器输入信噪比与输出信噪比之比，一般为 4～6dB。反向解调门限是接收机正确解调的信噪比门限，影响该值的主要因素包括目标 PER、终端移动性、无线环境、业务速率。数据速率和扩频增益有关。外部干扰因子反映由于外界干扰而导致基站底噪抬高，灵敏度降低的变化值。

Interference Margin 表示干扰余量。干扰提高了接收机的噪声基底，增加了接收机的最低接收门限，由于干扰而增加的接收门限以干扰余量的方式出现在链路预算里。干扰余量定义为总干扰噪声与热噪声的壁纸，表示干扰使背景噪声增加的程度，反映的是负载增加对覆盖的影响。负载一般取 50%或 75%，反向链路的干扰余量＝－10lg（1－系统负载）。

Soft Handoff Gain 表示软切换增益，即 1x EV-DO 反向软切换带来的增益。

根据前反向链路预算计算得到的最大允许路径损耗，用无线传播模型（如 Hata、COST 231 等）可以估算出小区覆盖半径，进而估算出覆盖区域所需要的 1x EV-DO 基站数。

10.5.5　1x EV-DO 无线容量规划

1x EV-DO 无线容量规划中，首先需了解容量的需求指标，包括规划区域的用户类型、业务种类、用户数量、用户密度和业务模型，计算各区域满足容量需求的载扇数，根据站型确定规划区域满足容量需求的站点总数。然后将覆盖规划的站点数与容量规划的站点数做比较，取数量大的值。

1x EV-DO 系统的下行容量主要和小区覆盖大小、用户在小区中的分布、用户调度算法有关。小区覆盖大小直接和小区内最小速率关联，用户分布直接和不同速率的分布关联，用户调度算法和每种速率的保持时间关联，因此小区容量计算等同于平均速率的计算过程。

1x EV-DO 系统的上行容量规划在多用户计算中要考虑由于上行开销信道（导频、MAC、ACK 等）带来的实际用户吞吐量的下降因素。

从容量角度进行的规划与网络提供的业务类型密切相关，大致可以划分为两种类型：单一业务类型和多种业务类型。

1x EV-DO Rev. A 即是这种多速率多业务类型，如 BE、VoIP、多媒体等，这些业务所要求的 QoS 不一样。为了统一考虑多种业务，可以引入各种业务的总数据速率作为业务量的衡量标准。通过频谱效率，即单扇区在 1MHz 频谱上提供的数据率和平均频谱效率（依据各业务所占比重及其频谱效率来计算），再进一步考虑一些实际因素（如扇区因子、小区负载）的影响。

分别计算出上、下行链路的容量后，还需要平衡上、下行链路的容量，一般由于下行开销远大于上行，平衡后的小区容量取下行容量更合适。

以不同地区（城市、郊区、乡村）的业务分布的统计数据为依据，最后求出不同地区基站数量与相应业务配置。

对于实际网络的容量规划，可按以下步骤来执行。

① 调查并预测一个地区的用户容量需求：可将规划区域划分为若干片区，同一区内的用户业务模型可认为一致。

② 估算数据业务容量的需求：根据数据用户的比例及数据业务模型，计算规划区域对数据业务总的需求。根据系统设备特征，规划区域的无线环境和话务模型等数据，分别计算单扇区单载频的下行和上行的吞吐量。下行吞吐量受当地无线传播环境、数据业务平均速率、数据用户比例、移动台移动速度、移动台分布特征等因素影响；上行吞吐量受数据业务速率、移动台移动速度、扇区干扰情况等因素影响。根据规划区域对上下行数据业务的需求，以及单扇区单载频可以支持的上下行数据流量，可以得到满足上下行数据业务需求的载扇数，取

二者中的较大值进行容量规划。

③ 估算满足容量需求的载扇数：根据数据用户数量和业务模型可以计算出所需的载扇数，进而得到所需的基站数。

参 考 文 献

［1］cdma2000 1x EV-DO Rev. A Overview Student Guide Qualcomm.

［2］张智江，刘申建，顾旻霞，等. cdma2000 1x EV-DO 网络技术[M]. 北京：机械工业出版社，2005.

［3］杨峰义，王建秀，于化龙，等. cdma2000 1x EV-DO Rev. A 系统、接口与实现[M]. 北京：人民邮电出版社，2010.

［4］郭嘉利. EV-DO Rev. A 反向速率控制及优化[J]. 电信技术，2011(2):87-88.

［5］张传福，等. cdma2000 1x/EV-DO 通信网络规划与设计. 北京：人民邮电出版社，2009.

［6］中兴公司. cdma2000 1x EV-DO 无线网络规划培训教材.

第11章 1x EV-DO 空口协议

1x EV-DO 网络和 1x 网络的数据域部分基本相同，和 1x 网络的最大差别是空中接口，因此本章主要介绍 1x EV-DO 网络的空口信令协议，由于目前商用 1x EV-DO 网络以 Rev. A 版本为主且向下兼容，包括 Rev. 0 版本使用的协议。

11.1 空口协议模型

AT 与 RAN 之间的无线链路协议接口称为空中接口，通常用 Um 表示，空中接口为分组数据业务及信令消息提供可靠的、高效的无线传送通道。

Um 接口协议层如图 11-1 所示，各协议层按功能划分，从下往上依次为物理层、MAC 层、安全层、连接层、会话层、流层和应用层共 7 层，各协议层之间没有严格的上下层承载关系；在时间上各层协议可以同时存在，没有严格的先后关系；在数据封装上，业务数据自上而下进行封装，可以跨越部分协议层。

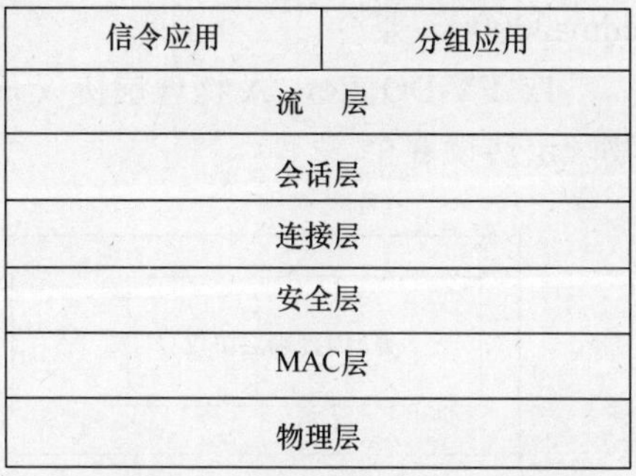

信令应用	分组应用
流　层	
会话层	
连接层	
安全层	
MAC层	
物理层	

图 11-1　1x EV-DO 空口协议模型

① 物理层完成物理信道的收发功能。物理层协议定义了物理信道的结构、输出功率、数据封装、基带及射频处理和工作频点等。

② MAC 层完成对物理信道的访问控制功能。MAC 层协议定义了系统控制信息的传送方式和时序要求、终端接入系统的方式、功率需求和长码掩码的生成方式、前向业务信道的速率控制和复用/解复用方式，以及反向业务信道的捕获和速率选择机制等。

③ 安全层完成对空中接口传送的消息的完整性保护和数据的加密保护功能。安全层协议定义了 CryptoSync 及时戳的生成方式、密钥交换、空中接口鉴权（或消息完整性保护）和数据加密所遵循的规则及消息。其中，CryptoSync 及时戳用作空口鉴权和数据加密所使用的公共变量，密钥交换生成空中接口鉴权和数据加密所需要的密钥。

④ 连接层完成无线链路的管理和控制功能，以及对会话层数据分组的复用和对安全层数据分组的解复用功能。连接层协议定义了终端捕获网络、终端监听系统、无线连接的建立/维持/释放及其移动性管理所遵循的规则和消息。

⑤ 会话层完成空中接口会话的建立、维持和释放功能。会话层协议定义了会话层协

管理、会话标识分配及会话属性协商和配置所遵循的规则和消息。

⑥ 流层完成对不同应用的 QoS 标识功能。流层协议定义了应用流的类型及添加 QoS 标识所遵循的规则和消息。

⑦ 应用层完成分组应用和信令应用数据分组的收发及控制功能。应用层协议定义了信令消息的路由、可靠传送、拆分、组合以及重序检测等所遵循的规则和消息，也定义了分组应用在无线链路的可靠传送、移动性管理和流控等所遵循的规则和消息。

11.2　物理层协议

1x EV-DO 物理层规定了前反向物理信道的结构、输出功率、数据封装、基带及射频处理和工作频点等。其中，基带及射频处理包括分组数据的编码、序列重复、交织、信道复用、基带成形和加载波等步骤。

1x EV-DO 与 cdma2000 1x 使用相同的频段（Band Class）和载波（Carrier）带宽。协议未指定 1x EV-DO 工作频段内的首选频点号（Channel Number），当 1x EV-DO 与 cdma2000 1x 工作在相同的频段时，可以灵活配置两网的工作频点。1x EV-DO 也可以工作在 ITU 规定的其他频段上（包括 2GHz 核心频段）。另外，1x EV-DO 系统的码片速率、带宽、发射功率及基带成形滤波器系数等与 cdma2000 1x 一致。因此，1x EV-DO 系统的射频与 cdma2000 1x 兼容。

1x EV-DO Rev. A 物理层协议有子类型 0 物理层协议、子类型 1 物理层协议、子类型 2 物理层协议 3 个。

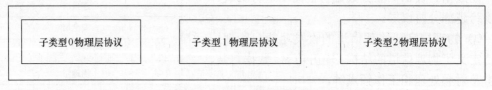

图 11-2　1x EV-DO 物理层协议

1. 子类型 0 物理层协议

子类型 0 物理层协议，规定了前反向物理信道的结构、输出功率、数据封装、基带及射频处理和工作频点等。在 1x EV-DO Rev.0 版本中已经定义的协议，为了向下兼容，在 1x EV-DO Rev. A 中继续使用该协议。

2. 1x EV-DO Rev. A 新增协议

子类型 1 物理层协议：支持接入信道速率变更；子类型 2 物理层协议：支持面向子帧的全套机制、ARQ、DSC、辅助导频信道等 Rev. A 的全套功能。

由于 1x EV-DO Rev. A 新增了众多 QoS 业务，增强了以下功能：无缝切换，引入了 DSC 信道；前反向对称业务，引入反向 HARQ 机制，在前向引入了 ARQ 信道；更好地解调反向的大的分组，引入了辅助导频信道；更快地接入，反向引入子帧；前向支持 3.1Mbit/s 的速率和 16QAM 的高阶调制。

11.3　MAC 协议功能

11.3.1　功能介绍

MAC 层完成对物理层的访问控制功能。安全层发送消息类数据分组，根据终端或网络侧发送方的不同，分别由控制信道 MAC 协议或接入信道 MAC 协议进行数据封装，构造成以上两类数据分组。该数据分组头中含有终端标识符，终端根据终端标识符（UATI, Unicast Access Terminal Identifier）对数据分组进行地址的匹配，以判断该数据分组是否属于自己。

安全层发送的消息类数据分组，采用前/反向业务信道 MAC 协议进行数据封装，产生业务信道 MAC 数据分组，该数据分组没有分组头，终端根据 MACIndex 对收到的数据分组进行地址匹配，如图 11-3 所示。

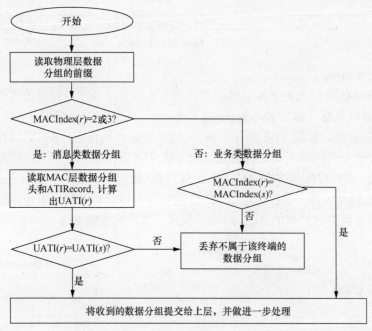

图 11-3　前向业务/控制信道数据分组的地址匹配

前向控制信道和前向业务信道匹配过程如下。

①　终端读取前向信道物理层分组的前缀，根据其中的信道标识 MACIndex（记作 MACIndex(r)）判断该信道是控制信道或业务信道。

②　如果是控制信道，则终端读取 MAC 层数据分组头中的 ATIRecord，并计算出该数据分组所从属终端的地址标识 UATI。若它与接收终端的地址标识 UATI 一致，则证明是该用户的控制信道消息，终端读取该数据分组中的净荷并提交给安全层；否则，终端丢弃该数据分组。

③　若为业务信道，则终端比较 MACIndex(r)与它所保存的 MACIndex(s)。若两者一致，

则终端读取该数据分组的净荷，并提交给 MAC 层；否则，终端丢弃该数据分组。

11.3.2 协议介绍

MAC 层协议种类如图 11-4 所示。

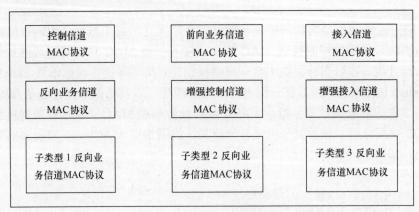

图 11-4　MAC 层协议种类

1．控制信道 MAC 协议

控制信道 MAC 协议规定了控制信道的传送方式和时序要求。控制信道消息在控制信道周期内以同步分组包囊（SC，Synchronous Capsule）或异步分组包囊（AC，Asynchronous Capsule）的形式发送，如图 11-5 所示。SC 只能在特定时间传送，AC 可以在控制信道周期内发送 SC 以外的任何时间发送。控制信道以 256 个时隙为周期，在一个控制信道周期内只能发送一个 SC，但可以发送多个 AC。一个 SC 可以包含一个或多个控制信道 MAC 层数据分组；一个 AC 通常包含一个控制信道 MAC 层数据分组，特殊情况下可以组合多个控制信道 MAC 层数据分组得到扩展的 AC。终端开机后，通常先读取 SC。

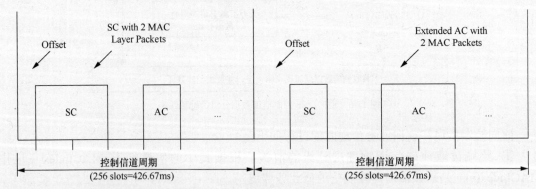

图 11-5　控制信道 MAC 层同步发送时序

发送控制信道 MAC 层分组包囊时，系统在每个 MAC 层数据分组前加上分组头信息，分组头由 SyncCapsule、FirstPacket、LastPacket 和 Offset 组成，前两个参数指示数据分组的传送情况。具体而言，对于 SyncCapsule 字段，在发送 SC 的第一个 MAC 层数据分组时将其设为 '1'，在发送 AC 时将其设为 '0'；对于 LastPacket 字段，在发送最后一个数据分组时将其设为‘1’，在发送其余数据分组时将其设为‘0’；Offset 字段用于确定 SC 的起始发送时间 T，T 是以时隙为单位表示的系统时间，它满足关系式 $T \bmod 256 = \text{Offset}$。

SC 通常传送系统同步消息（Sync Message）、快速配置消息（QuickConfig Message）、扇区参数消息（Sector Parameter Message）和寻呼消息（Paging Message）。其中，同步消息携带系统定时和扇区的 PN 相位偏值等参数。快速配置消息携带 SectorID、ColorCode 和接入标识等参数。扇区参数消息携带用户位置、系统时间、邻区列表和子网掩码等参数。AC 通常传送对特定终端的应答消息（Ack Message）和 RLP 控制信息。

2. 接入信道 MAC 协议

接入信道 MAC 协议规定了终端接入系统的方式和长码生成方式。在接入之前，终端需要检验新收到的快速配置消息中，SectorSignature 和 AccessSignature 与终端的当前配置是否一致，若不一致，则必须更新终端的系统参数配置。在接入期间，每次接入探针，终端首先发送接入信道前缀，然后发送 apsuleLengthMax 个数据分组。每次接入探针发送一个接入信道 MAC 层分组包囊，单次接入过程中多个接入探针所传送的信息完全相同。出现以下几种情况，终端中止接入过程。

① 在探针序列数未超过系统规定的最大值之前，终端收到系统的接入信道应答消息（ACAck Message），本次接入成功；

② 在探针序列数未超过系统规定的最大值之前，收到 Deactive Command，本次接入失败；

③ 当探针序列数达到系统规定的最大值时，终端仍未收到系统的接入信道应答消息，本次接入失败。

1x EV-DO 接入信道使用长码区分用户。长码由长码掩码与 42bit 寄存器的输出异或而成，寄存器的初始状态与系统的 GPS 时间相关，长码掩码与系统及用户信息有关。接入信道长码掩码的构成如图 11-6 所示。其中，MI_{ACMAC} 和 MQ_{ACMAC} 分别代表接入信道 I 和 Q 支路的长码掩码；AccessCycleNumber＝SystemTime mod 256，SystemTime 由同步消息提供；SectorID 是终端尝试接入扇区的标识，由扇区参数消息提供；ColorCode 由快速配置消息提供，SectorID 由扇区参数消息提供。

BIT	41	40	39 38 37 36 41 35 41 34 33 32 31 30 29 28 27 26 25 24 23 22 21 20 19 18 17 16 15 14 13 12 11 10 09 08 07 06 05 04 03 02 01 00
MI_{ACMAC}	1	1	AccessCycleNumber　　　Permuted (ColorCode | SectorID[23:0])
MQ_{ACMAC}	0	0	AccessCycleNumber　　　Permuted (ColorCode | SectorID[23:0])

图 11-6　接入信道长码组成

3. 前向业务信道 MAC 协议

前向业务信道 MAC 协议规定了前向业务信道的速率控制和复用/解复用方式，及前向业务信道 MAC 协议状态转移流程。1x EV-DO 终端在选择反向速率具有较大的自主性。1x EV-DO 终端可以通过 DRC 信道（DRCCover）请求服务基站以速率（DRCValue）传送业务数据，也可以用消息方式通知激活集中的某个基站以固定速率传送业务数据。前向业务信道 MAC 协议主要规定了 DRC 信道的传送规则和前向业务信道的速率控制方法，它包含非激活状态、变速率状态和固定速率状态，如图 11-7 所示。

当系统未给终端分配前向业务信道时，该协议处于非激活状态；否则，处于激活状态。在激活状态下，前向业务信道存在固定速率和变速率两种传送模式：在变速率情况下，系统根据DRC 请求速率发送前向业务信道数据分组；在固定速率情况下，系统根据终端在固定模式请求消息（FixedModeRequest Message）中指定的速率发送前向业务信道数据分组。

当终端希望前向业务信道以变速率传送时，终端通过 DRC 信道向 DRCCover 标识的激活集基站发送速率请求信息；基站收到 DRC 速率请求信息后，将该终端加入到前向调度队列中，并按照 DRC 请求速率向该终端发送前向业务信道数据分组。

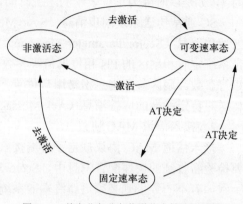

图 11-7　前向业务业务信道状态转移流程图

当前反向链路严重不平衡或功率控制失效，造成系统无法正确解调 DRC 信道或 DRC 信道丢失时，系统向终端发送 DRCLock 指示信息，通知终端重新选择服务基站；终端收到 DRCLock 指示信息后，发送 DRCCover 为空的 DRC 信道，并通过固定模式指示被请求的激活集基站在规定时间内以特定的速率传送请求消息；基站以固定模式响应消息（FixedModeResponse Message）；基站和终端进入固定速率传送模式，在此时间内，终端可以多次发送固定模式请求消息，以延长固定速率服务时间；当服务时间结束或服务基站被剔除出激活集时，终端将退出固定速率状态。若无法收到以规定速率传送的业务数据，终端将通过固定模式关闭消息（FixedModeXoff Message）告知服务基站，并进入变速率传送模式。但需要指出的是，中国电信现网中没有开通固定速率状态。

4．反向业务信道 MAC 协议

反向业务信道 MAC 协议规定了反向业务信道的捕获和速率选择机制。1x EV-DO 反向业务信道的速率控制与激活集扇区的负载（CombinedBusyBit）、当前速率（CurrentRate）、速率转移概率、终端缓存数据量的大小、最低负载要求、最小负载限制、速率上限（MaxRate）、当前速率上限（CurrentRateLimit）以及反向链路速率控制算法等因素有关。

（1）反向速率选择

反向速率选择通过下列 6 个元素控制。

① CombineBusyBit：CombineBusyBit 是导频激活集中所有扇区忙或非忙的标识，仅当所有扇区最近发送的 RA 比特均为‘1’时，终端才将 CombineBusyBit 设为‘1’。

② CurrentRate：CurrentRate 表示终端准备发送新数据前，上次业务数据的发送速率，若此前未发送业务数据，则 CurrentRate 设为‘0’。

③ 速率转移概率：反向业务信道存在 5 种速率状态，在每种速率状态下，系统非忙和忙时对应的速率转移概率矢量为（p_i，q_i），终端根据当前速率所对应的转移概率矢量，进行一致性测试：终端产生 0~1 的随机数，并与系统忙（或非忙）时的速率转移概率 q_i（或 p_i）比较；若随机数小于速率转移概率，则通过一致性测试，并结合其他速率控制因素执行速率调整判决；否则，维持当前速率不变。速率转移概率由反向业务信道 MAC 协议指定，并通过属性配置消息下发。系统可以根据业务类型或用户优先级配置速率转移概率。对于优先级

较高的业务类型或用户，系统将其非忙时的速率转移概率设为较高的值，以获得更好的服务。

④ 最小负载限制：1x EV-DO 终端保存反向速率与最小负载的映射表，它规定了每种速率对应的最小发送字节数。终端在选定某种速率时，每次要传送的数据量必须满足对应的最小负载要求，即要求终端缓存数据量不小于该速率所要求的反向业务信道 MAC 层数据分组净荷的比特数。

⑤ MaxRate：MaxRate 由 CurrentRate、CombineBusyBit 值以及随机数等多个参量联合决定。终端先产生一个 0～1 的随机数，并与 CurrentRate 速率对应的转移概率比较，根据比较结果设置 MaxRate。系统可以根据业务类型或用户优先级配置速率上限。对于优先级较高的业务类型或用户，系统给予较高的速率上限，以保证用户能以更高的速率传送。

⑥ CurrentRateLimit：CurrentRateLimit 表示反向速率的上限，它的初始值设为 9.6kbit/s。当终端收到反向速率限制消息（ReverseRateLimit）时，按以下方法更新 CurrentRateLimit，若该消息中的 RateLimit 小于 CurrentRateLimit，则终端在接收完该消息后，立即将 CurrentRateLimit 设置为 RateLimit；若该消息中的 RateLimit 大于 CurrentRateLimit，则终端在接收完该消息，再经过一帧后才将 CurrentRateLimit 设置为 RateLimit。反向业务信道传送速率由上述因素共同决定，其速率控制过程如下。

根据导频激活集中所有扇区的 RAB，终端判断反向链路状态（忙或不忙），设置 CombineBusyBit；根据 CombineBusyBit 和 CurrentRate 对应的转移概率，执行一致性测试；若未通过一致性测试，则维持当前速率；若通过一致性测试，并且反向链路忙，则反向速率减半（减半后的速率不能低于 9.6kbit/s）；若通过一致性测试，并且反向链路不忙，则反向速率加倍（加倍后的速率不能超过 MaxRate、CurrentRateLimit 以及终端发送功率所能支持的最大传送速率）。

（2）反向链路静默

系统反向负载的估计精度直接影响到反向业务信道速率控制的准确性。1x EV-DO 反向业务信道 MAC 算法使用 ROT 来衡量反向链路负载的大小，并根据 ROT 控制反向链路资源的分配。

为了保证反向链路负载测量的准确性，1x EV-DO 系统采用了反向链路静默机制。反向链路静默起始时间 T 满足关系式 $T \bmod (2048 \times 2 \text{ReverseLinkSilencePeriod} - 1) = 0$（以帧为单位的系统时间）；静默时长 ReverseLinkSilenceDuration 通常设为 0～3 帧；静默周期 ReverseLinkSilencePeriod 可以在 54s（2025 帧）、109s（4050 帧）、218s（8100 帧）和 437s（16200 帧）中选取。系统通过扇区参数消息下发反向链路静默起始时间、静默时长和静默周期等参数；终端收到这些参数后，立即停止在反向业务信道上的数据发送。

反向链路静默会挤占部分反向业务信道的传送时间。考虑最差的情况：当静默时长为 3 帧和静默周期为 437s 时，反向链路静默占用约 0.15% 的系统时间资源，可以忽略不计。

（3）反向业务信道长码

1x EV-DO 反向业务信道的长码在物理层由长码掩码与 42 位寄存器的输出异或而成，寄存器的初始状态与系统的 GPS 时间相关，长码掩码则与系统及用户信息有关。反向业务信道长码掩码的构成如图 11-8 所示，其中 MI_{RTCMAC} 和 MQ_{RTCMAC} 分别表示反向业务信道的 I、Q 支路的长码掩码。

5．增强型前向业务信道 MAC 协议

增强型前向业务信道 MAC 协议在 Rev. 0 的基础上，MUP、DRCIndex 与传输速率不再

——对应，而是具有一对多、DSC 无缝切换、自适应 PER 等增强功能。

BIT	41 40 39 38 37 36 41 35 41 34 33 32	31 30 29 28 27 26 25 24 23 22 21 20 19 18 17 16 15 14 13 12 11 10 09 08 07 06 05 04 03 02 01 00
MI$_{RTCMAC}$	1 1 1 1 1 1 1 1 1 1 1 1	Permuted (UATIColorCode｜UATI [23:0])
MQ$_{RTCMAC}$	0 0 0 0 0 0 0 0 0 0 0 0	Permuted (UATIColorCode｜UATI [23:0])

图 11-8　反向业务信道长码组成

（1）多用户数据分组

多用户数据分组（MUP，Multi User Packet），由于各种高 QoS 应用和为了提高频谱利用率，引入了多用户数据分组，即 PDMA 技术。多用户数据分组对应的 MACIndex 66～70，在进行下载业务时，AT 先检测所传送数据分组的 MACIndex，如果是 65～70，则再将该数据分组内所对应的 MACIndex 与 AT 的 MACIndex 进行配对，看是否有属于该 AT 的数据分组，即进行二次 MACIndex 的检测。该方法的引入有效地提高了频谱效率。

（2）DRCIndex 与速率对应关系

基于无线环境的复杂和实际分组大小的情况，为了提高频谱效率，引入了一个或两个 DRCIndex 对应一种速率的方法。DRCIndex4 和 5 等所对应的速率是相同的，但速率是通过不同的传输格式实现的，见表 11-1。

表 11-1　　　　　　　　　　　　　　　　**DRCIndex 和速率对应关系**

DRCIndex	调制方式	占用时隙	前导码片（chip）	有效荷载	速率（kbit/s）	C/I（dB）
0x0	QPSK	n/a	n/a	0	null rate	n/a
0x1	QPSK	16	1 024	1 024	38.4	−11.5
0x2	QPSK	8	512	1 024	76.8	−9.2
0x3	QPSK	4	256	1 024	153.6	−6.5
0x4	QPSK	2	128	1 024	307.2	−3.5
0x5	QPSK	4	128	2 048	307.2	−3.5
0x6	QPSK	1	64	1 024	614.4	−0.6
0x7	QPSK	2	64	2 048	614.4	−0.5
0x8	QPSK	2	64	3 072	921.6	2.2
0x9	QPSK	1	64	2 048	1 228.8	3.9
0xa	16QAM	2	64	4 096	1 228.8	4
1xb	8PSK	1	64	3 072	1 843.2	8
1xc	16QAM	1	64	4 096	2 457.6	10.3
1xd	16QAM	2	64	5 120	1 536	in Rev. A
1xe	16QAM	1	64	5 120	3 072	in Rev. A

（3）自适应 PER

由于 Rev. A 针对的强 QoS 型业务越来越多，针对有些时延要求非常高，但误码要求相对较低的业务，如 VoIP 业务等，通过自适应调整 PER 来减少传输时延。例如，采用 12 288bit

的大的分组，当 PER=99%时，需要 16 个时隙传完，传送速率是 614kbit/s，如果此业务是时延敏感的业务，当 PER=99%×99%时，也可以在 12 个时隙传完。

6．增强型接入信道 MAC 协议

增强型接入信道 MAC 协议在 Rev. 0 的基础上，为了加快接入信道连接速度，引入了多种分组格式，速率选择机制采用的是约束型的自我选择机制。针对时延高敏感性业务的出现，如 QCHAT 业务，接入方需要快速建立连接。为了提高连接速度，1x EV-DO Rev. A 接入信道增加了两种小的分组格式（512 和 1 024），其接入速度也由原来的 9.6kbit/s 增加到 9.6/19.2/38.4kbit/s 3 种。接入信道的前导由 Rel.0 的最少一帧（16slots）减少到 1/4 帧（4slots），降低了接入时延。如果数据量很小，可以直接通过 AC 传递，省去业务信道的建立。

7．增强型控制信道 MAC 协议

增强型控制信道 MAC 协议在 Rev. 0 的基础上，引入了子同步控制信道（SSCC, Sub-sync Control Channel），支持更短的寻呼周期，寻呼消息既可在同步控制信道（SCC）上，也可以在子同步控制信道（SSCC）上传输。

控制信道支持（128，4，1 024）、（256，4，1 024）、（512，4，1 024）3 种小的分组，传输时长减少到 4slot。

寻呼周期从 EV-DO Rel.0 固定的 5.12s，变为动态可调且最低为 4 时隙的时隙级别，为对讲业务等需要快速接通的业务提供了较好的支持。

8．子类 1 反向业务信道 MAC 协议

反向业务信道 MAC 子类型 1 协议更改了速率转移概率矢量。

9．子类 3 反向业务信道 MAC 协议

子类 3 反向业务信道 MAC 协议制定了反向负载控制机制、时延机制。

（1）反向负载控制机制

Rel.0 中通过 RAB 控制反向速率，存在随机性大、无法实现 QoS 等缺点，因此 Rev.A 引入了反向业务与导频功率的比值 dB（T2P，Traffic to Pilot），通过 RAB 控制 T2P，再间接控制反向速率。

针对每个反向 MAC Flow 都存在一个类似的 T2P 漏桶管理机制，如图 11-9 所示，终端根据空口环境（或 AN 配置数据）计算入桶的 T2P 资源，根据发包数据（Data）的大小计算出桶的 T2P 资源。桶中的 T2P 资源最大值受到 T2Pmax 的限制，出桶的 TxT2P 也受桶中 T2P 资源限制，这样实际反向发送速率受到桶中 T2P 资源的限制。终端（AN）可以通过配置协商和准许（Grant）消息影响反向 MAC Flow 级 T2P 分配，方便实现反向用户间 QoS 和用户内 QoS。

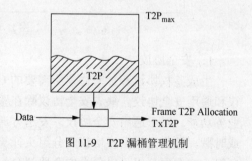

图 11-9　T2P 漏桶管理机制

T2P 控制机制分为两种，可以分别或者共同影响反向速率。

① 自动模式：AN 在会话建立初或会话建立时，配置详细的控制参数，之后，由手机根据空口环境和发送数据需求进行自动控制；

② 调度模式：AN 通过 Grant 消息直接指定当前入桶 T2P 和维持时间（TT2PHold），进行实时控制。如果 TT2PHold 超时，且没有新的 Grant 消息，手机转入自动模式。

（2）时延控制

反向 T2P 分配资源考虑了长期的平均系统负荷，降低了突发数据对反向系统稳定性的影响，并且反向 T2P 可以对 EF 业务分配固定的 T2P 资源，尽量保证系统负荷较高时 EF 业务的传输时延。

11.4　安全层协议功能

11.4.1　功能介绍

安全层完成密钥的生成、交换、数据加密和空口鉴权等功能。当会话层配置为空的安全层或使用已配置的安全协议，则安全层数据分组的长度为零或没有分组头和分组尾，MAC 层新增字段也指示了安全层是否存在分组头和分组尾。加密协议分组头可包含加密协议所用的变量（如初始矢量），加密协议可增加分组尾以隐藏明文的实际长度或由加密算法增加填充位。鉴权协议分组头或分组尾可包含用于验证鉴权协议数据分组中需鉴权部分的数字签名，对密文块和密文头进行鉴权，从而避免鉴权失败时不必要的解密。安全协议分组头或分组尾可包含鉴权和加密协议所需的变量（如 CryptoSync 和时戳等）。

11.4.2　协议介绍

安全层协议如图 11-10 所示。

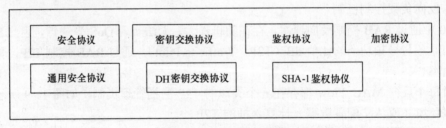

图 11-10　安全层协议种类

1．安全协议

生成鉴权协议和加密协议所需要的 CryptoSync 和时戳等变量。安全协议分为缺省安全协议和通用安全协议。缺省安全协议除在鉴权协议和 MAC 层间传递数据分组外，不提供任何业务功能。对于通用安全协议，发送方通过该协议提供鉴权和加密协议所需的 CryptoSync 或时戳，接收方根据该协议的分组头计算出 CryptoSync。每个安全层分组包含一个鉴权协议分组，安全层分组可以包含安全协议分组头或分组尾。

（1）发送时，安全协议处理从安全层到 MAC 层的数据分组时所遵循的规则

① 当收到的数据分组被要求鉴权或加密时，安全协议会设置对应的时戳，并添加安全协议数据分组头；

② 当收到的数据分组未被要求鉴权和加密时，安全协议对其不做任何处理，即无需添

加安全协议数据分组头。

（2）接收时，安全协议处理从 MAC 层到安全层的数据分组时所遵循的规则

① 当收到已被鉴权或加密的数据分组时，安全协议去掉安全协议分组头；

② 当收到不需鉴权和加密的数据分组时，安全协议自动设置此数据分组为连接层数据分组。

2．密匙交换协议

生成 AT 和 AN 空口鉴权和数据加密所需要的密钥，密钥交换协议分为空（NULL）密钥交换协议和缺省密钥交换协议（即 DH 密钥交换协议）。空密钥交换协议不提供任何业务功能，它与缺省鉴权协议和空加密协议协同使用。缺省密钥交换协议使用 Diffie-Hellman（DH）算法计算临时性的会话密钥（SessionKey），并通过密钥请求消息（KeyRequest Message）和密钥响应消息（KeyResponse Message）交换会话密钥，以及通过接入网密钥完成消息（ANKeyComplete Message）和接入终端密钥完成消息（ATKeyComplete Message）通知对方已计算出会话密钥。

在会话配置期间，AT 和 AN 执行 DH 密钥交换，产生共享的会话密钥。系统侧和终端侧的密钥交换协议先将会话密钥、加密密钥和鉴权密钥等变量设为 NULL，然后按照图 11-11 执行密钥交换过程。

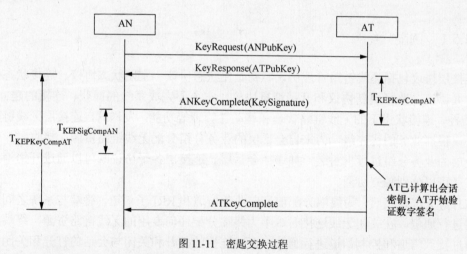

图 11-11　密匙交换过程

若 DH 密钥交换成功，系统和终端接着利用会话密钥产生鉴权密钥和加密密钥，并设置 FTCAuthKey、RTCAuthKey、FTCEncKey、RTCEncKey、ACAuthKey、CCAuthKey、ACEncKey 和 CCEncKey 等物理信道鉴权和加密密钥的消息比特。

3．鉴权协议

空口鉴权用于检验终端是否为某空口会话的合法拥有者，避免了终端每次打开空口连接时，都进行接入鉴权过程；在接入鉴权时，若该用户先前已经建立其空口会话，则可以直接沿用已有的会话配置信息加快接入鉴权的速度。空口鉴权是通过对接入信道数据分组打上鉴权签名（Signature）来完成的。

空口安全层鉴权协议分为空鉴权协议和缺省鉴权协议。空鉴权协议除在加密协议和安全协议间传递分组外，不提供任何业务功能。缺省鉴权协议使用 SHA-1 鉴权算法，由缺省鉴权

协议完成空口鉴权功能。

终端发送时，缺省鉴权协议接收加密协议分组，在每个接入信道加密协议分组前添加鉴权协议数据分组头，构成接入信道鉴权协议数据分组，并将其送往安全协议；网络接收时，缺省鉴权协议接收到接入信道的安全协议数据分组，去掉鉴权协议分组头，构造加密协议分组，并将其送往加密协议。

无论是发送还是接收，缺省鉴权协议都将根据 ACAuthKey、加密协议分组、系统时间 TimeStampLong（64bit，由安全层协议提供）和 SectorID（128bit）等参数，使用 SHA-1 算法计算消息比特，并取其低 64bit 作为接入信道 MAC 层分组鉴权码（ACPAC）。发送时就将计算出来的 ACPAC 写入鉴权协议数据分组头，接收时就将计算出来的 ACPAC 与收到的鉴权协议数据分组头的 ACPAC 进行匹配，两者一致时表示接入信道鉴权成功；否则，鉴权协议发送失败指示并丢弃安全层数据分组。

4．加密协议

完成空口数据的加密功能。

11.5 连接层协议功能

11.5.1 功能介绍

连接层协议包括无线链路管理协议、初始化状态协议、空闲状态协议、连接状态协议、分组合并协议、路径更新协议和开销消息协议，它主要完成系统的捕获、连接的建立/维持/释放/监控、连接状态下的无线链路管理和移动性管理等功能。发送时，连接层无线链路资源管理协议根据业务的优先级，为来自会话层的业务分组分配无线链路资源；接收时，则对来自安全层的业务分组进行拆封装，并送往会话层。连接层各子协议既可以通过开销消息协议协商，又可以分别独立协商。

在打开无线连接时，为终端分配前反向业务信道和 RRI 子信道，终端与系统之间通过这些信道进行通信。在关闭无线连接时，不为终端分配任何专用的无线链路资源，终端与系统之间通过接入信道和控制信道进行通信。无线连接的打开和关闭与会话的打开和关闭不同。

11.5.2 协议介绍

连接层协议如图 11-12 所示。

1．无线链路管理协议

无线链路管理协议用于维护 AT 与 AN 之间的无线链路状态。终端侧的无线链路状态如图 11-13 所示，它包含 3 个子状态。

① 初始化状态指终端尚未捕获网络时的状态，指终端刚开机、重选系统、空闲态情况下系统监管失败、会话关闭等情况下的状态；

② 空闲状态指终端已经捕获网络但尚未建立连接时的状态，终端完成网络捕获、连接关闭或连接态情况下系统监管失败等情况下的状态；

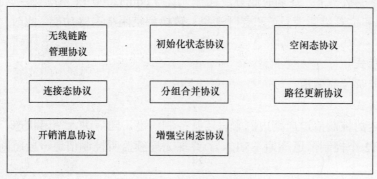

图 11-12　连接层协议种类

③ 连接状态指终端已经捕获网络和建立连接时的状态。

根据终端所处的状态，无线链路管理协议负责激活该状态对应的初始化状态协议、空闲状态协议或连接状态协议。1x EV-DO Rev. A 增加了连接失败记录和连接失败报告功能。各种状态转移如图 11-13 所示。

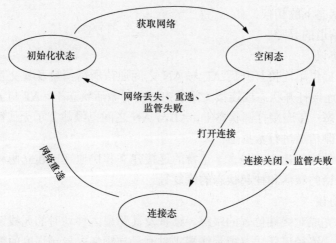

图 11-13　终端状态转移图

2．初始化状态协议

初始化状态协议为终端提供接入网络所需的过程及消息。该协议可以工作在非激活状态、网络判决子状态、导频捕获状态或同步状态。根据初始化状态协议，终端开机时首先会进入非激活状态；然后进入网络判决状态，选择系统、频段、频道等参数，对网络进行搜索与捕获；之后进入导频捕获状态，对在网络判决状态下选定频道所对应的频段进行导频搜索和捕获（最长时间为 60s）；如果终端正确解调某基站的导频信号，则终端进入同步状态，完成与系统时间的同步。

3．空闲状态协议

空闲状态协议定义了终端在已成功捕获网络但尚未打开连接时所需的过程及消息。该协议可以工作在非激活状态、空闲状态、监控状态或连接建立状态。在非激活状态下，终端等待激活命令；在空闲状态下，终端周期性的转移到监控状态，以监听控制信道周期性发送的同步包囊。在监控状态下，终端完成频点选择（或与 cdma2000 1x 系统切换）、监听开销消息（扇区参数消息和位置更新消息）和寻呼消息、转换到空闲状态等功能。此时，终端支持以下几种工作模式。

（1）连续模式

终端连续监听控制信道。

（2）时隙模式

终端在特定的控制信道周期内醒来以监听控制信道，随后进入空闲状态，空闲状态周期的缺省值等于 12 个控制信道周期（5.12s）。终端先连续监听控制信道一段时间，然后工作在时隙模式。

（3）挂起（Suspend）模式

若由于某些原因，终端连接中断，并且未发生位置变更，终端可以进入挂起模式；在挂起模式下，当系统有数据要发送时，系统无需发送寻呼请求，可以直接指配业务信道，建立快速连接。在挂起模式开始之前，终端通过连接关闭消息（ConnectClose Message）告诉系统它已进入挂起模式。在空闲状态下，终端负责 3 项工作：

① 监听控制信道的开销消息，完成系统的更新和同步；

② 完成空闲状态下的切换；

③ 监听控制信道的寻呼。

4．连接状态协议

连接状态协议提供了连接打开后 AT 与 AN 之间通信所需消息及其交互过程，它可以工作在非激活状态、连接打开状态或连接关闭状态。在非激活状态下，AT 与 AN 等待激活命令以进入连接打开状态；在连接打开状态下，AT 与 AN 之间已经建立了无线链路连接，通过前反向业务信道和控制信道进行数据通信。

连接状态协议的连接建立，包含了正常的连接建立和快速连接建立两种方式。快速连接方式主要应用于会话的激活和挂起状态的恢复等。

5．路径更新协议

路径更新协议完成对终端位置的跟踪、维护及其跨扇区移动时的无线链路维护等功能。

在空闲状态时，路径更新协议指示终端实时测量导频集内导频强度的变化，并通过路径更新消息（RouteUpdate Message）上报测得的导频强度值；基站收到该消息后，估计终端当前的无线环境，同时完成注册登记或位置更新。

在连接状态，路径更新协议的作用主要表现为辅助完成导频集的管理。一般来说，在连接建立阶段，会同时触发路径更新协议工作，并发送路径更新消息。

1x EV-DO 路径更新消息与 cdma2000 导频强度测量消息的格式、功能和触发条件基本一致。例如，当终端检测到某一导频的强度高于 PilotAdd 时，终端发送路径更新消息；系统将该导频纳入激活集，并通过业务信道指配（Traffic Channel Assignment）消息进行响应；终端收到该消息后，返回业务信道完成（Traffic Channel Complete）消息进行确认，从而实现对导频集的管理功能。

路径更新协议的属性（导频搜索窗和导频集管理等属性）在会话协商期间被配置。

1x EV-DO Rev. A 主要增强的方面有：防止乒乓切换的列表、支持异频测量功能、支持跨频切换、支持连接状态下的导频集管理。

6. 分组合并协议

分组合并协议完成对会话层数据分组的合并/解合并功能。对会话层数据分组的合并包含 A 和 B 两种格式。对于格式 A，每个连接层数据分组包含一个会话层数据分组，不包含分组头和填充位；对于格式 B，每个连接层数据分组包含一个或多个会话层数据分组，每个会话层数据分组包含分组头，必要时，连接层数据、分组也可以包含部分填充位。

1x EV-DO Rev. A 主要改变为支持 RTCMAC Subtype 3。

7. 开销消息协议

1x EV-DO 系统开销消息包括快速配置消息（QuickConfig Message）和扇区参数消息（Sector Parameter Message）。开销消息协议完成这些消息的发送、接收和监控功能。系统在每个控制信道周期内发送快速配置消息，在至少 NOMPSectorParameters 个控制信道周期（常设为 12 个控制信道周期：5.12s）内发送扇区参数消息。在发送快速配置消息时，网络将 SectorSignature 字段设为下一个扇区参数消息的 SectorSignature 字段，并将 AccessSignature 设为接入参数消息中的 AccessSignature。

开销消息协议也定义了终端对系统开销消息的监控过程。终端侧维护两个系统开销消息监控定时器 TOMPQCSupervision 和 TOMPSPSupervision（通常设为 12 个控制信道周期）。如果终端在定时器超时前未收到快速配置消息或扇区参数消息，则终端返回监控失败指示，开始网络判决过程；如果收到其中一个或两个消息，终端将对应的定时器复位，开始新一轮的监控。

此外，快速配置消息也定义了对前向业务信道的监管字段 FTCValid。当终端处于连接状态时，系统将对应于该终端的 FTCValid 设为 '1'，如果终端在前向业务信道的有效定时 FTValid 内无法正确接收反向信道，则 FTCValid 清零，释放前向业务信道资源，转换到休眠状态。

1x EV-DO Rev. A 开销消息中的 QuickConfig 消息改变了 MACIndex 长度，增加了多用户数据分组等新增 MACIndex 的定义，大大增加了可用 MACIndex，提高了系统容量。

8. 增强空闲态协议

由于 Rev. A 系统引入 QoS 功能，为了减少实时性业务的寻呼时间，终端需要以不同的频度侦测控制信道，其主要体现在 3 层睡眠周期、SCI 调整、连接状态管理方面的增强。

11.6 会话层协议功能

11.6.1 功能介绍

会话层完成空口会话的建立、维持和释放功能。在终端与系统进行数据通信之前，必须先建立会话，会话的过程包含会话协议的激活、地址分配和协议参数配置等几个阶段。

1x EV-DO Rev. A 新引入了 Personality，为了适应不同的 QoS 需要，AT 与 AN 在会话建立时，可协商多个 Personality，最多 16 个。终端进行某一应用时，激活其中的某一个 Personality，当应用改变时，可通过 GAUP 协议更改 Personality 属性来更好地满足应用需要。

11.6.2 协议介绍

会话管理协议如图 11-14 所示。

图 11-14 会话层协议种类

1．会话管理协议

会话管理协议管理地址管理协议（AMP，Address Management Protocol）和会话配置协议（SCP，Session Configuration Protocol）两个协议，通过管理 AMP 和 SCP，实现会话终端的地址分配和会话协议的配置协商。此外，SMP 还完成会话的 KeepAlive 和会话的关闭功能。SMP、SCP 和 AMP 之间的交互如图 11-15 所示。

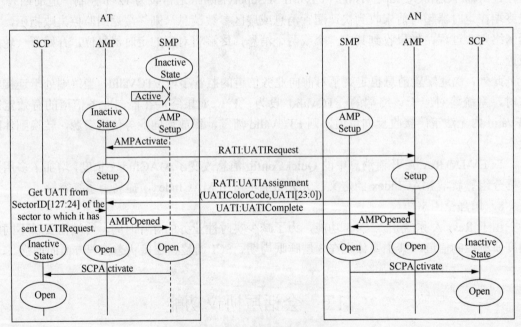

图 11-15 会话协议之间的交互

下面结合一次完整的开机会话过程来说明会话管理协议与地址管理协议及会话控制协议之间的交互流程，如图 11-15 所示。

① 终端捕获到网络后，进入空闲状态，监听系统的开销信息，完成系统配置更新，激活 SMP，开始会话建立过程。

② 终端 SMP 激活 AMP，AMP 触发终端向系统发送 UATIRequest 消息，请求系统为其分配 UATI。MAC 层将封装 UATIRequest 消息的数据分组头的终端地址标识类型设为随机终端地址标识（RATI，Random Access Terminal Identifier）或 UATI。

③ 系统收到 UATIRequest 消息后，根据一定算法计算出分配给该终端的 UATI，并发送 UATIAssignment 消息。UATIAssignment 消息中包含 UATI104、UATI024 和 UATISubnetMask 等字段，分别对应于所分配 UATI 的高 104bit、低 24bit 以及当前扇区的子网掩码等。

④ 终端收到 UATIAssignment 消息后，根据该消息携带的 RATI 或 UATI 判断其是否属于自己。

⑤ SMP 激活 SCP，SCP 触发终端与系统之间的配置协商过程。配置协商主要利用配置请求消息和配置响应消息等实现对空中接口不同协议层的各子协议及其属性的协商和配置。

⑥ 在会话过程中，若收到会话关闭消息（SessionClose Message）、会话超时或终端离开网络，SMP 将负责关闭本次会话。

会话的 KeepAlive 功能由 SMP 完成。SMP 通过设置 TSMPClose 来控制会话的生命期长度，若要关闭会话，可将 TSMPClose 设为 0，TSMPClose 的缺省值为 54 小时。

在会话期间，当终端与系统之间不存在业务连接时，当会话默认的满 TSMPClose 的 1/3 和 2/3 时，SMP 可以通过 KeepAlive 请求消息（KeepAliveRequest Message）和 KeepAlive 响应消息（KeepAliveResponse Message）完成对会话生命期的控制。

2．地址管理协议

地址管理协议用于会话终端的地址分配，即 UATI 的申请和更新。

（1）UATI 申请

在建立新会话前，终端向系统发送 UATIRequest 消息，请求系统为其分配 UATI。MAC 层将封装 UATIRequest 消息的数据分组头的终端地址标识类型设为 RATI 或 UATI。系统收到 UATIRequest 消息后，根据一定算法计算出分配给该终端的 UATI，并发送 UATIAssignment 消息，终端收到 UATI 地址后，通过 UATIComplete 消息通知 AN 完成 UATI 的申请。此后，系统就可以通过 UATI 为地址标识指定终端空中接口不同协议层的各子协议及其属性的协商和配置。UATI 随着会话的建立而分配，并随会话的结束而释放。会话关闭后，若要新建会话，则需要重新进行 UATI 分配和会话协商。

（2）UATI 移动性管理

当终端跨子网切换时，可以请求目标 AN 恢复先前的会话。在会话恢复过程中：当目标 AN 收到 UATIRequest 消息时，新的 AN 通过 Sector Paramenter Message 发现其中的 Subnet Mask 发生了改变，则通过 AN 存有 ColorCode 与子网地址的映射表，计算出分配给该终端的 UATI 长版本，并通过 A13 接口从源 AN 获得原会话的属性配置（获得时需进行 HARDID 的验证），然后再更新 UATI，并将更新后的 UATI 与获得的原会话进行绑定。

当终端跨 AN 切换时，若目标 AN 未存储 ColorCode 与子网地址的映射表，则目标 AN 可以通过 UATIAssignment 消息指示终端通过 UATIComplete 消息上报其内存中保留的 UATI 长版本中的高 UpperOldUATILength 位；目标 AN 由此判断源 AN，并从源 AN 获得原会话的属性配置，然后再更新 UATI，并将更新后的 UATI 与获得的原会话进行绑定，从而避免了重新进行会话配置协商和 DH 密钥交换过程。

3．会话配置协议

会话配置协商可以由通用配置协议所定义的消息流程来实现。具体表现为：发送端（终端或网络侧）以配置请求消息发起协商请求，其中指定了要协商的协议属性及其一个或多个可选值；收端从配置请求消息所给出协议属性的可选值中选择一个，并通过配置响应消息通知发端；若收端认为某一协商属性无合适的可选值，则收端跳过此属性，发端使用属性的缺省值。由此完成一次协议及其属性的协商过程。值得指出的是，本次协商的属性在下次连接时才开始生效。

1x EV-DO Rev. A 的增强功能是，引入了 Personality，最多 16 个。当完成一个 Personality 协商时，系统发送 Softconfiguration Complete 消息，完成所有协商后，发送 Configuration Complete 消息。

终端工作时，通过 Session Configuration Token 激活其中的一个 Personality。当终端业务发生改变时，根据需要，通过 GAUP 协议更换成最适合的 Personality。

11.7　流层协议功能

11.7.1　功能介绍

流层的主要功能是对不同 QoS 要求的业务应用添加标识，连接层根据标识对不同优先级的业务分组进行合并重组。对来自应用层的数据分组，流层只在数据分组头加上对应的流层标识，流层标识与对应的业务应用见表 11-2。

表 11-2　　　　　　　　　　　　　**流层标识和业务对应表**

流层标识	流层数据二进制分组头	业务应用	传送要求
流 0	0	信令	可靠/尽力转发
流 1	1	数据	尽力转发
流 2	10	未用	
流 3	11	未用	

1x EV-DO Rev. A 为了更好地区分应用，它将应用设置为多个流，通过流 0 的形式传递。其中，流 0 用作信令应用，流 1 默认为 AN 鉴权流，流 2 默认为 PDSN 流，流 3 默认为 test 流。

11.7.2　协议介绍

流层协议种类如图 11-16 所示。

1．流协议

即为不同的流添加 QoS 标识，如流 0、流 1、流 2、流 3。

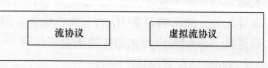

图 11-16　流层协议种类

2．虚拟流协议

将上层不同的应用分成不同的流，最多达 255 个，用 Virtual Stream NN 表示，通过流 0 的形式发送，所以称为虚拟流。

11.8　应用层协议功能

11.8.1　功能介绍

应用层主要是为来自 1x EV-DO 空中接口各协议层和上层的多种应用而设置。应用层协议包括缺省信令应用协议、缺省分组应用协议和 1x EV-DO Rev. A 新增的 MFPA、多模能力应用、电路域通知应用。

① 缺省信令应用主要实现信令路由、可靠传送、拆分、组合以及重序检测等功能。缺省分组应用协议是为实现分组数据应用在无线链路的可靠传送、移动性管理和流控功能。

② 多流分组应用（MFPA）：即支持单用户多个业务，每个业务可以有多个 RLP 流，最多可分成 00~FF（256）个 RLP 流，并可以对每个流进行控制。

③ 多模能力应用：适应多模终端。

④ 电路域通知应用：即对正在进行 1x EV-DO 业务的终端，当有 1x 话音寻呼的业务时，可通过 1x EV-DO 的信道下发寻呼请求，终端再切回 1x 系统响应的功能。

11.8.2　协议介绍

应用层协议如图 11-17 所示。

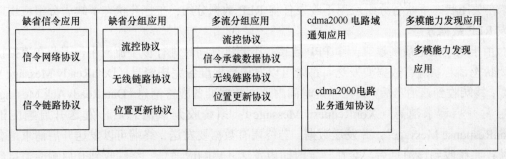

图 11-17　应用层协议种类

1. 信令网络协议

信令网络协议是一种消息路由协议，规定了承载该消息的物理信道类型、传送模式、寻址模式和业务优先级等内容。

信令网络协议（SNP，Signaling Network Protocol）数据分组由分组头和净荷两部分组成，如图 11-18 所示。

其中 SNP Packer Header 中包含了具体传送的协议类型，SNP Packet Payload 中包含的是传输该消息的物理信道类型、对消息的传送模式（可靠传送还是尽力传递）、寻址模式（单播或广播）及优先级。

SNP 分组头	SNP分组净荷 （消息）

图 11-18　SNP 协议组成

2．信令链路协议

信令链路协议主要完成 SNP 数据分组的传递和分组功能。信令链路协议（SLP，Signaling Link Protocol）由传递子层（SLP-D）和分段子层（SLP-F）组成。SLP-D 完成 SNP 数据分组的可靠传送或尽力而为传送，在可靠传送模式下，SLP-D 还包含重序检测和重传功能。SLP-F 完成 SLP-D 数据分组的分段功能，并在每个分段前添加分组头以构成 SLP-F 数据分组。

当 SNP 数据分组采用可靠传送模式时，SLP 可以通过 SLP-D 数据分组头中 AckSeqNum 字段进行确认，确认信号由应答消息携带。

当 SNP 数据分组采用尽力而为传送模式时，SLP 不需要发送确认信号，但为了增加传送的可靠性，可以连续多次发送该数据分组。

3．无线链路协议

无线链路协议是为了实现分组数据应用在无线链路的可靠性传递而设计的。采用基于 NAK 的重传机制。

为了实现发送字节的重序检测和可靠性传送，在收发两侧都设置了一个 RLP 数据缓冲区，并使用字节序号来标记收发的字节位置，以便于跟踪所收发的 RLP 字节在收发缓冲区中的状态。

系统为 Rel.0 时，RLP 协议将上层应用以先到先服务的方式，建立一条队列进行。当系统为 Rev. A 时，系统根据上层应用优先级的不同，最多可分为 256 个 RLP 队列进行，使其更好地满足 QoS 的需求。

4．流控协议

流控协议是为了实现分组数据应用的流控机制而设计的，包括关闭和打开两种状态。其中，在关闭状态下缺省分组应用不收发任何 RLP 数据分组；在打开状态下缺省分组应用可以收发 RLP 数据分组。

由于系统规定最多建立一个 PPP 连接，不能进行同时进行多个流应用，因此在流控协议关闭状态，若系统有数据要发送，系统可以发送数据准备完毕消息（DataReady Message）给终端；终端收到该消息后，会在一定时间内返回数据准备应答消息（DataReadyAck Message），并触发开启请求消息（XonRequest Message）；系统收到该消息后，发送开启响应消息（XonResponse Message），并发送数据。若终端有数据要发送，终端可以发送开启请求消息给系统；系统收到该消息后，会在一定时间内发送开启响应消息；终端收到开启响应消息后开始发送数据。

当终端和系统的流控协议均处在打开状态时，双方才能开始收发 RLP 数据分组。此时，若要流控协议进入关闭状态，终端可以发送关闭请求消息（XoffRequest Message）；系统收到该消息后，将在一定时间内发送关闭响应消息（XoffResponse Message），同时系统进入流控协议关闭状态；终端收到关闭响应消息消息后，也进入流控协议关闭状态。

5．位置更新协议

位置更新协议是为了实现分组数据应用的移动性管理功能而设计的。其特点是终端的大范围移动，如跨网络、跨子网等。位置更新协议主要用于支持混合终端跨 1x EV-DO 与 cdma2000 1x 网络的切换。当混合终端在 cdma2000 1x 网络上检测到 1x EV-DO 信号时，开始执行休眠态会话切换，并向 1x EV-DO 系统发送位置通告消息（LocationNotification

Message），以触发建立新的 A10 连接。在这种情况下，cdma2000 1x 和 1x EV-DO 网络的位置属性字段都采用接入网标识（ANID，Access Network IDentifier），亦即三元组（SID，NID，PZID）标识。

其与路由更新协议的最大区别在于位置更新协议支持的是大范围移动和 A13 接口不能完成的移动性管理。

6．信令承载数据协议

由于 1x EV-DO Rev. A 各种实时性业务的引入，为了减少业务信道建立的时间，针对短数据突发的应用，可将短数据从反向接入信道以信令的形式进行传送。

7．cdma2000 电路域服务通知协议

针对多模终端，在进行 1x EV-DO 业务时，cdma2000 话音业务（如寻呼或短信）通过 1x EV-DO 系统以消息隧道的形式通知终端，终端收到消息后，中断 1x EV-DO 业务回到 1x 系统进行话音被叫响应。

8．多模能力发现协议

即允许网络发现接入终端的多模能力。

第 12 章 1x EV-DO 事件与流程

12.1 概　述

本章主要阐述 1x EV-DO 的通信事件与流程。包括 1x EV-DO 终端开机选网、空口会话的建立、维持和释放流程，以及 PPP 连接的建立、释放、重激活等事件流程，另外还对相关的鉴权、加密、位置更新等流程进行了详细的说明。

由于 1x EV-DO 网络一般是在 cdma2000 1x 网络之上叠加建设而成，为了更好地满足客户要求，新推出的用户终端基本上是双模终端，它兼容 1x 的话音和数据业务及 1x EV-DO 的数据业务两种功能，也支持数据业务从 1x EV-DO 网络切换到 1x 网络，以及 1x 网络切换到 1x EV-DO 网络。1x EV-DO 技术标准考虑了与 1x 网络的互操作，混合终端在开机时，先搜索捕获 1x 网络，再搜索 1x EV-DO 网络，在待机状态混合终端会循环守候在两个网络之中。存在数据业务时，混合终端首选工作在 1x EV-DO 网络，没有 1x EV-DO 网络覆盖区域切换到 1x 网络，进入 1x EV-DO 覆盖区时，再切换回 1x EV-DO 网络。本章也对 1x EV-DO 和 1x 互操作以及混合终端的切换问题进行阐述。

12.2 开 机 选 网

12.2.1 PRL 设置

混合终端的开机选网由首选漫游列表（PRL）决定，机卡合一终端 PRL 存放在内部存储器内（机卡分离手机的 PRL 存放在 UIM 卡内），终端工作之前必须先写 PRL，其中存放了可供混合终端搜索的系统类别、频点号以及其他关键性系统参数（如 1x EV-DO 网络与 cdma2000 1x 网络的关联）等。在混合终端工作时，读取预先存储的 PRL，搜索并捕获网络。

在混合终端工作方式下，用户数据（如 IMSI、NAI 及鉴权密钥等）存储在 UIM 卡中。cdma2000 1x 采用 IMSI 进行用户鉴权和作为建立 R-P 会话用户的标识；1x EV-DO 可以采用 CHAP 鉴权，AN/PCF 通过 A12 接口的传递获得对应的 IMSI；混合终端在 1x EV-DO 与 cdma2000 1x 网络中使用相同的 IMSI，为实现 R-P 会话在两网之间的切换创造了条件。

12.2.2　混合终端选网

混合模式的终端开机后，分别搜索 1x 网络和 1x EV-DO 网络。如果两网均搜索到，则在两网进行登记，并进入双空闲状态，周期交替监听 1x 寻呼信道和 1x EV-DO 网络的控制信道。

当终端发起数据业务时，将优先使用 1x EV-DO 网络。在 1x EV-DO 网络进行数据业务时，终端会周期性监听 1x 的寻呼信道。

如果此时收到 1x 话音被叫，或者主动发起话音呼叫，终端会挂起数据业务而转入 1x 网络进行话音业务。但对于某些不希望被话音打断的数据业务，如 VT，建议手机在启动此业务之前，先向 MSC 登记"免打扰"特征码，以避免业务被话音打断。

需要说明的是，在 1x EV-DO 与 cdma2000 1x 两网的重叠覆盖区，混合终端优先选择 1x EV-DO 网络提供分组数据业务。混合终端选网包含以下步骤，如图 12-1 所示。

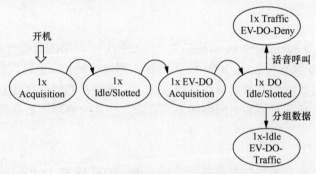

图 12-1　混合终端开机选网流程图

① 混合终端先搜索并捕获 cdma2000 1x 网络，进入 cdma2000 1x 空闲状态。

② 根据系统选择算法，搜索和捕获 1x EV-DO 网络，随后进入 1x EV-DO 空闲状态。

③ 若混合终端此时发起 1x EV-DO 分组数据呼叫、收到 1x EV-DO 系统寻呼消息或其他需要做出响应的控制信道消息，则混合终端开始接入系统，并建立业务连接。

④ 在 1x EV-DO 处于休眠态和激活态时，若混合终端发起 cdma2000 1x 呼叫、收到 cdma2000 1x 系统寻呼消息或其他需要响应的公共信道消息，则混合终端立即中止当前在 1x EV-DO 网络的处理，转而接入到 cdma2000 1x 网络。

⑤ 在接入 1x EV-DO 系统期间，混合终端不监听 cdma2000 1x 系统寻呼消息或开销消息；当混合终端发起 cdma2000 1x 呼叫时，混合终端将切换到 cdma2000 1x 网络，开始接入过程。

⑥ 在 cdma2000 1x 分组数据会话的激活态或在 cdma2000 1x 通话期间，混合终端不搜索 1x EV-DO 网络。

12.2.3　接入层面选网

由于混合终端需要在两个网络中获取服务，因此需要同时在两个网络中注册登记，并同时监视两个网络的控制信道。在 1x EV-DO 建设初期，往往主要考虑城区覆盖或热点覆盖，因此，在没有 1x EV-DO 覆盖的区域，如果混合终端周期性地对 1x EV-DO 进行搜索，将会降低混合终端的待机时间。为此，可以有两种方案来解决 1x EV-DO 网络的搜索问题。

（1）由混合终端自行控制

当在一定时间内搜索不到 1x EV-DO 网络时，可以将搜索周期延长，达到节省电池的目的。当搜索到网络后，恢复正常的搜索周期。这种方案对 cdma2000 1x 网络没有影响，但会在某些情况下造成混合终端第一次接入 1x EV-DO 网络的时间过长。

（2）由网络进行控制

cdma2000 1x 网络通知混合终端其所处区域的网络覆盖情况，混合终端根据网络提供的信息，决定搜索 1x EV-DO 网络的周期。这种方式不会影响终端的接入时间，但需要修改 cdma2000 1x 网络。

上述两种方案各有优缺点，具体采用哪种方案，与 1x EV-DO 建网规模及 cdma2000 1x 网络修改难度等因素相关。

12.2.4　应用层面选网

1x EV-DO 网络与 cdma2000 1x 网络共用 cdma2000 1x 网络的分组核心网；对于分组业务数据而言，1x EV-DO 网络与 cdma2000 1x 无线接入网进行透传。但对混合终端来说，则存在混合终端在发起分组数据应用时的网络选择问题。这里涉及的情况比较复杂，需要考虑混合终端的各种状态和各种分组业务对网络的不同要求。当混合终端需要在两个网络当中进行选择时，首先应遵循如下原则。

（1）话音业务

当网络不支持话音业务与数据业务并发时，cdma2000 1x 和 1x EV-DO 肯定不并发。如果混合终端在 1x EV-DO 网络中进行分组业务处理的同时，cdma2000 1x 网络中有对用户的话音寻呼，则混合终端应首先进行话音业务的处理。

（2）高速数据业务

对数据速率要求较高的分组业务，如流媒体业务等，建议优先选择 1x EV-DO 网络。

（3）其他业务

有些分组业务对 cdma2000 1x 网络的依赖性较大，如定位业务，网络需要获得 PN 偏置、SID/NID/CELL ID 等在 cdma2000 1x 网络中的信息，这类业务目前只能在 cdma20001x 网络中实现。另外，在已提出的几种推送业务实现方案中，也需要借助 cdma2000 1x 网络对混合终端的定位功能来实现。

在选择网络时，还有一个重要的原则，即网络的负载情况，但就目前的网络现状而言，1x EV-DO 和 cdma2000 1x 网络还难以获得对方的负载情况。

12.3　空口会话事件

12.3.1　空口会话建立

当用户开机或其他原因造成空口会话释放后，如需进行数据通信，必须先建立空口会话和连接，并对相关协议及其属性进行协商和配置。本次会话协商的属性配置在下次连接建立后开始生效，即数据通信真正起始于下次连接的建立。

1x EV-DO 空口会话建立及其配置协商的信令流程如图 12-2 所示。

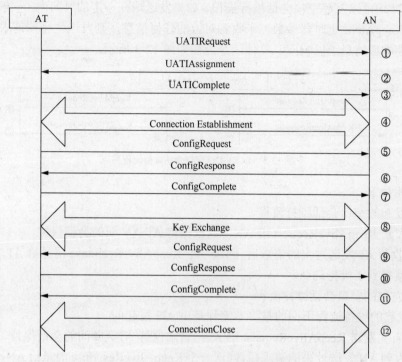

图 12-2　1x EV-DO 空口会话建立流程图

流程说明如下。

① AT 通过接入信道向 AN 发送 UATIRequest 消息，请求 AN 分配 UATI。

② AN 为该 AT 分配一个 UATI，并通过 UATIAssignment 消息发送给 AT。

③ AT 更新 UATI，返回 UATIComplete 消息，确认 UATI 分配完成。此时空口会话已初步建立起来。不过，AT 与 AN 要进行正常通信，通常还需要建立空口连接，并对空口各协议层的不同子协议及其属性进行协商和配置。

④ AT 发起空口连接建立过程，建立前反向业务信道。

⑤ AT 在反向业务信道上发送配置请求消息，其中携带了待协商的协议及其属性。

⑥ AN 通过配置响应消息返回协商的结果，完成各子协议及其属性的协商和配置。可以重复步骤⑤和步骤⑥，进行多次协商。

⑦ AT 在协商完所有需要协商的内容后发送配置完成消息给 AN。

⑧ AN 发起与 AT 的 DH 密钥交换过程。

⑨ 若 AN 有需要协商的内容，则发送配置请求消息给 AT；否则直接跳到步骤⑫，由 AT 发起空口连接的关闭。

⑩ AT 发送配置响应消息。可以重复步骤⑨和步骤⑩，进行多次协商。

⑪ AN 协商完所有需要协商的内容后发送配置完成消息给 AT。

⑫ AT 或 AN 发起空口连接的关闭，初始化所协商的各子协议，并设置其属性配置。

12.3.2 空口会话维持

AT 和 AN 均可以发起空口会话维持操作。如果发送端在一定的时间内（一般情况下，厂商均设置了 KeepAlive 定时器参数）未收到对方的任何消息，则发送生命期请求消息，接收端发送生命期响应消息予以响应，具体信令流程如图 12-3 所示。

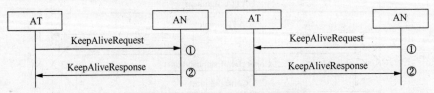

图 12-3 1x EV-DO 空口会话维持流程图

流程说明如下。

1. AT 发起的空口会话维持流程

① AT 发送 KeepAliveRequest 给 AN，请求保持 AT-AN 间的会话保持。

② AN 收到 AT 发送过来的请求后，回送一个 KeepAliveResponse 消息给 AT，如此 AT-AN 之间的连接就得到了维持确认。

2. AN 发起的空口会话维持流程

与 AT 发起的维持流程不同的是，本流程是由 AN 发起的。

① AN 首先发送 KeepAliveRequest 给 AT，请求保持 AT-AN 间的会话保持。

② AT 收到 AN 发送过来的请求后，回送一个 KeepAliveResponse 消息给 AN，如此 AT-AN 之间的连接就得到了维持确认。

12.3.3 空口会话释放

1. AT 发起空口会话关闭（存在 A8 连接）

在空口会话的激活态，若存在 A8 和 A10 连接，由于某种原因（比如用户关机或 DRC 监管失败等），AT 会发起空口会话关闭操作，其信令流程如图 12-4 所示。

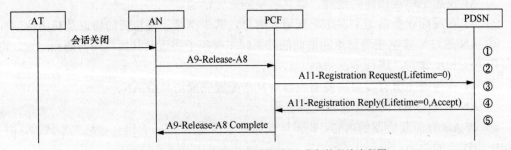

图 12-4 1x EV-DO 存在 A8 连接时 AT 发起的释放流程图

流程说明如下。

① AT 发送会话关闭消息，发起空口会话的关闭过程。

② AN 关闭与 AT 之间的空口会话后，向 PCF 发送原因值为"Normal call release"的 A9 连接释放消息，请求 PCF 释放 A8 连接。

③ PCF 发送 A11 注册请求消息，置 Lifetime=0，请求释放 A10 连接。

④ PDSN 用 A11 注册应答消息，置 Lifetime=0，确认释放 A10 连接。

⑤ PCF 向 AN 发送 A9 连接释放完成消息，释放 A8 连接。

2. AT 发起空口会话关闭（不存在 A8 连接）

在休眠态，AN 与 PCF 之间不存在 A8 连接，如果用户关机，则 AT 会发起空口会话关闭操作，其信令流程如图 12-5 所示。

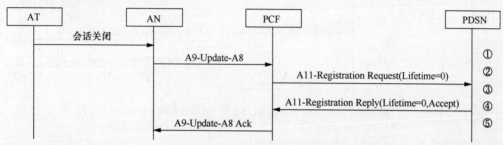

图 12-5　1x EV-DO 不存在 A8 连接时 AT 发起的释放流程图

流程说明如下。

① AT 发送空口会话关闭消息，发起空口会话关闭过程。

② AN 关闭与 AT 之间的空口会话后，向 PCF 发送原因值为"Power down from dormant state"的 A9 更新消息，请求 PCF 释放相关资源和 A10 连接。

③ PDSN 用 A11 注册应答消息，置 Lifetime=0，确认释放 A10 连接。

④ PCF 向 AN 发送 A9 更新应答消息，释放相关资源。

3. AN 发起空口会话关闭（存在 A8 连接）

在激活态，存在 A8 和 A10 连接，由于某种原因（比如用户跨子网切换时 A13 接口信令传递失败等），AN 会发起空口会话关闭操作，其信令流程如图 12-6 所示。

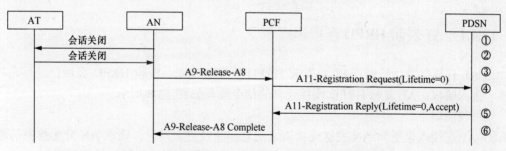

图 12-6　1x EV-DO 存在 A8 连接时 AN 发起的释放流程图

流程说明如下。

① AN 向 AT 发送会话关闭消息，发起空口会话关闭过程。

② AT 向 AN 返回会话关闭消息，确认进行空口会话关闭。

③ AN 关闭与 AT 的空口会话后，向 PCF 发送原因值为"Normal call release"的 A9 连接释放消息，请求 PCF 释放 A8 连接。

④ PCF 发送 A11 注册请求消息,置 Lifetime=0,请求释放 A10 连接。

⑤ PDSN 用 A11 注册应答消息,置 Lifetime=0,确认释放 A10 连接。

⑥ PCF 向 AN 发送 A9 连接释放完成消息,确认释放 A8 连接。

4. AN 发起空口会话关闭(不存在 A8 连接)

在休眠态,不存在 A8 连接,如果空口会话超时或用户关机,则 AN 会发起空口会话关闭操作,其信令流程如图 12-7 所示。

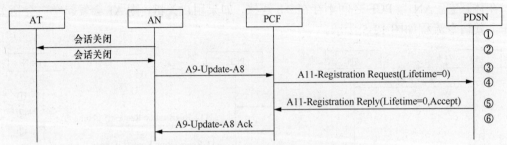

图 12-7   1x EV-DO 不存在 A8 连接时 AN 发起的释放流程图

流程说明如下。

① AN 向 AT 发送会话关闭消息,发起空口会话关闭过程。

② AT 返回会话关闭消息,确认进行空口会话关闭。

③ AN 关闭与 AT 的空口会话后,向 PCF 发送原因值为"Power down from dormant state"的 A9 更新消息,请求 PCF 释放相关资源。

④ PCF 发送 A11 注册请求消息,置 Lifetime=0,请求释放 A10 连接。

⑤ PDSN 用 A11 注册应答消息,置 Lifetime=0,确认释放 A10 连接。

⑥ PCF 向 AN 发送 A9 更新应答消息,确认释放相关资源。

12.4 HRPD 连接建立

12.4.1 AT 发起 HRPD 连接建立

当 AT 有数据要传送时,AT 将发起 HRPD 连接的建立。假设 HRPD 会话已经存在,并通过了接入鉴权,AT 发起 HRPD 连接建立的信令流程如图 12-8 所示。

流程说明如下。

① AT 在接入信道向 AN 发送连接请求消息和路径更新消息,请求 AN 分配业务信道。

② AN 向 AT 发送业务信道指配消息,指示 AT 需要监听的信道和导频激活集。

③ AT 切换至 AN 指定的信道,返回业务信道完成消息,至此业务信道建立起来。

④ AN 向 PCF 发送 A9 连接建立消息,置 DRI=1,请求 PCF 建立 A8 连接。

⑤ PCF 分配 A8 连接资源后,向 PDSN 发送 A11 注册请求消息,请求建立 A10 连接。

⑥ PDSN 建立 A10 连接后,向 AN 发送 A11 注册应答消息,确认建立 A10 连接。

⑦ PCF 向 AN 发送 A9 连接确认消息,确认建立 A8 连接。

⑧ AT 或 PDSN 发起 PPP 的 LCP 协商，协商 PPP 数据分组的大小和分组核心网鉴权类型（如 CHAP）等。

⑨ AT 或 PDSN 发起 IPCP 协商，协商上层协议和为 AT 分配 IP 地址等。

⑩ LCP 和 IPCP 协商完成后，AT 和 PDSN 之间的 PPP 会话和连接建立完成，用户数据可以在 PPP 连接上传送。

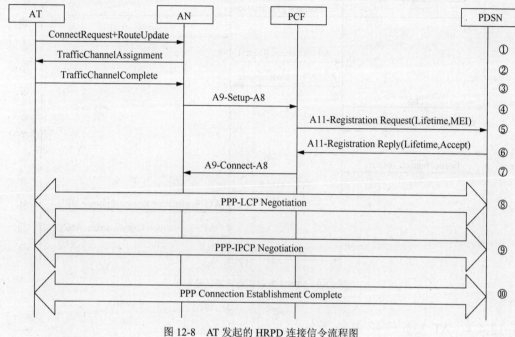

图 12-8　AT 发起的 HRPD 连接信令流程图

12.4.2　PDSN 发起连接重激活

处于休眠态的 AT 设备，当 PDSN 有数据要传送时，PDSN 通知 AN 重激活 HRPD 连接，同时激活 PPP 连接，其信令流程如图 12-9 所示。

流程说明如下。

① AT 与 PDSN 之间的 PPP 会话处于休眠态。

② PDSN 向 PCF 发送业务分组数据，指示网络侧有数据需要发送给 AT，请求建立空口连接。

③ PCF 向 AN 发送 A9 基站服务请求消息，请求激活 HRPD 会话和建立 HRPD 连接。

④ AN 用 A9 基站服务响应消息进行响应。

⑤ AN 在控制信道上向指定的 AT 发送寻呼消息。

⑥ AT 响应寻呼，在接入信道发送连接请求消息和路径更新消息，请求 AN 分配前反向业务信道。

⑦ AN 为 AT 分配前反向信道后，向 AT 发送业务信道指配消息，指示 AT 需要监听的前向信道。

⑧ AT 切换至 AN 指定的信道，建立前反向业务信道，并向 AN 返回业务信道完成消息。

⑨ AN 向 PCF 发送 A9 连接建立消息，置 DRI=1，请求 PCF 建立 A8 连接。

⑩ PCF 向 PDSN 发送 A11 注册请求，包括生命周期、MEI 号等参数信息。

⑪ PDSN 向 PCF 发送 A11 注册请求确认信息，并协商好相关参数信息。

⑫ PCF 向 AN 发送 A9 连接确认消息，确认建立 A8 连接，至此完成 PPP 连接的重激活。

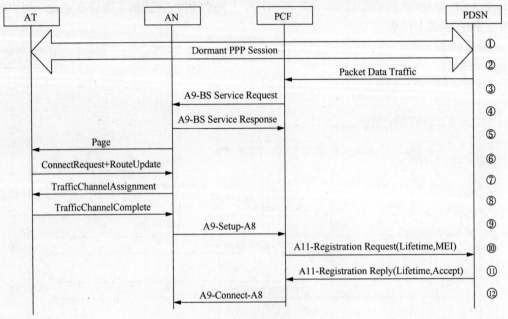

图 12-9　PDSN 发起连接重激活流程图

12.4.3　AT 发起连接重激活

在休眠态，如果 AT 有数据要传送，则 AT 将重新激活它与 PDSN 之间的 PPP 连接，其信令流程如图 12-10 所示。

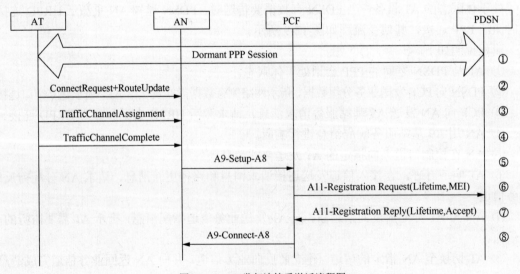

图 12-10　AT 发起连接重激活流程图

信令流程如下。

① AT 和 PDSN 之间的 PPP 会话处于休眠态。

② AT 有数据要发送时，向 AN 发送连接请求消息和路径更新消息，请求 AN 分配业务信道。

③ AN 发送业务信道指配消息，指示 AT 需要监听的前向信道。

④ AT 切换至 AN 指定的前向信道，并向 AN 返回业务信道完成消息，建立前反向业务信道。

⑤ AN 向 PCF 发送 A9 连接建立消息，置 DRI=1，请求 PCF 建立 A8 连接。

⑥ PCF 向 PDSN 发送 A11 注册请求，包括生命周期、MEI 号等参数信息。

⑦ PDSN 向 PCF 发送 A11 注册请求确认信息，并协商好相关参数信息。

⑧ PCF 向 AN 发送 A9 连接确认消息，确认建立 A8 连接，至此完成 PPP 连接的重激活。

12.5　HRPD 连接释放

12.5.1　AT 发起的连接释放

AT 始发流程不需要 AN 的 ConnectionClose 回应，基本流程如图 12-11 所示。

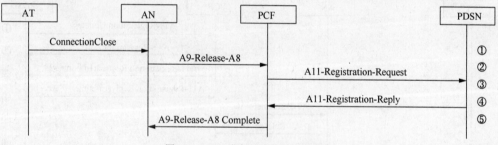

图 12-11　AT 发起的连接释放流程图

流程说明如下。

① AT 在反向信道上发送 Connection Close 消息，发起连接释放操作。

② AN 向 PCF 发送 A9-Release-A8 消息，请求释放 A8 连接。

③ PCF 通过 A11-Registration-Request 消息向 PDSN 发送一个激活停止结算记录。

④ PDSN 返回 A11-Registration-Reply 消息。

⑤ PCF 向 AN 发送 A9-Release-A8 Complete 消息，确认 A8 连接释放完成。

12.5.2　AN 发起的连接释放

当业务完成以后，AT 或 AN 均可释放连接，AN 始发释放连接流程如图 12-12 所示。

流程说明如下。

① AN 向 PCF 发送 A9-Release-A8 消息，请求释放 A8 连接。

② PCF 通过 A11-Registration-Request 消息，向 PDSN 发送一个激活停止结算记录。

③ PDSN 返回 A11-Registration-Reply 消息。

④ PCF 用 A9-Release-A8 Complete 消息确认 A8 连接释放。

⑤ AN 向 AT 发送 Connection Close 消息，发起连接释放操作。

⑥ AT 向 AN 发送 Connection Close 消息，确认连接释放。

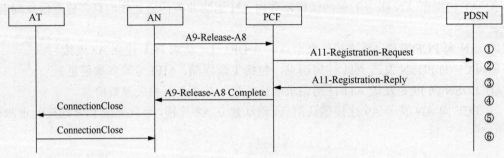

图 12-12　AN 发起的连接释放流程图

12.5.3　PDSN 发起的连接释放

PDSN 发起 HRPD 连接关闭信令流程如图 12-13 所示。

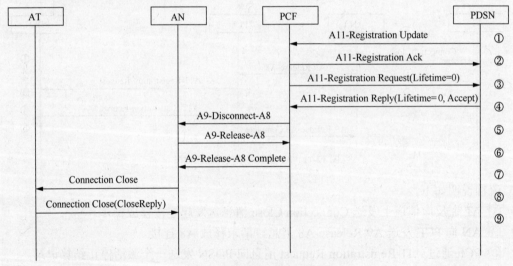

图 12-13　PDSN 发起的连接释放流程图

流程说明如下。

① PDSN 向 PCF 发送 A11 注册更新消息，指示释放它与 AT 之间的 PPP 连接。

② PCF 用注册更新应答消息进行响应。

③ PCF 向 PDSN 发送 A11 注册请求消息，请求释放 A10 连接。

④ PDSN 返回 A11 注册应答确认消息。

⑤ PCF 向 AN 发送 A9 连接中断消息。

⑥ AN 向 PCF 发送原因值为 "Normal call release" 的 A9 连接释放消息，请求释放 A8

连接。

⑦ PCF 向 AN 发送 A9 连接释放完成消息，确认释放 A8 连接。

⑧ AN 向 AT 发送连接关闭消息，要求关闭空口连接。

⑨ AT 向 AN 发送连接关闭消息，确认关闭空口连接。

12.6 鉴 权

12.6.1 接入鉴权

目前，在建设 1x EV-DO 网络时，为了节约建设成本，通常采用 cdma2000 1x/1x EV-DO 混合组网方式。在这种模式下，根据 3GPP2 协议规范 A.S0006，它提出了两种鉴权方式：一种是基于 CAVE 算法的 CHAP 鉴权，它要求 AN-AAA 支持 CAVE 鉴权算法，并修改 CHAP 协议消息的部分字段，用以传递 CAVE 鉴权的参数和结果；另一种是传统的机遇 MD5 算法的接入鉴权方式。

两种接入鉴权方式的共同点在于：两者都使用 CHAP 协议和 RADIUS 协议作为接入鉴权的信令交互协议；不同点在于前者采用 MD5 鉴权算法，而后者沿用了 cdma2000 1x 的 CAVE 鉴权算法，并且为了实现 SSD 在两网的同步更新或共享，在 AN-AAA 与 HLR/AC 之间增加了 IS-41 接口。

一般来说，机卡一体或支持 IS-878 标准的 1x EV-DO 终端使用基于 MD5 算法的接入鉴权方式，使用传统的 cdma2000 1x R-UIM 卡或支持 3GPP2 规范 A.S0006 的混合终端使用基于 CAVE 算法的接入鉴权方式。

1. 1x EV-DO 接入鉴权流程

在 1x EV-DO 系统中，接入鉴权功能是可选的。它发生在 AT 与 AN-AAA 之间，在 AT 发起与 AN 的 PPP 连接时进行，它是网络对终端设备的鉴权，不需要用户参与。

若 AN 支持接入鉴权，则在建立空口 PPP 连接的过程中，可将 CHAP 作为 LCP 协商的一个配置项。当 AN-AAA 从 A12 接口收到 AN 的接入鉴权请求消息时，执行鉴权运算，并将鉴权结果通过 A12 接口送往 AN。若接入鉴权成功，则 AN-AAA 通过 A12 接口同时向 AN 返回 MNID（或 IMSI），用于 R-P 会话的建立并标识 R-P 连接。如图 12-14 所示就是一个简单的 1x EV-DO 接入鉴权流程。

流程说明如下。

① 建立空口会话，其中包括 UATI 分配、会话配置协商和 DH 密钥交换等过程。

② AT 向 AN 发送开启请求消息，请求开启 AN 流；AN 返回开启响应消息，开启 AN 流。

③ AN 与 AT 之间进行 PPP 和 LCP 协商，主要协商 PPP 数据分组的大小和鉴权协议类型（如 CHAP）。通常，AN 配置 CHAP 鉴权协议类型。

④ AN 发起接入鉴权，向 AT 发送 CHAP 查询消息，其中包含鉴权随机数。

⑤ AT 收到该消息后，根据鉴权随机数，使用 MD5 算法计算鉴权结果，并向 AN 发送 CHAP 响应消息，该消息中包含 NAI、CHAP Password 和 CHAP-Challenge 等接入鉴权参数。

⑥ AN 收到 AT 上报的 CHAP 响应消息后，向 AN-AAA 发送 A12 接入请求消息，其中

包含 NAI、CHAP Password、CHAP-Challenge 和 AN-IP 等鉴权参数。

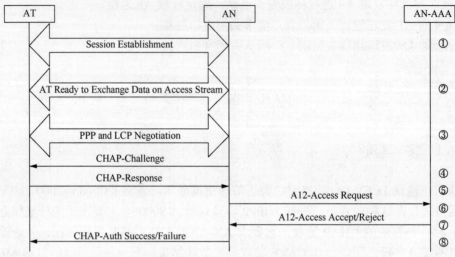

图 12-14 1x EV-DO 接入鉴权流程图

⑦ AN-AAA 根据 A12 接入请求消息中的鉴权参数,使用 MD5 算法计算鉴权结果,并与 AT 上报的鉴权结果进行比较。若两者一致,则 AN-AAA 向 AN 发送 A12 接入允许消息,允许 AT 接入到 1x EV-DO 网络,该消息中还包含 MNID(或 IMSI),用于建立和标识 R-P 连接;否则,返回 A12 接入拒绝消息,拒绝 AT 接入到 1x EV-DO 网络。若 AN-AAA 收到的 A12 接入请求消息中的鉴权密码为空,则直接丢弃该消息。

⑧ 若 AN-AAA 允许 AT 接入到网络,则 AN 通过分析 A12 接入允许消息的属性域得到 IMSI,然后向 AT 发送 CHAP 鉴权成功消息;反之,AN 向 AT 发送 CHAP 鉴权失败消息。

2. 基于 MD5 算法的接入鉴权

若 AT 和 AN 支持 CHAP 鉴权,则 AT 初始接入系统时,在建立空口 PPP 连接的过程中,将 CHAP 作为 LCP 协商的一个配置项,LCP 协商完成后,开始接入鉴权,其信令流程如图 12-15 所示。

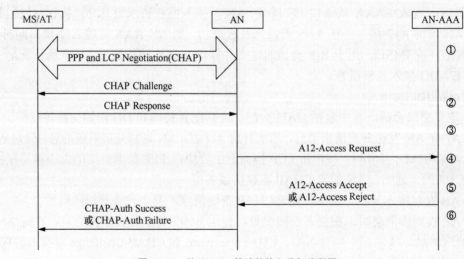

图 12-15 基于 MD5 算法的接入鉴权流程图

流程说明如下。

① AN 发起空口 PPP-LCP 协商过程，协商 CHAP 鉴权协议类型，并建立空口 PPP 连接。

② AN 产生鉴权随机数，向 AT 发送 CHAP 查询消息。

③ AT 根据该随机数利用 MD5 算法计算鉴权结果，鉴权结果与鉴权标识一起构成鉴权密钥，并向 AN 发送 CHAP 响应消息，该消息中包含了 NAI、鉴权随机数及鉴权密码等接入鉴权参数。

④ AN 通过 A12 接入请求消息向 AN-AAA 转发 NAI、鉴权随机数及鉴权密码等接入鉴权参数。

⑤ AN-AAA 将收到的 NAI、鉴权随机数及鉴权密码作为 MD5 算法的输入参数，计算鉴权结果，并与 AN 转发的终端鉴权结果进行比较，若两者一致，则鉴权成功，AN-AAA 向 AN 发送 A12 接入允许消息，并发送 MNID（或 IMSI）用于建立 R-P 会话；否则，鉴权失败，AN-AAA 向 AN 发送 A12 接入拒绝消息。

⑥ AN 将接入鉴权的结果通过 CHAP 鉴权成功消息或 CHAP 鉴权失败消息通知 AT，完成接入鉴权过程。

3．基于 CAVE 算法的接入鉴权

基于 CAVE 算法的鉴权方式主要用于混合终端。与基于 MD5 算法的鉴权方式相比，基于 CAVE 算法的鉴权方式重用了空口的 CHAP 鉴权协议流程和 A12 接口的 RADIUS 协议流程，将 CAVE 鉴权结果和鉴权参数封装在标准规定的 CHAP 鉴权消息中进行传递。

在终端侧，两网的接入鉴权都由 R-UIM 卡完成，执行同一套 CAVE 鉴权算法，存放同一套 CAVE 鉴权参数。对于混合终端用户接入其中一种网络，cdma2000 1x 新用户鉴权成功或老用户鉴权失败时，会相应改变 SSD。这时若不及时更新在另一网络鉴权实体中的 SSD，混合终端将无法成功接入到另一网络。鉴于此，基于 CAVE 算法的鉴权方式要求增加 AN-AAA 与 HLR/AC 之间的 IS-41 信令链路，实现 AN-AAA 与 HLR/AC 之间的 SSD 动态更新或共享，此时 AN-AAA 完成类似于 cdma2000 1x 核心网电路域中的 VLR 的功能。为了实现 AN-AAA 与 HLR 之间的 IS-41 协议接口，AN-AAA 应该支持 IS-41 协议与 RADIUS 协议信令的转换。

基于 CAVE 算法的接入鉴权信令流程与基于 MD5 算法的接入鉴权信令流程基本一致，只是鉴权消息所携带的鉴权参数存在差异以及基于CAVE算法的接入鉴权增加了SSD共享的信令流程，下面结合图 12-16 来说明这些不同之处。

流程说明如下。

① AN 发起 PPP-LCP 协商过程，其中包含 CHAP 鉴权协议协商，建立空口 PPP 连接。

② AN 向混合终端发送 CHAP 查询消息，其中包含 AN 产生的 CHAP 鉴权随机数。

③ 混合终端保存鉴权随机数，截取其前 32 位作为 CAVE 算法的鉴权随机数，如果 CHAP 鉴权随机数不足 32 位，则补零构造 32 位的 CAVE 鉴权随机数；然后利用 CAVE 鉴权随机数与 R-UIM 卡上保存的 IMSI、SSD 和 UIM 卡标识等用户数据，根据 CAVE 算法计算鉴权结果，并将 CAVE 鉴权结果补零填充到 CHAP 鉴权响应消息的 Value Field 字段中，然后将根据 IMSI 构造的 NAI 值放入到该消息中。

④ AN 收到 CHAP 鉴权响应消息后，通过 A12 接入请求消息将终端侧 CAVE 鉴权结果、NAI 及 CHAP 鉴权随机数等参数信息送往 AN-AAA。

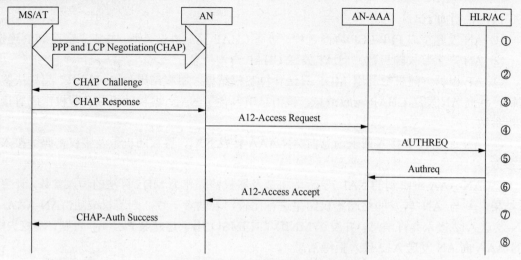

图 12-16 基于 CAVE 算法的接入鉴权流程图

⑤ 如果用户首次接入 1x EV-DO 网络，则 AN-AAA 尚未保存用户的 SSD；或者由于用户的 SSD 已在 cdma2000 1x 发生了更新而尚未与 AN-AAA 共享，或者用户为非法用户，导致 AN-AAA 计算的 CAVE 鉴权结果与终端侧鉴权结果不一致，则 AN-AAA 向 HLR/AC 发送鉴权请求消息 AUTHREQ，该消息携带了用户的 IMSI、SSD、UIM 卡标识及终端侧 CAVE 鉴权结果等参数信息。如果 AN-AAA 已经正确共享 SSD，则 AN-AAA 根据 AN 上报的 CHAP 鉴权随机数和存放的用户参数信息，利用 CAVE 算法计算出的鉴权结果将与终端侧的鉴权结果保持一致，这时可以跳过步骤⑥，直接执行步骤⑦和步骤⑧。

⑥ HLR/AC 收到鉴权请求消息后，根据该消息中的 IMSI、SSD 和 UIM 卡标识等用户信息，利用 CAVE 算法计算鉴权结果，并与终端侧 CAVE 鉴权结果进行比较。若两者一致，则鉴权成功，保存并向 AN-AAA 返回 SSD；否则，返回鉴权失败指示信息。

⑦ 若鉴权成功，则 AN-AAA 向 AN 发送 A12 允许接入消息；否则，发送 A12 拒绝接入消息。

⑧ 根据鉴权结果，AN 向 AT 发送鉴权成功或失败指示。在上述鉴权流程中，步骤⑥是可选的。

12.6.2 核心网鉴权

核心网鉴权是 AT 与 PDSN-AAA 或 HAAA 之间的鉴权，需要用户的参与（比如需要用户输入密码）。采用简单 IP 接入时，核心网鉴权与 AT、PDSN 和 PDSN-AAA 有关；采用移动 IP 接入时，核心网鉴权与 AT、HA 和 HAAA 有关。

1. 简单 IP 鉴权流程

采用简单 IP 接入时，核心网鉴权在用户发起与 PDSN 的 PPP 会话时进行，将 PAP 或 CHAP 作为 PPP-LCP 协商的一个选项。若支持 PAP 鉴权，则 PDSN-AAA 基于 NAI 和 User Password 等参数进行鉴权；若支持 CHAP 鉴权，则 PDSN-AAA 基于 NAI、CHAP Password 和 CHAPChallenge 等参数进行鉴权，信令流程如图 12-17 所示。

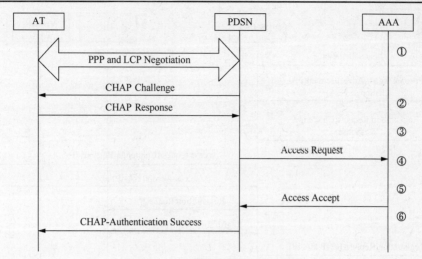

图 12-17 核心网鉴权的简单 IP 流程图

流程说明如下。

① AT 和 PDSN 之间发起 PPP-LCP 协商过程，其中包含 CHAP 鉴权协议协商，建立空口 PPP 连接。

② PDSN 向混合终端发送 CHAP 查询消息，其中包含 PDSN 产生的 CHAP 鉴权随机数。

③ 混合终端 AT 保存鉴权随机数，截取其前 32 位作为 CAVE 算法的鉴权随机数，如果 CHAP 鉴权随机数不足 32 位，则补零构造 32 位的 CAVE 鉴权随机数；然后利用 CAVE 鉴权随机数与 R-UIM 卡上保存的 IMSI、SSD 和 UIM 卡标识等用户数据，根据 CAVE 算法计算鉴权结果，并将 CAVE 鉴权结果补零填充到 CHAP 鉴权响应消息的 Value Field 字段中，然后将根据 IMSI 构造的 NAI 值放入到该消息中。

④ PDSN 向 AAA 发送接入请求消息。

⑤ AAA 查询其内部存储的信息后，确认 PDSN 的请求接入。

⑥ PDSN 经过 AAA 的信息确认后，向终端发送 CHAP-Authentication 鉴权成功消息。如此混合终端设备就能够通过简单 IP 路由来完成鉴权操作了。

2．移动 IP 鉴权流程

采用移动 IP 接入时，核心网鉴权在移动 IP 注册期间分两个阶段进行。第一阶段是基于 HAAA 的 CHAP 鉴权，此鉴权将在 HAAA 中生成用户的 UDR 记录，并实现 HA-IP 与 CoA 的绑定；第二阶段是基于 HA 的鉴权，此鉴权主要完成 HA 指配给用户的归属 IP 地址与 CoA 的绑定。信令流程如图 12-18 所示。

流程说明如下。

① PDSN/FA 向 AT 发送外部代理广播消息，其中包含外部代理鉴权随机数（FA-Challenge）和 CoA。

② 若 AT 确定自己在外地网络，则 AT 向 PDSN 发送注册请求消息，该消息携带 AT 根据 FA-Challenge 计算出来的查询–响应值。

③ PDSN 将查询–响应值通过接入请求消息转发给拜访地 VAAA，VAAA 向 HAAA 作进一步转发，由 HAAA 执行移动 IP 鉴权操作。

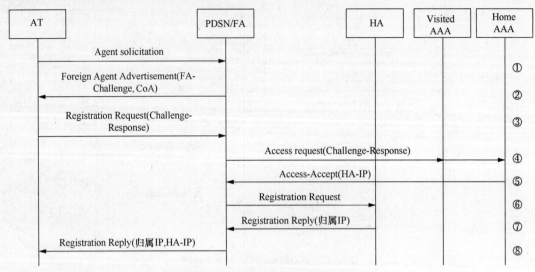

图 12-18 核心网鉴权的移动 IP 流程图

④ 如果鉴权成功，HAAA 返回带有 HA-IP 的鉴权成功指示。

⑤ PDSN 收到鉴权成功指示后，把用户的注册请求消息转发给 HA。

⑥ HA 将分配给 AT 的归属 IP 地址与 CoA 绑定，并向 PDSN/FA 返回注册应答消息，该消息中带有指配给 AT 的归属 IP 地址。

⑦ PDSN 通过注册应答消息向 AT 转发鉴权成功指示。AT 收到该消息后，接受归属 IP 和 HA-IP，并可能使用这个 HA 地址重复注册；重复注册时，PDSN 可以向 HAAA 直接传送鉴权信息。

12.7 位 置 更 新

12.7.1 AT 发起的位置更新

当配置属性中的 RANHandoff=0x01 且 AT 检测到位置变更（如 ANID 改变）时，AT 会主动发起位置更新操作，其信令流程如图 12-19 所示。

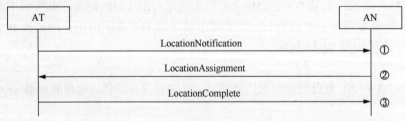

图 12-19 1x EV-DO 网络 AT 发起的位置更新流程图

流程说明如下。

① AT 向 AN 发送位置通告消息，上报 AT 保存的 ANID。

② AN 返回位置消息，指示 AT 更新 ANID 为当前系统的配置。

③ AT 利用位置完成消息通知 AN 完成了 ANID 更新。

12.7.2　AN 发起位置更新

空口会话建立完成后，AN 会主动发起位置更新操作，其信令流程如图 12-20 所示。

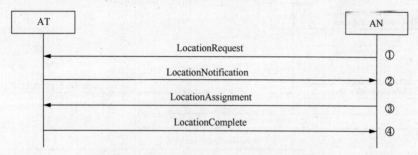

图 12-20　1x EV-DO 网络 AN 发起的位置更新流程图

流程说明如下。

① AN 向 AT 发送位置请求消息，查询 AT 所保存的位置信息。

② AT 返回位置通告消息，上报 AT 所保存的位置信息。

③ AN 发送位置指配消息，指示 AT 根据当前系统的配置进行位置更新。

④ AT 利用位置完成消息通知 AN 完成了位置更新。

12.8　切 换 事 件

在 cdma2000 1x EV-DO 的切换包括：cdma2000 1x EV-DO 网络中的切换、cdma2000 1x 与 1x EV-DO 网络间的切换。

本小节主要阐述 1x EV-DO 系统内的切换事件。在 cdma20001x EV-DO 系统中，切换类型包括：反向链路软切换、前向虚拟软切换、AN 间的休眠态切换以及 AN 间的激活态切换。

12.8.1　反向链路软切换

1x EV-DO 网络的反向链路软切换流程如图 12-21 所示。

流程说明如下。

① AT 向 AN 发送 RouteUpdate 消息，由 BSC 判决发起一次软切换/更软切换。

② AN 发送 TrafficChannelAssignment 消息，通知 AT 使用新的激活集。

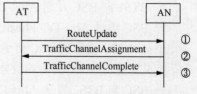

图 12-21　1x EV-DO 网络反向软切换流程图

③ AT 发送 TrafficChannelComplete 消息，确认空中接口连接建立。软切换完成。

12.8.2　前向虚拟软切换

1x EV-DO 网络的前向虚拟软切换流程如图 12-22 所示。

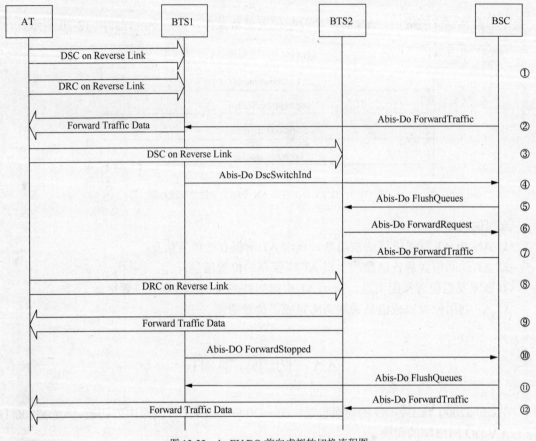

图 12-22　1x EV-DO 前向虚拟软切换流程图

流程说明如下。

① AT 通过反向 DRC 信道和 DSC 信道向 BTS1 发送速率控制信息和数据源控制消息。

② BSC 往 BTS1 发送 Abis-Do ForwardTraffic 消息，携带前向数据。此时，BTS1 为 AT 提供前向业务服务。

③ AT 通过反向 DSC 信道向 BTS2 发送数据源控制消息，要求从 BTS2 接收前向数据。

④ BTS1 向 BSC 发送 Abis-Do DscSwitchInd 消息，通知 BSC 目前 AT 要求进行软切换。

⑤ BSC 通过 Abis-DO FlushQueues 消息通知 BTS2 清空以前发给 AT 的前向数据。

⑥ 在 BTS2 接收到 DSC 信道信息后，BTS2 通过 Abis-DO ForwardRequest 消息通知 BSC，希望接收需要发给 AT 的前向数据。

⑦ BSC 向 BTS2 发送 Abis-Do ForwardTraffic 消息，携带前向数据。

⑧ BTS1 接收到 DRC 信道信息中的速率控制信息。

⑨ BTS2 立即向 AT 发送有此前从 BSC 接收到的前向数据。

⑩ BTS1 通过 Abis-DO ForwardStopped 消息通知 BSC，希望停止接收发给 AT 的前向数据。

⑪ BSC 将发给 AT 的前向数据从 BTS1 切换到 BTS2 后，通过 Abis-DO FlushQueues 消息通知 BTS1 清空还没有发给 AT 的前向数据。

⑫ BSC 往 BTS2 发送 Abis-Do ForwardTraffic 消息，携带前向数据，此时，BTS2 为 AT 提供前向业务服务。

12.8.3　AN 间的休眠态切换

1x EV-DO 网络的 AN 间的休眠态切换流程如图 12-23 所示。

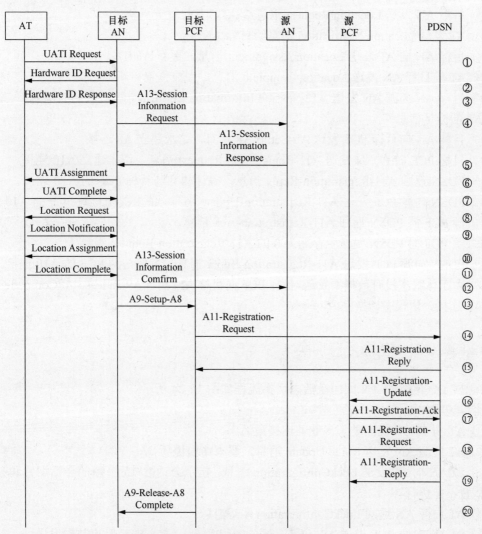

图 12-23　1x EV-DO 网络 AN 间休眠态切换流程图

流程说明如下。

① AT 通过接入信道，使用源 AN 分配的 UATI，向目标 AN 发送 UATI Request 消息，

触发在目标 AN 的会话建立（UATI 的重新分配）过程。

② 目标 AN 获得源 AN 的会话信息后，向 AT 发送 Hardware ID Request 消息，申请 AT 的硬件 ID（ESN）。

③ AT 向目标 AN 发送 Hardware ID Response 消息，目标 AN 收到该消息后记录其中 ESN。

④ AT 发起在目标 AN 的会话建立后，目标 AN 向源 AN 发送 A13-Session Information Request 消息，申请 AT 与源 AN 的会话信息。

⑤ 源 AN 向目标 AN 发送 A13-Session Information Response 消息确认申请，该消息包含目标 AN 申请的会话信息。

⑥ 目标 AN 重新指配 UATI，通过 UATI Assignment 消息发送给 AT。

⑦ AT 通过 UATI Complete 消息响应目标 AN，AT 与目标 AN 的会话建立。

⑧ 目标 AN 发送 Location Request 消息给 AT，发起位置更新。

⑨ AT 发送 Location Notification 消息给目标 AN。

⑩ 目标 AN 向 AT 发送 Location Assignment 消息，更新 ANID。

⑪ AT 向目标 AN 发送 Location Complete 消息，完成位置更新。

⑫ 目标 AN 向源 AN 发送 A13-Session Information Confirm 消息，收到此消息后，源 AN 删除 AT 的会话信息。

⑬ 目标 AN 向目标 PCF 发送 A9-Setup-A8 消息，请求建立 A8 连接。

⑭ 目标 PCF 向 PDSN 发送 A11-Registration-Request 消息，请求建立 A10 连接。

⑮ PDSN 返回 A11-Registration-Reply 消息，确认建立与目标 PCF 的 A10 连接。

⑯ PDSN 向源 PCF 发送 A11-Registration-Update 消息，请求关闭与源 PCF 的 A10 连接。

⑰ 源 PCF 向 PDSN 返回 A11-Registration-Ack 消息。

⑱ 源 PCF 向 PDSN 发送生存期为 0 的 A11-Registration-Request 消息。

⑲ PDSN 向源 PCF 发送 A11-Registration-Reply 消息，关闭与源 PCF 的 A10 连接。

⑳ 由于休眠态没有数据要发送，目标 PCF 向目标 AN 发送 A9-Release-A8Complete 消息，拆除 A8 连接，休眠态切换完成。

12.8.4　AN 间的激活态切换

1x EV-DO 网络的 AN 间的激活态切换流程如图 12-24 所示。

流程说明如下。

① AT 与 PDSN 之间处于多业务连接激活态。

② AT 向源 AN 发送 Route Update 消息，要求路由更新。

③ 源 AN 向 AT 发送 LockConfiguration 消息，指示会话被锁定，新的会话配置和会话属性更新暂不能进行。

④ AT 向源 AN 返回 LockConfiguration Ack 消息。

⑤ 源 AN 向源 PCF 发送 A9-AL Disconnected 消息，请求 PCF 停止数据发送。

⑥ 源 PCF 向 PDSN 发送 A10Xoff 消息，请求 PDSN 停止数据发送。

⑦ 源 PCF 向源 AN 返回 A9-AL Disconnected Ack 消息，确认停止数据发送。

⑧ 源 AN 向目标 AN 发送 A16-Session Transfer Request 消息，请求为 AT 做硬切换。

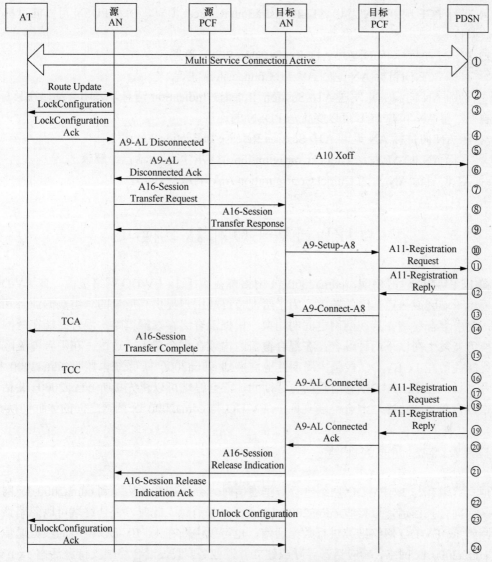

图 12-24　1x EV-DO 网络 AN 间激活态切换流程图

⑨ 目标 AN 返回 A16-Session Transfer Response 消息，确认做硬切换。

⑩ 目标 AN 向目标 PCF 发送 A9-Setup-A8 消息，请求建立 A8 连接。

⑪ 目标 PCF 向 PDSN 发送 A11-Registration-Request 消息，请求建立 A10 连接。

⑫ PDSN 向目标 PCF 返回 A11-Registration-Reply 消息，确认建立与目标 PCF 的 A10 连接。

⑬ 目标 PCF 向目标 AN 发送 A9-Connect-A8 消息，确认建立 A8 连接。

⑭ 源 AN 向 AT 发送 TCA 消息，指示 AT 切换到新的活动导频集。

⑮ 源 AN 向目标 AN 发送 A16-Session Transfer Complete 消息。

⑯ AT 向目标 AN 发送 TCC 消息，表明 AT 已切换至目标 AN。

⑰ 目标 AN 向目标 PCF 发送 A9-AL Connect 消息，指示目标 PCF 可以向目标 AN 发送数据。

⑱ 目标 PCF 向 PDSN 发送 A11-Registration Request 消息，指示 PDSN 可以向目标 PCF 发送数据。

⑲ PDSN 向目标 PCF 返回 A11-Registration Reply 消息。

⑳ 目标 PCF 向目标 AN 返回 A9-AL Connect Ack 消息。

㉑ 目标 AN 向源 AN 发送 A16-Session Release Indication 消息，表明会话已在目标 AN 的控制下，源 AN 和源 PCF 可以终止与 PDSN 的连接。

㉒ 源 AN 向目标 AN 返回 A16-Session Release Indication Ack 消息。

㉓ 目标 AN 向 AT 发送 UnlockConfiguration 消息，指示会话已经解锁。

㉔ AT 向目标 AN 返回 UnlockConfiguration Ack 消息。

12.9　EV-DO 和 1x 切换

在 1x EV-DO 建网初期，cdma2000 1x 网络覆盖大于 1x EV-DO 网络覆盖，1x EV-DO 网络主要用于城区或热点地区的覆盖。为了给混合终端用户提供高质量的分组数据业务和话音业务，要求混合终端支持在两网之间的切换。根据混合终端选网策略，混合终端在两网之间的切换可能发生在以下两种场合：在混合覆盖区内或在混合覆盖区边缘。在混合覆盖区内，混合终端驻留在 1x EV-DO 载频，周期性地切换到 cdma2000 1x 系统，监听 cdma2000 1x 系统寻呼消息；在 1x EV-DO 分组数据会话期间，混合终端可以优先接听 cdma2000 1x 话音呼叫。在混合覆盖区边缘，混合终端支持 1x EV-DO 与 cdma2000 1x 两网之间的休眠切换。

12.9.1　混合覆盖区切换

混合终端在与 1x EV-DO 网络进行数据通信时，会周期性地切换到 cdma2000 1x 网络，监听其前向公共信道，以接收 cdma2000 1x 话音寻呼消息。此时，混合终端可以忽略话音寻呼，回到 1x EV-DO 网络继续进行数据通信；也可以中断在 1x EV-DO 网络的数据通信，切换到 cdma2000 1x 网络，响应话音寻呼或建立并发业务。假设混合终端支持激活态 1x EV-DO 向 cdma2000 1x 的话音切换，则根据切换是否发生在同一 PCF 下以及 cdma2000 1x 是否支持并发业务，可以将这类切换分为以下 3 种情况。具体呼叫流程见 IS-878-A。

1．不支持并发业务和不同 PCF 之间的切换

假设激活态 1x EV-DO 向 cdma2000 1x 的话音呼叫切换发生在同一 PDSN 下不同的 PCF 之间，并且 cdma2000 1x 网络或混合终端不支持话音与分组数据的并发业务，对应的切换信令流程如图 12-25 所示。

流程说明如下。

① 在 1x EV-DO 分组数据会话期间，混合终端收到 BS 的话音寻呼消息。混合终端可以选择忽略此寻呼消息，继续传送 1x EV-DO 分组数据，不执行以下步骤；也可以选择响应 BS 的话音寻呼消息，继续执行以下步骤。

② AN 停止接收混合终端发送的分组数据，视作无线连接丢失。

③ AN 向 PCF2 发送原因值为'Air link lost'的 A9 释放 A8 消息，启动定时器 T_{rel9}。

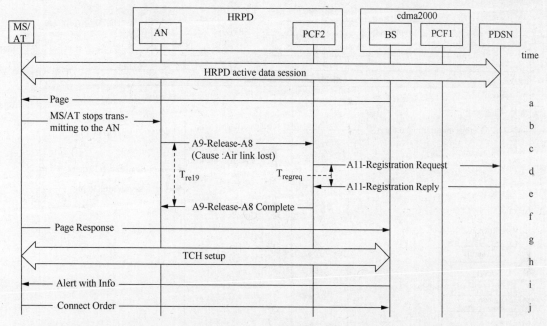

图 12-25　激活态 1x EV-DO 向 cdma2000 1x 的切换（不支持并发业务，不同 PCF 下）

④ PCF2 向 PDSN 发送计费记录为'Active Stop'的 A11 注册请求消息，启动定时器 T_{regreq}。

⑤ PDSN 用 A11 注册应答消息进行响应，PCF2 收到该消息后关闭定时器 T_{regreq}。

⑥ PCF2 向 AN 发送 A9 释放 A8 完成消息，AN 收到该消息后关闭定时器 T_{rel9}。

⑦ 混合终端向 BS 发送寻呼响应消息（Paging Response Message），该消息可以在步骤 c 后发送。

⑧ BS 收到指配请求消息（Assignment Request Message）后，建立与混合终端之间的前反向业务信道。

⑨ BS 发送振铃指示消息（Alert with Info），通知混合终端振铃（Ring）。

⑩ 混合终端检测到通话键按下后，向 BS 发送连接命令消息（Connect Order Message）。

2. 支持并发业务和不同 PCF 之间的切换

假设激活态 1x EV-DO 向 cdma2000 1x 的话音呼叫切换发生在同一 PDSN 下不同的 PCF 之间，并且 cdma2000 1x 网络不支持话音与分组数据的并发业务，其切换信令流程如图 12-26 所示。

流程说明如下。

① 在 1x EV-DO 分组数据会话期间，混合终端收到 BS 的话音寻呼消息。混合终端可以选择忽略此寻呼消息，继续传送 1x EV-DO 分组数据，不执行以下步骤；也可以选择响应 BS 的话音寻呼消息，接着执行以下步骤。

② AN 停止接收混合终端发送的分组数据，视作无线连接丢失。

③ AN 向 PCF2 发送原因值为'Air link lost'的 A9 释放 A8 消息，启动定时器 T_{rel9}。

④ PCF2 向 PDSN 发送计费记录为'Active Stop'的 A11 注册请求消息，启动定时器

T_{regreq}。

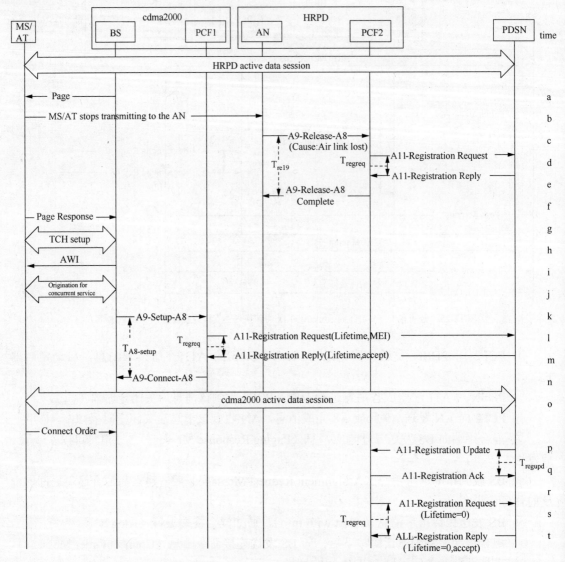

图 12-26　激活态 1x EV-DO 向 cdma2000 1x 的切换（支持并发业务，不同 PCF 下）

⑤ PDSN 用 A11 注册应答消息进行响应，PCF2 收到该消息后关闭定时器 T_{regreq}。

⑥ PCF2 向 AN 发送 A9 释放 A8 完成消息，AN 收到该消息后关闭定时器 T_{rel9}。

⑦ 混合终端向 BS 发送寻呼响应消息，该消息可以在步骤 c 后发送。

⑧ BS 收到指配请求消息后，建立与混合终端之间的前反向业务信道。

⑨ BS 发送振铃指示消息，通知混合终端振铃。

⑩ 若混合终端支持并发业务，则混合终端与 1x 系统之间建立分组数据会话。

⑪ BS 向 PCF1 发送 A9 建立 A8 消息，请求建立 A8 连接，启动定时器 $T_{A8\text{-setup}}$；如果混合终端已经准备好发送数据，那么 BS 置 DRI=1；否则，BS 置 DRI=0。

⑫ PCF1 向 PDSN 发送 A11 注册请求消息，请求建立 A10 连接，并启动定时器 T_{regreq}。

⑬ 如果 A11 注册请求消息有效，PDSN 同意建立 A10 连接，并向 PCF1 发送 A11 注册应答消息，PCF1 收到该消息后，关闭定时器 T_{regreq}。

⑭ 成功建立 A10 连接后，PCF1 向 BS 发送 A9 连接 A8 消息，并关闭定时器 $T_{A8-setup}$。

⑮ 至此，数据会话已经从 1x EV-DO 系统成功转移到 cdma2000 1x 系统。

3．支持并发业务和相同 PCF 下的切换

假设激活态 1x EV-DO 向 cdma2000 1x 的话音呼叫切换发生在同一 PDSN 和 PCF 下，cdma2000 1x 网络和混合终端均支持并发业务，其切换信令流程如图 12-27 所示。

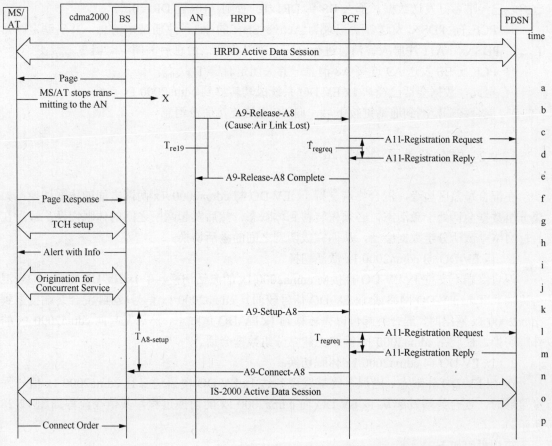

图 12-27　激活态 1x EV-DO 向 cdma2000 1x 的切换（支持并发业务，相同 PCF 下）

流程说明如下。

① 在 1x EV-DO 分组数据会话期间，混合终端收到 BS 的话音寻呼消息。混合终端可以选择忽略此寻呼消息，继续传送 1x EV-DO 分组数据，不执行以下步骤；也可以选择响应 BS 的话音寻呼消息，接着执行以下步骤。

② AN 停止接收混合终端发送的分组数据，视作无线连接丢失。

③ AN 向 PCF 发送原因值为'Air link lost'的 A9 释放 A8 消息，启动定时器 T_{rel9}。

④ PCF 向 PDSN 发送计费记录为'Active Stop'的 A11 注册请求消息，启动定时器 T_{regreq}。

⑤ PDSN 用 A11 注册应答消息进行响应，PCF 收到该消息后关闭定时器 T_{regreq}。

⑥ PCF 向 AN 发送 A9 释放 A8 完成消息，AN 收到该消息后关闭定时器 T_{rel9}。

⑦ 混合终端向 BS 发送寻呼响应消息，该消息可以在步骤 c 后发送。

⑧ BS 收到指配请求消息后，建立与混合终端之间的前反向业务信道。

⑨ BS 发送振铃指示消息，通知混合终端振铃。

⑩ 若混合终端支持并发业务，则混合终端与 cdma2000 1x 系统之间建立分组数据会话作为并发业务，并将 1x EV-DO 分组数据会话转移到 cdma2000 1x 系统中进行。

⑪ BS 向 PCF 发送 A9 建立 A8 消息，请求建立 A8 连接，启动定时器 $T_{A8\text{-}setup}$。如果混合终端已经准备好发送数据，那么 BS 置 DRI=1；否则，BS 置 DRI=0。

⑫ PCF 向 PDSN 发送计费记录为 'Active Start' 的 A11 注册请求消息，并启动定时器 T_{regreq}。PDSN 用 A11 注册应答消息进行响应，PCF 收到该消息后关闭定时器 T_{regreq}。

⑬ PCF 向 BS 发送 A9 连接 A8 消息，并关闭定时器 $T_{A8\text{-}setup}$。

⑭ 至此，数据会话已经从 1x EV-DO 系统成功转移到 cdma2000 1x 系统。

⑮ 混合终端检测到通话键按下后，向 BS 发送连接命令消息。

12.9.2 混合覆盖区边缘切换

在混合覆盖区边缘，混合终端支持 1x EV-DO 与 cdma2000 1x 两网之间的休眠切换；如果分组数据会话处于激活态，必须先转移到休眠态，然后发起两网之间的休眠切换，最后在目标网络中激活分组数据会话，从而完成两网之间的激活切换。

1. 1x EV-DO 向 cdma2000 1x 激活切换

混合终端不支持 1x EV-DO 直接向 cdma2000 1x 的激活切换。在 1x EV-DO 激活态，当混合终端离开 1x EV-DO 网络或 1x EV-DO 信号较弱且 cdma2000 1x 信号较强，混合终端搜索到 cdma2000 1x 网络时，混合终端可以先转移到 1x EV-DO 休眠态，然后发起向 cdma2000 1x 的休眠切换，最后在 cdma2000 1x 网络上建立分组数据会话。

2. 1x EV-DO 向 cdma2000 1x 休眠切换

在 1x EV-DO 休眠态，当混合终端发现到达 1x EV-DO 覆盖边缘且 cdma2000 1x 信号强度足够时，混合终端发起从 1x EV-DO 向 cdma2000 1x 的切换过程，其信令流程如图 12-28 所示。

流程说明如下。

① 混合终端切换到 cdma2000 1x 系统频点，向基站发送起呼消息，置 DRS=0；同时上传的还有源 PCF 的 ANID。

② 基站对起呼消息进行确认应答。

③ 目标 PCF 向 PDSN 发送 A11 注册请求消息，请求建立 A10 连接，该消息的 PANID 字段取值为起呼消息上传的 ANID。

④ PDSN 建立 A10 连接，通过 A11 注册应答消息进行确认。至此，完成从 1x EV-DO 向 cdma2000 1x 的休眠切换。

⑤ PDSN 向源 PCF 发送 A11 注册更新消息，初始化 A10 连接释放。

⑥ 源 PCF 用注册更新应答消息确认。

⑦　源 PCF 向 PDSN 发送 A11 注册请求消息，置 Lifetime=0，请求释放 A10 连接。

⑧　PDSN 返回 A11 注册应答消息，确认释放 A10 连接。

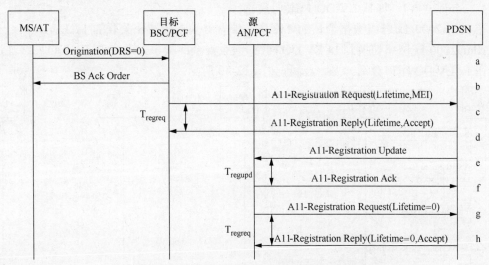

图 12-28　1x EV-DO 向 cdma2000 1x 休眠切换的信令流程图

1x EV-DO 向 cdma2000 1x 休眠切换所交互的信令数据如图 12-29 所示。

#	Time	Type	Description	Subtitle	Direction	S...
269	2009 Jan 17 09:24:30.060	0x1007	Paging Channel Message	Neighbor List Msg	BS >>> MS	49
278	2009 Jan 17 09:24:30.080	0x1007	Paging Channel Message	General Page Msg (slot = 1744)	BS >>> MS	57
352	2009 Jan 17 09:24:32.620	0x1007	Paging Channel Message	General Neighbor List Msg	BS >>> MS	58
361	2009 Jan 17 09:24:32.640	0x1007	Paging Channel Message	General Page Msg (slot = 1776)	BS >>> MS	36
411	2009 Jan 17 09:24:33.076	0x107C	1xEV Signaling Control Channel ...	AccessParameters Msg	BS >>> MS	37
514	2009 Jan 17 09:24:33.628	0x1076	1xEV Signaling Access Channel	RouteUpdate Msg	BS <<< MS	32
515	2009 Jan 17 09:24:33.628	0x1076	1xEV Signaling Access Channel	ConnectionRequest Msg	BS <<< MS	27
536	2009 Jan 17 09:24:33.735	0x1078	1xEV Signaling Control Channel ...	ACAck Msg	BS >>> MS	25
565	2009 Jan 17 09:24:33.765	0x1078	1xEV Signaling Control Channel ...	TrafficChannelAssignment Msg	BS >>> MS	37
567	2009 Jan 17 09:24:33.766	0x107B	1xEV Traffic Channel Assignme...			17
671	2009 Jan 17 09:24:33.854	0x1079	1xEV Signaling Forward Traffic ...	RTCAck Msg	BS >>> MS	25
701	2009 Jan 17 09:24:33.861	0x1077	1xEV Signaling Reverse Traffic ...	TrafficChannelComplete Msg	BS <<< MS	26
29862	2009 Jan 17 09:25:16.593	0x107C	1xEV Signaling Control Channel ...	QuickConfig Msg	BS >>> MS	35
29863	2009 Jan 17 09:25:16.593	0x107C	1xEV Signaling Control Channel ...	Sync Msg	BS >>> MS	32
29864	2009 Jan 17 09:25:16.593	0x107C	1xEV Signaling Control Channel ...	AccessParameters Msg	BS >>> MS	37
30005	2009 Jan 17 09:25:16.788	0x1079	1xEV Signaling Forward Traffic ...	ConnectionClose Msg	BS >>> MS	26
30008	2009 Jan 17 09:25:16.789	0x1077	1xEV Signaling Reverse Traffic ...	ConnectionClose Msg	BS <<< MS	26
30670	2009 Jan 17 09:25:24.276	0x107C	1xEV Signaling Control Channel ...	QuickConfig Msg	BS >>> MS	35
30671	2009 Jan 17 09:25:24.276	0x107C	1xEV Signaling Control Channel ...	Sync Msg	BS >>> MS	32
30672	2009 Jan 17 09:25:24.276	0x107C	1xEV Signaling Control Channel ...	SectorParameters Msg	BS >>> MS	61
31629	2009 Jan 17 09:25:41.100	0x1007	Paging Channel Message	General Page Msg (slot = 583)	BS >>> MS	28
31662	2009 Jan 17 09:25:41.180	0x1007	Paging Channel Message	General Neighbor List Msg	BS >>> MS	58
31679	2009 Jan 17 09:25:41.220	0x1007	Paging Channel Message	General Page Msg (slot = 585)	BS >>> MS	50
31689	2009 Jan 17 09:25:41.230	0x1004	Access Channel Message	Origination Msg	BS <<< MS	57
31690	2009 Jan 17 09:25:41.240	0x1007	Paging Channel Message	System Parameters Msg	BS >>> MS	46
31707	2009 Jan 17 09:25:41.280	0x1007	Paging Channel Message	General Page Msg (slot = 586)	BS >>> MS	57
31724	2009 Jan 17 09:25:41.320	0x1007	Paging Channel Message	Access Parameters Msg	BS >>> MS	35
31939	2009 Jan 17 09:25:41.740	0x1007	Paging Channel Message	Order Msg	BS >>> MS	25
31948	2009 Jan 17 09:25:41.760	0x1007	Paging Channel Message	CDMA Channel List Msg	BS >>> MS	23
32305	2009 Jan 17 09:25:42.280	0x1000	Forward Channel Traffic Message	Order Msg	BS >>> MS	20
32362	2009 Jan 17 09:25:42.302	0x1005	Reverse Channel Traffic Message	Order Msg	BS <<< MS	19
33566	2009 Jan 17 09:25:43.873	0x1008	Forward Channel Traffic Message	Service Connect Msg	BS >>> MS	58
33610	2009 Jan 17 09:25:43.898	0x1005	Reverse Channel Traffic Message	Service Connect Complete Msg	BS <<< MS	18
33708	2009 Jan 17 09:25:44.033	0x1008	Forward Channel Traffic Message	Power Control Msg	BS >>> MS	33
33742	2009 Jan 17 09:25:44.073	0x1008	Forward Channel Traffic Message	Power Control Msg	BS >>> MS	33
33778	2009 Jan 17 09:25:44.113	0x1008	Forward Channel Traffic Message	Power Control Msg	BS >>> MS	33
33873	2009 Jan 17 09:25:44.213	0x1008	Forward Channel Traffic Message	Extended S Channel Assignment Msg	BS >>> MS	32
33891	2009 Jan 17 09:25:44.233	0x1008	Forward Channel Traffic Message	Extended S Channel Assignment Msg	BS >>> MS	32
33903	2009 Jan 17 09:25:44.253	0x1008	Forward Channel Traffic Message	Extended S Channel Assignment Msg	BS >>> MS	32
34072	2009 Jan 17 09:25:44.443	0x1008	Forward Channel Traffic Message	Status Request Msg	BS >>> MS	20
34088	2009 Jan 17 09:25:44.458	0x1005	Reverse Channel Traffic Message	Status Response Msg	BS <<< MS	22

图 12-29　1x EV-DO 向 cdma2000 1x 休眠切换的信令数据

3．cdma2000 1x 向 1x EV-DO 激活切换

混合终端不支持 cdma2000 1x 直接向 1x EV-DO 的激活切换。在 cdma2000 1x 激活态，当混合终端跨越 cdma2000 1x 网络或 cdma2000 1x 信号较弱且 1x EV-DO 信号较强，混合终

端搜索到 1x EV-DO 网络时，混合终端可以先转移到 cdma2000 1x 休眠态，然后发起向 1x EV-DO 的休眠切换，最终在 1x EV-DO 网络上建立分组数据会话。

4. cdma2000 1x 向 1x EV-DO 休眠切换

在 cdma2000 1x 分组数据会话的休眠态，混合终端报告捕获关联的 1x EV-DO 频点，要求从 cdma2000 1x 网络切换到 1x EV-DO 网络。假设混合终端事先未在 1x EV-DO 网络注册（即不存在 1x EV-DO 空口会话），信令流程如图 12-30 所示。

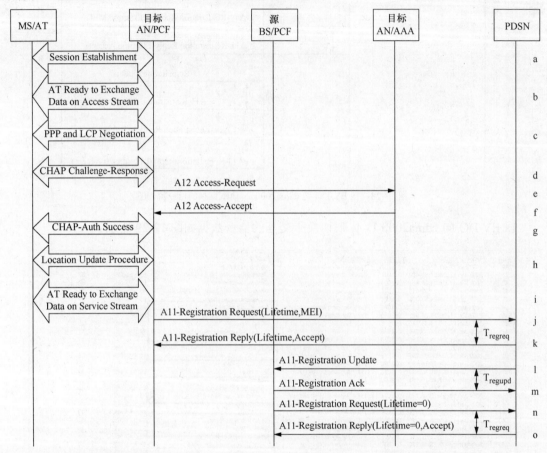

图 12-30　cdma2000 1x 向 1x EV-DO 休眠切换（无 1x EV-DO 空口会话）

流程说明如下。

① 目标 AN 检测到不存在空口会话，则进行 UATI 分配和会话配置协商，建立混合终端与目标 AN 之间的空口会话。

② AT 向 AN 发送开启请求消息；AN 返回开启响应消息，开启 AN 流。

③ AN 与 AT 之间进行 PPP 和 LCP 协商，配置 CHAP 鉴权协议类型。

④ 目标 AN 产生一个鉴权随机数，随同 CHAP-Challenge 消息发送给混合终端。混合终端计算出鉴权结果后，将其随同 CHAP-Response 消息发送给 AN。

⑤ AN 将鉴权随机数、混合终端上报的鉴权结果及其 NAI 等鉴权参数随同 A12Access-Request 消息发送给 AN-AAA。

⑥ AN-AAA 采用 MD5 算法执行鉴权运算，将计算的结果与终端上报的鉴权结果比较，

若一致，则返回 A12-Access Accept 消息进行确认。

⑦ 目标 AN 收到该消息后，用 CHAP-Auth Success 消息通知终端鉴权成功。

⑧ 若目标 AN 支持位置更新，则可以更新混合终端的 ANID 参数或用混合终端上传的 ANID 恢复其 PANID。此步骤可以在步骤 a 后面任意时间发生。

⑨ 混合终端通知目标 AN 已经准备好在业务信道上进行数据通信，流控协议此时处于开启状态。

⑩ 目的 PCF 发送 A11 注册请求消息，请求 PDSN 建立 A10 连接。

⑪ PDSN 返回 A11 注册应答消息，确认建立 A10 连接。

⑫ PDSN 向源 PCF 发送 A11 注册更新消息，初始化 A10 连接释放。

⑬ 源 PCF 用注册更新应答消息确认。

⑭ 源 PCF 向 PDSN 发送 A11 注册请求，置 Lifetime=0，请求 PDSN 释放 A10 连接。

⑮ PDSN 返回 A11 注册应答消息，确认释放 A10 连接。

cdma2000 1x 向 1x EV-DO 休眠切换所交互的信令数据如图 12-31 所示。

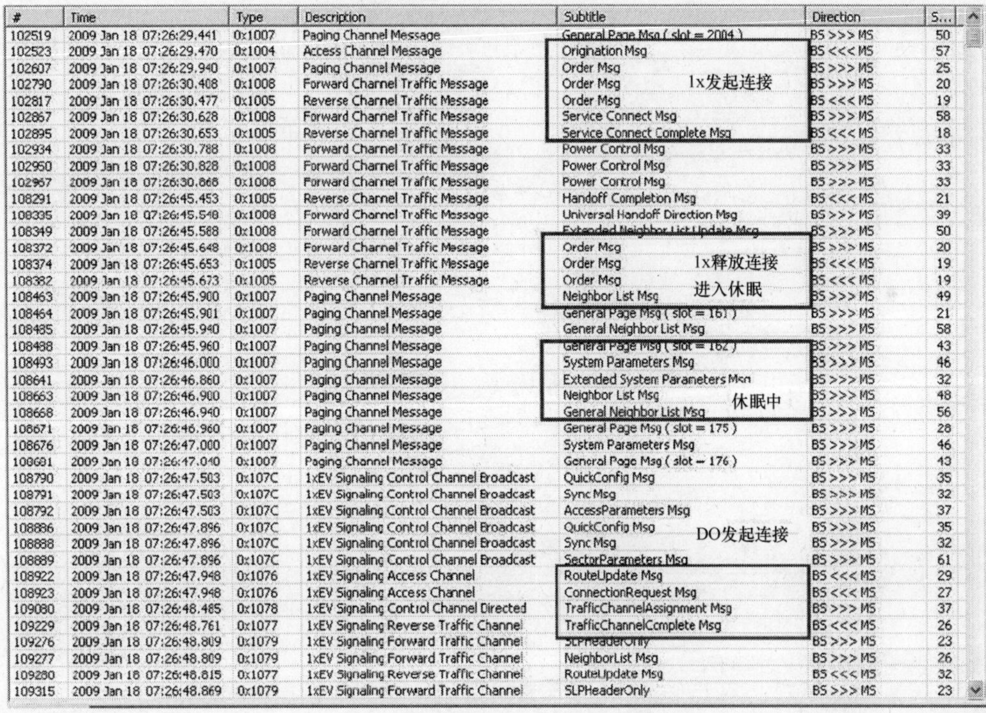

#	Time	Type	Description	Subtitle	Direction	S...
102519	2009 Jan 18 07:26:29.441	0x1007	Paging Channel Message	General Page Msg (slot = 2004)	BS >>> MS	50
102523	2009 Jan 18 07:26:29.470	0x1004	Access Channel Message	Origination Msg	BS <<< MS	57
102607	2009 Jan 18 07:26:29.940	0x1007	Paging Channel Message	Order Msg	BS >>> MS	25
102790	2009 Jan 18 07:26:30.408	0x1008	Forward Channel Traffic Message	Order Msg	BS >>> MS	20
102817	2009 Jan 18 07:26:30.477	0x1005	Reverse Channel Traffic Message	Order Msg	BS <<< MS	19
102867	2009 Jan 18 07:26:30.628	0x1008	Forward Channel Traffic Message	Service Connect Msg	BS >>> MS	58
102895	2009 Jan 18 07:26:30.653	0x1005	Reverse Channel Traffic Message	Service Connect Complete Msg	BS <<< MS	18
102934	2009 Jan 18 07:26:30.788	0x1008	Forward Channel Traffic Message	Power Control Msg	BS >>> MS	33
102950	2009 Jan 18 07:26:30.828	0x1008	Forward Channel Traffic Message	Power Control Msg	BS >>> MS	33
102967	2009 Jan 18 07:26:30.868	0x1008	Forward Channel Traffic Message	Power Control Msg	BS >>> MS	33
108291	2009 Jan 18 07:26:45.453	0x1005	Reverse Channel Traffic Message	Handoff Completion Msg	BS <<< MS	21
108335	2009 Jan 18 07:26:45.548	0x1008	Forward Channel Traffic Message	Universal Handoff Direction Msg	BS >>> MS	39
108349	2009 Jan 18 07:26:45.588	0x1008	Forward Channel Traffic Message	Extended Neighbor List Update Msg	BS >>> MS	50
108372	2009 Jan 18 07:26:45.648	0x1008	Forward Channel Traffic Message	Order Msg	BS >>> MS	20
108374	2009 Jan 18 07:26:45.653	0x1005	Reverse Channel Traffic Message	Order Msg	BS <<< MS	19
108382	2009 Jan 18 07:26:45.673	0x1005	Reverse Channel Traffic Message	Order Msg	BS <<< MS	19
108463	2009 Jan 18 07:26:45.900	0x1007	Paging Channel Message	Neighbor List Msg	BS >>> MS	49
108464	2009 Jan 18 07:26:45.901	0x1007	Paging Channel Message	General Page Msg (slot = 161)	BS >>> MS	21
108485	2009 Jan 18 07:26:45.940	0x1007	Paging Channel Message	General Neighbor List Msg	BS >>> MS	58
108488	2009 Jan 18 07:26:45.960	0x1007	Paging Channel Message	General Page Msg (slot = 162)	BS >>> MS	43
108493	2009 Jan 18 07:26:46.000	0x1007	Paging Channel Message	System Parameters Msg	BS >>> MS	46
108641	2009 Jan 18 07:26:46.860	0x1007	Paging Channel Message	Extended System Parameters Msg	BS >>> MS	32
108663	2009 Jan 18 07:26:46.900	0x1007	Paging Channel Message	Neighbor List Msg	BS >>> MS	48
108668	2009 Jan 18 07:26:46.940	0x1007	Paging Channel Message	General Neighbor List Msg	BS >>> MS	56
108671	2009 Jan 18 07:26:46.960	0x1007	Paging Channel Message	General Page Msg (slot = 175)	BS >>> MS	28
108676	2009 Jan 18 07:26:47.000	0x1007	Paging Channel Message	System Parameters Msg	BS >>> MS	46
108681	2009 Jan 18 07:26:47.040	0x1007	Paging Channel Message	General Page Msg (slot = 176)	BS >>> MS	43
108790	2009 Jan 18 07:26:47.503	0x107C	1xEV Signaling Control Channel Broadcast	QuickConfig Msg	BS >>> MS	35
108791	2009 Jan 18 07:26:47.503	0x107C	1xEV Signaling Control Channel Broadcast	Sync Msg	BS >>> MS	32
108792	2009 Jan 18 07:26:47.503	0x107C	1xEV Signaling Control Channel Broadcast	AccessParameters Msg	BS >>> MS	37
108886	2009 Jan 18 07:26:47.896	0x107C	1xEV Signaling Control Channel Broadcast	QuickConfig Msg	BS >>> MS	35
108888	2009 Jan 18 07:26:47.896	0x107C	1xEV Signaling Control Channel Broadcast	Sync Msg	BS >>> MS	32
108889	2009 Jan 18 07:26:47.896	0x107C	1xEV Signaling Control Channel Broadcast	SectorParameters Msg	BS >>> MS	61
108922	2009 Jan 18 07:26:47.948	0x1076	1xEV Signaling Access Channel	RouteUpdate Msg	BS <<< MS	29
108923	2009 Jan 18 07:26:47.948	0x1076	1xEV Signaling Access Channel	ConnectionRequest Msg	BS <<< MS	27
109080	2009 Jan 18 07:26:48.485	0x1078	1xEV Signaling Control Channel Directed	TrafficChannelAssignment Msg	BS >>> MS	37
109229	2009 Jan 18 07:26:48.761	0x1077	1xEV Signaling Reverse Traffic Channel	TrafficChannelComplete Msg	BS <<< MS	26
109276	2009 Jan 18 07:26:48.809	0x1079	1xEV Signaling Forward Traffic Channel	SLPHeaderOnly	BS >>> MS	23
109277	2009 Jan 18 07:26:48.809	0x1079	1xEV Signaling Forward Traffic Channel	NeighborList Msg	BS >>> MS	26
109280	2009 Jan 18 07:26:48.815	0x1077	1xEV Signaling Reverse Traffic Channel	RouteUpdate Msg	BS <<< MS	32
109315	2009 Jan 18 07:26:48.869	0x1079	1xEV Signaling Forward Traffic Channel	SLPHeaderOnly	BS >>> MS	23

图 12-31　cdma2000 1x 向 1x EV-DO 休眠切换数据

如果混合终端在这之前已经在 1x EV-DO 网络中注册过（即已经存在 HRPD 会话），则省略步骤①～⑦，其他步骤与新建会话时完全相同。

参 考 文 献

［1］张智江，刘申建，顾旻霞，等. cdma20001x EV-DO 网络技术［M］. 北京：机械工

业出版社，2005.

［2］3GPP2 C.S0024-A (TIA/EIA IS-856-A). cdma2000 High Rate Packet Data Air Interface Specification.

［3］3GPP2 A.S0008 (TIA/EIA IS-878). IOS Specification for High Rate Packet Data (HRPD) Radio Access Network Interfaces.

［4］张传福，卢辉斌，彭灿，等. cdma20001x EV-DO 通信网络规划与设计［M］. 北京：民邮电出版社，2009.

第13章 1x EV-DO 网优指标

和 1x 网络一样，1x EV-DO 网络也有反映网络运行状况综合质量的一系列关键性能 KPI 指标，一般分为路测（DT/CQT）KPI 和话务统计 KPI。1x EV-DO KPI 指标是评估和监控 1x EV-DO 网络性能的重要依据，也是 1x EV-DO 网络优化的重要参考和指导。1x EV-DO 网优指标分类分为覆盖类、负荷类、接入类、保持类 4 大系列，下面分别介绍 1x EV-DO 网优主要关注的指标。

13.1　覆盖类指标

无线信号覆盖是 1x EV-DO 网络提供服务的前提和基础，因此无线信号覆盖优化是网络覆盖的一个重点。覆盖率一般通过 DT/CQT 采样测试来评估（根据事先定义覆盖指标门限）。在实际网络测试过程中会出现弱覆盖、越区覆盖、前反向（链路）覆盖不平衡、导频污染等实际覆盖类问题。

1x EV-DO 网络覆盖率定义公式如下：覆盖率=（SINR≥−6dB、反向 Tx_Power≤15dBm 且前向 RX_Power≥−95dBm）的采样点数/采样点总数×100%。实际覆盖率指标的定义可以根据网络情况进行调整。

13.2　负荷类指标

1x EV-DO 网络负荷类指标主要包括流量、吞吐量、速率 3 种指标，每种指标指标按前反向和信令层细分。

13.2.1　流量指标

1x EV-DO 数据业务流量是指流经或通过 1x EV-DO 网络传输的数据信息比特，其中包括用户数据（有效数据和重传数据）以及各协议层的分组头开销。流量的单位通常为 Byte、MB、GB。1x EV-DO 常用的流量 KPI 指标主要有以下几个。

（1）PCF 前向数据流量

统计时间内 PCF 收到的 PDSN 发送的前向数据量，统计粒度为 PCF。

（2）PCF 反向数据流量

统计时间内 PCF 收到的 BSC/AN 发送的反向数据量，统计粒度为 PCF。

（3）前向物理层流量

统计时间内 AN 在物理层向 AT 发送的前向数据量，统计粒度为载扇。

（4）反向物理层流量

统计时间内 AN 在物理层收到 AT 发送的反向数据量，统计粒度为载扇。

（5）前向 RLP 层流量

统计时间内 AN 在 RLP 层向 AT 发送的前向数据量，统计粒度为载扇。

（6）反向 RLP 层流量

统计时间内 AN 在 RLP 层收到 AT 发送的反向数据量，统计粒度为载扇。

13.2.2　吞吐量

吞吐量，也称吞吐率，是单位时间内正确传递的比特数（bit/s）或字节数（Bytes/s），不包括重传的字节。决定系统吞吐量的重要因素为采用的通信制式以及调度算法，系统吞吐量分为前向吞吐量和反向吞吐量，1x EV-DO 系统的前向吞吐量主要与前向调度算法、用户分布、无线环境、终端类型等有关，而 1x EV-DO 系统的反向吞吐量则主要与无线环境和当前在线的用户数有关。吞吐量的单位通常为 kbit/s。1x EV-DO 常用的吞吐量 KPI 指标主要有以下几个。

（1）前向业务信道物理层平均吞吐量

给定统计时间段内，前向业务信道物理层的数据量（不包括重传）与统计时长的比值，统计粒度为载扇。

（2）反向业务信道物理层平均吞吐量

给定统计时间段内，反向业务信道物理层的数据量（不包括重传）与统计时长的比值，统计粒度为载扇。

（3）前向业务信道物理层突发吞吐量

前向业务信道物理层发送数据量（不包括重传）与实际占用时隙时长的比值，统计粒度为载扇。

（4）反向业务信道物理层突发吞吐量

反向业务信道物理层发送数据量（不包括重传）与实际占用时隙时长的比值，统计粒度为载扇。

（5）前向 RLP 层数据吞吐量

给定统计时间段内，AN 在 RLP 层向 AT 发送的前向数据量（不包括重传）与统计时长的比值，统计粒度为载扇。

（6）反向 RLP 层数据吞吐量

给定统计时间段内，AN 在 RLP 层收到 AT 发送的反向数据量（不包括重传）与统计时长的比值，统计粒度为载扇。

其他指标还有：PCF 到 BSC、BSC 到 PCF 的吞吐量、BSC 到 BTS、BTS 到 BSC 的吞吐量、前向 RLP 平均吞吐量、前向 RLP 平均每用户吞吐量等。

13.2.3　速率

单位时间内在信道上传输的信息量（比特数）称为数据速率，一般针对单用户而言。数据速率可分为应用层速率、TCP 层速率、RLP 层速率、物理层速率。1x EV-DO Rev. A 可提供的前向物理层峰值速率为 3.1Mbit/s，反向物理层峰值速率为 1.8Mbit/s。1x EV-DO 前向速率有 DRC 申请速率与实际用户速率之分，其中 DRC 申请速率与无线信道条件关系密切，而实际用户速率则主要与无线环境、干扰、系统的调度算法、网络资源等有关。1x EV-DO 反向用户速率主要与无线环境、干扰、反向负载（扇区忙闲）、终端 buffer、终端最高限速等有关。

在网管系统侧一般不统计用户侧速率相关指标，用户速率多出现在 DT/CQT 的统计项中，1x EV-DO 网管侧常用的速率相关 KPI 指标有以下几个。

（1）DRC 前向速率小于 307.2kbit/s 的申请比率

给定统计时间段内，DRC 前向速率小于 307.2kbit/s 的申请次数占所有 DRC 速率申请总次数的比值，统计粒度为载扇。

（2）DRC 前向速率为 307.2～1 228kbit/s 的申请比率

给定统计时间段内，DRC 前向速率为 307.2～1 228kbit/s 的申请次数占所有 DRC 速率申请总次数的比值，统计粒度为载扇。

（3）DRC 前向速率大于 1 228kbit/s 的申请比率

给定统计时间段内，DRC 前向速率大于 1 228kbit/s 的申请次数占所有 DRC 速率申请总次数的比值，统计粒度为载扇。

此外，路测端的速率指标主要有 DRC 申请速率、前向边缘速率等。

13.3　接入性指标

接入性指标主要包括 UATI 分配成功率、Session 协商成功率、Session 接入鉴权成功率、连接建立成功率、寻呼响应率等。

13.3.1　会话建立流程

1x EV-DO 会话（Session）由 AT 和 AN 共同维护，AN 侧存储了每个 AT 的会话信息，包括 AT 标识（UATI）、硬件标识（ESN、MEID）、AT 的随机接入会话标识（RATI）、AT 路由信息、AT 鉴权信息（NAI、MNID）、AT 位置信息、协商的配置参数及空口协议集、会话状态信息、AT 的连接标识等。

在下述两种情况下 AT 会发起会话建立。

① 从未建立过会话或者原会话已释放，通常在系统侧有 keep alive timer 参数来控制 session 维持的时间，AT 关机超过设置时间，则将释放 1x EV-DO 会话；

② 原会话存在，但 AT 监听到系统消息中的 color code 与 AT 存储的不一致，即发生了跨 color code 的切换，此时手机可以是在业务状态中的，也可以是在空闲状态中，它会重新发起新的会话申请。

在新的会话建立时，完成 UATI 分配后会继续进行连接建立、配置协商、接入鉴权，完成后释放连接，整个过程称为一次完整的会话。有些系统接入鉴权可能放在首次业务连接时做。1x EV-DO 会话建立流程如图 13-1 所示。

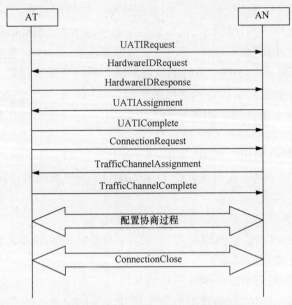

图 13-1　1x EV-DO 会话建立全过程

　　完整的会话建立过程中涉及与成功率相关的指标有 UATI 分配成功率、session 协商成功率、session 接入鉴权成功率。有时候通用定义中也将 UATI 分配成功率作为会话建立成功率。

13.3.2　UATI 分配成功率

　　通常也称会话建立成功率，UATI 分配成功率为 AT 被分配 UATI 的成功次数与 UATI 请求次数的比值，统计粒度为载扇。

13.3.3　Session 协商成功率

　　Session 协商成功率为 Session 协商成功次数与 Session 协商次数的比值，统计粒度为载扇。

13.3.4　Session 接入鉴权成功率

　　Session 接入鉴权成功率为接入鉴权成功次数与接入鉴权请求次数的比值，统计粒度为载扇。
　　其他会话相关指标包括：UATI 请求次数、UATI 分配成功次数、UATI 分配失败次数、UATI 平均建立时长、Session 协商成功次数、Session 协商失败次数、Session 接入鉴权成功次数、Session 接入鉴权请求次数、Session 接入鉴权拒绝次数、Session 接入鉴权失败次数等。

13.3.5　连接建立成功率

　　1x EV-DO Rev. A 中，连接建立指的是主流的建立，而 VoIP、VT 等 QoS 的连接建立则属于辅流的建立，连接建立成功率是表征 1x EV-DO 接入性的一个重要指标。统计连接建立成功率时可以将 AN 与 AT 分开统计，也可合在一起。

连接建立成功率可分成不含 A8/A10 的连接建立成功率和包含 A8/A10 的连接建立成功率，不含 A8/A10 的连接建立也即空口的连接建立流程如图 13-2 所示，包含 A8/A10 的连接建立流程需要统计在空口建立后的 A8 和 A10 建立过程。具体 KPI 指标如下。

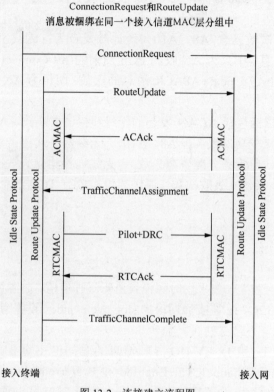

图 13-2　连接建立流程图

（1）无线连接成功率

即 AT 发起及 AN 发起的无线连接成功总次数与 AT 发起及 AN 发起的无线连接请求总次数的比值，统计粒度为载扇。其中无线连接请求次数统计触发点为：AN 收到 AT 发起的表示无线连接请求的 ConnectionRequest+RouteUpdate 消息的次数；若是 AN 发起的快速连接，应是 AN 收到 PCF 的 "A9-BS Service Request" 不发送寻呼直接开始建立快速连接的次数。

无线连接成功次数统计触发点为：AN 收到 AT 所发送的表示无线空口连接成功的 TrafficChannelComplete 消息的次数。

（2）AT 发起的无线连接成功率

AT 发起的无线连接成功次数与 AT 发起的无线连接请求次数的比值，统计粒度为载扇。统计触发点同无线连接成功率。

（3）AN 发起的无线连接成功率

AN 发起的无线连接成功次数与 AN 发起的无线连接请求次数的比值，统计粒度为载扇。

统计触发点同无线连接成功率。

(4) 无线网络连接成功率（含 A8、A10）

无线网络（包括无线空口链路及 A8、A10 地面链路）的建立成功率，为无线网络建立成功次数与无线网络请求次数的比值，统计粒度为载扇。

其中，无线网络连接请求次数（含 A8、A10）统计触发点为：AN 收到 AT 发来的 ConnectionRequest+RouteUpdate 消息，或者 AN 收到 PCF 发来的 "A9-BS Service Request" 消息。

无线网络连接成功次数（含 A8、A10）统计触发点为：无线空口链路及地面链路建立均完成后的第一个消息。中兴为 AN 收到 PCF 发来的 A9-Connect A8 消息的次数；华为为 AN 收到 PCF 发来的 A9-Update A8ACK 消息的次数；朗讯为 AN 向 AT 发送 ACK 消息的次数。

其他连接建立相关指标包括 AT/AN 发起的无线连接请求次数、AT/AN 发起的无线连接成功次数、无线网络连接成功次数（含 A8、A10）、无线网络连接请求次数（含 A8、A10）、无线连接建立失败次数（原因为分配资源失败）、无线连接建立失败次数（原因为反向业务信道俘获失败）、无线连接建立失败次数（原因为没有收到 TCC 消息）、无线连接平均建立时长等。

13.3.6 寻呼响应率

1x EV-DO 也像 1x 一样，一般采用时隙模式监听寻呼信道。时隙模式下双模终端监听 1x EV-DO 系统的周期为 5.12s，1x 监听周期根据 slot cycle index 设置为 0、1、2，分别对应为 1.28s、2.56s 和 5.12s。

为了避免 AT 监听 1x 和 1x EV-DO 寻呼消息的时间产生重叠，1x EV-DO 空口协议中规定了 PreferredControlChannelCycleEnabled 和 PreferredControlChannelCycle 这两个参数，当前面一个参数设为 "1"（也就是 "Enable"）时，可以通过配置协商参数决定 1x EV-DO 控制信道周期的起始偏置，以减小监听 1x 和 1x EV-DO 寻呼消息的时间产生重叠的可能。

空闲状态下，AT 同时监听 1x EV-DO /1x 的寻呼和系统消息。如 AT 处在 1x EV-DO 业务状态，则当监听 1x 网络时隙到达，会暂停 1x EV-DO 业务，监听 1x 网络，然后返回 1x EV-DO 业务。如 AT 处在 1x 业务状态，则不会监听 1x EV-DO 寻呼时隙，直到 1x 业务结束，回复空闲态时隙模式。

1x EV-DO 寻呼可针对普通尽力转发业务（BE，Best Effort）业务和 QCHAT 业务，BE 业务的寻呼指由 AN 发起 paging 消息，AT 紧接着发送 connection request 做正常连接建立，QCHAT 业务是基于 cdma20001x EV-DO Rev. A 的一种 PTT 业务，是话音 IP（VoIP）应用，QCHAT 被叫也是由 AN 发起 paging 消息来触发 1x EV-DO 连接。可以对 BE 业务和 QCHAT 业务设置两套寻呼策略，不同的寻呼策略会影响寻呼成功率。

1x EV-DO 寻呼成功率也称寻呼响应率，为全网的寻呼响应总次数与寻呼请求次数的比值，统计粒度为全网。

其他寻呼相关指标包括寻呼请求次数、寻呼响应总次数等。

13.4　保持性指标

13.4.1　掉线率

1x EV-DO 掉线指连接建立后由于系统过载、掉线定时器超时、硬切换失败、空口丢失、休眠定时器超时 AT 无响应、其他系统内部原因发生的掉线情况。掉线率分无线掉线率和网络掉线率，具体 KPI 指标如下。

（1）无线掉线率

在无线连接建立成功后的掉线（异常释放）率。为无线掉线总次数与释放总次数（正常释放次数与掉线次数之和）的比值，统计粒度为载扇。

（2）网络掉线率

在无线连接建立成功后的掉线（异常释放）率。为无线掉线总次数（含 PDSN 要求释放）与释放总次数（正常释放次数与掉线次数之和）的比值，统计粒度为载扇。

其他掉线相关指标包括无线掉线次数（空口丢失）、无线掉线次数（硬切换失败导致的掉线）、无线掉线次数（其他原因）等。

13.4.2　切换成功率

1x EV-DO 的移动性能主要体现在软切换性能、硬切换性能、会话迁移等。1x EV-DO 的软切换主要指反向软切换，1x EV-DO 前向采用虚拟软切换，是由 AT 自主发起的切换行为，无法在话务统计中体现，一般通过路测进行分析。

AT 在连接激活的情况下在不同的 AN 间（分属不同 color code）进行切换，AN 通过 A16 接口交换 AT 的会话信息及空口相关信息。目标 AN 会建立起空口及 A 口链路，源侧 AN 会把连接的控制权转移给目标侧 AN，成功发生切换后，连接不会中断，该类切换为 AN 间的硬切换。

而 AT 在连接激活的情况下在不同的 AN 间（分属不同 color code）进行切换，源 AN 通过 A17、A18、A19 接口消息在目标侧 AN 中分配资源来保持连接，呼叫的控制权始终保持的源 AN 侧，成功发生切换后，连接不会中断，该类切换为 AN 间的软切换。

AT 在 AN 内一般发生的是软切换，在 1x EV-DO 载频间切换可认为是硬切换。具体的切换成功率 KPI 指标如下。

（1）全局软切换成功率

全局反向链路的软切换成功率，为全局软切换成功次数与全局软切换请求次数的比值，统计粒度为 BSC。

软切换请求次数的触发点为（源）AN 收到激活态 AT 发来的 Route Update 消息。

软切换成功次数的触发点为（源）AN 收到 AT 发来的 TCC 消息。

（2）AN 内软切换成功率

AN 内软切换成功次数（含更软切换）与 AN 内软切换请求次数（含更软切换）的比值，

只统计增加分支的情况，统计粒度为载扇。

AN 内软切换请求次数的触发点为 AN 收到激活态 AT 发来的 Route Update 消息，判断为 AN 内软切换及需增加分支的情况，按增加分支数量统计请求次数，统计数据计在参考分支上。

AN 内软切换成功次数的触发点为 AN 收到 AT 发来的 TCC 消息，判断增加分支成功情况，按增加分支成功的数量统计成功次数，统计次数计在参考分支上。

（3）AN 间软切换成功率

AN 间反向链路软切换成功次数与 AN 间软切换请求次数的比值，只统计增加分支的情况，统计粒度为载扇。

AN 间软切换请求次数的触发点为源 AN 收到激活态 AT 发来的 Route Update 消息后，判断为 AN 间软切换及需增加分支的情况，按增加分支数量统计请求次数，统计数据计在源 AN 上。

AN 间软切换成功次数的触发点为源 AN 收到 AT 发来的 TCC 消息，判断增加分支成功情况，按增加分支成功的数量统计成功次数，统计次数计在源 AN 上。

（4）AN 内硬切换成功率

AN 内硬切换成功次数与 AN 内硬切换请求次数的比值，统计粒度为载频。

AN 内硬切换请求次数的触发点为 AN 收到 Route Update 消息时，判断为 AN 内硬切换及需增加分支数量，按增加分支数据统计请求次数，统计数据计在参考分支上。

AN 内硬切换成功次数的触发点为 AN 收到 TCC 消息后，并判断各分支的硬切换成功情况，按分支数统计 AN 内硬切换的成功次数，统计数据计在参考分支上。

（5）AN 间硬切换成功率

AN 间硬切换的成功次数与硬切换请求次数的比值，统计粒度为载扇。

AN 间硬切换请求次数触发点为目标 AN 收到源 AN 发来的 A16-Session Transfer Request 硬切换请求，计为一次硬切换请求次数，统计数据计在目标 AN 上。

AN 间硬切换成功次数触发点为目标 AN 捕获到 AT，成功收到 Traffic Channel Complete 消息后，并成功进行会话更新，及目标 AN 成功收到源 AN 发来的 A16-Session Release Indication Ack 消息，计为一次硬切换成功次数，统计数据计在目标 AN 上。

其他切换相关指标包括全局/AN 内/AN 间软切换请求次数、全局/AN 内/AN 间软切换成功次数、AN 内/AN 间硬切换请求次数、AN 内/AN 间硬切换成功次数等。

参 考 文 献

[1] 中国电信. 中国电信 cdma2000 1x EV-DO 无线网络统计指标 v1.0，2010.

第14章 1x EV-DO 参数优化

14.1 概 述

1x EV-DO 网络和之前 cdma2000 1x 移动通信网络一样，要确保 1x EV-DO 网络的正常运行需要配置大量的参数，其参数调整工作的重要性和注意事项本章节不再叙述。本章节主要介绍 1x EV-DO 网络无线参数中的基本参数、接入参数、功控参数、切换参数、准入与负载控制参数的优化设置。

14.2 基 本 参 数

14.2.1 控制信道速率（Control Channel Rate）

1. 参数说明

控制信道用于 AN 向 AT 发送开销消息或者用户特定消息，开销消息包括 Quick Config Message、Sector Parameter Message、Access Parameter Message 等，用户特定消息包括 UATI Assignment、Traffic Channel Assignment 消息等。该参数用来设置控制信道的数据传输速率。

1x EV-DO Rev. A 控制信道速率一般为两种：38.4kbit/s，76.8kbit/s。控制信道前缀携带的 MAC Index 表明了后续的控制信道包囊采用的是何种速率。MAC Index=2 对应控制信道速率为 76.8kbit/s，MAC Index=3 对应控制信道速率为 38.4kbit/s。

2. 设置说明

控制信道速率的设置应尽可能在控制信道传输可靠性和控制信道传输信息占用的时隙数之间寻求一个平衡。比如发送相同大小的物理层数据分组，76.8kbit/s 的速率要比 38.4kbit/s 的速率更快、占用时隙数更少。由于控制信道与业务信道以时分方式共享同一物理信道，因此节省的时隙可用于业务数据，从而提高整体数据吞吐量，但控制信道的覆盖范围相应减小，也即控制信道数据传输的可靠性降低了。

建议无线覆盖较好的条件下采用 76.8kbit/s，无线覆盖较差时则采用 38.4kbit/s。

14.2.2 控制信道偏置（Control Channel Offset）

1. 参数说明

控制信道周期（Control Channel Cycle）：该参数以时隙为单位设置同步包囊（SC，

Synchronization Capsule）相对于控制信道周期（Control Channel Cycle）的偏置值（Offset）。AN 传送的同步包囊在控制信道 MAC 层分组时遵循：

① 第一个 MAC 层分组在 T 时间开始传输，T 满足 $T \bmod 256 = \text{Offset}$；

② 同步包囊的所有其他 MAC 层分组在前一个分组传输结束后的最早 T 时间开始传输，T 满足 $T \bmod 4 = \text{Offset}$；

T 是 CDMA 系统时间（slot），Offset 即本参数在同步包囊的第一个控制信道 MAC 层分组的控制信道分组头（Control Channel header）中定义。控制信道发送如图 14-1 所示。

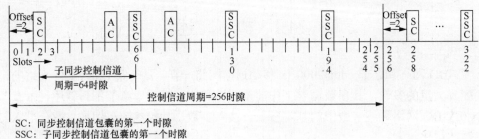

SC：同步控制信道包囊的第一个时隙
SSC：子同步控制信道包囊的第一个时隙
AC：异步控制信道包囊的第一个时隙

图 14-1　控制信道周期

2．设置说明

相邻扇区应使用不同的偏置值，可以避免相邻扇区的控制信道同时发送同步包囊，减小扇区间的干扰。

建议值：一般设置成 0 时隙。

14.2.3　DRCLock 子信道周期（DRCLockPeriod）

1．参数说明

DRCLock 子信道用来发送 DRCLock 比特，如图 14-2 所示，告知 AT 其发送的 DRC 是否被解码，DRCLock 子信道与 RPC 或 ARQ 时分复用。该参数用于设置前向 MAC 信道上传送两个连续 DRCLock 比特之间的间隔时间（单位为 slot）。协议规定该参数在 8、16 两个中取值。

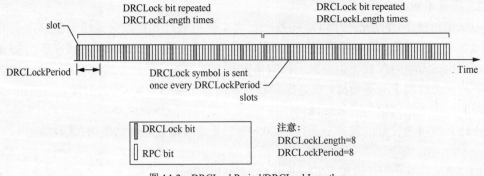

图 14-2　DRCLockPeriod/DRCLockLength

2．设置说明

由于 1x EV-DO Rev. 0 的 DRCLock 子信道和 RPC 子信道在同一个 MAC 信道上时分

复用，DRCLock 子信道的数据速率为 600/(DRCLockLength×DRCLockPeriod) bit/s，RPC 子信道的数据速率为 600×(1−1/DRCLockPeriod)。1x EV-DO Rev. A（即物理层 Subtype 2）中 RPC 子信道的速率与 DRCLockLength 无关，1x EV-DO Rev. A 的 DRCLock 子信道速率为 150/(DRCLockLength)，RPC 子信道速率为 150。

该参数设置得小（8slots），AN 可以及时响应 DRC 信道变化并迅速向 AT 报告 DRCLock 比特的值。

该参数设置得大（16slots），时间分集产生的增益使得 AT 成功接收 DRCLock 比特的概率变大，即可靠性增大。但是，同时 DRCLock 比特变化的时延也增加了。

建议值：8slots。

14.2.4　DRCLock 子信道长度（DRCLockLength）

1. 参数说明

该参数设置指示 DRCLock 比特重复发送的次数。协议规定该参数的取值范围是 4、8、16、32 共 4 个值。部分厂商该参数 Rev. 0 和 Rev. A 分别设置，Rev. A 的参数名为增强型 ENHDRCLockLength。

2. 设置说明

DRCLockPeriod/DRCLockLength 代表一个 DRCLock 比特的实际发射时长。

如该参数设置得小，DRCLock 比特变化的时延减少，AN 可以及时响应 DRC 信道变化，但 AT 成功接收 DRCLock 比特的可靠性会降低，即可能发生 DRC 比特解调错误。

如该参数设置得大，DRCLock 比特变化的时延增加，但成功接收 DRCLock 比特的可靠性也会提高。

建议值：8 次（缺省 FTC MAC），16 次（增强 FTC MAC）。

14.2.5　多用户数据分组开关（MultiUserPacketsEnabled）

1. 参数说明

AN 发送给 AT，指示 AT 是否应该对多用户数据分组进行解码。多用户数据分组主要用于支持如 VoIP 或 PTT 等流量小但对时延较为敏感的应用。多用户数据分组采用固定的 MACIndex 66～70。

2. 设置说明

该参数禁用时设置为 0，启用时设置为 1。

启用多用户数据分组说明要求 AT 对包含与多用户数据分组兼容的前缀的所有物理层数据分组进行解码，可以增加前向链路的传输效率、增加吞吐率、减少时延，满足部分时延敏感业务对 QoS 的要求。但 AN 必须在收到所有用户的 Ack 后才能提前终止数据发送。

若禁用多用户数据分组，则 AT 不会对 AN 已经发送的多用户数据分组进行解码，AN 也不会调度多用户数据分组，造成无法满足部分时延敏感类业务的 QoS。

建议值：启用（Enabled）。

14.2.6 短分组启用门限（ShortPacketsEnabledThresh）

1．参数说明

1x EV-DO Rev. A 在原有的 DRC 传输格式的基础上引入了更小的分组称为短分组。定义单用户数据分组时具有最大物理层分组大小的传输格式为标准传输格式，则其他有相同 DRC Value 不同的传输格式称为非标准传输格式或短分组格式。

该参数定义了对于发送某个 DRC 请求的 AT，AN 使用短分组格式服务的门限。AN 选择的短分组格式总是小于 ShortPacketsEnabledThresh 值。

使用短分组格式，数据填充（padding）比特较小，提前终止的概率增大，可提高数据传输速率，但手机需要将小于 ShortPacketsEnabledThresh 门限的每种传输格式都尝试解调一遍，增加了对手机处理芯片的要求。

2．设置说明

如该门限设置过高，AN 向 AT 发送数据分组时，可以选择的短分组格式相对更多，选择短分组的概率更大，可能会增加 AT 必须尝试解调的格式的数量，从而增加了 AT 对数据分组进行解调的时间。

如该门限设置过低，AN 向 AT 发送数据分组时，可以选择调度的短分组格式相对更少，选择短分组的概率更低，这种情况可以节省 AT 的解调时间，但同时可能造成时延敏感类应用无法满足 QoS 方面的要求。

建议值：4096bit。

14.2.7 睡眠态定时器（Dormancy Timer）

1．参数说明

系统为 AT 设置了一个计时器，当前反向无线链路上没有数据传输时，该计时器开始计时，计时器超时后 AN 将释放空口无线链路连接（保留 A10/A11 连接），AT 进入睡眠状态。计时器超时前如发生了数据传输，则该计时器清零。该参数即定义了此定时器的设置值。

2．设置说明

如该参数设置过低，AN 可能过早地或者频繁地释放业务信道，一旦接下来有数据传输时需要重新建立空口连接，就会导致额外的信令开销，并且频繁的空口连接增加了接入信道负荷和用户的数据业务连接时延。

如该参数设置过高，会出现在很长时间没有数据传输的情况下无线连接依旧保持的情况，从而导致系统无线资源被浪费。

建议值：10s。

14.2.8 DRC 长度（DRCLength）

1．参数说明

AT 用来发送单个 DRC 值占用的时隙长度，规范规定 1、2、4、8 等 4 个值，单位是时隙（slots）。

2．设置说明

DRCLength 设置得大，DRC 值传送可靠性高，DRC 信道性能较佳，但 DRC 响应无线环境变化的灵敏度会降低，可能无法及时跟上无线环境的变化，从而降低慢衰落场景下的前向吞吐量。

DRCLength 设置得小，DRC 值重发次数减小，DRC 传送可靠度降低，可能会导致系统侧解调 DRC 的分组错误率增加。但另一方面，DRC 的变化速率更快，在慢衰落场景下能取得相对更好的前向链路吞吐量性能。

建议值：2slots。

14.2.9　DRC 信道增益（DRCChannelGain）

1．参数说明

DRC 信道相对于反向导频信道的增益。

2．设置说明

如果该参数设置过低，DRC 比特的传送可靠性较低，DRC 信道性能降低，可能导致前向链路容量减少。

如该参数设置过高，DRC 比特的传送可靠性较高，DRC 信道质量较高，但会导致不必要的反向链路干扰，导致反向容量降低。

建议值：−1.5dB。

14.2.10　DRC 监视定时器（DRCSupervisionTimer）

1．参数说明

该参数定义了 DRC 信道监测定时器（DRCSupervisionTimer）时间，参数是以 16 进制数字表示，单位为 ms。当 AT 使用空速率（null rate）的 DRC 申请时，AT 会触发 DRCSupervision 定时器，并将时长设置为（DRCSupervisionTimer x 10）+ 240ms。如超过设置时长，AT 会关闭业务信道发射机并启动另一个反向业务信道重启定时器（Reverse Traffic Channel Restart timer）。

2．设置说明

如该参数设置过低，DRCSupervision Timer 超时的概率较高，会导致 AT 的反向业务信道发射机过早禁用。

如该参数设置过高，DRCSupervision Timer 超时的概率较低，会导致 AT 在信道条件不佳的情况下，在较长的时间内仍保持发送零速率 DRC 申请，从而引起反向链路干扰及系统底噪（ROT，Rise Over Thermal）的增加。

建议值：0x18（24），即 DRC supervision timer 在 480ms 后超时。

14.2.11　DSC 长度（DSCLength）

1．参数说明

DSC 发送的时隙长度，即 AT 发送单个 DSC 使用的时隙数量。AT 用 DSC 信道提前通知 AN 将要改变的服务小区（Serving Cell）。DSC 在其传输最后一个时隙时生效，并在 DSCLength 时隙内持续有效。DSCLength 的单位是 8 个时隙。

2．设置说明

如该参数设置过低，DSC 信息被 AN 正确解调的概率会下降，DSC 信道性能会降低，并可能导致在小区切换过程中，当 AT 等待回程传送时由于数据来不及准备而出现额外中断。

如该参数设置过高，AT 对信号不断变化的切换区域的无线电环境的适应能力降低，影响吞吐率。

建议值：64slots。

14.2.12　DSC 信道增益（DSCChannelGain）

1．参数说明

DSC 信道相对于反向导频信道的增益。

2．设置说明

如该参数设置过低，DSC 比特的传输可靠度降低，提前通知进行跨基站切换以降低传输中断的概率会下降，小区切换的可靠性会降低，但对反向容量的影响较小。

如该参数设置过高，DSC 比特的传输可靠度较高，但会导致不必要的反向链路干扰，反向链路容量可能会降低。

建议值：−9dB。

14.2.13　ACK 信道增益（ACKChannelGain）

1．参数说明

ACK 信道相对于反向导频信道的增益。

2．设置说明

如该参数设置过低，ACK 比特的传送可靠性较低，但容易出现 ACK 信道出错或者 ACK 比特丢失，进而降低前向吞吐量。

如该参数设置过高，ACK 比特传送可靠性较高，但反向链路干扰会增加，进而降低反向容量。

建议值：3dB。

14.2.14　DRC 信道 GainBoost（DRCChannelGainBoost）

1．参数说明

DRC Cover 发生变化时，DRCChannelGain 相对于 DRCChannelGainBase 增加的幅度。

2．设置说明

如该参数设置过低，DRC 信道性能可能会下降，也可能导致前向链路容量降低。

如该参数设置过高，会产生不必要的反向链路干扰，并导致反向容量降低。

建议值：0dB。

14.2.15 DRCBoost 长度（DRCBoostLength）

1. 参数说明

DRC Cover 发生变化时，DRCChannelGain 被增强（boost）的时隙数。

2. 设置说明

如该参数设置过低，则 DRC 信道解调性能可能下降，将导致前向链路容量降低。

如该参数设置过高，可增加 DRC 信道的解调性能，但会产生不必要的反向链路干扰，并导致反向链路容量降低。

该参数和 DRCBoostGain 相互作用，设置结果影响相同。

建议值：8slots。

14.2.16 DRC 门控（DRCGating）

1. 参数说明

该参数表示 AT 是否在 DRC 信道上连续发送信号。部分厂商该参数区分为一般前向业务信道 MAC 协议规定和增强前向业务信道 MAC 协议规定的值。

2. 设置说明

0 为 DRC 数据在 DRCLength 的每个时隙均被传送，1 为 DRC 数据在 DRC 信道上非连续传送，每个 DRC 数据只在 DRCLength 的某个时隙被传送。

如采用 DRC 非连续发送方式，DRC 解调信道的性能将会变差，DRC 信道可靠性和 DRC 发送的准确性降低，但对反向链路的干扰也会减小。

如采用 DRC 连续传送方式，则会提供更好的 DRC 信道性能，但同时增加了反向链路干扰，降低了反向容量。

建议值：连续传输。

14.2.17 DRCTranslation 偏置（DRCTranslationOffset）

1. 参数说明

该参数定义为传输 DRC 值与尝试 DRC 值之间的差值。

AT 应将传输 DRC 值设置为尝试 DRC 值减去 DRCOffset$N$，其中 N 是一个 16 进制数值，代表 DRC 索引。

2. 设置说明

设置 DRCTtranslationOffset 的目的是通过发送一个比尝试 DRC 要求更多 ARQ 周期的传输 DRC 来降低 AT 物理层的 PER。

如该参数设置过大，则前向链路吞吐量可能下降，因为 AN 可选择用于前向链路传输的数据分组大小数目有限。

如该参数设置过小，则一个要求自适应物理层 PER 远小于 1%的应用可能无法满足 QoS 的要求。

建议值：无。

14.2.18　DSC 信道 GainBoost（DSCChannelGainBoost）

1．参数说明

DSC 发生变化时，DSCChannelGain 相对于 DSCChannelGainBase 的增加幅度。

DSCChannelGainBoost 和 DSCBoostLength 共同作用。DSC 信道在时隙 T 发生变化，AT 从时隙 T 开始到时隙（T＋DSCBoostLength–1）的 DSC 信道增益为：DSCChannelGainBase + DSCChannelGainBoost。

2．设置说明

如该参数设置过低，则 DSC 信道的解调性能可能下降，可能会影响小区切换的性能。

如该参数设置过高，可增加 DSC 信道的解调性能，但用户较多时会增加反向链路干扰，并将导致反向链路容量降低。

建议值：0dB。

14.2.19　DSCBoost 长度（DSCBoostLength）

1．参数说明

DSC 值发生变化时，DSCChannelGain 被增强（boost）的时隙数。

DSCChannelGainBoost 和 DSCBoostLength 共同作用。DSC 信道在时隙 T 发生变化，AT 从时隙 T 开始到时隙（T＋DSCBoostLength–1）的 DSC 信道增益为：DSCChannelGainBase + DSCChannelGainBoost。

2．设置说明

如该参数设置过低，则 DSC 信道的解调性能可能下降，可能会影响小区切换的性能。

如该参数设置过高，可增加 DSC 信道的解调性能，但用户较多时会增加反向链路干扰，并且导致反向链路容量降低。

建议值：128slots。

14.2.20　DeltaACK 信道增益（DeltaACKChannelGainMUP）

1．参数说明

在 ACK 信道确认多用户数据分组的传输中，ACK 信道相对于反向导频信道的增益是通过 ACKChannelGain + DeltaACKChannelGainMUP 来确定的。该参数即为多用户数据分组和单用户数据分组 ACK 信道增益差值。

2．设置说明

如该参数设置过低，则 ACK 信道解调的差错可能转换成前向链路的错误，影响对前向多用户数据分组的解调，从而导致前向链路吞吐量降低。

如该参数设置过高，则反向链路干扰增加，反向链路容量降低。

建议值：6dB。

14.2.21　RRI 信道增益预设（RRIChannelGainPreTransition）

1．参数说明

该参数定义了在 T2P 过渡点之前进行子分组发送的反向速率指示（RRI）信道增益值，有 4 个子参数需要设置。其中 T2P 过渡值跨越一个或多个子帧。RRI 信道用于指示反向速率，帮助 AN 解调已传输的分组。

2．设置说明

如该参数设置过低，则 RRI 信道解调的准确性和可靠性降低，但反向链路传输功率也降低。

如该参数设置过高，则 RRI 信道解调的准确性和可靠性增加，但是反向链路传输功率也增加，进而影响系统反向容量。

建议值：RRIChannelGainPreTransition0/1：0dB；RRIChannelGainPreTransition2/3：−6dB。

14.2.22　RRI 信道传输后设（RRIChannelGainPostTransition）

1．参数说明

该参数定义了在 T2P 过渡点之后进行子分组发送的 RRI 信道增益，有 3 个子参数需要设置，其中 T2P 过渡值跨越一个或多个子帧。

2．设置说明

如该参数设置过低，则 RRI 信道解调的准确性和可靠性降低，但反向链路传输功率也降低。

如该参数设置过高，则 RRI 信道解调的准确性和可靠性增加，但是反向链路传输功率也增加，进而影响系统反向容量。

建议值：RRIChannelGainPostTransition0/1/2：−6dB。

14.3　接　入　参　数

14.3.1　最大接入探针数（ProbeNumStep）

1．参数说明

单个接入试探序列内能够发送的最大接入探针数。如图 14-3 所示，N_p 即为一个接入试探序列中的最大接入探针数。

2．设置说明

如该参数设置过低，AT 发送的探针数量太少，AN 有可能无法正常收到 AT 发起的接入要求，最后导致接入尝试失败或延迟。而另一方面，AT 发射探针的数量减少对于改善由接入碰撞引起接入困难或接入失败的局面有一定的好处。

如该参数设置过高，虽然对反向链路较弱引起的接入失败有一定的作用，但同时反向链路干扰会增加，造成系统的 RoT 抬升，影响反向容量。

建议值：4～7。

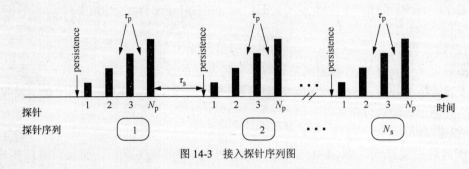

图 14-3　接入探针序列图

14.3.2　最大探针序列数（ProbeSequenceMax）

1. 参数说明

一次接入尝试所允许最大探针序列的个数。有些厂商有针对增强接入信道的 ProbeSeqMax_EACMAC。

2. 设置说明

如该参数设置过低，AT 只会发送少量的接入探测序列，反向干扰减少，在无线环境较好的情况下完全可以保证 AT 的正常接入，但若无线环境较差则可能会增加移动台接入失败的概率。

如该参数设置过高，AT 接入的成功率会增加，但大量的接入序列会导致反向链路干扰增大和底噪抬升。

建议值：3。

14.3.3　接入探针周期（AccessCycleDuration）

1. 参数说明

定义了 AT 的接入周期，即 AT 可以开始进行一次接入试探的时间。如图 14-4 所示，在每个 Access Channel Cycle 的起始位置可以开始发送一次新的接入试探，为了避免接入探针碰撞，会在接入前加一个 AccessOffset。

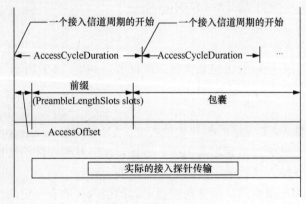

图 14-4　接入探针结构图

在 T 时刻 AT 会发起一个新的接入探测，其中 T 满足 $T \bmod \text{AccessCycleDuration} = 0$，$T$ 是以时隙为单位的系统时间。

2．设置说明

如该参数设置过低，发起新的接入探测所需等待的时间短，能够减少接入时长。但 AT 会频繁地发送接入探针，增加接入碰撞的概率，同时可能增加反向链路干扰。

如该参数设置过高，发起新的接入探测所需等待的时间增加，导致接入时长增加。

建议值：16slots。

14.3.4 接入探针前缀帧长（PreambleLength）

1．参数说明

定义了接入探测前缀长度（帧数），如图 14-5 所示。

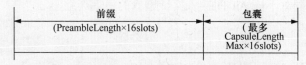

图 14-5 接入探测中前缀的长度（以帧为单位）

2．设置说明

如该参数设置过低，AN 可能无法成功地检测到接入探测，会要求 AT 发送更多的探针从而导致额外的反向干扰。

如该参数设置过高，会增加 AN 检测到接入探测的概率，但在较小的前缀已够用的前提下会增加接入所用时间，浪费接入信道容量。

建议值：1 帧。

14.3.5 接入探针前缀时隙数（PreambleLengthSlots）

1．参数说明

定义了接入探测前缀长度（时隙数），如图 14-6 所示。

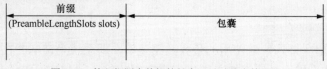

图 14-6 接入探测中前缀的长度（以时隙为单位）

2．设置说明

如该参数设置过低，AN 可能无法成功地检测到接入探测，会要求 AT 发送更多的探针从而导致额外的反向干扰。

如该参数设置过高，会增加 AN 检测到接入探测的概率，但在较小的前缀已够用的前提下会增加接入所用时间，浪费接入信道容量。

建议值：4slots。

14.3.6　接入探针滞后时间（ProbeBackoff）

1．参数说明

为避免与其他 AT 的接入发生碰撞，在同一接入序列中的两个探针之间必须采用避退方式，该参数定义了避退的随机化时延（以 AccessCycleDuration 为单位），在单个序列中每次发送下一个探针时会滞后 0～ProbeBackoff 之间的随机量。一些厂商的 ProbeBackoff 参数分缺省协议参数和增强协议参数，增强协议参数针对增强接入信道。

2．设置说明

如该参数设置过低，同一序列的探测间随机化延时不够，会增加不同 AT 接入探针碰撞的可能性。

如该参数设置过高，会增加接入探测间的时间间隔，如果需要多个接入探测才能接入时会增加接入时间，但同时不同 AT 间接入探针碰撞的概率会缩小。

建议值：4。

14.3.7　接入探针序列滞后时间（ProbeSequenceBackoff）

1．参数说明

为避免与其他 AT 的接入发生碰撞，在一次接入尝试的不同序列之间必须采用退避方式，该参数定义了避退的随机化时延（以 AccessCycleDuration 为单位），在一次尝试的不同序列之间会滞后 0～ProbeSequenceBackoff 之间的随机量。

2．设置说明

如该参数设置过低，序列间随机化延时不够，会增加不同 AT 接入探针碰撞的可能性。

如该参数设置过高，当每个接入尝试需要多个接入探测序列时，会增加接入时间。

建议值：8。

14.3.8　接入信道最大速率（SectorAccessMaxRate）

1．参数说明

该参数定义了扇区接入信道使用的最大数据速率，即系统允许 AT 在接入时使用的最大数据速率，AT 具体采用何种速率接入需进一步考虑（TerminalAccessRateMax），AT 的最大接入速率取两者之中最大值 MAX（SectorAccessMaxRate，TerminalAccessRateMax）。

2．设置说明

如该参数设置过低，会延长接入时间。

如该参数设置过高，接入速度变快，但同时反向干扰也会增加，容量会减小。

建议值：设置为最大值 38.4kbit/s。

14.3.9　接入探针最大速率（TerminalAccessRateMax）

1．参数说明

该参数定义了 AT 接入的最大数据速率，AT 的最大接入速率取 MAX（SectorAccessMax
Rate，TerminalAccessRateMax）。

2．设置说明

如该参数设置过低，会延长接入时间。

如该参数设置过高，接入速度变快，但同时反向干扰也会增加，容量会减小。

建议值：设置为最大值 38.4kbit/s。

14.3.10　接入信道最大分组长（CapsuleLengthMax）

1．参数说明

该参数定义了一个接入信道包囊的最大长度。实际的接入包囊的长度由具体的接入消息
内容决定，一般 2 帧便足以承载一次接入的消息内容。

2．设置说明

如该参数设置过小，则可能无法承载需发送的接入消息数据分组。一般接入消息中都会
同时包含路由更新消息（Route Update Message），在设置接入信道最大分组长时需加以考虑。

建议值：3 帧。

14.3.11　接入探针之间测试时间（Apersistence）

1．参数说明

该参数定义了 AT 在发送每个探测序列的第一个探测前进行持续性检验测试时使用的

Apersistence 值。持续性概率计算公式为 $p = 2^{\frac{APersistence[i]}{4}}$。

2．设置说明

如该参数设置过低（如 0），AT 在任何时候都可以通过持续性测试，减少了接入过程的
随机性，但可能导致更多的碰撞发生。

如该参数设置过高，会降低通过持续性测试的概率，导致接入时间延长，但会减少接入
探针发生碰撞的概率。

建议值：Apersistence= 1，即持续性概率为 0.84。

14.3.12　9.6kbit/s 速率接入功率比（DataOffset9k6）

1．参数说明

反向数据信道在 9.6kbit/s 速率下的功率与标称反向导频信道的功率比率。该参数单位步
进值为 0.25dB。

2．设置说明

如该参数设置过低，反向数据信道传输的可靠性变差。

如该参数设置过高，反向数据信道的发射功率更大，但会造成额外的反向干扰。

建议值：0dB。

14.3.13 反向数据信道标称功率偏置（DataOffsetNom）

1．参数说明

反向数据信道功率相对于反向导频信道功率的标称偏置，该参数单位步进值为 0.5dB。

2．设置说明

如该参数设置过低，反向数据信道传输的可靠性变差。

如该参数设置过高，反向数据信道的发射功率更大，但会造成额外的反向干扰。

建议值：0dB。

14.3.14 APersistenceOverride

1．参数说明

该参数用于覆写 AccessParameters 消息中相应字段规定的正常持续性测试概率。

2．设置说明

在 AT 发送一个接入探测序列前做的持续性测试中，如该参数值不等于 0xff，则 AT 使用该参数值作为 p 在 AccessParameters 消息中下发；如果该参数值等于 0xff，则使用 APersistence；如果为 0x3f，则使用 0。

建议值：255。

14.4 功 控 参 数

14.4.1 开环功率调整（Open Loop Power Adjustment）

1．参数说明

该参数是 AT 进行开环功率估算时用来调整标称功率的，AT 使用的数值是−1 乘以该字段的数值，单位为 dB。

接入序列的第一个探针的发射功率为：

$$X_0 = -\text{Mean RX Power}（\text{dBm}）+ \text{OpenLoopAdjust} + \text{ProbeInitialAdjust}$$

Mean RX Power：接收到的平均功率；OpenLoopAdjust：开环功率估算调整值；ProbeInitialAdjust：开环功率估算校正因子；其中 ProbeInitialAdjust = ProbeInitialAdjustEACMAC + min (PilotStrengthCorrectionMax, max (PilotStrengthNominal−PilotStrength, PilotStrengthCorrectionMin))

2．设置说明

如该参数设置过低（乘以−1 后的值），AT 会以很低的功率发射接入探测，可能需要多个探测才能接入成功。

如该参数设置过高（乘以–1 后的值），AT 会以很高的功率发射接入探测，AT 成功接入的时间缩短，但可能会增加反向干扰。

建议值：–85dB。

14.4.2　初始开环功控校正因子

1．参数说明

该参数定义了 AT 在接入信道上发送接入尝试的第一个探针时的开环功率估算校正因子，单位步进值为 1dB。通过初始开环功控校正因子（Initial Probe Power Correction Factor）和开环功率估算调整值（Open LoopPowerAdjustment）可以计算出开环平均输出功率。

2．设置说明

如该参数设置过低，AT 会以很低的功率发射接入探测，可能需要多个接入探针才能接入，手机接入时长增加，并可能造成接入失败，且由于所有的 AT 都发射过多的探针，发生碰撞的概率增大。

如该参数设置过高，AT 会以很高的功率发射接入探测，但会增加反向干扰并影响反向容量。

建议值：0dB。

14.4.3　连续探测功率增量（Power Increment Step）

1．参数说明

接入试探功率上升步长 PI（Power Increment Step），即 AT 在一个接入序列内每一个接入探针相对前一个接入探针的功率增量，单位步进值为 0.5dB，如图 14-7 所示。

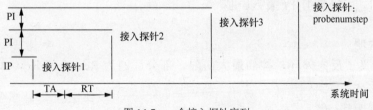

图 14-7　一个接入探针序列

第 i 个接入探针的发射功率为 $X_i = X_0 + (i-1) \times$ PowerStep，X_0 是第一个接入探针的开环平均输出功率。

2．设置说明

如该参数设置过低，AT 可能需要发送更多的接入探测才能成功接入，导致接入信道负荷增加，碰撞概率增大。

如该参数设置过高，接入探测被检测到的概率增加，但反向链路上的干扰同时也增加了。

建议值：3dB。

14.4.4　反向目标分组错误率（Reverse Target Frame Error Ratio）

1．参数说明

反向数据业务目标误帧率，即 AT 的反向数据传输时所期望达到的分组错误率或误帧率。部分厂家为 Rev. 0 和 Rev. A 设置不同的参数名。

2．设置说明

如该参数设置过小，会要求 AT 提高发射功率以满足 FER（对 Rev. 0 而言）或 PER（对 Rev. A 而言）要求，增加了反向负荷和反向干扰。

如该参数设置过大，对 AT 发射功率要求较低，系统反向负荷不会增大，但较大的分组错误率或误帧率会影响用户的业务性能。

建议值：1%。

14.4.5　反向外环初始功控门限

1．参数说明

该参数定义了反向外环功率控制的初始功控门限，功率控制过程中功率控制门限（PCT，Power Control Threshold）始终在 MIN PCT 和 MAX PCT 之间。部分厂家为 Rev. 0 和 Rev. A 设置不同的参数名。

2．设置说明

如该参数设置过低，会导致呼叫建立的初始阶段反向 PER 增高。

如该参数设置过高，移动台会提高发射功率，增加反向干扰。当无线环境较差时，应将该参数值相应提高。

建议值：−21dB。

14.4.6　反向外环功控最大门限

1．参数说明

该参数定义了反向外环功控的最大门限。部分厂商为 Rev. 0 和 Rev. A 设置了不同参数名。

2．设置说明

该参数与反向最小外环功控门限（MIN PCT，Minimum Power Control Threshold for Reverse Outer Loop）参数共同作用决定反向外环功控的门限设置范围。

该参数设置得大，则可以有效克服无线信号的衰减，快速适应环境变化，但同时会增大 AT 反向发射功率，带来反向干扰及降低总的吞吐量。

该参数设置得小，则可能无法有效克服无线信号的快速衰落。

建议值：−152（−19dB）。

14.4.7　反向外环功控最小门限

1．参数说明

该参数定义了反向外环功控的最小门限。部分厂商为 Rev. 0 和 Rev. A 设置了不同的参数名。

2．设置说明

该参数与反向外环功控的最大门限（MAX PCT，Maximum Power Control Threshold for Reverse Outer Loop）参数共同作用决定反向外环功控的门限设置范围。

该参数设置得大，可以有效抵抗无线环境的快衰落，但如无线环境较好时会浪费 AT 的发射功率，增加反向干扰和系统的底噪。

该参数设置得小，无线环境较好时，可以节省 AT 的发射功率。但如果出现快衰落，则手机可能无法及时增加功率。

建议值：-22dB。

14.4.8　无数据传送状态下反向外环功控最大门限

1．参数说明

该参数定义了 AT 在无数据传送状态（No DATA，非睡眠状态）下反向外环功控的最大门限。

与"PCT 在 No Data 状态下的最大抬升量"参数共同作用。No Data 状态下，PCT 的增量不能超过"PCT 在 No Data 状态下的最大抬升量"，并且 PCT 不能超过"No Data 状态下反向外环功控的最大门限"。

2．设置说明

该参数设置得大，可以保证一旦有数据发送的时候，反向链路 AT 发射功率能有效补偿 No Data 状态下的无线信号衰落。

该参数设置得小，则可能因无线信号在 No Data 状态时的衰落影响到 AT 重新收发数据时的发射功率从而影响反向链路。

建议值：-168（-21dB）。

14.4.9　常态下反向外环功控上调幅度

1．参数说明

该参数定义了反向外环功控在正常状态下收到坏帧时 PCT 的上调幅度。

2．设置说明

如该参数设置得大，收到坏帧时功控上升幅度大，能保证目标 PER 或 FER，但可能会增加反向干扰。

如该参数设置得小，可能会导致收到坏帧时功控上升幅度过慢。

建议值：0.49dB。

14.4.10 数据开传时反向外环功控下调幅度

1. 参数说明

该参数定义了反向外环功控在 Data Start 状态下的下调幅度。

当移动台处于 Data Start 状态下，基站时收到新的反向业务信道帧为好帧，则基站指示移动台下调功率；若收到反向业务信道帧为坏帧，则会导致移动台转换回正常状态。

2. 设置说明

如该参数设置得大，Data Start 状态时反向功控调整更及时，但是功控精度要求也大。

如该参数设置得小，则功控精度要求较小，但是会导致外环功控门限上调幅度过慢，需要更多次的功控才能达到目标。

建议值：-0.005dB。

14.5 切 换 参 数

14.5.1 同频导频加门限（PilotDetectionThresholdSame Channel）

1. 参数说明

AT 在连接状态下，当某个导频既不在激活集又不在候选集中，且此导频的强度大于 pilot_add 参数，则会触发 AT 向 AN 上报 RouteUpdate 消息，并把此导频加入到候选集中。

2. 设置说明

如该参数设置过低，切换门限降低，切换区域增加，会导致切换比例上升。

如该参数设置过高，切换门限增高，切换区域缩小，会降低切换比例，导致过多的掉话和覆盖空洞。

建议值：-7dB。

14.5.2 同频导频去门限（Pilot Drop Threshold Same Channel）

1. 参数说明

对于激活集或候选集中的导频，当导频强度低于 pilot_drop 时，AT 启动导频去掉定时器，定时器时间到则将此导频移出激活集或候选集。

2. 设置说明

如该参数设置过低，可能造成激活集里的信号已经很弱但仍未被去除，增大了切换区域和切换比例。

如该参数设置过高，可能造成切换区域减小产生掉话，同时一个可用的信号很早就被从激活集中删除，由于该信号被删除时仍保持一定强度，会变成干扰信号。

建议值：-9dB。

14.5.3　同频导频比较差值

1．参数说明

该参数定义了激活集与候选集的比较门限，当候选集中的导频强度超过激活集的导频强度为该差值时，AT 发送路由更新（RouteUpdate）消息。

2．设置说明

如该参数设置过低，会增加候选导频集和激活导频集中导频的频繁互换，增加触发路由更新（RouteUpdate）消息的频率。

如该参数设置过高，会导致候选集中的有用导频不能及时进入激活集。

建议值：2.5dB。

14.5.4　同导频去掉定时器长度（Pilot Drop Timer Value Same Channel）

1．参数说明

激活集或候选集中的某导频强度低于 Pilot_Drop 门限时，AT 开始启动 pilot_droptimer 定时器，定时器时间到后，如果导频在激活集中，AT 将触发 RouteUpdate 消息；如果导频在候选集中，AT 将把该导频移至邻区集。

2．设置说明

如该参数设置过小，导频会很容易从激活集中删除，该参数无法起到切换迟滞的效果，可能产生频繁切换。

如该参数设置过大，弱导频会在激活集中保持更长的时间，使可能无用的导频对激活集和候选集造成混乱并增大切换比例。Pilot_Drop 定时器取值和时间对应关系见表 14-1。

表 14-1　　　　　　　　　Pilot_Drop 定时器取值和时间对应关系

Pilot_Drop 定时器	定时器超时（s）	Pilot_Drop 定时器	定时器超时（s）
0	< 0.1	8	27
1	1	9	39
2	2	10	55
3	4	11	79
4	6	12	112
5	9	13	159
6	13	14	225
7	19	15	319

建议值：3（对应 4s）。

14.5.5　"截止"线斜率（SOFT_SLOPE Same Channel）

1．参数说明

该参数定义了动态计算激活集加入门限 pilot_add 和去除门限 pilot_drop 时所使用的"截

止"斜率，单位是 dB。

2. 设置说明

如该参数设置过小，动态 pilot_add 和动态 pilot_drop 会很高，强导频加入激活集变得困难，而从激活集去除变得容易，这将导致切换区域减少。

如该参数设置过大，动态 pilot_add 和动态 pilot_drop 会很低，强导频加入激活集或候选集会变得容易，而激活集去除即使是很弱的导频也会变得非常困难，这会导致切换区域增加以及无线资源的浪费。

建议值：无。

14.5.6 激活集加导频截距（Add Intercept for Same Channel）

1. 参数说明

该参数定义了动态计算激活集加入门限 pilot_add 的截距，单位为 dB。

2. 设置说明

如该参数设置过小，动态 pilot_add 将会过低，向激活集添加导频会变得较容易，而切换比例将增大。

如该参数设置过大，动态 pilot_add 将会过高，向激活集添加导频会变得困难，切换比例将减小。

建议值：无。

14.5.7 激活集去导频截距（Drop Intercept for Same Channel）

1. 参数说明

该参数定义了动态计算激活集去除门限 pilot_drop 的截距，单位为 dB。

2. 设置说明

如该参数设置过小，动态 pilot_drop 将会过低，导频从激活集切出会变得较困难，过多的导频将会滞留在激活集中，切换比例将增大。

如该参数设置过大，动态 pilot_drop 将会过高，导频从激活集切出会变得较容易，切换比例将减小。

建议值：无。

14.5.8 激活集/候选集搜索窗（S_Win_S for Active/Candidate）

1. 参数说明

该参数定义了 AT 搜索激活集和候选集导频时使用的搜索窗口大小。AT 以最早到达的可用多径作为搜索窗的中心。该参数是以 PN chip 为实际单位的，参数设置值与 PN chip 的对应关系和 cdma2000 1x 是一致的。

2. 设置说明

如该参数设置过小，可能会错过可用多径，部分有用的激活集信号落在搜索窗外产生严重的干扰。

如该参数设置过大，需要更长的时间搜索有效和候选导频集中的导频，搜索速度会变慢，搜索时间变长。

建议值：60chip。

14.5.9　邻集导频的搜索窗（Neighbor Search Window Size）

1．参数说明

该参数定义了 AT 搜索相邻集导频时使用的搜索窗口大小。AT 以参考导频为时间基准，以相邻导频的 PN 偏置为搜索窗中心。

2．设置说明

如该参数设置过小，可能会错过可用多径。

如该参数设置过大，则需要更长的搜索时间。

建议值：100chip。

14.5.10　剩余集搜索窗（Search Window Size for Remaining Set）

1．参数说明

该参数定义了 AT 搜索剩余集导频时使用的搜索窗口大小。AT 以参考导频为时间基准，以搜索导频的 PN 偏置为搜索窗中心。手机搜索剩余集导频时，只搜索 PILOT_INC 整数倍的 PN。

2．设置说明

如该参数设置过小，可能会遗漏有用的剩余集导频，如有漏配邻区的现象，则难以发现。

如该参数设置过大，AT 可能搜索到其他不相关的信号，并且 AT 搜索剩余集导频的速度也会变慢。

建议值：100chip，邻区优化完成后可以设置得相对小一些。

14.5.11　更软切换时延（Softer Handoff Delay Required）

1．参数说明

该参数定义了 AT 进行扇区间更软切换时等待从目标扇区接收数据的时延，即 AT 从源扇区到目标扇区 DRC 变化时 AT 预期的最小中断。当 AT 将 DRC 从源扇区切换到目标扇区，而该目标扇区的业务信道承载着与源扇区相同的闭环功控比特时，AN 设置该参数来最小化 AT 进行更软切换的时延。

一些厂商的 softer handoff delay 参数分缺省协议参数和增强协议参数。

2．设置说明

如该参数设置过小，则源服务扇区的数据还未中止，目标服务扇区就开始发送数据，数据发送产生交叠。

如该参数设置过大，则在进行扇区间的更软切换时，数据传送会出现较长时间的中断，影响 AT 的吞吐量。

建议值：8slots。

14.5.12　软切换时延（Soft Handoff Delay Required）

1．参数说明

该参数定义了 AT 进行软切换时等待从目标扇区接收数据的时延，即 AT 从源扇区到目标扇区 DRC 变化时 AT 预期的最小中断。这里所描述的目标扇区是前向业务信道携带的闭环功控比特与源扇区不同的扇区。

一些厂商的 soft handoff delay 参数分为缺省协议参数和增强协议参数。

2．设置说明

如该参数设置过小，则源服务扇区的数据还未中止，目标服务扇区就开始发送数据，数据发送产生交叠。

如该参数设置过大，则在进行软切换时，数据传送会出现较长时间的中断，影响 AT 的吞吐量。

建议值：64slots。

14.6　准入与负载控制参数

14.6.1　反向激活比特滤波时间常数（FRABFilterTC）

1．参数说明

该参数是 AT 用来计算反向激活比特的无限脉冲响应（IIR，Infinite Impulse Response）滤波器时间常数，用于计算 FRAB，FRAB 表示扇区的长期负荷或被用来评估某一个扇区长期的业务活动情况。

2．设置说明

如该参数设置过小，会有很多突发的负载增长，无法有效地反映扇区长期的负载情况。可能少数几个 RAB 忙即会导致 FRAB 的值变高。

如该参数设置过大，对 RAB 的变化可能会不太敏感，RAB 忙情况报告出现的频率会降低，可能会允许 AT 以较大功率发射导致 ROT 有较大的抬升。

建议值：384slots。

14.6.2　快速反向激活比特滤波时间常数（QRABFilterTC）

1．参数说明

该参数是 AT 用来计算快速反向激活比特的无限脉冲响应（IIR）滤波器时间常数。

2．设置说明

如该参数设置过小，QRAB 能更快地反映扇区负荷的变化，快速反向激活比特（QRAB）

被检测为忙的可能性增加。

如该参数设置过大，QRAB 变化较慢，无法准确反映扇区当前负荷。

建议值：4slots。

14.6.3　反向负载控制门限（RABThreshold）

1．参数说明

该参数设置了反向业务信道 MAC 协议所定义的反向激活比特（RAB）的 ROT 门限。

系统每个时隙都获取 ROT，并与该门限进行比较，若 ROT 大于门限，将 RAB 设为 1 代表扇区忙，若 ROT 小于门限，将 RAB 设为 0 代表扇区闲。

2．设置说明

该参数门限设置过高，意味着 AT 接收到忙比特指示的频率会降低，导致负荷控制不及时。

该参数门限设置过低，意味着 AT 会频繁地接收到忙比特指示，则反向吞吐量受到限制。

建议值：5.75dB。

14.6.4　反向链路不允许发射静默时长（Reverse Link Silence Duration）

1．参数说明

该参数规定了反向链路静默持续时间，在静默持续时间内不允许任何 AT 在反向链路上进行发射，AN 可以利用静默过程来更精确地测量 ROT，从而确定 RAB 的值。

2．设置说明

如该参数设置过低，AN 可能无法精确地评估底噪，因此 AN 无法基于 ROT 有效地管理反向链路负载。

如该参数设置过高，由于静默时间内 AT 停止发射功率，会限制 AT 在静默时间内的接入尝试和反向业务用户数据传输，导致反向链路吞吐量的下降和接入时间增加，但测量得到的 ROT 可能更精确。

建议值：1 帧（26.67ms）。

14.6.5　反向链路静默起始时刻（ReverseLinkSilencePeriod）

1．参数说明

该参数规定了反向链路静默周期，即每隔该参数定义的周期才会进行一次静默时间的 ROT 测量。实际的静默周期为（$2^{(ReverseLinkSilencePeriod+11)}-1$）帧。

2．设置说明

如该参数设置过低，会导致 AN 频繁进入测量周期，AT 无法传输反向业务数据或发起接入尝试的时间会增加，反向链路吞吐量和接入时延受到影响。

如该参数设置过高，AN 对反向链路变化无法及时跟踪。

建议值：2，即对应 Silence Period 为 218.4s。

14.6.6　反向激活比特长度（RABLength）

1．参数说明

该参数定义了 AT 向 AN 发送反向激活比特（RAB）连续时隙长度，指示反向链路上的负载水平。RAB 的设置取决于 ROT 估计或负载计算。

2．设置说明

如该参数设置过低，无法保证扇区边缘的 AT 也能正确解调 RA 信道。

如该参数设置过高，反向速率控制周期就变慢，无法反映 ROT 的变化。

建议值：16slots。

14.6.7　反向激活比特偏移（RABOffset）

1．参数说明

该参数由 AN 设定，向 AT 指示反向激活比特的开始时隙，RABOffset 和 RABLength 一起确定 RAB 发送的时隙。

2．设置说明

如果相邻扇区同时降低速率（RAB=1）然后同时增加速率（RAB=0），就会出现"震荡"现象。在相邻扇区上设定不同的 RAB 偏移能够把震荡降到最低。避免 AT 速率同步变化可以减少 ROT 的变化，从而导致系统容量和稳定性提高。

建议值：变量。

14.6.8　合并门限（MergeThreshold）

1．参数说明

该参数以八进制字节（octets）为单位决定 AT 流的合并门限，用来确定是否可以将来自大容量和低时延的反向链路 MAC 数据分组进行合并，并以低时延模式发送。

协议中规定：假设当前子帧待发数据流中包含低时延（Low Latency）模式的流，并且所有流的待发数据总和超过了此合并门限，则所有待发数据流无论是低时延（Low Latency）模式还是高容量（High Capacity）模式都被聚合到一个待发数据流集合中，并以低时延（Low Latency）模式发送。

2．设置说明

如该参数设置过低，High Capacity 的流用 Low Latency 模式发送的概率增加，可以降低发送时延，但可能发生不必要的高功率电平发送，在占用 T2P 资源的同时还会增加系统的 ROT。

如该参数设置过高，High Capacity 的流不容易以 Low Latency 的模式发送，可能会增加发送时延，但同时 High Capacity 的流不会占用更多的 T2P 资源，对系统容量的提升有益。

建议值：512octets。

14.6.9　有效负荷门限（PayloadThresh）

1．参数说明

该参数定义了由高容量（High Capacity）模式到低时延（Low Latency）模式传输的转换门限。

协议中规定，当前子帧所有待发数据流都是高容量（High Capacity）模式时，如果满足所有待发数据量之和大于等于该门限值时，可以使用低时延（Low Latency）模式发送当前所有待发数据流。

2．设置说明

如该参数设置过低，High Capacity 的流用 Low Latency 模式发送的概率增加，可以降低发送时延，但可能发生不必要的高功率电平发送，在占用 T2P 资源的同时还会增加系统的 ROT。

如该参数设置过高，High Capacity 的流不容易以 Low Latency 的模式发送，可能会增加发送时延，但同时 High Capacity 的流不会占用更多的 T2P 资源，对系统容量的提升有益。

建议值：1024octets。

参 考 文 献

［1］《中国电信 2009 年 1x EV-DO 网络优化技术白皮书（参数优化专册—第 1 批参数）v1.2》中国电信 2009.2

［2］《CBSS7.1 EV-1x EV-DO 性能参数描述》华为技术有限公司 2011.6

［3］《ZXC10 BSSB cdma2000 基站系统参数手册（1x EV-DO Rev. A）》中兴通讯 2008.12

［4］《Alcatel-Lucent cdma2000 1x EV-DO Network Configuration Parameters Guide》Lucent

［5］3GPP2 C.S0024-A《cdma2000 High Rate Packet Data Air Interface Specification》Qualcomm

第15章 1x EV-DO 无线优化

首先介绍 1x EV-DO 无线优化和 1x 无线优化的相同以及不同之处，包括 1x EV-DO 优化的特点、流程、原则及方法；其次介绍日常 DT/CQT 分析和 KPI 分析优化指标及内容；最后介绍网络覆盖、接入、负荷、保持性及速率等网络主要指标方面的优化思路和方法。

15.1 1x EV-DO 优化概述

15.1.1 1x EV-DO 优化特点

一般 1x EV-DO 网络和 1x 网络是按 1:1 升级建设，且大部分基站的 1x EV-DO 与 1x 设备都共用天馈系统。因此，1x EV-DO 网络可以继承 1x 网络的无线覆盖优化成果，并可借鉴 1x 优化的方式、手段。但 1x EV-DO 网络优化与 1x 优化存在不同之处，因为 1x EV-DO 网络的重点是提供高速数据业务，而且 1x EV-DO 网络和 1x 网络存在前向功率发射机制、信号调制等技术要求差别，两个网络优化有不同的侧重点，在进行共天馈基站进行天馈物理参数优化时，需要兼顾 1x EV-DO 和 1x 两个网络的性能，采用合理的优化方法。通常情况接入用户分为 1x EV-DO 手机和 1x EV-DO 上网卡两类，1x EV-DO 手机用户一般是双模用户，支持 1x 话音、1x 数据及 1x EV-DO 数据，1x EV-DO 上网卡一般支持 1x 数据及 1x EV-DO 数据。因此在 1x EV-DO 网络优化中除了优化 1x EV-DO 网络外，还需要进行 1x EV-DO 网络和 1x 网络之间的协调优化。1x EV-DO 网络和 1x 网络优化既有相同之处，也有不同之处，以下对二者进行对比。

1. 1x EV-DO 网络与 1x 网络优化的相同之处

① 基本相同的优化流程。

② 同样追求无线信号在一定区域内形成主控。

③ 1:1 覆盖时，天线调整对于无线信号变化的趋势是一致的，所以对于天线调整的方法也是一致的。

2. 1x EV-DO 网络与 1x 网络优化的不同之处

① 关注的重点不同：1x 侧重话音的连续、通话的质量等，1x EV-DO 侧重于用户对数据速率的要求。

② 无线信号的纯净度要求不同：1x EV-DO 网络优化过程中对导频纯净度要求的趋势是一致的，1x EV-DO 网络优化中，要求导频的主控范围更加明确，有助于提升整网的平均

速率。

③ 频谱干净程度（外部干扰水平）要求不同：反向干扰直接影响 1x EV-DO 网络的反向速率，间接影响前向速率。1x EV-DO 对外部干扰控制的要求远大于 1x 网络。

15.1.2　1x EV-DO 优化原则

1x EV-DO 网络基础优化的目标与 1x 网络非常相似，即通过对无线通信网络覆盖和参数的调整，改善无线环境、突出主导频覆盖、减小导频污染区域、提高系统性能。1x EV-DO 网络优化建议遵循以下原则：

① 充分继承 1x 网络射频优化成果；

② 天馈系统参数（如天线挂高、方位角、下倾角等）的调整需要优先保证 1x 网络的服务性能；

③ 1x 话音业务对时延要求较高，其传输资源不可压缩占用，应保留原有资源；

④ 1x EV-DO 网络 PN 码的规划建议与其同扇区下 1x 网络的 PN 码相同；

⑤ 除 1x EV-DO 网络覆盖边缘，其他区域 1x EV-DO 基站的邻区设计建议参考其同扇区下 1x 网络的邻区设计；

⑥ 与 1x 网络共用的直放站和室内分布系统，需要预留出足够的功率。

15.1.3　1x EV-DO 优化流程

1x EV-DO 网络优化流程和 1x 网络优化流程基本一致，包括筹划准备、采集测量、统计分析、制订方案、优化调整和验证验收 6 大步骤。但 1x EV-DO 网络优化对前期准备工作要求更高，需要网络侧和基站侧进行参数核查和设备故障排查，还要对测试相关的电脑和 FTP 服务器进行配置检查，确保网络设备在正常运行状态下才可进行优化。

1. 1x EV-DO 系统网络侧检查

① 软件信息：了解 1x EV-DO 网络基本信息，主要包括系统、基站等各类网元软件版本信息。

② Feature 性能：熟悉已经使用的各类 Feature 的功能，这对以后的无线优化工作有着巨大的帮助。

③ 网络登录信息：需要了解查看、修改参数时所使用的用户名和密码，以及该用户的操作权限。

④ 1x EV-DO 网络参数检查：在基础优化前，要检查 1x EV-DO 网络参数，确保与厂商的推荐值一致。1x EV-DO 网络基本参数描述与解释请参见第 8 章 1x EV-DO 参数优化。

2. 1x EV-DO 系统基站侧检查

（1）1x EV-DO 基站基础信息检查

主要包括基站站号，基站设备类型，基站经纬度，基站各扇区天线的方位角、下倾角和站高，基站 AP 归属，1x 与 1x EV-DO 是否共站，1x 与 1x EV-DO 是否都已提供服务。

（2）基站工作状态检查

可以登录到网优平台，对全网基站的工作状态进行检查。对于存在硬件告警的 1x EV-DO 基站，需要在解决 1x EV-DO 基站重大告警后，方可启动 1x EV-DO 网络的优化工作。

（3）基站天馈系统状态检查

组织对基站及天馈系统进行巡检。抽检天馈系统的安装情况，保证其良好的电气性能，避免天馈线接头出现进水、松动或过度弯曲等情况。同时校验基站功率，检查天馈系统驻波比，确保基站输出功率正常及基站天馈系统工作正常。

（4）1x EV-DO 网络反向底噪情况的检查与干扰排查

根据现有的优化经验，1x EV-DO 载频上面较高的底噪会对 1x EV-DO 前反向速率造成极大的影响，因此在网络优化前事先了解 1x EV-DO 全网底噪情况，并尽可能排查解决 1x EV-DO 网络中的干扰是十分重要的。

3．FTP 服务器配置及设置

（1）服务器配置要求

从可靠性以及网络安全方面考虑，建议优先采用 Unix 服务器承载 FTP 服务。要求 FTP 服务器支持断点续传，提供用户下载/上传权限，同时服务器打开 Ping 功能。

（2）服务器布放要求

建议 FTP 服务器连接位置应靠近 PDSN 等。避免其他不可控因素所导致的时延等问题的出现。

（3）参数配置要求

① TCP XMIT Hi Water Mark，建议值：65 536Bytes，参数：tcp_xmit_hiwat；

② MTU，建议值：1 500Bytes，参数：tcp_mss_def。

4．测试电脑设置

在进行应用层吞吐量测试前，应对接入测试计算机 TCP/IP 的参数设置进行检查。由于许多吞吐量测试的性能和 TCP/IP 设置密切相关，因此，TCP/IP 和 PPP 相关的参数必须进行正确设置，以保证计算机及网络性能达到最优状态。

① 计算机操作系统：建议选用 Windows XP 或 Windows 2000（Service Pack 3）系统；

② MTU（Max Transmission Unit）最大传输单元建议值：1 500Bytes；

③ TCP Receive Window：建议值：65 535Bytes；

④ TCP Max DuplicateAcks 建议值：2；

⑤ Time To Live 建议值：110；

⑥ TCP Header Compression 建议值：Disabled；

⑦ Selective ACKs 建议值：Enabled；

⑧ TCP TimeStamp 建议值：Enabled；

⑨ TCP WindowScaling 建议值：Disabled；

⑩ LCP Extensions 建议值：Disabled；

⑪ PPP Software Compression 建议值：Disabled；

⑫ PPP 多重链接建议值：Disabled。

5．测试终端设置

① 最高速率建议值：115 200bit/s；

② 差错控制建议值：Enabled；

③ 硬件流控制建议值：Enabled；

④ Data Compression 建议值：Enabled。

15.1.4　1x EV-DO 优化方法

在 1x EV-DO 日常优化中，需要关注以下几个问题，并针对这些问题提出相应的优化方法和策略，简单分为以下 4 类。

1．基础性优化

基础性优化包括数据传输经过的相关链路与节点排查、PN 干扰排查、RSSI 排查以及单双载频负荷调整优化等 4 个方面。

相关链路与节点排查主要是排除负荷瓶颈，核查各个链路与节点的资源占用情况，给出优化建议；PN 干扰优化是最大限度减少邻 PN 干扰和同 PN 干扰；而 RSSI 排查是为了排查 RSSI 指标异常站点；单双载频负荷优化可以合理调整单双载频边界，提高设备利用率。

2．参数优化

为了使 1x EV-DO 网络能够发挥优良的性能，需要核查全网无线参数设置，确保网络参数配置在最佳态，部分参数在不同的区域最佳配置的数值可能不同，因此需要进行对这类参数的试验摸索。参数作用及设置建议参见第 8 章。

3．DT/CQT 优化

DT/CQT 测试优化手段，可以帮助优化人员完成对覆盖、干扰、切换、速率等问题的分析定位以及对客户投诉问题重现的测试等，DT/CQT 测试也是评估网络覆盖情况的主要手段。

4．KPI 性能指标优化

性能指标是反映网络运行状态的主要依据，因此 1x EV-DO 的网络优化主要是围绕着网络 KPI 性能指标进行，本章将主要介绍覆盖干扰类、接入类、负荷类、保持性能类及速率类指标的优化分析。

15.2　日常 DT/CQT 测试

对于 1x EV-DO 数据业务测试，DT 主要考察的是网络覆盖情况，平均下载、上传速率和数据建立成功率等指标。DT 测试还包括对国道、机场高速、省际高速、铁路等特殊场景的测试。而 CQT 用来做定点测试，一般是在高档写字楼、大厦、商场、酒店中选取几个业务点进行数据业务测试，主要侧重于连接数据下载速率、建立成功率等指标。

1x EV-DO 网络的路测优化，与 1x 网络路测优化方法与手段大体一致。路测时间建议在 1x EV-DO 网络负荷较轻或者空载情况下进行，以便于定位网络问题。通过前台路测软件采集路测数据，然后利用后台分析软件对路测数据进行分析，可以获得网络的导频覆盖情况，手机接收、发射功率情况，单扇区覆盖情况，以及前反向数据速率等。

DT 和 CQT 均需要通过测试软件保存测试数据记录，以便于对问题进行分析定位。优化测试需要系统后台值班人员配合进行数据更改，以便于问题定位是硬件问题、干扰问题，还是手机或者终端问题等。再根据工程和优化经验找到原因并制定解决问题的措施，保障 1x EV-DO 网络正常运行。所以 DT/CQT 是 1x EV-DO 无线网络优化的一种必要测试手段，下面介绍 DT/CQT 测试关注的主要指标。

15.2.1　信噪比

1x EV-DO 前向信号信噪比（SINR，Signal to Interference plus Noise Ratio）是衡量 1x EV-DO 网络覆盖的重要指标，以 dB 为单位，也是验证 1x EV-DO 网络覆盖设计优劣的依据，前向覆盖是获得前向高速率的前提。1x EV-DO 网络其前向链路如果频繁处于软切换状态将严重影响系统吞吐量，因此，要求导频的主控范围更加明确，导频污染区域尽可能少。1x EV-DO 的 SINR 就相当于 1x 网络的 Ec/Io。

信噪比（SINR）指标能够反映测试区域的 1x EV-DO 信号覆盖情况，用于计算无线信号覆盖率。在网络优化时，需要特别关注 SINR 值较小的区域，这说明此区域存在弱覆盖问题，需要优化人员结合其他指标进行优化。对于 SINR 值小于–5 的情况，需要进行重点优化。

15.2.2　DRC 申请速率

终端根据当前信号的信噪比 SINR 值来请求最高下载速率（DRC），该值间接反映了当前信号 SINR 的质量。对于 1x EV-DO 网络，一般 SINR 高的区域，其 DRC_Value 的申请值也会较高。

15.2.3　前向数据吞吐率

对于 1x EV-DO 网络，其前向吞吐率按照不同的层分为几种，比如前向物理层吞吐率、前向 RLP 层吞吐率和前向 FTP 层吞吐率等。

前向 RLP 层吞吐率定义：前向 RLP 吞吐率＝前向 RLP 层总吞吐量/总时间。前向 RLP 层吞吐率（即前向 RLP 层吞吐率）体现网元 RLP 层的数据下载能力，是反映 1x EV-DO 网络高速数据业务前向吞吐能力的重要指标。

而在 DT/CQT 测试时，一般会关注前向 RLP 层吞吐率和前向 FTP 层吞吐率，这些都反映了数据下载的吞吐率指标。

15.2.4　反向数据吞吐率

与前向数据吞吐率指标类似，1x EV-DO 网络也有反向数据吞吐率指标，包括反向物理层吞吐率、反向 RLP 层吞吐率和反向 FTP 层吞吐率等指标。它们都是反映 1x EV-DO 网络上传高速数据业务吞吐能力的重要指标，这些指标有助于进行评估和分析网络问题。

15.2.5　前向分组错误率（PER）

前向 PER 体现网络传输过程中出现错误数据分组的比例，是反映网络数据分组传输质量的重要指标。

15.2.6　激活集导频数（Active Count）

激活集导频数反映了导频信号的纯净度，对于 1x EV-DO 网络只有导频纯净才能获得较高的前向物理层速率。所以，在进行 1x EV-DO 优化时，一定要在确保扇区覆盖信号良好的同时，严格控制扇区主覆盖区域，减少越区覆盖，避免导频污染，减少不必要的切换。

Active Count 指标能够帮助定位哪些位置的导频复杂混乱，特别是激活集导频个数超过 3 个的区域，必须进行优化。

15.2.7　终端接收电平（RX POWER）

终端接收电平即终端接收到基站信号的强度，以 dBm 为单位，可用于估算 DT/CQT 覆盖率。由于 1x EV-DO 各基站几乎都以满功率发射，因此此指标相对于 CDMA 1x 网络要高很多，对于 1x EV-DO 只作为一个参考指标。

15.2.8　终端发射功率（TX POWER）

DT/CQT 测试过程中终端发射的信号强度，以 dBm 为单位，可用于估算 DT/CQT 反向覆盖率。同样，此指标也作为一个参考，在 1x EV-DO 反向干扰排查时可作为一个辅助分析指标。

15.2.9　分组业务建立成功率

分组业务建立成功率＝PPP 连接建立成功次数（分组）/拨号尝试次数（分组）×100%
PPP 连接建立成功次数（分组）指发起拨号连接尝试之后，收到拨号连接成功消息的次数；拨号尝试次数指终端发出拨号指令的次数。

15.2.10　平均分组业务建立时延

平均分组业务呼叫建立时延＝分组业务呼叫建立时延总和/分组业务接通总次数。
呼叫建立时延指终端发出第一条拨号指令到接收到拨号连接成功消息的时间差；接通次

数：与 PPP 连接建立成功次数（分组）相同。

15.2.11　分组业务掉话率

分组业务掉话率＝异常释放的分组呼叫次数/分组业务接通总次数×100%

满足以下条件之一均认为是异常释放的分组呼叫次数：

① 网络原因造成拨号连接异常断开，判断依据为在测试终端正常释放拨号连接前的任何中断；

② 测试过程中超过 3 分钟 FTP 没有任何数据传输，且尝试 Ping 后数据链路仍不可使用，此时需断开拨号连接并重新拨号来恢复测试。

15.3　KPI 优化分析

15.3.1　KPI 主要指标

与 CDMA 1x 网络优化类似，对于 1x EV-DO 网络优化，为了了解网络整体情况，发现、分析、定位和解决各种问题，需要话统数据、路测数据等数据。通过对 1x EV-DO 网络重要指标的监控和趋势跟踪分析，及时发现网络中存在的问题，以便于保持网络稳定运行。1x EV-DO 网络主要监控以下重要指标项来掌握网络运行情况。

1. 覆盖干扰类 KPI 指标

① 扇区 RSSI（dBm）；

② 前向用户接入导频强度较差的载频比例（%）；

③ 用户接入距离较远的载频比例（%）；

④ 反向链路干扰载频比例（%）。

2. 接入类 KPI 指标

① 会话建立成功率（%）；

② 会话建立平均时长（ms）；

③ 1x EV-DO 寻呼成功率（%）；

④ 连接成功率（%）。

3. 负荷类 KPI 指标

① 高 TCH 话务量载频比例（%）；

② 高负荷载频平均 TCH 话务量（Erl）；

③ BSC 信令处理板 CPU 负荷（%）；

④ 反向 CE 平均占用率（%）；

⑤ 前向 MACIndex 平均占用率（%）；

⑥ 前向吞吐量（Mbit/s）；

⑦ 反向吞吐量（Mbit/s）；

⑧ RLP 前向重传率（%）；

⑨ RLP 反向重传率（%）；

⑩ 系统资源利用率（%）。

4．保持类 KPI 指标

① 软切换成功率（%）；

② 硬切换成功率（%）；

③ 软切换比例（%）；

④ 子网间 Dormant 切换成功率（%）；

⑤ 系统掉线率（%）。

15.3.2　KPI 分析要点

以上 KPI 指标是评估 1x EV-DO 网络性能的主要指标，造成 KPI 指标异常的因素有很多，可能是射频问题、天馈问题或者是参数设置问题，也可能是邻区配置问题。对于网络优化人员来说，如果想提升 1x EV-DO 网络的 KPI 性能指标，需要采取多种手段，协同完成。

分析 KPI 指标时，要先看整体性能测量指标，掌握了网络运行的整体情况后，再有针对性地分析扇区载频性能指标。分析时一般采取过滤法，先找出指标明显异常的小区分析，并且关联分析硬件故障、传输故障、天馈（含 GPS）故障等告警信息，分析数据配置是否存在异常，如无明显异常告警及配置错误，再根据指标将对每个扇区进行单独分析，结合无线环境测试，分析是否存在覆盖、干扰等，最后判断问题产生的原因。

15.4　覆盖及干扰优化

1x EV-DO 网络的覆盖优化方法与 1x 网络的覆盖优化方法基本相同。在对 1x EV-DO 网络进行覆盖优化的时候，建议采用 1x/1x EV-DO 双网协同优化的方法，充分对比 1x EV-DO 网络和 1x 网络覆盖的异同。

覆盖类问题分析是 1x EV-DO 网络优化工作的重点，弱覆盖、越区覆盖、导频污染都属于覆盖类问题。1x EV-DO 网络覆盖问题与许多因素相关，包括系统频率、接收机灵敏度、基站发射功率、天馈的工程质量、无线环境的多变性、1x EV-DO 网络架构等。主要影响覆盖的原因如下：

① 网络规划、网络架构建设不合理；

② 工程质量遗留问题；

③ 1x EV-DO 网络设备硬件、性能故障；

④ 复杂、特殊地理环境。

评估和检查 1x EV-DO 网络覆盖问题一般是采用 DT 测试，在 1x EV-DO 网络和现存的 1x 网络采用 1:1 共站覆盖方式的情况下，1x EV-DO 的覆盖情况与 1x 的覆盖情况大体一致，可参照 1x 基站优化成果。1x EV-DO 要求使用专用的频点，可以和现存的 1x 基站共用天馈系统，这种情况下进行天线方位角和俯仰优化需要考虑对两个网络的影响，根据实际用户分布或运营商网络策略进行均衡。在天线参数确定后，通过 1x EV-DO 的系统参数优化来解决网络覆盖问题。

15.4.1 弱覆盖优化

1．问题现象

弱覆盖指 1x EV-DO 覆盖区域导频信号的 SINR<–6dB、Rx_power<–90dBm 且 Tx_power>15dBm 的区域，由于信号差，AT 将无法申请到高速率，这也是造成接入失败、掉线、退网等问题的主要原因。

2．解决措施

① 对于大面积无信号覆盖的区域，建议新建 1x EV-DO 基站。

② 增大 1x EV-DO 基站发射功率，增加天线挂高，调整天线倾角、水平方位角，更换高增益的天线。

③ 对于室内、地下室等信号无法到达的区域，采用建设室内分布系统或者增加 RRU、定向天线覆盖的方式。

15.4.2 越区覆盖优化

1．问题现象

越区覆盖是指 1x EV-DO 基站的覆盖范围超出了它所应该覆盖的区域，对其他基站覆盖区域形成干扰，比如某些站点的高度远超过该地区平均建筑物的高度，或者基站天线主瓣正对江面、湖面等传输损耗很小的地形，这些情况下极易产生越区覆盖现象。越区覆盖容易造成切换失败、掉线问题，且越区覆盖后形成的干扰将严重影响受干扰区域的数据传送速率，因此越区覆盖的排查是 1x EV-DO 网络覆盖优化的一项重要工作。

在 1x EV-DO 网络的覆盖边缘，1x EV-DO 网络边界扇区的信号覆盖比相同扇区下的 1x 网络信号覆盖要远得多。

2．解决措施

① 对于站址高度很高的基站，最有效的方法是更换站址，如果替换站址不可行，可以通过减低天线挂高、增大天线下倾角、减少 1x EV-DO 基站发射功率等方式来减少越区覆盖现象的产生。

② 结合地形调整天线水平方位角，利用附近建筑物来阻挡信号，避免信号通过传输损耗小的地形对远处形成越区覆盖。

15.4.3 反向干扰优化

在 1x EV-DO 网络反向链路中，可用 T2P（Traffic to Pilot）资源的分配决定反向链路最终的数据速率。当前 T2P 资源的利用情况与当前激活集内各个扇区的负载情况都用于决定下一次反向传输可以使用的 T2P 资源。

为了实现对反向链路干扰水平的控制，基站周期性地向终端发送反向激活比特（RAB）。终端通过处理接收到的 RAB 比特，来判断当前反向链路的负荷情况。QRAB 和 FRAB 两个指标用来衡量反向链路的负荷情况。其中，QRAB 衡量反向链路短期（或瞬时）的负荷情况，最终用于决定增加或者减少反向链路可用的 T2P 资源；FRAB 衡量反向链路长期的负荷情况，最终用于决定 T2P 资源增加或者减少的量。

从原理上讲，如果反向链路负荷较重（可能是反向干扰所致），系统会根据调度算法降低分配的 T2P 资源，从而导致反向数据速率的降低。对于前向链路来说，由于前向 ARQ 机制的存在，终端会在反向 ACK 信道上通知基站前向业务信道上的数据是否被正确接收。如果反向链路负荷较重，或者存在较强的反向干扰，将会影响基站正确的解调反向 ACK 信道的数据。在基站错误解调反向 ACK 信道数据的情况下，基站会向终端重复发送相同的数据，导致前向数据速率的降低。

从现场测试的数据看，同样证明了反向链路负荷较高会影响 1x EV-DO 前反向链路的数据速率。因此，反向底噪/干扰水平对 1x EV-DO 网络的前反向链路性能有着极大的影响。1x EV-DO 基站干扰的定位与排查工作也就显得十分重要。

1．反向干扰判断

有 3 种方法可以查看 1x EV-DO 基站的反向底噪情况：通过网络 OMC 平台提取 RSSI 指标数值、基于 DT 的 FRAB 数据分析、基站 1x EV-DO 频点接收端测试。

（1）通过网络 OMC 平台提取 RSSI 指标数值

通过网络 OMC 平台提取 RSSI 指标数值，可以查看 1x EV-DO 基站的反向底噪情况，可以与同扇区下 1x 载频的反向底噪情况进行对比分析。注意对比分析扇区主天线（收发共有天线）和分集天线（单收天线）在底噪上的差异。当这一指标大于–90dBm 时，建议查找反向干扰。

（2）基于 DT 的 FRAB 数据分析

滤波后反向激活比特（FRAB，Filtered Reverse Activity Bit）描述了扇区长时间段内的反向负载情况。它的取值范围为 [–1，1]。如果 FRAB>0，说明扇区反向负载较重，可能是由于反向干扰造成；如果 FRAB<0，说明扇区反向负载较轻，不存在反向干扰。

在路测过程中可以实时观察 1x EV-DO 各个服务扇区 FRAB 信息，也可以利用后台分析软件在分析路测数据时观察 1x EV-DO 扇区的 FRAB 信息。通过实时观察 FRAB 信息，可以了解测试当时 1x EV-DO 覆盖扇区的反向底噪情况。如能及时联系机房，在 OMC 平台上提取 RSSI 指标，可进一步核实该扇区的反向干扰情况。

如果在路测过程中没有注意到 FRAB 数据的升高，但是在后期分析路测数据时发现某区域的 FRAB>0，此时可以通过比较 1x EV-DO 单扇区覆盖与 FRAB>0 区域的吻合程度来初步判断底噪较高的扇区，最后再通过操作平台查看底噪情况来验证判断结果。如果扇区干扰是间歇性的，在路测当时出现干扰，而在分析路测数据时干扰消失了，此时就会出现操作平台观测到的底噪与路测数据不符的现象，会不利于数据的分析与干扰情况的判断。

因此，建议路测过程中适时观察 FRAB 信息，一旦出现 FRAB>0 的情况，请及时联系机房，并告知当前扇区使用情况，请机房内的工程师通过操作平台进一步核实相应扇区的反向干扰情况。在路测过程中，可以通过观察路测软件的 RAB 信息窗口或者反向链路 T2P 统计窗口来获得当前激活集内导频所对应扇区的 FRAB 数值。

（3）基站 1x EV-DO 频点接收端测试

通过现场测量基站 1x EV-DO 频点的接收电平，也可以检查 1x EV-DO 扇区的底噪情况。通常此方法是在操作平台或路测数据检测到某扇区底噪偏高后，上站进行必要的确认测试。不同厂商具体的测试端口和接收电平参考值都有所不同，需根据实际情况进行判断。在设置扫频带宽为 2MHz 的情况下，基站 1x EV-DO 频点正常接收电平如图 15-1 所示。注意，不同厂商设备和不同的设备测试点所测得接收电平有所不同。

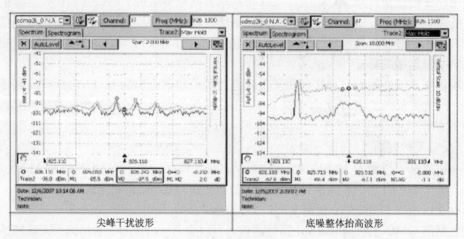

| 尖峰干扰波形 | 底噪整体抬高波形 |

图 15-1　干扰示意图

2．反向干扰查找定位

1x EV-DO 基站的反向干扰查找和 1x 基本类似，对比扇区 1x EV-DO 和 1x 的载频底噪情况十分有意义，根据以往经验，在导致扇区反向底噪较高的各种原因中，直放站的影响是主要因素，因此首先排查直放站。

（1）直放站干扰查找

在机房查看并记录该扇区 1x EV-DO 载频和 1x 载频的底噪数值并显示存在干扰后；如果该基站下挂直放站，关闭该扇区下挂的所有直放站（包括近端和远端模块）；在所有直放站都关闭后，再次查看并记录该扇区的 1x EV-DO 载频和 1x 载频的底噪数值，并与关闭直放站之前的底噪数值进行比较；如果此时底噪恢复正常，则说明是该扇区下所带的直放站造成的干扰，需要继续排查是哪个直放站；如果此时底噪情况依旧偏高，则说明该扇区下所带的一个或多个直放站工作正常，需要继续排查导致底噪偏高的其他因素；如果继续排查直放站，则需要逐个打开直放站；每打开一个直放站后，需要在机房查看并记录此时该扇区 1x EV-DO 载频和 1x 载频的底噪数值，并且与之前的底噪数值进行比较；如果发现底噪明显升高，则说明刚刚打开的直放站工作异常，需要调整设置；直至所有正常工作的直放站都被打开。基站本身干扰查找可在有问题基站发射端口接大功率假负载，保持基站发射，然后检测底噪 RSSI，观察底噪 RSSI 是否存在。如接假负载后，干扰消失，说明干扰来自外部。当把有问题扇区与无问题扇区天馈互换时，观察基站干扰情况：如干扰跟随天馈，说明干扰来自外部；如天馈更换后干扰依旧存在，说明干扰源来自基站内部。

（2）外部干扰查找

若判断干扰来自天线外部，需要利用高增益八木天线和扫频仪在扇区天线覆盖方向上进行干扰测量，以确定干扰源。发现疑似干扰源后，需要协调干扰源设备所有方关闭干扰源，然后重新测量基站扇区底噪情况。如果扇区底噪恢复正常，此干扰源即为干扰 1x EV-DO 频点的真正干扰源；如果扇区底噪变化不大，说明还需要进一步排除干扰，最终直至找到干扰此扇区 1x EV-DO 频点的所有干扰源。

3．反向干扰处理流程

RSSI 高于−90dB 属于严重干扰需马上处理，高于−95dBm 需关注并根据实际情况安排处理，引起 RSSI 异常的常见原因主要包括：工程质量问题、天馈性能异常、外界干扰、室分直放站/干放/耦合器/功分器参数设置问题等。

RSSI 是反向信号强度指示，是基站接收机在 1.2288MHz 频带内接收到的总信号强度，RSSI 是反向通道是否工作正常的重要标志。在实际网络中，RSSI 异常可能由于以下几种原因导致，如工程安装质量问题、设备工作异常问题、终端问题、参数设置问题、外部干扰问题等。

因此，RSSI 指标异常，并不意味着网络中一定存在干扰。

15.5　接入性能优化

15.5.1　1x EV-DO 接入流程

1x EV-DO 的接入过程分为会话协商阶段、接入认证阶段、PPP 连接建立阶段。其中会话协商阶段分为 UATI 指配、连接（Connection）建立和参数协商 3 个部分。会话是指 AT 和 AN（包括 PDSN）之间的配置协商等信息，其中包括各种协议配置参数，以及一些必需的鉴权信息。这部分信息在 AT 登记后始终存在，并有保存周期（默认 54 小时，受 Keep Alive Timer 计时器影响，当 Keep Alive Timer 超过 1/3 会话周期时，会发送 Keep Alive Request Message，请求重新复位 Keep Alive Timer 重新计时。所以一般在 AT 开机时就会建立会话。在保存周期内，该信息始终存在，与 AT 空闲和业务态无关。

由于每开始一次数据连接过程，都会激活 Connection 连接，该过程对 1x EV-DO 连接成功率影响最大。1x EV-DO 接入流程如图 15-2 所示。

1．会话协商过程

会话协商过程分为 UATI 指配、连接建立、参数协商。会话协商主要的工作是分配 UATI 和 Personality 的协商。简言之，会话协商主要的步骤分为 Route Update、Traffic Channel Assignment 和重启会话的 3 个阶段。具体 1x EV-DO 会话协商如图 15-3 所示。

UATI：类似于 IP 地址。每次终端和网络建立通信后，网络都会给终端分配一个唯一的识别码。由于 1x EV-DO 的会话需要保存很多信息，因此用一个 UATI 来标识每个 AT 的会话，便于 AT 和网络通信。同 DHCP 分配的 IP 地址一样，UATI 有生存周期，即使断开网线也不会变。

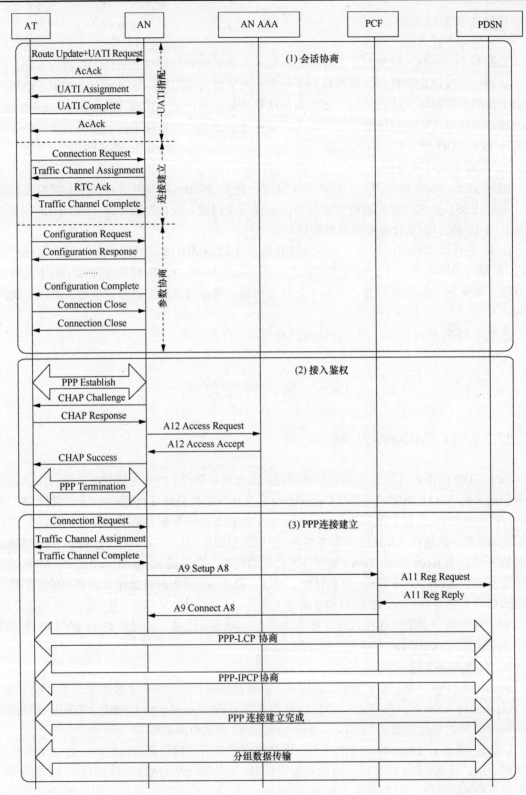

图 15-2　1x EV-DO 接入流程图

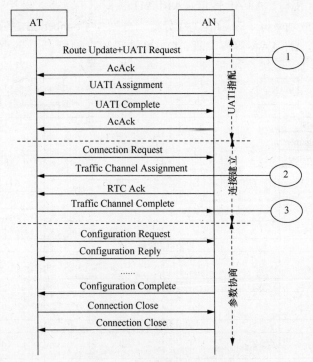

图 15-3　1x EV-DO 会话协商过程

Personality：系统针对一套特定的 QoS 对应的一套特定的参数，1x EV-DO Rev. A 系统最多可支持 16 套 Personality。

2．接入鉴权过程

主要是对 AT 进行空口的鉴权，其主要作用是认定该 AT 是 UATI 的合法拥有者。1x EV-DO 接入鉴权过程流程如图 15-4 所示。

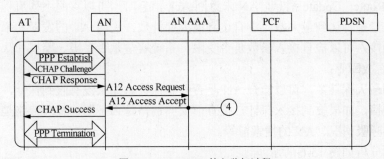

图 15-4　1x EV-DO 接入鉴权过程

3．PPP 建立过程

PPP 建立过程：在 AT 有数据要传送时，就需要与 AN 建立连接，完成会话协商和接入鉴权两个过程后，就进入该阶段，该阶段主要包括连接建立、业务信道分配、A8/A9 建立、A10/A11 建立、数据通道建立和数据传输等。具体流程如图 15-5 所示。

空口的连接对象是 AT 和 AN 之间的连接，PPP 连接的对象是 AT 和 PDSN，其中包含的接口为 Um 口、Abis 接口、A8/A9 接口、A10/A11 接口。

1x EV-DO 连接成功率分 5 个阶段进行分析，分别为 Connection 建立阶段、TCA 分配、TCA 分配完成阶段、AN-AAA 鉴权阶段、PDSN 连接建立阶段。

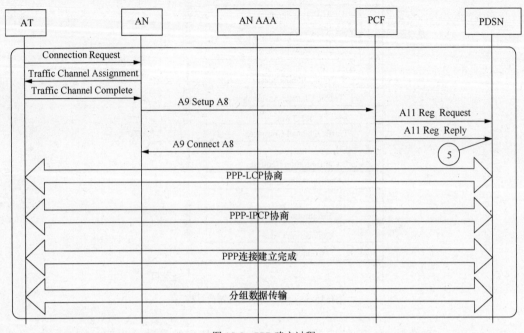

图 15-5　PPP 建立过程

15.5.2　连接建立分析

1．分析思路

AT 上报 Router Update 消息，AN 未返回 Ack 消息时，可以参照下列流程进行排查：检查接入探针数量是否达到最大数，没有达到最大探针数，说明 AT 的发射功率未达到最大，这时不能成功接入可以检查接入参数是否受限、系统容量是否受限、鉴权和认证是否成功、设备 RNC 是否故障等；

如果达到最大探针数，可以检查 AN 是否收到探针。如果没有收到探针，检查 AN 侧是否出现接入碰撞，如果收到接入探针，检查前反向链路是否平衡、反向链路是否有干扰、探针到达时小区呼吸情况、AN 的搜索窗等。

接入失败分析如图 15-6 所示。

2．优化解决措施

① 覆盖优化：通过调整射频覆盖，使各扇区的前反向覆盖基本平衡。

② 干扰排查：通过反向 RSSI 核查扇区是否存在干扰，并确定是网内干扰还是网外干扰，如果网内干扰需要通过网内排查解决，话务引起的干扰通过话务分担解决；网外干扰可通过扫频定位，必要时通知无线电管理委员会协调解决。

③ 优化接入参数：参见第 14 章。

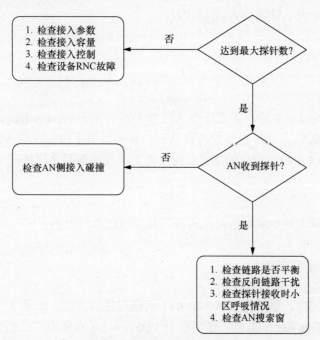

图 15-6　连接接入失败分析流程

15.5.3　TCA 分配分析

1. 分析思路

如果 AT 上报 Connection Request 消息，AN 未下发 Traffic Channel Assignment 消息，说明分配呼叫资源失败，需要重点排查基站资源配置和占用情况，如 CE 资源、Abis 链路资源、基站软件版本等。如果 AN 下发 TCA 消息，AT 未收到，说明前向信道情况差，需要重点排查前向链路的覆盖。

2. 解决措施

通过系统相关 KPI 统计，检查分析 CE 资源、Abis 资源的占用率，如果存在资源占用负荷过高。可通过缩小基站覆盖范围或者扩容的方法解决。

结合系统侧信令追踪分析或与 DT 空口信令测试相配合，查看系统侧有没有发送 TCA 消息，如果 TCA 已下发，但 AT 没有收到，可能是前向覆盖差或者干扰水平高引起的，需要调整前向覆盖和排查前向干扰。

15.5.4　TCC 分析

1. 分析思路

如果 AN 未收到 AT 回应的 Traffic Channel Complete 消息，说明反向业务信道捕获失败，需要重点排查反向链路的覆盖。可以进行基站近点测试来检查是否存在基站故障。

2. 解决措施

排查前反向覆盖情况并排查前反向是否不平衡，如果存在问题，可从检查反向干扰和基站硬件等方面着手分析,并排查 AT 的原因。

15.5.5　接入鉴权分析

1. 分析思路

如果 AT 的接入鉴权失败,需要排查 A12 接口是否发出 Access Request 消息,如果没发出则需要检查 A12 链路、Abis 链路的连接情况;如果发出了却没收到 A12 Access Accept 消息,需要检查 AN AAA 对该用户的配置。同时需要关注两消息之间的间隔,鉴权超时可能会引起接入失败。

2. 解决措施

可通过调换测试卡等手段发现问题所在,具体问题具体分析。

15.5.6　PPP 建立分析

如果用户拨号失败,需要检查 A9 和 A11 链路连接的情况;如果 A11 发出 Reg Request 消息却没收到 A11 Reg Reply 消息,需要检查 PDSN-AAA 对该用户的配置:用户名、密码、是否开通 1x EV-DO 数据业务,该用户在 PDSN-AAA 中配置所在的域是否是目前 BSC 配置的域。同时需要关注两消息之间的间隔,间隔太长可能会引起 PPP 连接失败。建议进行 PPP 信令分析,由核心网工程师协助无线网优工程师完成。

15.6　负荷性能优化

随着 1x EV-DO 用户数量的急剧增长,运营商可通过扩容来解决网络容量问题。但考虑到经济成本以及个别大城市频点资源的限制,本节讨论的重点是通过优化手段来提高系统的容量。

1x EV-DO 前向采用满功率发送方式,多址方式以时分为主,码分为辅;反向采用码分为主,时分为辅的方式,类似于 1x 网络,1x EV-DO 系统容量主要受限于反向。因此,1x EV-DO 系统的容量优化主要从反向 MAC 信道的功率配比、用户的软切换区域两个方面进行。

15.6.1　单载扇用户数量

1x EV-DO 系统支持多个同时处于会话激活状态的用户,为了区分不同用户,1x EV-DO Rev. A 系统引入了 7bit 的 MACIndex(1x EV-DO Rev. A 系统),作为与之通信的用户标识或前向信道(MAC 信道、业务信道和控制信道)标识。

前向 MAC 信道由彼此正交的 Walsh 码来区分,每个 Walsh 码与 MACIndex 存在一一对应的映射关系。1x EV-DO Rev. A 系统采用 7bit 的 MACIndex,即 MACIndex 的数量是 128bit,见表 15-1。

表 15-1		MACIndex 用途分配	
MACIndex	MAC 信道使用情况	前缀用途	前缀长度
0，1，64，65	未使用	未使用	N/A
2	未使用	76.8kbit/s 控制信道 1	512
3	未使用	38.4kbit/s 控制信道	1 024
4	RA 信道	未使用	N/A
5	未使用	广播	可变
66	未使用	多用户数据分组	256
67	未使用	多用户数据分组	128
68	未使用	多用户数据分组	64
69	未使用	多用户数据分组	64
70	未使用	多用户数据分组	64
71	未使用	19.2kbit/s、38.4kbit/s 控制信道	1 024
6～63，72～127	RPC、DRCLock、ARQ 信道使用	前向单用户数据分组	可变

MACIndex 0、1、64、65 没有使用，MACIndex 2、3、4、5 以及 66～71 用作多用户数据分组和标识控制信道，因此用户可实际使用的数量为 128-14 为 114 个，所以容量瓶颈不在这里。

15.6.2　MAC 信道功率配比

由于前向采用的满功率发射，MAC 信道也采用满功率方式发射，因此不存在功率配比的问题。而反向是采用功率控制的方式，通过调整反向导频信道，对 DRC 信道、ACK 信道等 MAC 信道进行功控，因此，反向 MAC 信道的功率配比会影响反向 MAC 信道的覆盖范围，因此会影响反向的容量。

1. 优化思路

由于 1x EV-DO 是反向受限系统，一方面需要确保反向 MAC 信道的覆盖范围，满足覆盖区域内用户通信，从而保证容量；另一方面，如果 MAC 信道功率占用过大，虽然确保反向 MAC 信道的覆盖范围，但又会影响反向底噪的水平和反向业务信道的 T2P 资源的获取，从而影响到系统的速率和容量。因此，合理配置反向 MAC 信道的功率，是保证系统容量的关键因素。

2. 优化方法

① 适当调整 DRCChannelGain、DRCChannelLength 参数，在反向噪声允许的前提下，保证该信道的功率配比；

② 适当调整 ACKChannelGain、ACKChannelLength 参数，在反向噪声允许的前提下，保证该信道的功率配比；

③ 适当调整 DSCChannel 的两个参数，在反向噪声允许的前提下，保证该信道的功率配

比，包括 DSCChannelGain 和 DSCChannelLength；

④ 适当调整 Auxiliary Pilot 开启门限，调小有利于减小反向噪声，但不利于基站解调反向信号，调大有利于基站解调手机信号的能力，但会增加系统反向的噪声。

15.6.3 反向软切换比例控制

反向切换区域过大会造成资源占用过多，影响系统的容量，一方面软切换作为 CDMA 的关键技术，可以获得软切换增益，减少掉话率并提高用户感知，但另一方面，由于其占用了过多的资源，导致了功率资源的浪费和反向底噪的抬升，同时也因占用了 MACIndex 的资源，极大地影响了系统的容量。

1. 优化思路

由于 CDMA 系统是一个自干扰系统，每一个 CDMA 用户对其他用户来说，都是干扰。因此，CDMA 软切换比例过大，会造成用户占用过多的系统资源，大大降低了系统的利用率，同时，因占用过多的资源，会对其他用户造成干扰，致使反向底噪的抬升。

2. 优化方法

① 通过天馈优化：调整扇区覆盖参数，优化扇区覆盖；

② 调整切换类参数：调整激活集导频数量；

③ 调整开销信道功率：调整扇区覆盖范围，优化扇区覆盖。

15.7 保持性能优化

本节主要介绍 1x EV-DO 保持性能中掉线指标的优化。

15.7.1 1x EV-DO 掉线机制

用户成功建立连接之后，可能会因为某些原因导致连接中断，如无线信号的波动、切换失败等因素。掉线率就是反映呼叫异常释放的一个重要指标，它直接反映了无线网络环境和质量的好坏。

1. 终端掉线机制

3GPP2 C.S0024-a_v3.0 标准中定义了 1x EV-DO 网络反向掉话机制。

（1）控制信道监测失败

当终端进入激活状态时，终端将监测控制信道的同步包囊消息，同步包囊消息每 256 个时隙（426.66ms）发送一次，假如终端连续 12 次（即 5.12s 内）没有检测到控制信道同步包囊消息，则终端认为控制信道监测失败（前向链路丢失），终端将拆除反向链路连接，释放无线资源，这种情况就是终端掉线。但在这种情况下 PPP 连接和会话依然保留，PPP 连接延时一段时间也会释放。

（2）DRC 信道监测失败

当终端请求 "NULL Rate" DRC 时，启动定时器 "DRC Supervision Timer" TFTCMDRC

Supervision，如果定时器"DRC Supervision Timer"期满，终端关闭反向业务信道发射机，并设置反向业务信道使定时器 TFTCMPRestartTx=5.12s，如果在 5.12s 内，终端产生了 NFTCMPRestartTx，即 16 个以上连续的"Non-NULL Rate"DRC，则终端复位反向业务信道重置定时器，并开启反向业务信道发射机。如果反向业务信道使定时器期满，则终端返回"SupervisionFailed"指示，转换到"In-Active"状态，即终端掉线。

当 1x EV-DO 出现掉线后，AN 将不会发送 Connection Close 消息给 AT，同时在 Log 文件中将出现 1x EV Connection Release 记录指示掉话的原因，比如：Reason – 2 System lost（supervision failures，TCA message rejected）。

2．AN 掉线机制

标准中对 AN 侧掉话机制无定义，各设备厂家对于 AN 侧的掉线触发机制各不相同，下面分别描述。

（1）中兴设备

① SERVICE_TERMINATE 释放：AN 发现在空口连接存在的情况下收到 AT 在接入信道上发送的数据分组，于是发起释放，此时相当于 AT 首先掉线，触发 AN 掉线；

② AIRLINK_LOST_TIME_OUT 释放：基站丢失反向链路后启动定时器 Timer_AirLink Acquired，超时后 AN 侧发起掉线；

③ TCC_Timeout：连接存在的情况下 AN 发送 TrafficChannelAssignment 引导 AT 切换，并启动定时器 Timer_TCC，超时后 AN 侧发起掉线。

（2）华为设备

AN 定义了反向掉话机制，当反向 DRC 无法正确解调时，AN 启动对应的定时器，若在指定时间内还没有正确解调 DRC，基站将释放前向信道，并记为一次掉话。

（3）朗讯设备

基站不能解码手机发送的 DRC 信道信息。在一个 5s 的滑动期间内，如果基站只能收到少于或等于 4 个好的 DRC，基站将宣布丢失无线链路并释放呼叫。这可能在下列情况下发生：

① AT 仍在发送信息，但是由于路径损耗、外界干扰、手机调谐到 1x 频率去接听电话等原因基站无法再"听"到手机上传的信息；

② AT 无法再解调前向链路并在 DRC supervision timer（240ms）中止前恢复，AT 停止发射；

③ AT 在切换时等待诸如 Route Update Message 或 Traffic Channel complete message 等所需的 ACK 消息时，在连续发送 3 次后均未收到响应，AT 超时并停止发射。

15.7.2　1x EV-DO 掉线原因分析

由于无线信号的随机波动和用户的移动性，无线网络有一定比例的掉线率是很正常的（数据业务 5%），但是掉线率过高，会严重影响用户的正常业务，导致用户投诉。1x EV-DO 网络掉线是由掉线机制决定的，但导致掉线的原因较多，下面进行具体分析。

1．弱覆盖导致掉线

在弱覆盖的情况下，Rx Power 持续下降至−100dBm 以下，SINR 也持续下降，同时 AT 持续增加 TX Power 和 TX adjust（TX Closed Loop Adjust）最终以 23dB 满功率进行发射，最

终导致掉线。DT/CQT 测试可以协助故障定位，由于目前 1x EV-DO 和 1x 共站址共天馈，也可以结合 1x 的相关信息来联合判断。

2．导频污染导致掉线

前向信道存在干扰，很大可能是导频污染原因，导致 AT 激活集的导频 SINR 值在持续降低，同时 AT 的 Rx Power 持续上升，最终掉线后，AT 重新捕获系统其他的导频。

3．反向干扰导致掉线

RSSI 表征反向信道的干扰情况，RSSI 过高会导致 AN 收不到 AT 发出的 TCC 消息而导致掉线。RSSI 过高的问题有很多原因，比如外界干扰、天馈老化、下挂直放站、天馈连接不紧密等，需要一一排查。

4．邻区缺失导致掉线

随着 Rx Power 的持续增加，Tx adjust（TX Closed Loop Adjust）趋向维持在 0dB 以上，并且 Tx Power 保持正常，但是 SINR 迅速地下降至–15dB 以下。这种情况通常来说是由于外部干扰，或者是邻区漏配导致的。

5．切换失败导致掉线

由于切换失败导致掉线比较复杂，建议根据下述流程进行分析：

① 若 AT 未发出 Route Update 消息，说明 AT 未搜索到其他导频，需要检查搜索窗设置、T_ADD 参数、邻区规划和邻区列表；

② 若 AN 未收到 AT 发出的 Route Update 消息，说明反向链路状态较差，需要检查覆盖和干扰；

③ 若 AN 收到 AT 发出的 Route Update 消息，却导致 AT 切换失败，需要检查 TCA 消息下发的导频是否是最好的导频，有没有邻区漏配，PN 规划有没有问题，周围基站的资源是否充足。

6．资源拥塞导致掉线

检查本基站和周边基站是否存在拥塞现象，确定是否是切入目标小区资源拥塞导致的切换失败引起掉线。检查载扇下的用户数是否偏多，当此载扇接入用户过多时，其反向负荷过大，比如激活用户大幅增多或者大量用户执行上传行为，此时反向负荷的上升导致反向噪声的抬升。为了接入或者获得更好的速率，AT 会加大发射功率，若用户此时位于基站覆盖边缘，则可能掉线。

7．多 1x EV-DO 载频边界掉线

在开启了多个 1x EV-DO 载频时，检查载频边界的非公共载频上是否出现大量掉线。注意检查多个 1x EV-DO 载频的覆盖范围是否一致，异频邻区有无漏配错配，换频切换参数配置是否正确。这些检查可以协助发现是否存在载频间切换失败导致掉线的情况。

8．设备故障掉线

设备故障问题，比如存在硬件或者软件相关告警，或者信道板吊死等。在优化时，这需要首先在网管查找告警记录，检查有无明显硬件故障，检查发射功率是否正常，检查时钟是否同步（GPS 告警），检查驻波比是否在正常范围。

通过话务统计判断单板是否吊死。由于基站单板吊死不会产生告警，因此只能通过话务统计和现场测试等方法去定位。可以通过以下步骤排除非故障问题：确认扇区有没有开通；同一扇区的 1x 业务量是否为 0；检查同一基站下的其他扇区有无业务流量，如果有，则可以排除单板故障。排除以上情况后，再根据以下情况判断单板是否吊死：业务流量为 0 而业务信道占用时长不为 0；从某天开始，业务流量突然下降为 0。出现上述情况基本上可以判断单板吊死需要重启。

9. 核心网原因导致掉线

需要对核心网检查，对于核心网发起的 PPP 连接释放，需要判断是 AT 侧还是 AN 侧终止了 PPP 连接，这个可以根据是哪一侧发出 Termination Request 消息来判断。建议进行 PPP 层信令分析，由核心网工程师协助无线网优工程师。

当 DCE（PDSN）发出 Termination Request 消息时，说明 AN 终止了 PPP 连接，其原因是 PPP Inactive 定时器超时。

当 AT 发出 Termination Request 消息时，说明 AT 终止了 PPP 连接，由以下过程发生错误所导致：

① AT 初始化；
② 在协商过程中出现了不匹配的情况；
③ VJ 帧头；
④ PPP 压缩；
⑤ 异步控制字符映射（ACCM，Asynchronous Control Character Map）。

15.8　1x EV-DO 速率性能优化

现在 1x EV-DO 网络已经升级为 Rev. A 版本，前向的理论速率已达 3.1Mbit/s，反向最高速率也达到了 1.8Mbit/s。1x EV-DO 网络的特点是高速数据传输，因此 1x EV-DO 网络的优化重点是提升网络和用户数据传输速率，然而在实际网络中，由于存在诸多原因，实际现网中的平均上传和下载速率远低于理论值，下面就 1x EV-DO 数据速率优化进行分析。

15.8.1　1x EV-DO 数据路由

1x EV-DO 数据流从 AT 到应用服务器之间经过了 Um 空中接口、BTS、PCF、PDSN、路由器、应用服务器多个环节，1x EV-DO 网络系统的结构由下往上分为空间链路层、RLP 层、PPP 层、IP 层、TCP/UDP 层和应用层，以上几个接口或逻辑层均会影响 1x EV-DO 数据速率，因此，1x EV-DO 数据问题需要建立分层逐段优化的分析思路。本节主要介绍无线空口方面的优化思路，1x EV-DO 数据路由如图 15-7 所示。

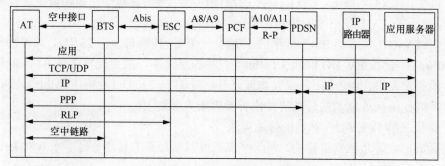

图 15-7　1x EV-DO 数据路由示意图

15.8.2　1x EV-DO 数据空口优化思路

1x EV-DO 网络的数据速率优化，贯穿在 1x EV-DO 网络建设、发展、扩容的各个阶段，是一项长期网络优化任务。1x EV-DO 网络的数据速率优化，在很多方面与 1x 网络的数据速率优化一样。但是，由于 1x EV-DO 网络技术方面的特点，又有些特殊的地方。

1x EV-DO 无线链路速率优化分为前向速率优化和反向速率优化；而前反向速率优化主要从资源配置、无线环境两个方面进行排查。1x EV-DO 速率优化大致思路如图 15-8 所示。

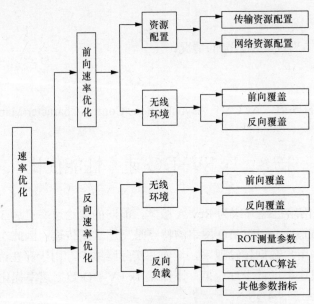

图 15-8　1x EV-DO 优化思路图

15.8.3　前向速率优化

1. 资源配置和速率关系

1x EV-DO 速率和传输资源和网络负荷密切相关，资源配置不足引起网络负荷过高均会影响数据速率。在对 1x EV-DO 网络优化时，首先要检查的是该地区的传输资源是否和基站载频配置匹配，要达到 1x EV-DO Rev. A 的最优性能，就需要对基站传输数量进行配置。

2. 单载扇 1x EV-DO 小区的传输需求

如果 1x EV-DO 基站到 BSC 采用 E1 传输，一个 E1 传输带宽为 2MHz，其传输利用率一般大于 90%。对于 1x EV-DO 前向 3.1Mbit/s 的物理层速率，需要配置 2 条 E1 才能满足最高速率的传输带宽需求。由于 E1 是收发物理分开，对于 1x EV-DO 反向 1.8Mbit/s，两个 E1 也已经满足，因此单载单扇基站最高的传输资源需求为 2 对 E1。

（1）单载三扇 1x EV-DO 基站的传输需求

各扇区数据业务是独立进行的，因此单载三扇基站最高的传输资源需求 6 对 E1，最小的传输需求是 2 对 E1。

（2）单载三扇 1x EV-DO 与 1x 共站的传输需求

话音业务对时延要求非常高，传输需单独配置，因此单载三扇 1x EV-DO 与 1x 共站最高的传输资源需求 9 对 E1，最小的传输需求是 3 对 E1，其中 2 对应用于 1x EV-DO，1 对应用于 1x。

（3）网络负荷核查

在网络资源配置方面，主要通过对网络负荷的分析，筛选出由于网络负荷较重导致前向链路性能下降的区域，可通过增加载频、减小繁忙小区覆盖半径、增加覆盖小区内 WLAN 的分流等方法来解决。

网络负荷的高低可以通过观察基站忙时业务信道占空比（即业务信道时隙占用率）来判断。当扇区忙时业务信道占空比超过 70%，即认为当前扇区处于负荷较高的状态，用户感知可能受到一定的影响。

从用户角度来看网络负荷，参考高通仿真结果，当某个扇区的激活用户数大于 30 个以后，无论是从网络吞吐量，还是从用户感知来讲，都表现得较差。理想情况是 8～12 个用户，网络吞吐量达到最佳，用户感知尚可。当用户小于 8 个时，说明网络资源是比较充裕的。

3．无线环境优化

无线环境优化主要包括前向无线覆盖优化和反向干扰优化两个方面。

（1）前向无线覆盖与速率关系

在介绍前向无线覆盖之前，先介绍一下衡量前向覆盖好坏的指标信纳比（SINR，Signal to Interference plus Noise Ratio），它表示基站接收到有用信号的强度与频带内干扰信号（噪声和干扰）强度的比值，可以简单地理解为"信噪比"。终端在反向 DRC 信道中向基站申请速率的高低主要依据终端测量的前向链路导频信号的 SINR 值。SINR 值越高，申请的 DRC 速率越高，在没有其他资源限制和因素影响的理想环境下，终端获得的前向数据速率也就越高。当终端接收电平较低时，SINR 也会降低，同时也会降低申请 DRC 速率。

前向链路 SINR 与 DRC 申请速率之间的对应关系与终端的具体实现有关，表 15-2 给出的是目前一般的 1x EV-DO Rev. A 商用终端所采用的对应关系。

表 15-2　　　　　　　DRC 申请速率和 SINR 对应表

DRC Index	净荷（bit）	分组长度（slots）	速率（kbit/s）	SINR 值（dB）
0	Null-rate DRC index is converted to DRC index=1（nominal RATE=38.4kit/s）			
1	1 024	16	38.4	−11.35
2	1 024	8	76.8	−9.15
3	1 024	4	153.6	−6.5
4	1 024	2	307.2	−3.85
5	2 048	4	307.2	−3.75
6	1 024	1	614.4	−0.35
7	2 048	2	614.4	−0.55
8	3 072	2	921.6	2.25
10	4 096	2	1 228.8	4.3
9	2 048	1	1 228.8	4.45

DRC Index	净荷（bit）	分组长度（slots）	速率（kbit/s）	SINR 值（dB）
13	5 120	2	1 536	6.3
11	3 072	1	1 843.2	8.7
12	4 096	1	2 457.6	11.1
14	5 120	1	3 072	13

（2）前向无线覆盖优化思路

增强前向链路导频信号的 SINR 值，提高终端的接收电平；可以通过提高基站发射功率和提高终端的接收灵敏度来提高 SINR。严格控制每个扇区的主控区域，减少终端激活集内导频的数量，避免不必要的切换。当用户处于切换区域内，终端激活集内的导频数目较多。所以此时终端测量得到的 SINR 值也会降低，导致用户的数据速率降低。另一方面，由于 1x EV-DO 前向采用虚拟软切换技术，每次发生切换都有切换延时的现象，在该段时间内，扇区与终端之间是没有数据传送的，切换影响传输速率。因此在保证掉话率的基础上，需要尽量减少切换事件的发生。

从扇区内用户数量角度来说，因为所有用户在前向链路上是时分复用的，1x EV-DO 系统基本采用的比例公平调度算法，所有用户在时间上共享前向链路。因此，当扇区内的用户增多时，每个有用户占用的资源就减少，所以每个用户的平均速率会降低。

（3）反向链路对前向影响

DRC 速率控制机制：如前所述，1x EV-DO 前向最重要的技术是速率控制技术，它通过反向的 DRC 信道将终端选择的 DRCIndex 传送给服务扇区，如果反向链路负载或者干扰过重的话，会影响到基站正确解调终端通过 DRC 信道上报的信息，有可能造成基站解调 DRC 信息错误，从而影响到前向吞吐量。

前向 HARQ 技术：1x EV-DO 前向链路采用的另一项重要技术是前向 HARQ 技术，其原理是终端需要在反向 ACK 信道上通知基站前向业务信道上的数据是否被正确接收。如果反向链路负荷较重，或者存在较强的反向干扰，将会影响基站正确解调反向 ACK 信道的数据。在基站错误解调反向 ACK 信道数据的情况下，基站会向终端重复发送相同的数据，导致前向数据速率的降低。

总之，要保证前向链路的稳定，需要保证反向的 DRC 信道和 ACK 信道的可靠，特别是在反向负载较大或者反向干扰较大的区域。

（4）反向干扰优化思路

需要减小扇区的覆盖范围和查找干扰源，以达到提高反向无线环境的"纯净"的目的，并达到减小扇区负载和反向干扰的目的；通过调整反向信道参数设置来提高 DSC 信道、DRC 信道和 ACK 信道的"强壮性"，达到保证前向速率的目的。

15.8.4　反向速率优化

1x EV-DO 系统的反向链路与前向链路不同，不存在调度器，采用码分形式（Walsh 码）区分反向链路信道，用长码掩码区分不同的用户。从这一点上来说，1x EV-DO 系统的反向链路与 1x 系统相同。因此，1x EV-DO 系统也是一个反向干扰受限的系统。1x EV-DO 系统中的用户越多，反向链路上面的干扰就越多，系统容量就会降低。反向链路 RSSI 指标可以说明反向链路资源的使用情况，而反向链路资源的使用情况又进一步说明了扇区的负载情况。在反向链路中，终端根据网络的负荷情况和终端的 T2P 资源，选择适当的数据分组大小进行数据传输。影响 1x EV-DO 系统反向数据速率的因素有很多，包括无线链路质量、网络负载情况、反向业务信道发射功率等。

1．无线环境优化

在 1x EV-DO Rev. A 系统反向链路优化中，主要从两方面进行：一是通过保障前向链路质量，从而保证反向 HARQ 的顺利进行和反向忙闲指示的传递（RA 信道），二是通过提高基站接收灵敏度和反向干扰源排查，提高反向用户的速率。

（1）前向链路覆盖

① 前向 ARQ 信道。1x EV-DO Rev. A 区别于 1x EV-DO Rel.0 的主要改进部分是相对对称的前反向链路。因此，为提高反向链路的吞吐量，根据前向信道提高吞吐量的经验，反向也采用了 HARQ 技术。所以，1x EV-DO Rev. A 前向引入了一个全新的信道——ARQ 信道。同理前向的 HARQ，对于反向 HARQ 来说，保证了前向 ARQ 信道的稳定，才能保证反向的 HARQ，并保证反向的吞吐量。

② 前向 RA 信道。前向 RA 信道的作用是动态控制反向链路上的负荷，当基站检测到反向负荷太大时，终端根据其上的比特流减少 T2P 资源的分配，减小所使用数据分组大小，从而降低终端在反向链路上的发射功率，降低系统负荷。因此前向 RA 信道传输质量的可靠性会影响终端对当前网络负荷的估计，从而在一定程度上影响网络的反向链路性能。

③ TxT2PMax。TxT2PMax 是一个缩放函数，根据覆盖区域内服务扇区导频的 Ec/Io，来控制终端可用最大 T2P 资源。它是一个上限，避免终端处于较差的信道条件下仍然发送过高的功率。如果 TxT2PMax 设置较高，会增加对其他扇区的干扰，从而导致系统容量的降低，但是可以传输较大的数据分组；如果设置较低，则对其他扇区的干扰得到限制，但是将不允许传输较大的数据分组。前向链路导频强度较低时，TxT2PMax 受到限制，从而也会限制最大可用传输的数据分组大小。

（2）反向链路覆盖优化

1x EV-DO 系统如果存在反向链路覆盖问题，会导致基站接收终端的 SINR 值变差，使得 RAB 指示为忙的机会增多，影响到 T2P 资源的分配，最终会影响到终端的反向速率。

优化思路是控制单扇区下用户的数量、增强基站天线接收灵敏度、提高终端发射功率、排查反向干扰源。优化方法如下：

① 通过 RF 优化，合理化扇区覆盖范围，提高主覆盖扇区的覆盖，减小不必要小区的干扰；

② 反向功率控制参数；

③ 反向干扰排查；

④ 扇区发射功率参数；

⑤ 切换参数（如 PILOT_ADD 等）；

⑥ RABLength。

2．反向负载优化

1x EV-DO 反向速率，除了无线环境因素影响外，还与当前扇区的用户数量以及反向干扰有密切关系。由于 CDMA 系统是一个自干扰系统，每增加一个用户，对于用户来说都是一份干扰，都会一定程度的提高底噪。另外，为了保障前向的吞吐量，实现前向的一些技术特性，保障相关信道的可靠性，相关信道的增益设置也加重了当前反向信道的底噪水平，影响了反向信道的吞吐量。

（1）反向干扰的检查

反向干扰分为网内干扰和网外干扰两种。

网内干扰主要是指其他用户或者系统的硬件设备故障对该用户产生了干扰，由于该干扰会导致反向噪声的抬升，影响 T2P 资源的分配。

网外干扰主要指由于其他运营商或者外部原因造成的干扰，同样会提升反向噪声。

（2）切换参数的检查

由于 1x EV-DO 反向采用软切换，因此过多的软切换比例会导致底噪的提升，影响到系统的容量，进而影响到反向的底噪水平。

（3）ROT 测试参数的设置

Target ROT 值，该值是基站用来判断扇区忙闲的标准，即 Measured ROT>Target ROT，RAB 指示为忙，反之，RAB 指示则为空。反向的调度算法是基于反向的 ROT 水平来决定的，所以系统能否准确测量反向的 ROT 水平，对反向终端的选择速率影响是非常大的。

Reverselinksilenceduration、Reverselinksilenceperiod 意思分别是静默时长和静默周期。由于影响反向噪声水平的因素非常多，系统如何准备获知当前扇区的反向噪声会变得非常困难。因此，设置了该组参数。

该组参数的意思是在某个时刻下所有的用户处于静默期，具体时长由静默时长参数确定；具体静默周期由静默周期参数确定，这样系统就能准确的了解整个扇区底噪的水平。

（4）RTCMAC 算法

RTCMAC 算法用于管理终端反向链路传输资源的分配，在一个子帧周期内，终端基于每一个 MAC 流来实现 RTCMAC 算法，用于控制调整终端的 T2P 资源的分配。RTCMAC 算法有下面 3 个基本功能：

① 调度终端发射功率的分配，即 T2P 资源的分配；

② 保障数据流 QoS 的需求，即优先级；

③ 保持系统的稳定性，即为所有用户服务的能力。

（5）优化方法

① 通过排查硬件、检查反向 RSSI 检查排除反向网内干扰，网外干扰排查的方法有 RSSI 核查、扫频仪扫频等方法解决。

② ROT 参数 Target ROT，控制反向扇区的覆盖范围，控制用户数量。

③ 切换参数 Pilot_add 等，控制反向导频激活集数量。

④ 引入静默参数 Reverselinksilenceduration、Reverselinksilenceperiod；由于系统需要使用反向链路负荷的结果进行 T2P 资源的分配，所以对反向环境的噪声水平要求非常高。通过进行计算的方式得到的反向环境噪声水平相当复杂且结果不准确，所以用扇区所有用户静默的方式进行测试，相对来说，获取的反向环境噪声最准确，因此引入了静默时长（Reverselinksilenceduration）和静默周期（Reverselinksilenceperiod）参数。

⑤ 设置 T2P 参数 FRABFilterTC、QRABFilterTC、MergeThreshold 等。

⑥ 反向辅助导频参数 AUXPilotChannelGain、AUXPilotMinPayload，该参数是设置辅助导频相对于反向导频的增益和开启辅助导频的最小分组门限，由于系统进行反向大分组的解调时，对终端的发射功率要求极大，会极大地影响到反向的噪声水平，因此引入了反向辅助导频信道，辅助系统解调终端发送过来的大的分组。

⑦ 设置反向功控参数 PCLMinPCT、PCLMaxPCT、PCLInitalPCT 等。

参 考 文 献

[1] 中国电信 2009 年 1x EV-DO 网络优化技术白皮书（性能优化专册）.

第16章 专题研究分析

随着网络建设规模和用户数的发展，网络优化工作要求越来越精细。除了日常的维护性优化外，专题研究优化工作在网络优化中占据着重要的地位。专题优化主要指针对网络运行过程中存在的较薄弱环节或者是对网络结构的深层次问题进行专项研究。本章根据编者的日常经验介绍有关干扰优化、直放站优化、海域优化、高铁/地铁优化、都市高层覆盖研究、CDMA寻呼信道容量分析、厂商边界切换优化以及话单应用研究等专题分析。

16.1 干 扰 分 析

无线通信系统往往存在着各种各样的干扰，可以从不同的角度对这些干扰进行分类。对于CDMA系统，干扰可以分类为CDMA系统内部干扰和CDMA系统外部干扰，从干扰的链路方向分前向干扰和反向干扰。以下分析CDMA网络各种干扰现象及干扰查找的方法。

16.1.1 干扰类型

1. 系统外部干扰

只要在CDMA系统的频带内出现非CDMA基站辐射的无线信号就会对CDMA信号产生干扰影响，这就是CDMA系统的外部干扰。对于CDMA系统，外部干扰可以归结为以下几类。

① 强信号干扰：干扰信号发射频率靠近CDMA系统的频带范围，由于功率过高引起CDMA移动通信系统阻塞的微波设备、电视发射器、无线寻呼等大功率设备都可能引起这种干扰。

② 固定频率的干扰：这种干扰多见于以前建设的专用无线电系统，由于干扰源是专用通信系统，干扰信号比较稳定。

③ 宽频直放站干扰：主要存在于上行频段，这种干扰的特点是频带宽，几乎占据整个上行频段。

④ 杂乱信号干扰：这种干扰信号频谱不定，变化很大。

2. 系统内部干扰

CDMA信号共享相同的载波，相互之间会产生干扰，包括本小区和相邻小区之间的干扰，干扰强弱依赖于本小区和相邻小区的覆盖重叠区域以及业务使用情况，这种干扰也称为自干扰、同波道干扰、共道干扰，主要表现为前向导频污染。

16.1.2　干扰影响

干扰对 CDMA 系统的覆盖、容量、质量影响很大，CDMA 接收机能够解调信号的前提是信号大于 Eb/No 解调门限值（6dB），相当于 CDMA 的有用信号可以比噪声低−17～−10dB。CDMA 的覆盖取决于周边区域干扰信号的强度，由于 CDMA 的干扰和用户激活程度有关，因此 CDMA 的覆盖和容量具有相互牵制，也就是常说的呼吸效应。对于前反向链路，覆盖半径或面积的范围都受干扰强度、干扰源的频谱宽度（窄带干扰、宽带干扰）、接收机与干扰源间的路径损耗以及发射机与接收机之间的路径损耗等因素的影响。

CDMA 系统反向链路覆盖的影响主要是反向基站接收机解调能力受限，终端没有足够发射功率去克服基站接收到总的干扰电平所需要的 Eb/No，而前向信号覆盖受导频功率设置的影响。一般将基站和移动台之间的无线信号传输衰减称为路径损耗，对于确定的无线传播环境，这个路径损耗可以转化为基站到终端的最大距离，该距离除了会随着小区负载的增加而缩小，外部干扰源也同样会减小这个距离。

1．干扰对覆盖的影响

CDMA 系统将要传输的信号进行扩频处理，扩频带宽为 CDMA 的系统带宽 1.23MHz，落在该带内的外来信号可以和 CDMA 的扩频信号一起被 CDMA 接收机接收，所以都可以等效成一个带宽为 1.23MHz 的噪声加干扰，其计算公式如下：

$$I = I' \log_{10}\left(\frac{\beta}{w}\right)$$

式中，I 为等效干扰值；I' 为其他系统干扰频谱均值；W 为 CDMA 系统带宽；β 为干扰频谱带宽。

因此，外来干扰的引入使 1.23MHz 的带宽包含了带内热噪声、扩频有用信号及干扰信号，1.23MHz 频带内噪提高，等效于系统的噪声系数提高，实质上是降低了基站的接收灵敏度。

2．噪声系数对覆盖的影响

如果将外部干扰 I 等效为噪声处理，由于 I 的存在，CDMA 基站的噪声系数增加值可以用下面这个公式来表示：

$$\Delta F = \log_{10}(1 + I/(N_t WF))$$

其中 $N_t WF$ 目前一般取值为−108dBm，也就是说，如果 I=−108dBm，那么 ΔF（噪声抬高系数）将等于 3dB，依此类推。

可以看出，干扰对系统的覆盖范围影响非常大，为了维护系统的正常运行，需要一个干净的频点。

3．干扰对指标影响

根据经验，干扰电平与网络掉话和接入有如下关系。

① 干扰电平在−69～−53dBm 时，信道被严重干扰，终端基本无法接入；

② 干扰电平在−80～−70dBm 时，掉话频繁、接入困难、信道容量急剧下降；

③ 干扰电平在−93～−81dBm 时，偶尔掉话、接入较困难、手机发射功率偏高。

16.1.3　干扰判断和查找

干扰对网络性能的影响非常大，但并不能说网络性能差就一定有干扰存在，因此需要借助一些手段和方法来判断和查找干扰存在，并排除干扰。一般通过网络 KPI 统计指标或 DT 测试数据可以了解是否存在干扰，干扰源查找专用仪器是频谱仪，能够对一定带宽的频段进行检测，故可运用频谱仪和定向天线对覆盖区域内进行干扰点定位测试。

1．反向链路干扰判断

反向链路存在干扰时，通过查看基站反向 RSSI 指标取值范围来判断是否存在干扰，在空载下查看 RSSI 的平均值是判断干扰的最主要手段。对于新开局站，用户很少，空载下的 RSSI 电平一般小于−105dBm。在业务存在的情况下，根据经验，有多个业务连接时 RSSI 平均值一般不会超过−95dBm。

（1）路测数据判断

在 RX、Ec/Io 显示正常情况下，手机经常出现呼叫失败、掉话且手机发射功率偏高等情况，可以判断可能存在反向干扰。对于外界干扰，通过频谱仪分析进一步查出是否存在干扰源。

（2）反向 RSSI 比较

可以横向比较，也可以纵向比较。横向比较是和其余相邻的正常的扇区进行比较，看 RSSI 是否比别的扇区要高，如果说问题小区 RSSI 比一些正常性能小区的要明显高出一个量级，那说明可能存在反向干扰。纵向比较是统计问题小区历史的 RSSI 数据，将历史数据形成一个曲线，如果当前小区的问题是呈现周期性，比如说每天深夜消失、白天出现，那么就对应看这个曲线上是否也有明显的周期性波动，并且波动时间点和实际测试结果是否一致。如果说当前小区的问题是从某一天忽然出现的，那么就对应看这个曲线上是否也存在忽然升高的现象，且时间点和实际情况是否一致。

（3）改变基站机架顶部跳线

对于一个多扇区的宏基站，如果其中一个扇区工作异常，其余扇区工作正常，怀疑可能存在干扰。这种情况下，可以采用改变基站机架顶部跳线的方法进行排查。例如：有一个 S111 的宏基站，其中 α 扇区的呼叫失败率、掉话率等比较高，而其余的 β、r 扇区工作正常，可以试着将 α 扇区和 β 扇区的天馈线进行对换，如果对换之后，在后台统计表明 β 扇区的呼叫失败率、掉话率等上升了，而 α 扇区下降了，这说明很有可能存在干扰。

2．前向链路干扰

如果前向链路存在干扰，最直观的现象是终端的接收电平比较高，但导频的 Ec/Io 却比较弱，这是因为接收电平无法区分出干扰信号和有用信号，但 Ec/Io 却是要考虑干扰因素的。相比反向，前向链路干扰排查更为困难，一般来说，可以采取以下方法。

（1）改变基站机架顶部跳线

同反向链路干扰排查方法，观察基站的前向干扰是否存在。

（2）观察终端在待机状态下是否频繁脱网

如果前向存在干扰，而这个干扰一旦强到足够的程度，将会使得终端无法解调寻呼信道的消息并脱网，因此如果观察到终端在待机状态下频频脱网，那说明前向可能存在干扰（小区覆盖边缘处的频繁脱网不在此范围内）。

（3）观察终端测试指标

脱网在前向干扰强大到一定程度时候才会出现，如果前向干扰不是足够强，那么通过观察脱网情况来判定前向干扰的方法不再奏效，这时需要观察终端的各项参数。如果存在这种现象，接收电平比较好，但导频的 Ec/Io 却比较弱，且终端的发射功率较高，那么前向链路还是可能存在干扰的。

16.1.4　干扰消除办法

对于外部干扰，需要根据具体情况进行处理，一般协调对方关闭干扰源或采取措施防止干扰辐射泄露。对于网内干扰参考导频污染处理办法和直放站干扰处理办法解决。

16.2　直放站优化分析

16.2.1　直放站对 CDMA 系统影响

在 CDMA 系统中，直放站的使用不仅可以消除盲区，而且还可以延伸基站的覆盖范围。但是，直放站的使用不当会对 CDMA 系统产生干扰，引起网络质量的恶化；在基站和直放站双重覆盖的区域内，来自直放站和基站信号的多径传播会导致接收端的延时扩散。为了减少多径干扰，应慎重选择直放站的站址，并调整基站的时间搜索窗，使系统导频信号不发生混乱。因此在现网中使用直放站需要精细规划和调试。

1. 直放站引入带来的问题

（1）噪声叠加

上行链路中直放站的使用使 CDMA 系统的噪声叠加，基站的接收灵敏度下降。

（2）原基站覆盖范围缩小

CDMA 直放站的使用所引入的噪声，导致基站系统的接收灵敏度下降，从而引起上行链路覆盖范围的收缩。通常情况下，在郊区，当上行链路中由于直放站使基站的噪声电平提高 2.1dB 时，上行链路的覆盖范围将收缩 13%。因而，CDMA 系统中，直放站的架设位置不能处于原小区边缘。

（3）下行链路的导频时延

在 CDMA 系统中使用直放站会产生定时时延和信号延时扩散，如果时延较大，将使 CDMA 系统导频码的相位发生变化，产生掉话等。

2. 直放站对系统容量的影响

任何能够改变基站接收端信号电平的因素，都会对系统的容量产生影响。多小区安装直放站的情况下，对于相邻小区的干扰主要来自本小区边界的用户，采用直放站后，这些用户发射功率减小，降低了相邻小区的影响，使系统容量得以增加。统计表明，通常情况下，I_{other}/I_{self} 可降低 12%～6%，容量增加 2～3 个用户。

3．基站每扇区可带直放站的数目

假设基站和直放站的噪声系数均为 5dB，经过有关计算，可得到以下结论：对于 10W（40dBm）直放站，加入 1 台直放站后，将引入 1.5dB 的附加噪声，加入 4 台直放站，将引入 4dB 左右的附加噪声。

作为一种实现无线覆盖的辅助技术手段，直放站具有投资少、周期短、盲区覆盖解决快速等特点，因此在移动通信网建设中直放站得到了广泛应用。直放站的设计、维护和优化工作直接关系到直放站的覆盖区域以及相邻区域的网络性能和用户感知。

16.2.2 CDMA 直放站常见问题分析

由于直放站设备本身的局限性及无线环境的复杂性，直放站在应用中出现了很多问题，尤其是无线直放站反映的问题更多。直放站在网络中出现的问题主要包括干扰引起的接入、掉话和切换问题，导致接入成功率低、切换成功率低以及掉话现象严重。

1．干扰问题

直放站在应用中主要面临的是干扰问题。直放站引入扩大了施主扇区信号覆盖范围，必然对网络结构造成影响，从而影响网络信号和干扰的分布，因此直放站的规划应该纳入整网中考虑。对于光纤直放站，由于直接从基站耦合信号，不会引入其他无用信号，所以在规划中主要考虑目标覆盖区同周围基站的信号配合与交叠问题。对于无线直放站，由于空中信号的多样性，会不可避免地引入干扰信号，因此，在城市中尽量不采用无线直放站，在必须采用无线直放站的地方，尽量采用异频直放站。只有在施主信号比较纯净的区域才能采用无线直放站。在采用无线直放站的时候，需要充分考虑施主天线和重发天线的隔离要求，保证信号的正常发射和接收。

2．接入问题

在直放站覆盖区，经常会碰到接入方面的问题，如接入成功率低、接入时间长或接入不成功等。

（1）直放站引起干扰

直放站反向链路会对施主基站产生干扰，假如使用无线直放站可能对周围扇区产生干扰，则需要对直放站的功率、天线方位、增益等参数进行调整，从而减少干扰信号。

（2）系统参数设置问题不当

在直放站的应用场景中，需要根据具体条件对系统参数尤其是搜索窗等参数进行调整；在接入过程中，直放站主要受反向接入搜索窗的影响。

3．切换问题

切换不成功或切换迟缓也是在直放站应用中经常遇到的问题。影响切换问题的主要因素有两个。

（1）邻区搜索窗设置问题

如果搜索窗设置得太小，那么可能无法搜索到邻区；如果搜索窗设置得太大，那么搜索时间变长，可能导致切换过程过缓或无法切换。

（2）Pilot_inc 设置问题

Pilot_inc 的设置可能会影响到 PN 的判决，从而影响切换。

16.2.3　直放站的优化

直放站的使用会改变施主基站的覆盖半径，增加无线信号传播的路径，产生导频混淆、导频污染等问题。因此，在实际维护与优化工作中需要调整相应的基站参数，通过反复地调整和测试，使直放站达到最优状态。

针对 CDMA 直放站应用中容易出现的干扰、接入和切换等问题，在日常优化工作中需要重点关注几个问题。

1. 施主基站邻区列表改变

直放站的引入改变了无线网络拓扑结构，可能会引起服务小区的邻区关系变化。如果邻区漏配，将导致切换失败率上升、掉话率上升，影响用户感知。在日常维护工作中，应该结合路测数据对施主基站及直放站相邻基站的邻区关系进行检查。

2. 施主基站 RSSI 异常及指标恶化

直放站的引入会不可避免地对施主基站接收灵敏度、接入和切换等性能造成影响。因此，若在日常维护中发现施主基站 RSSI（接收信号强度指示）异常，接入、切换等无线性能恶化，则需要进行如下检查。

① 进行基站反向干扰情况监测，若存在较强干扰，则应该考虑调整直放站相关参数设置；

② 通过调整直放站增益，将其对施主基站底噪的抬升控制在 2dB 以内，尽量减少对施主基站接收灵敏度的影响。降低直放站对施主基站的反向干扰；

③ 建议保留 6dB 左右的增益和输出功率余量，增益余量不足会引发直放站自激，功率余量不足会使直放站过载；

④ 控制前反向增益差在 5dB 以内，保证前反向链路的平衡，避免影响开环功率控制和接入性能。

3. 网络导频混淆和导频污染

引起导频混淆和导频污染的原因大多是网络规划不当，也不排除个别站点天线受到大风等自然因素影响发生倾斜，偏离了目标覆盖区域等因素。发现导频混淆和导频污染最好的方法就是对直放站覆盖区域进行路测。针对导频混淆和导频污染，有如下解决办法：由远及近调整基站或直放站天线，控制覆盖范围，消除或降低不该出现的导频，对于调整天线无法解决的区域，可通过调整基站导频配置或直放站下行增益来拉大主次导频间的差距。最强导频的 Ec/Io 要大于次强导频 5dB 以上（建议只有一个大于−12dB 的导频信号）。

4. 无线直放站天线的安装位置

合理选择无线直放站施主天线的安装位置，尽量保证施主天线位置只存在一个强导频。施主天线应选用窄波瓣的天线，同时应尽量对准施主基站的天线方向，保持与宿主基站的视距传输以避免导频污染。在施主天线安装位置，要求施主基站到达直放站的前向天线的信号强度 RX>−80dBm。

收发隔离度是指 CDMA 信号从直放站前向输出端口至前向输入端口（或者从反向输出端口至反向输入端口）的链路衰减值（包括施主天线、重发天线增益和空间耦合损耗）。在选择施主天线和重发天线的类型和安装位置时，应注意收发隔离度，以防止自激。收发隔离度应比直放站最大工作增益大 10~15dB。为达到隔离要求，可采取以下措施：当采用射频无线直放站时，施主天线与重发天线采用背对背安装方式，当安装在铁塔上时，使用铁塔平台对天线进行隔离，当安装在楼房顶时，使用建筑物或通过增大天线水平距离进行隔离；如果两天线之间有隔离物，如楼顶的水箱、梯间等，安装时要避免两天线在同一侧；采用具有良好前后比的施主和重发天线提高隔离度；施主天线一般安装在重发天线下部，应具有良好的上旁瓣抑制能力，同时应准确利用天线主旁瓣之间的弱信号区域提高施主天线与重发天线的隔离度。

5. 施主基站搜索窗的参数调整

直放站的引入会增加最大路径传播时延，这不仅影响到激活集、邻区集和剩余集对应的搜索窗等前向搜索性能，还可能影响到反向接入信道捕获窗口和反向业务信道搜索窗口等反向搜索性能。在实际网络应用中出现较大时延时，首先应该考虑采用较大的搜索窗以保证导频搜索的需要。当搜索窗设置过小时，可能会导致正常的多径信号无法被捕获，使有用信号能量降低，干扰增加，甚至导致掉话。搜索窗设置过大时，搜索效率降低，在密集市区对手机搜索性能的影响较大，在基站分布稀疏的区域，由于需要搜索的导频较少，所以影响稍小。

6. 关注施主基站的话务统计

直放站的应用本身是不会增加容量的。当施主基站话务上升超过扩容门限时，如果是由直放站覆盖区域话务增长造成的，则应该考虑用基站替换直放站；如果是由施主小区覆盖区域话务增长造成的，则应该考虑更换直放站施主小区。

由于直放站是对施主基站信号的转发，所以无法提供新的容量，而直放站的引入在总体上增加了整个扇区的覆盖范围，因此，用户分布范围的扩展也会相应地带来所需功率的增加以及用户数的降低。

由于直放站对施主基站的底噪有影响，因此反向链路将需要更多的功率。直放站对施主基站的影响程度取决于直放站反向链路净增益、直放站噪声系数等。

16.3　海域优化分析

海面覆盖最重要的目标就是远距离覆盖。要达到远距离良好覆盖，需要重点考虑站点的选择（高度、位置）、信号的空间损耗、信号时延、地球半径的影响等几个问题。

16.3.1　海面覆盖特点

在进行 CDMA 网络海面覆盖优化时，需要充分考虑不同区域的特点，既要实现无缝覆盖，又要将干扰控制在可接受的水平，通常需要重点关注覆盖要求、干扰控制、天线高度、站间距、周边基站的规划、基站配置、天线下倾角等。

16.3.2　海面问题分析

海面主要有以下几个问题。

（1）站点位置不合理

由于基站天线挂高直接影响超远基站的覆盖，因此需要选择合理的基站站点及合适的高度。

（2）方位角、下倾角规划不当

根据实际情况覆盖要求对超远基站的天线方向角、下倾角进行调整。

（3）馈缆走线过长

减小馈线损耗，通过双工双向塔放增强前反向覆盖。

（4）天线类型不合理

可以考虑使用 21dBi 的垂直波束宽度小于 7° 的高增益天线（由于使用 21dBi 天线的水平波束宽度为 30°，18dBi 天线水平波束宽度为 60° 或者 65°。如果使用 21dBi 天线来覆盖，建议使用 2 幅 21dBi 天线覆盖）。

（5）干扰问题

由于海面的覆盖特性，近海容易出现导频污染现象。

16.3.3 海面优化措施

1. 覆盖优化

覆盖优化一般采用覆盖增强技术，主要包括高增益天线、大功率功放、塔放等技术来保证海面远距离覆盖。

（1）前向链路采用超大功率功放

在不考虑其他外界因素的条件下，基站发射功率提高 6dB，覆盖距离将提高一倍。因此在海面覆盖中，使用超大功率功放的宏基站或者使用大功率的 RRU 来实现对远海的覆盖，对于这种空旷的海面环境，覆盖距离提高是非常明显的。

（2）反向覆盖增强技术

一种方式采用高灵敏度基站，高灵敏基站设备使用了干扰消除技术、分集接收等技术，从而可以使基站灵敏度达到-130dBm。

第二种可以采用塔放技术，塔放设备可以提高反向覆盖距离。主要原理为，基站接收机解调性能受信噪比限制，天线侧信噪比高于馈线后信噪比，塔放可以事先提高信号的信噪比，从而能够提高基站接收灵敏度，改进无线移动系统的反向接收性能，减小天线到基站间的馈线损耗的影响；增加链路预算，扩大覆盖半径。

2. 干扰问题优化

由于海面的覆盖特性，近海容易出现导频污染现象。为了避免超远覆盖基站与其他基站间的相互干扰问题，可以采取以下措施解决：

① 严格控制陆地覆盖基站发射功率、天线朝向和天线下倾角；

② 陆地覆盖基站使用电调天线控制其波形畸变和旁瓣，减少其对海面基站的干扰；

③ 合理利用站点所在位置地形，规划海面覆盖的基站天线朝向，减轻对陆地覆盖基站的干扰；

④ 海面覆盖基站采用异频覆盖方案，避免对城区其他基站造成干扰；

⑤ 超远覆盖基站选用前后比较高的天线。

3. 无线参数优化

影响小区覆盖范围的无线参数主要有：

① 开销信道增益（PilotGain、PchGain、SchGain）；

② 导频集搜索窗口（SRCH_WIN_A、SRCH_WIN_N 和 SRCH_WIN_R）；

③ 基站半径（Radius）；

④ 接入参数（INIT_PWR、PAM_SZ、PWR_STEP、NUM_STEP）；

⑤ 功控参数。

4. 频率规划

为了保证远海的覆盖效果，避免干扰，一般选择采用异频进行远海覆盖。另外，建议话音业务与 1x 数据业务使用不同的频点承载，避免由于 1x 数据业务接入导致反向链路底噪抬升，影响远海覆盖的话音业务。

16.4 高铁/地铁优化分析

16.4.1 高铁优化

预计到 2020 年，我国 200km/h 以上的高速铁路建设里程将超过 1.8 万公里，同时由于高铁沿线网络受高速移动影响，网络覆盖和质量较差，因此优化高铁 CDMA 移动网络的研究也显得尤为重要。

1. 高速铁路信号特点

高速运动下移动台的信号存在多普勒频移现象，存在影响无线接收机性能、信号衰落更快、高铁车厢穿透损耗更大、切换区域规划要求更高，以及信号传输环境更复杂等特点。因此高速铁路优化需要进行专题分析。

（1）多普勒频移

高速移动的手机产生较大的多普勒频偏，频偏对通信性能有影响。终端在高速移动的情况下，接收端的信号频率会发生偏移，产生多普勒效应引起频率抖动。高速运动中的列车会频繁改变与基站之间的距离，频移现象非常严重，必须采取有效方式降低干扰。

多普勒频移公式：

$$f_d = v/\lambda \cdot cos\theta$$

式中，f_d 为多普勒频偏，单位为 Hz；v 为手机移动速度，单位为 m/s；λ 为信号波长，单位为 m；θ 为手机移动速度方向与信号到达方向的夹角。

（2）穿透损耗

车体具有高损耗，因此在铁路沿线信号覆盖电平要有足够强的信号。高速列车车体损耗较普通列车大 11dB，这给高速列车的覆盖带来了极大的难度。

（3）切换和导频污染

快速移动导致信号的快速衰落，需要快速切换到新的小区。

（4）覆盖目标区域地形多样

铁路呈线状分布，将经过平原、丘陵、山区等具有鲜明地貌特点的区域；其中还要通过密集城区、隧道、高架铁路桥、凹陷的 U 形地堑等各类差异很大的地形区域。

2．优化和建设建议

（1）CDMA 1x 覆盖指标要求

CDMA 1x 话音和数据业务前向应以 Ec/Io 指标为主、信号电平的强弱为辅进行评判；反向以手机发射功率进行评判。其覆盖门限指标（计入高铁穿透损耗以后的值）见表 16-1。

表 16-1　　　　　　　　　　　　　　　　1x 业务覆盖门限指标

地区类型	反向手机发射功率（dBm）	前向手机接收功率（dBm）	Ec/Io（dB）
密集城区和一般城区	≤15	≥-90	≥-12
农村和郊区	≤20	≥-94	≥-12

（2）1x EV-DO 覆盖指标要求

1x EV-DO 数据业务以 SINR 指标为主、前向手机接收功率为辅进行评判，其覆盖门限指标见表 16-2。

表 16-2　　　　　　　　　　　　　　1x EV-DO 业务覆盖门限指标

地区类型	前向手机接收功率（dBm）	SINR（dB）
密集城区和一般城区	≥-80	≥-3.75
农村和郊区	≥-90	≥-6.5

（3）容量建设原则

应满足 1x 话音、数据业务应用的需要，并根据业务需求及时引入 1x EV-DO 数据业务应用；依据高速铁路承载能力和用户业务模型等关键性指标，结合高速铁路发展趋势、网内用户发展趋势和业务发展趋势，合理制定近期和中远期的容量目标。

近期容量目标以目前现网实际状况和业务发展趋势为依据合理设置，中远期容量目标建议考虑 2～3 年内用户发展数量和用户业务模型的变化，根据预测分析结果制定高速铁路中远期容量目标。

（4）新建基站站址要求

根据确定的"临界掠射角"、基站的建议站间距，即可确定基站距铁轨的垂直距离范围，具体的计算公式如下：

$$H=S\times\tan\alpha$$

式中，S 为基站站间距；H 为基站距铁轨最小垂直距离；α 为表示掠射角。实际基站距铁轨垂直距离范围可以在（H，$S/2$）之间，从而得到高铁沿线新建宏站的选址范围见表 16-3。

表 16-3　　　　　　　　　　　　　　覆盖区域基站站址范围

参数	郊区
站间距 S（km）	2
H（m）	353
（H，$S/2$）（m）	（353，1 000）

（5）天线选择及安装要求

采用高增益窄波束天线，基站覆盖范围大，切换次数少，适用于周边用户比较少的农村区域，以线性覆盖为主；采用中等增益宽波束天线，适用于市区、郊区、沿途有车站、铁路有弧度等区域，以广覆盖为主。

天线主瓣方向沿铁路方向覆盖，覆盖高速铁路沿线宏基站的天线主瓣方向和高速铁路沿线夹角（掠射角）宜大于10°，以避免掠射角过小可能带来地高穿透损耗。

天线下倾角依据覆盖距离合理设置，使覆盖范围满足重叠覆盖要求。

（6）LAC（REG_ZONE）划分

高速铁路优化建设方案除了加强铁路沿线覆盖强度外，另一个重要手段是优化铁路沿线位置区设置，合理的位置区设置可以减少高速铁路的位置区更新，提高无线接通率。建议对高铁覆盖基站采用统一的 LAC（REG_ZONE）码。

（7）切换优化

高速铁路无线基站设置为链状结构，覆盖区域线性分布。由于列车在高速行驶中频繁跨越小区，切换次数多，如果切换设计不合理，容易造成掉话、数据速率低。通常通过以下 3 种途径提高切换成功率。

① 扩大同小区覆盖范围，减少切换次数

通过选用适当的设备，采用灵活的覆盖方案可以扩大同小区覆盖范围，有效地减少高速铁路沿线切换。具体的解决方法是对基站仅配置一个小区，并采用同小区功率分裂方式，使用功分器引入两幅天线，分别覆盖铁路两个相反的方向，即将一个小区分裂为两个扇区，称之为小区分裂。由于只有一个小区，这样手机经过基站位置将不存在软切换，规避了软切换小区过小的问题。

调整覆盖，合理设置切换区域。软切换时间由手机测量时间和切换信令交互时间组成。在软切换过程中，如果某个小区的信号增强，可以加入导频集时，手机至少需要检测完第一个邻区后才能发送 PSMM 消息，这段时间至少需要 100ms。在邻区列表中，通常与本小区直接相邻的小区优先级较高，因此设手机平均测量时间为 200ms。

因此切换总时间=手机测量上报时间+信令交互时间=200+500=700ms，同时考虑到软件的执行延迟，估计切换时间约为 1s。

手机在切换过程中，必须保证在手机顺利进入新小区之前服务小区的信号不会进一步衰落到门限值以下，否则手机可能因为切换失败而掉话。因此需要控制重叠区域的大小，来保证切换的完成。同时考虑到小区间的双向切换，覆盖重叠距离应设为切换距离的 2 倍以上，见表 16-4。

表 16-4 终端移动速度与最小切换区的关系

列车时速速度（km/h）	250	300	350	400
切换距离（m）	69	83	97	111
重叠覆盖距离（m）	138	166	194	222

具体的切换区域实现也需要通过合理调整和设置覆盖天线的方位角、下倾角等工程参数实现。

② 优化调整切换参数、提高切换成功率

可以通过适当调整切换参数以加快切换时间，提高切换成功率，具体的优化措施有：适当提高 T_ADD 值，减少软切换；适当提高 T_DROP 值，减少软切换；为了减少频繁的软切换，适当提高 T_COMP 值。

③ 跨载频区域切换

在多载波边缘区域，应充分考虑站型配置高的宏基站向站型配置低的宏基站的异频硬切换情况，建议配置伪导频硬切换算法或者"HandDown"硬切换算法，同时合理设置双方之间的重叠覆盖区域。

16.4.2　地铁优化

随着城市轨道交通建设的大力发展，很多城市都新建或者增加了地铁线路。据统计，目前全国地铁运营线路里程和地铁客流大致保持在每年 20%以上的速度在递增。虽然地铁内话务量不算很大，但是考虑到用户感知和运营商的品牌形象，运营商都在地铁线路建设了移动通信覆盖网络。由于地铁地下结构比较复杂，而且地铁线路地下信号覆盖给已有的室外网络布局带来一定的冲击，因此地铁内移动通信网络覆盖优化十分重要，目前运营商越来越重视地铁网络的优化工作。

1. 地铁通信系统构成

地铁无线通信系统一般采用各运营商 BTS 一起接入到射频合路平台（POI，Point Of Inteconnection）为中心展开，可以分为 4 个子系统。

① 天线分布子系统：用于地铁站厅层及站台层。

② 泄漏同轴电缆分布子系统：用于覆盖隧道区间。

③ 隧道中继系统：用于隧道区间的信号中继，比如光纤放大器等有源器件。

④ 监控子系统：用于对每个 POI、隧道干放及机房环境采用实时及轮询方式监测控制。

2. 地铁网络问题原因

（1）站点规划问题

地铁隧道距离很长且比较狭窄，对信号纵向延伸要求很高，横向几乎不用考虑，当地铁经过时，地铁对隧道的填充后剩余空间更加狭小，对隧道信号的传播有很大影响。常见的地铁隧道问题有覆盖方式选择不合适、站型设计不合理、链路预算不恰当。

（2）工程质量问题

根据地铁优化总结，工程质量问题对地铁覆盖的影响最大。常见的工程问题如下：基站板件故障、GPS 天馈及板件故障、馈线连接安装工艺问题、扇区接反、主分集接反、双工器问题。

3. 地铁系统优化

（1）覆盖优化

① 覆盖方式选择

由于地铁特殊的地理环境所致，合适的覆盖方式对网络覆盖有很大影响，实践表明，泄漏电缆是解决隧道内无线信号覆盖的最佳传输媒质。与天线相比，它有频带宽、损耗低、场强分布均匀、抗干扰能力强等优点。

② 站型设计

泄漏电缆的缺点是覆盖距离较小（单扇区覆盖 800MHz），而地铁站点的间距有的大于

2 000m，由于单扇区覆盖距离有限，在地铁覆盖站型设计时需要注意，建议用 3 个扇区站点，一个扇区覆盖上行、一个扇区覆盖下行、一个扇区覆盖站台，如果有超远距离路段，建议使用光放或者是 BBU+RRU 进行覆盖。

③ 链路预算问题

由于地铁车型不同，车体损耗有很大区别，对地铁覆盖链路预算时需要针对最大损耗车型，避免出现高损耗车型弱覆盖。

（2）切换带优化

切换场景包括地下隧道基站之间切换、列车隧道口切换和人行出入口切换 3 种，对这几种场景进行分别讨论。

① 地下隧道基站之间切换

在软切换过程中，如果某个小区信号增强，可以加入导频集时，手机至少需要检测完第一个邻区后才能发送 PSMM，根据手机搜索时间可知，手机至少需要 100ms 才能检测上报。在邻区列表中，通常与本小区直接相邻小区优先级比较高，因此可以设手机平均测量时间为200ms。

从手机发送 PSMM 消息开始，到切换完成以后的手机确认消息，是切换信令的交互时间。切换信令交互时间是影响软切换时延的关键所在。综合大量测试结果计算出软切换信令交互时延在 500ms 左右。

软切换总时间=MS 测量时间+切换信令交互时间=200+500=700ms。考虑到软件的执行延迟，估计软切换时间是 1s。

手机在切换过程中，必须保证 MS 在顺利进入新小区之前，当前小区信号不会进一步衰落到门限值以下，否则手机可能因为切换失败而掉话。因此需要控制重叠区域大小，来保证切换顺利完成。

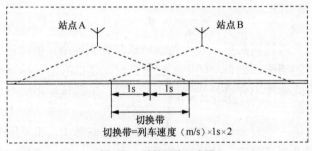

图 16-1　地铁切换示意图

地铁正常时速为 80km/h，软切换时间是 1s 左右，则可以计算出对应的最少切换区长度22m，考虑到从 A 到 B 与从 B 到 A 切换都需要重叠区域，因此重叠区域=2×OA=2×22=44m。

切换带的大小关系着整个地铁网络的稳定，切换带太小，MS 在运动中切换不及时造成切换失败；切换带太大，可能会造成频繁切换，网络自干扰严重，影响话音质量甚至会导致掉话。

② 地铁列车隧道出入口切换

在实际网络覆盖中，完成室内外网络重叠主要有两种思路，一是室外信号引入到隧道内，二是将隧道内信号引到隧道外。由于隧道外部信号比较复杂，可靠性不高，多数采用将室外信号延伸到隧道内的方法，使隧道口和隧道外一段距离的信号保持一致，保证在隧道内就完成切换。地铁列车隧道出入口处和室外站点切换，在隧道内地铁用户占用地铁漏缆泄漏信号，当地铁进出隧道口之后，光缆信号会迅速衰减，在和室外信号切换之前出现掉话问题。针对这种情况需要将室外信号酌情引向隧道内，在出隧道前完成切换。切换带的设置和隧道内部切换一样，切换带控制在 44m 左右。

③ 人行出入口切换

地铁站厅和室外站点的切换可以看成普通的室内站和室外站的切换。主要是考虑切换带设置、室外主 PN 选取。由于地铁站厅出入口用户移动速度较慢，切换带不宜过大，应设置在室内靠近出口 3～5m 处区域，这样即保证了切换的正常进行，又控制了切换带大小。把切换带放在室内，室外主 PN 的选取尤为重要，不然会导致频繁切换，影响通话质量。

（3）无线参数优化

影响地铁隧道小区覆盖范围的无线参数主要有：开销信道增益（PilotGain、PchGain、SchGain）、导频集搜索窗口（SRCH_WIN_A、SRCH_WIN_N 和 SRCH_WIN_R）、接入参数（INIT_PWR、PAM_SZ、PWR_STEP、NUM_STEP）。具体切换参数设置见表 16-5。

表 16-5　　　　　　　　　　　　　地铁基站参数设置推荐

参数类型	参数名	默认值	推荐修改值
开销信道增益	导频信道增益（Pilot_Gain）	80～127	127
	寻呼信道增益（Page_Gain）	50～108	90
	同步信道增益（Sync_Gain）	20～108	64
导频集搜索窗	激活集搜索窗（SRCH_WIN_A）	0～15	7
	邻区集搜索窗（SRCH_WIN_N）	0～15	8
	剩余集搜索窗（SRCH_WIN_R）	0～15	9
软切换门限	T_ADD	−31.5～0	−13dB
	T_DROP	−31.5～0	−15dB
	T_COMP	0～7.5dB	2.5dB
	T_TDROP	0～15	3
接入参数	MAX_CAP_SZ	3～10	6
	接入信道前缀长度（PAM_SZ）	1～15 帧	2
	INIT_PWR	−16～15dB	0dB
	PWR_STEP	0～7	4
	NUM_STEP	1～6	5

（4）邻区配置优化

邻区优化是无线网络优化中重要环节，邻区设置不合理会导致干扰、容量下降以及网络性能恶化等问题。因此准确的邻区配置是 CDMA 网络运行的基本条件。

邻区问题的主要包括邻区配置不合理（如漏配邻区导致掉话等、多配邻区增加手机对导频搜索时间）或者优先级设置不合理（导致掉话等）。这些都严重影响网络的性能。地铁邻区配置原则如下：地铁上下行站点直接相邻的小区要作为邻区；信号可能最强的邻区放在邻区列表优先级最高的地方，依此类推；邻区关系是相互的，即互为邻区；室内站点和出入口室外必须互配邻区，邻小区优化包含两个部分：合理的邻小区及优先级。漏配邻区和优先级设置不合理，都会对网络性能造成影响。

16.5　话单应用研究

随着移动网络规模的发展及用户数量的增长，用户对网络质量的要求也越来越高。移动运营商之间的竞争也越来越激烈，满足用户需求及提升用户感知度也成为网络运营中的一个重要课题。CDMA 系统中用户详细通话记录即话单数据在网络质量评估、网络优化分析中有着得天独厚的优势，它真实地反映了用户的实际通话状态，同时通过对用户话单数据的深入分析，不仅可以指导业务规划、资费政策、销售策略、网络规划，还可以在定位网络问题、提供客服支撑、主动客户关怀等方面提供支持。因此用户话单数据越来越受到各大运营商的重视，在网络运营中的应用也越来越广泛。

话单数据包含了大量的有用信息，如用户信息，呼叫建立过程、释放的信息，信号质量和切换信息等。通过对这些相关数据的分析和发掘，不仅能够了解用户的实际通话状态和真实感受，而且可以帮助评估网络质量和定位网络问题。本节介绍主流设备厂商的话单数据在实际网络运营中的应用情况。

16.5.1　话单介绍

本节所讨论的话单数据和传统意义上的话费详单（话单）有较大的区别，称作通话详细记录更确切。话单主要是指 CDMA 通信系统采集手机呼叫过程中产生的详细信息数据，包括呼叫建立过程、呼叫释放以及二次切换过程的详细数据等。

话单数据是通过话单收集模块或者通话处理器单元采集通话过程中每个信令节点和手机测量消息组成的原始话单数据，这些原始的话单数据通过以太网处理单元上传到 OMC 或 OMP 服务器形成话单数据。通过 FTP 工具可以从 OMP 服务器上下载这些数据，并通过专用话单分析工具来分析这些数据。

16.5.2　话单内容

话单数据为分析 CDMA 网络提供了一个重要的、崭新的数据源。通常情况分析网络问题主要是利用网络性能数据、告警数据和路测数据等，这些数据的分析单元都是以网元（扇区、基站、BSC、MSC 等）为对象。相对于传统的数据源，话单数据的分析单元是以每次通话或数据业务服务的用户为对象，因此话单数据的分析更能体现用户的实际情况和真实感受。

话单数据源能够提供的主要信息和参数包括以下几个方面。呼叫信息：用户号码、ESN、IMSI、呼叫开始时间、呼叫结束时间等；终端信息：Mobile 厂商、版本、终端协议版本和本次通话的鉴权消息等；接入消息：通话接入扇区、基站号、相关的服务类型、呼叫类型、系统类型等信息；终止消息：最终的扇区、基站号、释放原因、失败原因等；资源消息：通话占用的信道资源、传输资源、载频、功率等；无线环境消息：通话的导频个数、导频相位、导频强度、接收功率和 RSSI 情况等；切换消息：最初和最终切换的导频个数、导频相位、导频强度等。

16.5.3　话单应用

话单数据的内容十分丰富，对话单数据深入的发掘和分析，能够有效提升运营商服务和营销水平，同时对网络运营维护也有着重要的现实意义。因此话单数据的分析应用越来越广泛，话单的叫法不同的设备商命名不一样，华为称之为 CDR、中兴称之为 CDT、朗讯称之为 PCMD。下面主要阐述话单在用户感知优化、网络评估、网络规划和网络优化方面的应用。

1．用户感知优化

用户感知优化主要介绍话单数据在用户质量感知、用户位置分析、VIP 客户行为分析、终端分析、客服支撑等方面的应用。

（1）用户感知分析

用户群分析主要是统计分析整个网络或特定范围内用户群体（大客户群、集团客户等）的业务行为习惯。通过对整个网络话单的分析可以清晰地了解各种业务类型（话音、数据、短信等）的时间、位置、业务比例分布，通过对全网话单数据的定位分析得到业务地域分布情况，通过对特定用户群的话单分析，就能及时地掌握这些客户群体的活动范围，主要的业务类型及务分布特征情况。下面以图 16-2 为例进行说明。

从图 16-2 中可以看到，整个网络中话音（REQ0+ REQ3）约占业务总量的 65%，数据业务（REQ33）约占业务总量的 21%，短信业务（REQ6）12%，以及一些其他业务约占 2%。

一天中网络业务的时间分布情况，上午 11 点、12 点，下午 4 点、5 点是整个网络的最忙时，而凌晨 3 点、4 点是系统最闲时。网络中正常业务占 99.05%，掉话为 0.19%，接入失败约为 0.7%。

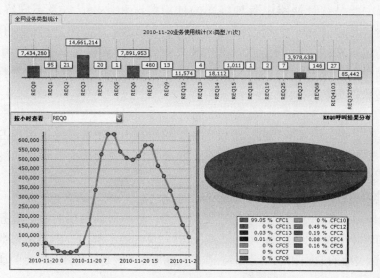

图 16-2　某地全网业务话单分析结果图

（2）用户业务位置分析

通过话单中相关切换邻区时延字段可以对通话位置进行定位（定位精度约为 100m，具体的定位算法在这里不做介绍），从而得到整个网络和大客户群的分布区域和活动范围。图 16-3 就是某地话音、数据和短信业务地域分布情况的话单分析结果。从图 16-3 中基本可以看出，用户的通话行为主要集中在城市中心和周边的郊县的县城。

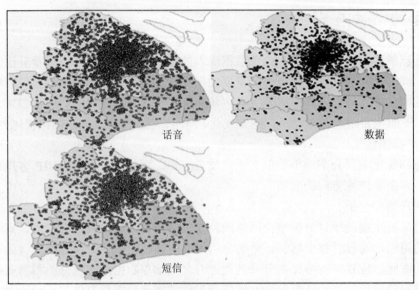

图 16-3　某地全网业务地理分布话单分析结果

通过对全网用户和大客户群分析可以了解整个网络大客户业务分布状况，通过业务拓展、网络问题的解决为市场的增长、用户发展、大客户群保持提供帮助，提高运营商的整体竞争力。

（3）终端性能分析

终端分析主要是统计网络中各种终端的使用情况和比例，以及不同终端类型业务的使用情况。用户话单记录中有用户的相关信息，如 ESN 号、用户号码、IMSI 号等，同时在话单中还包含终端类型的信息。虽然现在大部分厂家终端类型测量消息没有打开，但仍然可以以终端的 ESN 号、用户号码、IMSI 号结合用户购机信息对网络中终端使用情况做一个大致的分析。同时还可以分析各种业务（如 1x EV-DO 数据业务）终端使用情况等。

通过用户使用终端的习惯分析，不仅可以了解现在市场上哪种终端市场占有率最好、最畅销，还可以掌握业务最适用哪种终端类型，从而推出市场上最有性价比的终端，为运营商的终端业务市场发展提供帮助。

（4）VIP 客户保障

重点客户保障主要基于分析单个用户通话行为，进而对其使用的通信服务进行保障。通过对重要的 VIP 客户或投诉用户的话单跟踪分析，及时地了解用户的通话习惯、业务类型、活动区域和通话失败的原因和地点分布情况。下面的案例就是某用户 10 月的通话记录分析的结果，见表 16-6。

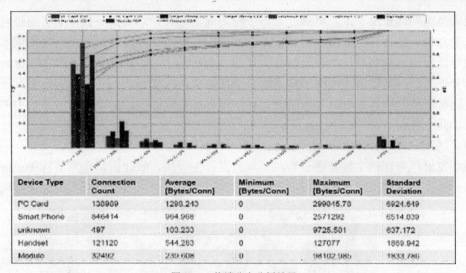

图 16-4　终端分布分析结果

表 16-6　　　　　　　　　　　　用户通话记录详单

通话开始	起呼小区	号码归属	用户号码	请求服务类型	CFC
2010-10-31	XX2		****	6 <Short Message Service>	1 <normal call>
2010-10-31	XY2		****	6 <Short Message Service>	1 <normal call>
2010-10-30	XZ1		****	3 <EVRC 8K Voice>	1 <normal call>
2010-10-30	YZ2		****	3 <EVRC 8K Voice>	1 <normal call>
…	…	…	…	…	…
2010-10-29	XA3		****	6 <Short Message Service>	1 <normal call>

分析结果显示，整个 10 月：用户通话 423 次，其中话音通话 341 次，短信业务 73 次，1x 数据业务 9 次，1x EV-DO 数据业务 0 次。通话集中时间在上班时间和晚上的 7～8 点。用户的活动区域主要是办公室、家里以及陆家嘴附近等。用户的通话失败 4 次、掉话两次、接入失败 1 次、短信发送失败 1 次。

通过单个客户特别是 VIP 客户的话单分析，可以很好地了解客户的业务使用情况，从而可以根据使用习惯为用户定制一些服务项目，及时解决一些

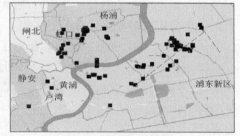

图 16-5　用户活动轨迹定位

影响用户使用的网络问题，树立运营商的服务品牌效应，提高市场占有率。

（5）客服支撑

话单分析可以支撑前台客服人员及时了解网络现实状况：网络覆盖状况、投诉热点地区基站的运行状态、设备故障影响范围和影响程度，同时能够通过结合历史投诉信息的查询来及时回复用户投诉，提高投诉解决时效性，提升用户感知度。

2．网络评估

用户连接失败、通话过程中的掉话、信号切换失败的原因，是信号覆盖问题还是无线干

扰，或者是因网络资源不足，可通过对每个呼叫问题进行详细分析寻找答案。通过对话单数据筛选及分析，结合性能数据、网络告警数据分析可以迅速找出导致各类问题的根本原因。

话单还可以对网络整体性能进行分析评估，如对整个网络业务趋势、覆盖状况、话务密度等综合评估。网络评估一方面可以了解整个网络的运行状态、话务分布和业务发展趋势等指标，同时网络分析评估可以为网络规划提供可靠的基础数据。话单在网络评估中的应用主要有以下几个方面。

（1）网络发展趋势评估

网络发展趋势评估主要是通过对对话单数据长期分析，统计出整个网络各种业务量的增长趋势并做出相应的预测，结合市场发展需求，为制定整个网络的发展方面提供分析依据。

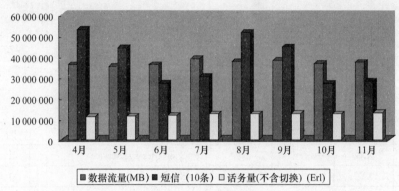

图 16-6   业务趋势话单分析结果

（2）网络覆盖情况评估

以往对网络覆盖的评估是建立在 DT 和 CQT 测试采样的基础上的，也就是通过极少量用户的通话的场景测试得到的结果，由于采样点和采样用户的比例过少，因此不能真实反映网络实际覆盖情况，同时由于测试道路和测试楼宇层数的限制，测试数据都是离散不全面的。另外对网络进行大量的 DT 和 CQT 测试需要耗费大量的人力物力，效果也不一定很理想。用户的话单分析网络覆盖具有以下优势：

① 话单中信号强度的信息，反映了用户当时实际信号质量；

② 整个网络用户的统计数据，全面真实；

③ 数据采集、分析时间短，节省资源；

④ 除了能够统计网络整体覆盖外，可以通过话单定位覆盖弱区、覆盖盲区、越区覆盖。

（3）话务密度分析评估

话务密度分析评估是通过统计话单中各种呼叫（话音呼叫、1x 数据呼叫、1x EV-DO 数据呼叫）数据数量，并根据这些话单数据位置信息，统计出在一定面积内，各种呼叫的次数、话务、流量的大小，分成不同的级别，用不同的颜色标记不同的等级。最终形成整个网络的呼叫或话务密度图。呼叫话务密度图能真实反映网络业务的分布规律，可以应用于网络规划、业务发展等各个方面。

话单分析在网络评估上的应用还有如网络的切换分析、网络移动用户数分析、漫游分析等。图 16-8 是某地某忙时话音、1x 数据、1x EV-DO 数据的业务密度分布图。

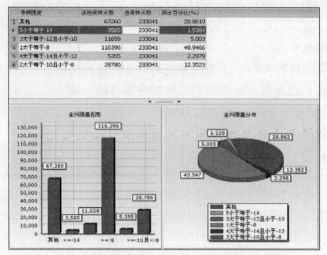

图 16-7　网络覆盖话单分析结果

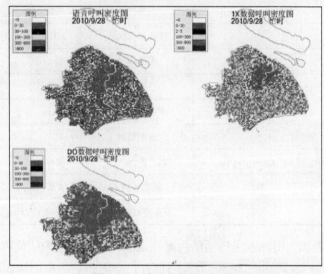

图 16-8　话务密度话单分析结果

3．网络规划

网络评估可以得到现网的业务分布、资源拥塞及网络覆盖情况，结合现网资源配置可以制定市场业务发展策略，为下一期网络规划建设、扩容站点、新建站点、网络资源调配等提出合理化建议；根据网络发展的用户数量、话务模型、基站分布等预测结果，提出整体网络规划建设方案。

（1）网络扩容

通过网络话单的话务密度评估分析，可以很清楚地了解网络负荷高低及拥塞分布情况，为网络扩容提供建议，如载频的边界设置，增加数据载频、话音载频、1x EV-DO 载频等。

（2）新建站点

通过网络话单覆盖评估分析，可以知道网络在哪些地方有弱覆盖、哪些地方越区覆盖。这样在下一期网络规划时候,可以根据这些信息合理增加新站解决网络中的覆盖弱区。

(3)合理调配网络资源

话单分析不仅可以统计各个小区的话务量大小、信道占用情况,还可以统计网络中拥塞小区和空闲小区数据。结合各个小区的资源配置数据(CE、传输、功率等)。分析得出网络中忙小区比例和超闲小区比例。利用这些数据可以合理调整这些资源在网络中的配置,提高资源利用率和经济效益。

4.网络优化

通过对一段连续时间内全网话单统计分析,找出网络中掉话、接入失败、短信失败等问题的主要原因,同时可以分析这些问题中,哪些站点、哪些用户的问题相对集中,并根据这些原因提出解决方法,从而提高网络的整体指标,提升网络品质。表 16-7 就是根据某地 PCMD 话单网络问题分析的结果。

表 16-7　　　　　　　　　　网络问题 PCMD 话单分析结果

网络掉话问题分析	CFC_QUALIFIER	原因	次数	比例
	109	释放确认失败	1 011	71.50%
	106	无线掉话	264	18.67%
接入失败问题分析	CFC_QUALIFIER	原因	次数	比例
	5	切换到别的 MSC	123	39.55%
	7	被叫放弃	103	33.12%
短信失败问题分析	CFC_QUALIFIER	原因	次数	比例
	702	无寻呼响应	476	23.93%
	704	不支持短信业务	1 313	66.01%

从表 16-7 可以看出,引起网络掉话的主要原因有:系统释放确认失败和无线掉话;引起接入失败的原因有:切换到别的 MSC 和被叫放弃;引起短信失败的原因有:无寻呼响应和不支持短信业务。找到原因后可以结合具体基站、用户进行有针对性的分析。

(1)导频污染分析

通过用户话单相关信息的分析也可以间接地得到网络存在的一些问题,如弱覆盖问题、掉话问题、越区覆盖问题、导频污染问题、邻区漏配等。

导频污染是指手机接收到的导频信号强度 Ec/Io 在 $-14 \sim -9$dB 之间且导频的数量在 4 个或 4 个以上。导频污染极易引起通话状态下的频繁切换、话音质量差,严重时会引起掉话。

通过导频污染特点从海量的话单数据中提取符合条件的话单数量,确定其导频污染的程度。同时这种方法可以结合路测,定位导频污染的区域,节省人力、物力,做到事半功倍。下面是话单数据分析导频污染的案例,采用话单数据的字段 LAST PSMM:主导频小区的标示码、导频相位、导频强度;激活集导频个数;各个激活集导频的小区的 PN 码、导频相位、导频强度;某地区导频污染话单分析结果如图 16-9 所示。

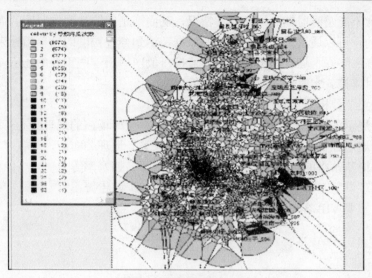

图 16-9　导频污染话单分析

（2）用户或网元问题分析

话单数据还可以应用于对单个用户或小区问题的分析。例如，可以针对某个特定的用户（VIP 用户或投诉用户），查询用户失败的话单，对失败的详细地点进行准确定位，结合话单、性能数据、告警数据综合分析最终得出用户通话失败的原因。同时也可以针对网络中某个特定的小区（如最差小区）进行分析，查询一段时间内该小区的所有失败的通话话单记录，根据话单记录失败时信号质量、覆盖情况、失败原因定位该小区的问题产生的根源。如图 16-10 所示。

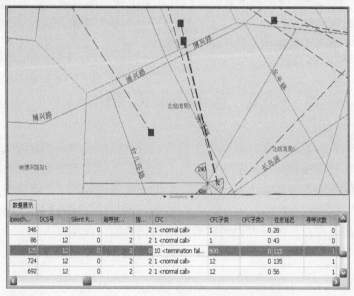

图 16-10　单个用户话单分析定位网络问题

（3）准实时网络监控

通常网络监控都是通过网络性能指标进行的，通过监控可以发现网络存在的问题以便优化工程师及时解决。但由于网络指标一般都是小时级别的，再加上数据采集、处理等过程，延时较大。因此不能及时监控到网络异常情况，从而拖延问题处理的时间。而用户的通话记录是实时产生的，可以通过采集用户的话单数据，达到分钟粒度的话单指标来完成对网络的实时监控，提高网络安全运行系数。话单的监控一般应用于一些重要的场所（如亚运会、世博会等）的实时监控。实时监控具有以下功能。

① 话单采集、分析展示粒度：2min；

② 准实时展示各种业务（话音、数据、短信）在世博场馆的地理分布；

③ 准实时展示各种失败通话（掉话、接入失败等）地理分布；

④ 监控世博基站组的各种指标（接通率、掉话率、拥塞率等）；

⑤ 实时处理世博基站组的话务情况，提供预测和提前告警；

⑥ 实现对重要 VIP 客户、客户组的实时保障。

16.5.4　总结

通过以上的分析，了解了话单数据在网络运营中的重要作用。同时话单数据的应用也有着很多优点，主要表现在：

① 和性能数据、告警数据提供网络设备运行情况相比（间接的反映了用户的网络感受），话单数据真实直接地反映了用户的通话状态和实际感受；

② 话单数据的采集简单易行，数据的分析也很方便不需要增加大量的硬件设备；

③ 话单覆盖分析使用全网用户，可以替代大部分的 DT/CQT 测试工作，用话单数据评估网络覆盖比 DT/CQT 测试更能反映网络实际覆盖状态，同时也节省大量的人力、物力；

④ 相对其他类数据，话单数据具有及时性，更方便于实时监控；总之，随着网络的不断发展，话单数据在网络运行中的应用也会成为一个重要的课题，同时它也会对客户服务提出更高的要求，推动网络维护水平达到新的高度。

16.6　都市高层覆盖研究

随着移动网业务的发展，客户数量稳步增长，城市高层建筑内的起呼失败、掉话、通话质量差和数据传输速度慢等问题严重影响了用户通信质量和主观感受，也关系到未来 CDMA 网络的发展。如何在少工程量、少占用资源、少投资费用的原则下，有效改善高层楼宇的网络质量问题，针对不同场景条件下高层覆盖问题的提出现实的解决实施方案，减少用户投诉，提升用户感受，都市覆盖问题研究已经成为网络优化中的一项重要工作。

由于都市高层的覆盖问题日益重要，本节就以某地为例探讨通过室外天线的优化选型来解决这一问题。

16.6.1　高层覆盖的解决办法

1. 高层覆盖常见问题

高层覆盖的常见问题主要有两个方面：弱覆盖和导频污染。弱覆盖是指手机的 Ec/Io≤

−12dB、反向 Tx_Power≥15dBm 且前向 RSSI≤−90dBm，经常接入困难和掉话。导频污染极易引起通话状态下的频繁切换，引起掉话同时浪费网络资源。

2．常见的解决办法

解决高层室内覆盖的问题主要有以下几种方式。

① 无室分系统优化：主要是通过天馈参数优化、天线挂高优化、小区天线分裂和天线优化选型来解决。

② 已有室分系统的室外宏站优化：主要是通过天线物理参数调整、采用特殊天线、调整越区基站和功率开销参数来解决。

③ 室内分布整改优化：主要是通过室内分布系统的信源改造、天线位置改造、分布系统的结构改造、天线类型等器件的改造来解决。

④ 室内异频解决方案：室内分布系统采用专用频点结合单区异频、分区异频的方式来解决。

3．室外天线解决高层覆盖的意义

在高层覆盖问题的解决中，室内分布整改优化和室内异频解决两种方案工程量大、投资高，同时在居民区高层楼宇中一般没有室内分布系统，所以这两种方案在现实网络中很少应用。相对于以上两种方式，无室分系统优化和室外宏站优化两种方式存在投资少、工程量小、操作方便等优点，而特型天线、天线的优化选型在问题的解决中占据极其重要的地位，因此研究探讨室外天线的优化选型对于解决都市高层覆盖问题的解决有着极其重要的意义。

16.6.2　天线选型考虑因素

天线选型考虑的因素很多，结合都市高层覆盖的实际情况，主要考虑天线相关的工作频段、波束宽度、增益、旁瓣抑制以及安装条件等几个方面。

1．工作频段

无论是发射天线还是接收天线，它们总是工作在一定的频率范围内。通常工作在中心频率时天线所能发射的功率最大，偏离中心频率时它所输送的功率将减小，据此可定义天线的频率带宽。有几种不同的定义：一种是指天线增益下降 3dB 时的频带宽度；一种是指在规定的驻波比下天线的工作频带宽度。在移动通信系统中是按后一种定义的，具体来说，就是当天线的输入驻波比≤1.5 时，天线的工作带宽。

GSM900 系统：工作频段为 890～960MHz、870～960MHz、807～960MHz 和 890～1 880MHz 的双频天线均为可选。CDMA800 系统：选用 824～896MHz 的天线。CDMA1900 系统：选用 1 850～1 990MHz 的天线。

2．波束宽度

天线方向图中通常都有两个瓣或多个瓣，其中最大的瓣称为主瓣，其余的瓣称为副瓣。主瓣两半功率点间的夹角定义为天线方向图的波束宽度。称为半功率（角）瓣宽。主瓣瓣宽越窄，则方向性越好，抗干扰能力越强。

结合高层覆盖问题的实际情况，在选择天线波束宽度时主要考虑其主瓣的覆盖宽度。为了更好地控制小区的覆盖范围和干扰抑制，在保证满足覆盖要求的情况下应尽可能选择波束宽度小的天线。天线波束宽度的选择应包括以下几个方面。

（1）垂直波束宽度

垂直波束宽度的选择应考虑覆盖楼体的总高度、主覆盖楼层的层数（高度）、天线和覆盖楼体的距离等因素。图 16-11 是根据覆盖楼体的宽度来计算垂直波束宽度的示例。

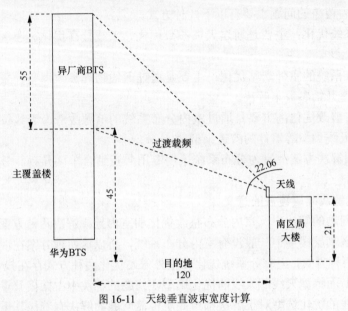

图 16-11　天线垂直波束宽度计算

（2）水平波束宽度

水平波束宽度的选择应考虑覆盖楼体的宽度、周边楼宇的距离、天线和覆盖楼体的距离、邻近基站的位置等。

图 16-12 是根据覆盖楼体的宽度来计算水平波束宽度的示例。

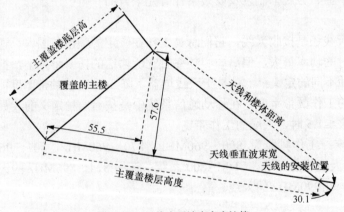

图 16-12　天线水平波束宽度计算

3．增益

增益是指在输入功率相等的条件下，实际天线与理想的辐射单元在空间同一点处所产生的场强的平方之比，即功率之比。增益一般与天线方向图有关，方向图主瓣越窄，后瓣、副瓣越小，增益越高。

天线作为一种无源器件，其增益的概念与一般功率放大器增益的概念不同。功率放大器具有能量放大作用，但天线本身并没有增加所辐射信号的能量，它只是通过天线振子的组合并改变其馈电方式把能量集中到某一方向。增益是天线的重要指标之一，它表示天线在某一方向能量集中的能力。

总体来说，为了满足覆盖深度的要求，在满足波束宽度要求的情况下，尽量选择大增益的天线。

4. 旁瓣抑制和零点填充

在满足以上的性能要求的基础上，考虑到都市高层覆盖问题解决的特殊需求，以及一些特殊的性能要求，一般天线都要求对垂直面向上的旁瓣尽量抑制，尤其是较大的第一副瓣，以减少不必要的能量浪费；同时要加强对垂直面向下旁瓣零点的补偿，使这一区域的方向图零深较浅，以改善对基站近区的覆盖，减少近区覆盖死区和盲点。但对于高层覆盖应用的特型天线则相反，由于要覆盖高层同时减少对周边和底层的影响，不需要对上旁瓣做抑制，但一定要增加对下旁瓣的抑制，绝对不能做零点填充，当然水平旁瓣的抑制还是很有必要的。

5. 安装条件

在实际的工程应用中除了要考虑天线的电气性能外，还要考虑天线其他方面的要求。

（1）天线的下倾方式

高层覆盖优化的目的是对建筑物的上层进行覆盖，因此要求用带上倾角的电调天线或机械倾角的天线。

（2）安装尺寸

在满足覆盖要求和深度的情况下尽量采用尺寸较小的天线以方便工程安装和天线安装位置的租赁。

（3）天线美化

都市高层覆盖优化主要是解决城市的高层覆盖问题，同时高层覆盖的楼宇相对于一般楼宇品质更高，同时考虑城市的整体美观和周边住户对景观要求，需要在工程实施中对安装的天线进行美化。常用的天线美化方式有"烟囱型"、"排气管型"、"灯柱型"等，同时也可考虑直接采用一体化美化天线。

16.6.3　应用案例

下面就某地高层覆盖问题解决的案例，并说明了室外天线的优化选型在实际问题中的具体应用。根据覆盖楼宇的规模和覆盖宽度，分别定义为单体楼高层覆盖和成片楼高层覆盖。

1. 单体楼

单体楼高层覆盖是指要覆盖的高层楼宇为独幢楼或连接为一体（不超过 3 幢）的单排楼。下面就以××苑为案例分析室外天线选型在解决高层覆盖问题时的应用情况。

（1）总体分析

××苑处于某商圈附近，正对体育场，交通便捷。××苑为商业住宅楼，建筑面积 25 万平方米。客户投诉 2、3、4 号楼（如图 16-13 所示）高层（15 层以上）覆盖不良、话音断续、数据速率特别是 1x EV-DO 速率很低。

周边环境情况：周边有基站"A"、"B"、"C"，但由于高层的阻挡，室内信号很弱，现场测试发现：Ec/Io≤−10dB、SINR≤−3dB，话音质量不好，经常掉话。1x EV-DO 下载速率小于 200kbit/s。

图 16-13　单体楼照片

（2）根据分析采用以下解决方案

在距离××苑 2、3、4 号楼 150m 左右的南区局基站的楼顶安装一副天线，采用天线上倾方式来解决室内的弱覆盖问题。覆盖主体是××苑 2、3、4 号楼的 15～31 层。如图 16-14 所示。

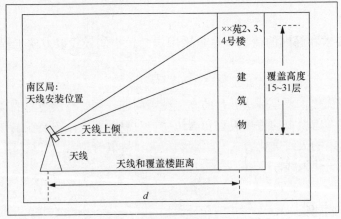

图 16-14　××苑单体楼覆盖解决方案

（3）天线选型分析

① 频段要求

电信采用的 CDMA800 系统；天线的频段选择：824～896MHz。

② 垂直波束宽度

具体计算方式见表 16-8。

表 16-8　　　　　　　　　　　　　垂直波束宽度计算表

楼宇总高度	主覆盖高度	天线和楼宇距离	天线高度	水平波束宽度
90m	55m	120m	20m	22.6°

③ 水平波束宽度

具体计算方式见表 16-9。

表 16-9   水平波束宽度计算表

楼体覆盖宽度	水平距离 1	水平距离 2	水平波束宽度	备注
80m	135m	155m	30.1°	

④ 天线增益（覆盖深度要求）

××苑为典型的双户排式楼，必须穿透 4 层墙体才能在室内形成有效覆盖。根据链路损耗计算，天线的增益必须不小于 16.5dB，具体计算见表 16-10。

表 16-10   天线增益计算表

CDMA 频段	距离	墙体穿透损耗	发射功率	接收信号	天线增益
800MHz	120m	20×4（dBm）	20W	−80（dBm）	≥16.5dB

⑤ 其他要求

考虑到实际工程需要，要求天线的安装尺寸不大于 1.8m，极化方式：双极化天线。同时满足天线一般性能需求。

（4）天线选型结果

根据以上分析结果，同时为了对比普通天线和特型天线的覆盖效果，选用了以下 3 种天线用于对比测试，见表 16-11。

表 16-11   天线选型表

天线	增益（dBi）	垂直波束宽度	水平波束宽度	型号	备注
天线 1	18	13.5	30	MB800-30-18D	
天线 2	15	16.5	65	SRD-SA-65-15R	用于对比
天线 3	20	8.5	33	SRD-SA-33-20T	

① 覆盖、性能测试结果

见表 16-12。

表 16-12   覆盖、性能测试结果

天线	PN 278 纯净楼层				PN 278 为主导频楼层			
	Ec/Io	Rx_Power	SINR	DO 下载速率	Ec/Io	Rx_Power	SINR	DO 下载速率
天线 1	−8～−2dB	−87～−72dBm	2～9dB	0.9～2.0M	−11～−1dB	−89～−69dBm	2～10dB	0.8～2.5M
天线 2					−17～−2dB	−89～−81dBm	−8～5dB	0.1～0.9M
天线 3	−7～−1dB	−85～−69dBm	−1～10dB	1.5～2.5M	−10～−1dB	−87～−69dBm	−2～10dB	0.3～2.5M

特型天线：天线 1、天线 3 满足覆盖要求和网络的性能要求；普通天线：天线 2 不满足覆盖要求，同时造成了网络的性能恶化。

② 天线控制效果测试对比

见表 16-13。

表 16-13　　　　　　　　　　　　　天线覆盖控制性能对比

	理论主瓣角度	纯净导频覆盖角度	占主导频覆盖角度	最小偏差	最大偏差
天线 1	13.5°	7.6°	35.8°	44%	165%
天线 2	16.5°	0	7.5°	55%	100%
天线 3	8.5°	8.6°	19.5°	1%	129%

从天线的垂直范围控制来分析，特型天线：天线 3 控制效果更为有效，能够减少对周边和底层楼宇的覆盖影响。

（5）结论

采用天线上倾及结合特型天线的覆盖方案对解决单体楼的高层覆盖是有明显效果的，能够有效解决室内的覆盖问题，提高网络质量，改善用户感受。采用这种方案不仅能够解决高层覆盖问题，同时配合特型天线的使用能够很好地控制覆盖范围，减少对周边楼宇和底层的影响。

2．成片楼

成片楼高层覆盖是指覆盖的高层楼宇为多幢连成一体的单体楼，或者是环状的回形楼。下面以某地的 Y 局为案例来分析室外天线选型在解决成片高层覆盖问题时的应用情况。

（1）总体分析

Y 局位于制造局路和斜土路交口处附近，高层住宅较多，室内信号不良，用户投诉较多，经过测试发现，Ec/Io≤-9dB、SINR≤-4dB，同时导频污染现象严重。西陵基站周边居民楼分布如图 16-15 所示。

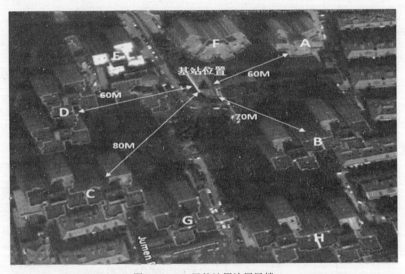

图 16-15　Y 局基站周边居民楼

从图中可以看出，周围高层楼宇较多，有 A～H 共 8 幢回形楼，楼宇之间的距离为 60～120m 不等，考虑到周边楼宇的距离、建站条件等因素，采用以下覆盖解决方案。

① 在小区中心位置（图示三角形）新建 BBU+RRU 基站；方案采用 4RRU 或 1RRU+ 3 光放的方式，新增 4 个扇区，采用 4 幅特型天线分别覆盖 A 楼（32 层，高 110m）、B、C、D 楼（30 层，高 100m）。E～H 等楼宇考虑到室内信号强度和周边基站的影响，以反射信号

和旁瓣进行覆盖。

② 覆盖高度为 15 层以上，覆盖深度要求为 4 层墙体的穿透有效覆盖。

③ 天线选型参照单体楼的方式。目前 Y 局成片楼方案正在实施过程中，从初步测试结果来看。效果良好，A～D 主覆盖楼宇的室内信号覆盖正常。话音质量和数据业务的下载速率满足用户要求。

16.6.4　总结

从以上两个案例的分析中不难看出，采用室外特型天线来解决都市高层覆盖问题具有很多优点：首先，相对于建设和改造室内分布系统来说，具有投资少、工程量小、成效快的特点；其次，工程建设不需要和物业等部门大量的沟通协调工作，工程实施的难度较小，便于实施；再次，能够很好地满足高层室内的覆盖要求，减少用户投诉，提高用户的感受，同时对周边楼宇和底层楼宇的覆盖影响较小。因此，采用室外特型天线利用室外信号解决都市高层室内覆盖问题的方案在网络优化中具有可实施性。

在解决都市高层覆盖问题中，可以通过对具体案例的分析，并根据楼宇分类来制订一套相应的高层室内覆盖解决方案，总结和固化高层室内覆盖解决的流程。同时通过对天线选型的优化分析，收集整理大量适用于高层室内覆盖的天线资料库，为以后都市高层覆盖问题的解决积累一定的经验。

16.7　CDMA 寻呼信道容量分析

寻呼成功率关系到用户被叫接通率和用户切实感受。在设计寻呼区域时，需要控制寻呼信道的负荷，当寻呼区域内的寻呼数量达到一定门限时，需要采取缩小寻呼区域、增加寻呼信道、调整寻呼信道参数等措施来降低寻呼负荷。因此，研究 CDMA 寻呼信道的容量对网络寻呼区域的规划具有指导意义。

CDMA 移动通信系统寻呼信道是一个多用途混合信道，它传送多种系统消息，既传输供终端捕获系统所需的开销消息、寻呼消息等公共消息，又传输特定移动台的信道指配和命令消息、短信、鉴权查询等专有消息。寻呼消息只是其中一种，寻呼消息的发送数量和寻呼区域内用户被叫的次数相关，寻呼信道负荷过高会导致寻呼成功率降低及延长寻呼响应时间，从 CDMA 寻呼信道理论看，寻呼信道的速率、寻呼信道系统开销消息发送间隔对寻呼信道的容量均有影响。本节从寻呼信道的结构入手，研究分析寻呼信道各种消息及相关寻呼信道参数对寻呼容量的影响，得出常规设置下 CDMA 寻呼信道的寻呼容量。

16.7.1　CDMA 寻呼信道结构

CDMA 寻呼信道以 80ms 时隙长度从时隙号 0～2 047 重复循环使用，一个寻呼信道的时隙分为 4 个 20ms 的寻呼帧，每个寻呼帧分为 2 个 10ms 的半帧，每半帧有 1 个同步 bit。一个小时寻呼信道时隙等于 3 600×1 000/80=45 000 个，一个小时的寻呼信道帧数=45 000×

4=180 000 个寻呼信道帧。CDMA 的寻呼信道帧结构如图 16-16 所示。

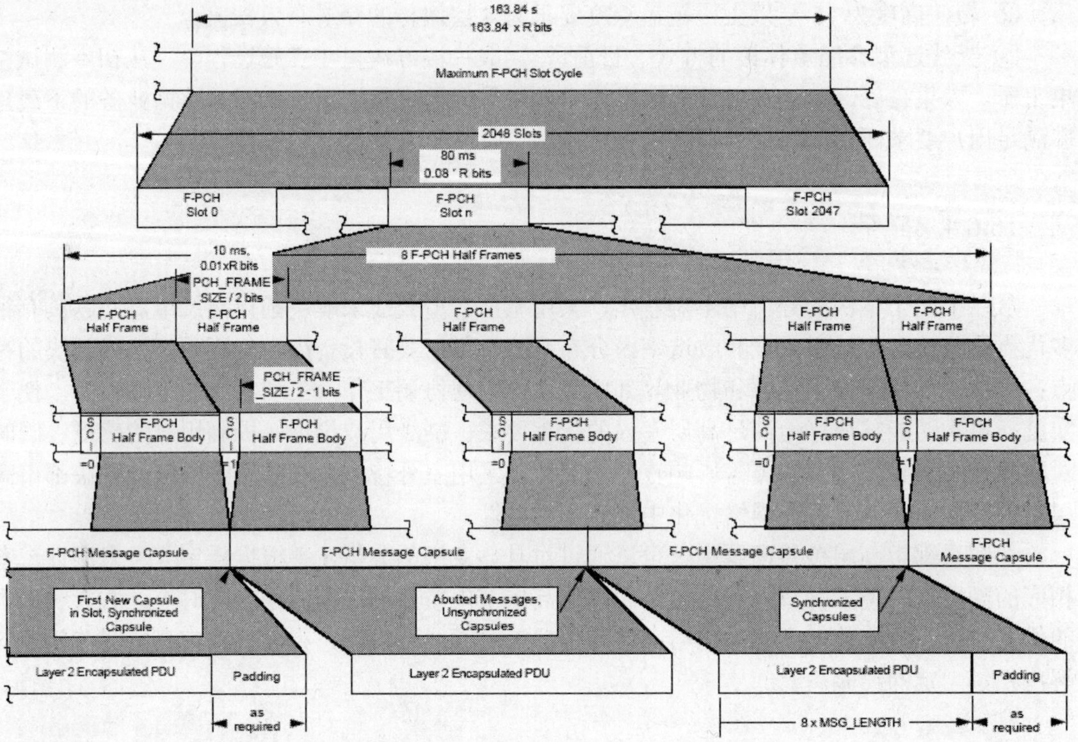

图 16-16 寻呼信道帧结构图

16.7.2 寻呼信道传输消息类型

根据 CDMA 规范，寻呼信道传输 20 种消息类型，根据其作用大致分为几类：系统开销消息、寻呼消息、数据突发消息（短信）、命令消息、信道分配消息、其他不常用的系统消息。具体消息名称见表 16-14。

表 16-14 寻呼信道传输消息类型

序号	消息类型	备注	序号	消息类型	备注
1	系统参数消息	系统开销	11	SSD 更新消息	不常用
2	接入参数消息	系统开销	12	数据突发消息	不常用
3	相邻小区列表消息	系统开销	13	认证口令消息	不常用
4	信道列表消息	系统开销	14	特征通告消息	不常用
5	扩展系统参数消息	系统开销	15	状态请求消息	不常用
6	通用寻呼消息	不常用	16	通用相邻小区列表消息	系统开销
7	命令消息		17	服务重定向消息	不常用
8	信道分配消息		18	全球服务重定向消息	不常用
9	时隙化寻呼消息	不常用	19	TMSI 分配消息	不常用
10	寻呼消息		20	NULL 消息	不常用

16.7.3　寻呼信道负荷分析

寻呼消息就是指寻呼被叫用户的消息，这种消息也在整个寻呼区内发送，和寻呼区内的用户忙时寻呼次数有关，考虑到一次寻呼可能失败，系统对寻呼消息设置一定比例的重发。

数据突发消息（短信）消息可以在寻呼信道发送，也可以在业务信道发送，考虑到目前CDMA 网络的寻呼信道负荷较高，CDMA 网络一般不设置寻呼信道发送短信。

命令消息和信道分配消息，这类消息和特定的移动用户相关，只在移动用户所属的小区内发送，这类消息和每个小区的用户呼叫次数有关（主叫和被叫），为了用户可靠通信，此类消息也有重发设置。其他不常用的系统消息，一般很少会用到，在寻呼信道所占比例极少。

1. 同步字头在寻呼信道时隙占比

从寻呼信道结构看，每 10 个毫秒半帧有一个比特同步字头，这样一个寻呼信道可用于传输有效消息的容量不是 100%。由于寻呼信道的速率不同，每帧传输的比特数不同。

寻呼信道速率有 9.6kbit/s 和 4.8kbit/s 两种，9.6kbit/s 每帧有 192bit（实际可用 190bit），4.8kbit/s 每帧有 96bit（实际可用 94bit）。这样对于不同寻呼速率，同步字头占用的比例是不同的：对于 9.6kbit/s：同步字头开销占比为 2/192=1.04%；对于 4.8kbit/s：同步字头开销占比为 2/94=2.13%。

2. 系统开销消息时隙占比

系统开销消息包括呼叫建立所需的信息，需要周期性在整个寻呼区发送，在寻呼信道占用较大比例，CDMA 规范定义系统开销消息最长发送间隔不大于 1.28s（16×80ms），具体的发送时间间隔各厂家可以根据实际情况微调。系统开销消息的种类及长度见表 16-15，邻区列表的长度和每个小区的邻区数量有关（表中只考虑了 20 条邻区情况）。

表 16-15　　　　　　　　　　系统开销消息的种类及消息长度

消息名称	消息体长度（bit）	消息总长（含分组头、校验）（Bytes）
系统参数消息	226	34
接入参数消息	138	23
信道列表消息	42	11
扩展信道列表消息	42	11
扩展系统参数消息	114	26
相邻小区列表消息（20）	266	39
通用相邻小区列表消息（20）	338	48
合计	1 166	192

寻呼信道中系统开销消息占比受系统开销消息发送时间间隔影响较大，调整这个参数可以改变开销消息在寻呼信道的占比，增大系统开销消息发送间隔可以减少开销消息的发送数量，空出更多的寻呼信道帧用于发送寻呼消息。寻呼信道开销消息发送间隔过小，发送其他消息（含寻呼消息）的时隙变少，影响寻呼信道的寻呼容量，一般这个时间间隔大于等于 560ms，是 80ms 的整数倍。开销消息所占用寻呼信道的负荷计算公式如下：

$$P_{\mathrm{o}} = \frac{\text{开销消息长度} \times 8}{V_{\mathrm{p}} \times 0.08 \times n} \times 100\%$$

式中，P_{o} 表示开销消息占比；V_{p} 表示寻呼信道速率；n 表示开销消息发送间隔整数（7～16的整数）。计算不同的发送间隔开销消息对寻呼信道的占比见表 16-16。

表 16-16		不同发送间隔下开销占比			
开销消息间隔（s）	0.56	0.64	0.72	0.8	0.88
9.6kbit/s	28.57%	25.00%	22.22%	20.00%	18.19%
4.8kbit/s	57.14%	50.00%	44.44%	40.00%	36.37%
开销消息间隔（s）	0.96	1.04	1.12	1.2	1.28
9.6kbit/s	16.67%	15.38%	14.29%	13.33%	12.50%
4.8kbit/s	33.34%	30.76%	28.58%	26.66%	25.00%

不同网络寻呼信道速率设置不同，厂商可以自行设定开销消息的发送间隔，从整个寻呼信道的容量考虑，目前寻呼信道的传输速率通常设置为 9.6kbit/s。

为了验证以上理论计算是否正确，提取某地 C 网的系统开销统计数据进行验证，寻呼相关参数设置如下：寻呼信道速率 9.6kbit/s、开销消息发送间隔 560ms、短信不在寻呼信道发送，根据以上公式理论计算寻呼信道负荷 28.57%。现网寻呼信道系统开销占用比例平均 26.6%，从系统开销消息的数值分布图看到 50% 的小区载频开销消息占有比例在 28.86%。和理论计算的 28.57% 基本一致。2010 年 8 月 10 日忙时全网 12 968 个载扇开销消息统计结果如图 16-17 所示（纵坐标是寻呼信道开销消息占比区间内载扇数量，横坐标是开销消息占比区间）。

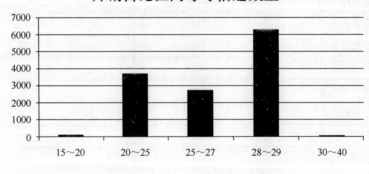

图 16-17　某地 C 网开销消息的比例分布

3. 信道分配和命令消息时隙占比

信道分配和命令消息是针对特定移动台，因此该消息和每个小区的用户主被叫次数有关，以某地全网忙时总呼叫次数在 193 万次（剔除周六、周日 202 万次）。全网共 6 870 个扇区，每个扇区忙时平均呼叫次数=1 930 000/6 870=280 个呼叫，并结合忙时单个扇区的响应次数在 1 200 次左右，综合考虑以 1 500 次呼叫次数作为话务量高负荷状态下单扇区的呼叫次数。信道分配和命令消息成对出现，有一定比例的重发现象，信道分配的字节长度为 30Bytes，命令消息的字节长度为 14Bytes，共计 44Bytes，每个小时需要发送的字节数=150×44×8=528 000bit，考虑 10%消息重发次数，每小时发送字 586 666bit，占用寻呼信道的比例=586 666/180 000×192=1.7%。

由于短信信令同样占用寻呼信道负荷，根据全网寻呼话音和短信占比，基本上是 1:0.9 的关系，那么也可以取短信寻呼信道占比为 1.5%。

4. 寻呼消息时隙占比

考虑到寻呼消息发送时由于消息不能占满而出现填充比特，以携带 7 个用户的 GPM 消息为例，其冗余占比为 4/（512+4）约为 0.8%，可以采用 0.8%为寻呼消息消息冗余填充"0"的比特占比。

其他不太常用的消息也会占用寻呼信道，预留 2%的比例。假设需要的发送寻呼消息均匀分布在一个小时，那么寻呼信道可以承载的寻呼次数最大，但实际网络寻呼消息不会是均匀到达，因此，寻呼信道的可用比例需要预留一些余量，一般业界建议寻呼信道平均负荷控制控制在 72%以内，可用于发送寻呼消息帧计算公式=72$-P_0$-1.04-1.7-1.5-2-0.8。各种情况下可用寻呼消息时隙比例见表 16-17。

表 16-17　　　　　　　　　　　寻呼消息时隙占比

开销消息间隔（s）	9.6kbit/s		4.8kbit/s	
	开销消息占比	寻呼消息占比	开销消息占比	寻呼消息占比
0.56	28.57%	36.39%	57.14%	7.82%
0.64	25.00%	39.96%	50.00%	14.96%
0.72	22.22%	42.74%	44.44%	20.52%
0.8	20.00%	44.96%	40.00%	24.96%
0.88	18.19%	46.78%	36.37%	28.59%
0.96	16.67%	48.29%	33.34%	31.62%
1.04	15.38%	49.58%	30.76%	34.20%
1.12	14.29%	50.67%	28.58%	36.38%
1.2	13.33%	51.63%	26.66%	38.30%
1.28	12.50%	52.46%	25.00%	39.96%

寻呼消息的长度对寻呼容量也有一定的影响，一个寻呼消息每次可以寻呼用户的数量根据系统当时收到的被叫寻呼申请次数，即使没有用户寻呼需求，系统间隔一定时间也会发送空的寻呼消息供终端待机检测，寻呼消息发送情况分为空消息、1~7 个用户，具体一个寻呼消息寻呼多少用户根据当时寻呼请求次数确定，因此寻呼消息的长度是可变的。寻呼消息长度和寻呼用户数关系见表 16-18。

表 16-18　　　　　　　　　　寻呼消息长度和寻呼用户数关系

用户数	0	1	2	3	4	5	6	7
消息长度（Bytes）	9	16	24	31	38	48	57	64

统计某地网络寻呼消息中携带用户数，一个寻呼消息携带 4 个用户比较常见，因此建议选用 4 个用户作为寻呼容量计算参考值。

16.7.4　寻呼信道寻呼容量计算

考虑到目前 C 网的寻呼信道速率一般设置为 9.6kbit/s，短消息一般在业务信道发送，假设开销消息的发送间隔为 560ms，寻呼消息在寻呼信道的占比约 50%。其他不太常用的消息也会占用寻呼信道，预留 2% 的比例。考虑到网络设计安全余量，业界建议寻呼信道平均负荷控制在 72% 以内，峰值控制在 85% 以内，这样可用于发送寻呼消息帧占比为 72%-2%-1.04%-28.57%-1.7%-1.5%-0.8% =36.39% 左右。理论计算一个 CDMA 寻呼信道每小时容许发送的寻呼次数如下：一个小时寻呼次数为 3 600 000/80×4×190/512×7×36.39%×90% =15.2 万次。在以上假设条件下得出一个 CDMA 寻呼信道的寻呼容量约 15.2 万次，即一个寻呼区域一个寻呼信道的寻呼容量控制在 15.2 万次，当忙时寻呼次数接近这个值，需要考虑采用缩小寻呼区域、开启第二寻呼信道、加大寻呼信道系统开销的发送间隔等措施。

以上计算的前提条件是假设所有的寻呼在一个小时内均匀分布的理想状态。由于实际情况移动用户话务分布具有突发性特点，在用户话务突发高峰，寻呼信道可能短时过载。

16.7.5　现网数据分析

某地区两周忙时各 MSC 忙时寻呼次数如图 16-18 所示，以下数据不含二次寻呼次数，二次寻呼的占比约为 10%。

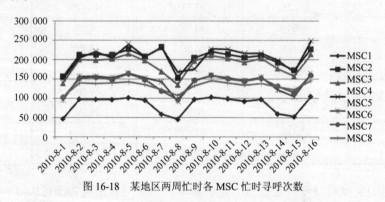

图 16-18　某地区两周忙时各 MSC 忙时寻呼次数

从以上数据可以看出，各 MSC 忙时寻呼次数不太均衡，其中 MSC2、3、5 的忙时寻呼次数较大，超过 20 万次，目前各 MSC 基本上在 283、201 载频各开启了 1 个寻呼信道，从寻呼信道容量上考虑，MSC1、6、7、8 可以不开启第二个寻呼信道，但考虑接入性能及切换性能开启了第二载频寻呼信道。

对各 MSC 各个载扇的寻呼信道负荷分进行分析，发现 MSC2、3、5 寻呼信道负荷相对较高，具体各 MSC 寻呼信道负荷的分布如图 16-19 所示：30～40、40～50、50～60、60～70、70～80 表示寻呼信道负荷占比区间分段，不同的灰度表示该区间内的寻呼载扇比例值。

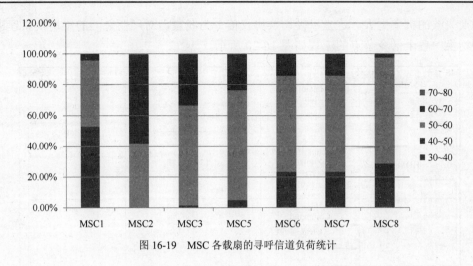

图 16-19 MSC 各载扇的寻呼信道负荷统计

16.7.6 总结

由于 CDMA 寻呼信道是一个混合信道，因此寻呼信道的寻呼容量计算相对复杂，需要根据寻呼信道的速率、寻呼信道开销消息的发送间隔、每个小区忙时呼叫次数（含主被叫）、短信的发送速率，寻呼消息的携带用户数几种因数来计算。在 9.6kbit/s 的速率下，一般寻呼信道可以容纳寻呼 15.2 万次/小时。

16.8 厂商边界切换优化

不同厂商 CDMA 系统之间的边界切换问题是网络优化的一个难点，乒乓切换造成掉话、话音质量差、寻呼失败等问题是用户投诉的主要原因。本节讨论应用异频切换方式来解决不同厂商网络边界切换问题。

16.8.1 概述

随着 CDMA 网络优化工作的不断深入，边界的网络质量问题逐渐突出，边界区域的切换问题已经严重影响边界用户感知，制约边界区域市场发展。网络边界存在如下问题：

① 现网边界由于没有设置切换机制或切换机制不完善，使得掉话、话音质量差、寻呼不到等问题出现；

② 无线覆盖边界不规范，越界覆盖、用户乒乓切换现象普遍。

可通后提升边界区域 CDMA 网络质量，改善用户在边界区域的业务体验，实现跨边界的软/硬切换，优化边界区域信号质量，改善切换成功率、掉话率、接通率等指标。

16.8.2 硬切换原理分析

由于不同厂商系统之间的硬切换方式有差异，同时切换算法不同，所以在不同厂商的系统间切换失败的机率更大。这里以硬切换协议信令为线索，对厂商之间的硬切换原理进行分析，硬切换中各个信令节点的流程如图 16-20 所示。

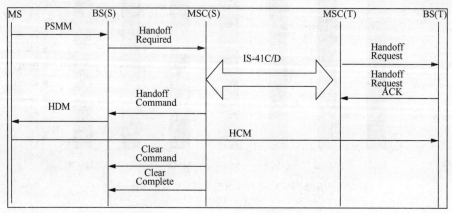

图 16-20　不同厂商设备间硬切换流程图

1. A 口切换信令

硬切换建立和释放过程中的 A 口消息总结见表 16-19。

表 16-19　　　　　　　　　　　　　硬切换 A 口流程

消息名	作用	方向
Handoff Required	系统间硬切换发起消息	源 BSC 到源 MSC
Handoff Request	系统间硬切换资源分配请求消息	目的 MSC 到目的 BSC
Handoff Request Ack	系统间硬切换资源分配请求应答	目的 BSC 到目的 MSC
Handoff Command	系统间硬切换命令	源 MSC 到源 BSC
Handoff Complete	系统间硬切换完成	源 BSC 到源 MSC
Handoff Required Reject	系统间硬切换发起拒绝消息	MSC 到 BSC
Handoff Failure	系统间硬切换失败消息	BSC 到 MSC

2. 空口切换消息

除 MSC 之间 IS-41 信令的交互以外，硬切换的 7 步流程中的每个环节都关系到切换的成功与否，其中有 3 步涉及空口信令。

（1）手机发送 PSMM 消息

手机不断检测收到的导频信号，如果某个导频信号的信号强度超过 T-ADD，手机向服务的小区发送导频强度测量消息。

（2）系统下发 UHDM 消息

A 口信令交互完成后，当前服务小区收到 MSC 下发的 HO COMMAND MESSAGE，服务小区根据 HO COMMAND MESSAGE 字段指定，生成 UHDM 消息在空口下发给手机，指示手机进行切换。

（3）手机发送 HCM 消息

手机在收到基站下发的 UHDM 消息后，向目标基站回复切换完成消息。

3．边界切换技术

因为各个厂家间的硬切换方式分析多种多样，这里主要介绍一下常用的硬切换方式。

（1）同频硬切换

顾名思义，硬切换发生在相同的在载频上，现在厂家经常采用的同频硬切换方式有：

① A3/A7 方式；

② 导频辅助同频硬切换方式；

③ 直接同频硬切换方式。

（2）异频硬切换

硬切换发生在不同的载频上，现在厂家经常采用的异频硬切换方式有 HTC 方式、导频硬切换方式、基于距离的切换，基于距离的切换方式主要是根据手机中导频集的距离和门限距离的比较来决定是否启动硬切换。

16.8.3 案例介绍

1．伪导频边界切换

为了验证异频伪导频方式解决边界硬切换的可行性，在 A 地区和 B 地区边界进行了一次试验验证。

在 B 地区和 A 地区边界异频覆盖的频点分配上，A 地区方面南山以北边界基站将 201 频点定义为业务载频，283 频点定义为伪导频，B 地区方面将 283 频点定义为业务载频，201 频点定义为伪导频；A 地区方面南山以南基站将 201、242 定义为业务载频，283 为伪导频，其中 242 载频不设置寻呼信道，定义数据业务优先，同时提高从 201 频点到 242 频点的负荷分担门限；B 地区方面将 283 定义为业务载频，将 201 频点定义为伪导频。

在完成以上边界基站的异频覆盖并互配伪导频方案后，同时进行测试调整切换参数。

在分析网管数据的同时，对边界区域也进行了详细的测试，对边界区域的小区进行了细致的参数和天馈调整。通过实地勘察并制定了天线调整方案。调整表见表 16-20。

表 16-20　　　　　　　　　　　　　天线调整表

序号	站名	小区	测试情况	解决建议
1	××1	2、3	2，3 扇区越区覆盖	2、3 扇区天线角分别下压 4°和 3°
2	××2	3	3 扇区越区覆盖	1、2、3 扇区天线角分别下压 3°
3	××3	2、3	2、3 扇区越区覆盖	2、3 扇区天线角分别下压 3°和 4°
4	××4	3	3 扇区越区覆盖	3 扇区天线角下压 3°
5	××5	1	1 扇区越区覆盖	1 扇区天线角下压 4°
6	××6	3	3 扇区越区覆盖	2 扇区天线角下压 4°
7	××7	2	2 扇区越区覆盖	2 扇区天线角下压 4°、5°

天线调整的同时也对导频功率做了一些微调，调整表见表 16-21。

表 16-21 参数调整表

站名	调整内容	修改前	修改后
××1	降低第 2、3 扇区导频信道功率	−40	−46
××2	降低第 3 扇区导频信道功率	−40	−44
××3	降低第 2、3 扇区导频信道功率	−40	−44
××4	降低第 3 扇区导频信道功率	−40	−46
××5	降低第 1 扇区导频信道功率	−40	−44
××6	降低第 3 扇区导频信道功率	−40	−44

2．方案实施前后对比

（1）KPI 指标对比

通过 OMC 统计，两个地区间的掉话总次数已由原来的 976 次减少到 132 次。

（2）DT 测试指标对比

根据评估标准中的定义，针对路测得到的数据进行统计分析，得到本次测试的网络指标统计结果见表 16-22。

表 16-22 CDMA 网络话音业务性能表

话音业务性能指标		优化前	优化后
覆盖率	总采集点数	101 309	98 046
	覆盖率点数	97 439	94 438
	覆盖率	**92.18%**	**96.32%**
接通率	试呼总次数	530	510
	接通总次数	518	493
	接通率	**94.67%**	**96.70%**
掉话率	接通总次数	522	493
	掉话总次数	25	4
	掉话率	**5.64%**	**0.81%**
话音质量	总采集点数	23 825	20 720
	0%≤FFER≤3%（采样点数）	22 848	20 324
	0%≤FFER≤3%（所占比率）	**92.75%**	**96.15%**

网络性能指标明显提高。

（3）详细无线覆盖对比

见表 16-23。

表 16-23　　　　　　　　　　　　路测指标对比

指标	order	范围	统计次数	CDF
总 Ec/Io	优化前	≥-9.00	76 388	81.93%
	优化后		67 071	91.81%
接收功率	优化前	≥-85.00	120 991	97.17%
	优化后		114 358	99.74%
发射功率	优化前	<-0.00	115 230	87.69%
	优化后		124 798	97.52%

优化后网络路测指标有较大改善。

3．边界优化小结

同频硬切换不可避免边界乒乓切换问题，由于无线环境的恶化，手机不能收到 UHDM 消息的情况就是由于边界区域来回乒乓造成的。

异频切换的构想是基于在边界小区设定伪导频，通过两个载频覆盖的交错，强制切换方向，从而有效避免乒乓切换现象。

通过 B 地区和 A 地区边界区域方案实施前后的网管掉话统计及 DT 测试对比，边界区域的信号质量有了明显的提升，掉话次数明显减少。该方案在 B 地区和 A 地区边界实施成功，证明了异频覆盖加伪导频辅助硬切换方案是一个解决 CDMA 跨厂家乒乓切换、掉话、话音质量差、频繁位置更新等问题的切实可行的方案。

第17章 优化案例介绍

17.1 掉话分析

17.1.1 直放站干扰引起的掉话

1．问题现象

某地话务统计中发现某基站 1 扇区掉话较高，最近一周内掉话率连续在 1.5%以上。

2．问题分析

现场测试，发现在此扇区覆盖范围内手机发射功率偏高，查看基础信息表，发现该站 1 扇区下挂射频直放站，可能此扇区所接直放站反向增益过高造成施主基站的底噪抬升，检查基站的 RSSI 为−69dBm，而且周边基站 RSSI 也有提升，具体底噪统计如图 17-1 所示，怀疑与直放站参数设置有关。

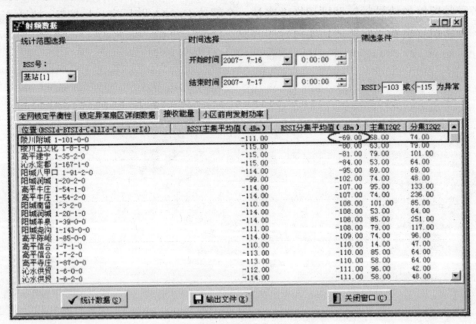

图 17-1　某基站 1 扇区 RSSI 指标统计

3．解决措施

适当降低直放站反向增益。

4．结果验证

调整后，该扇区掉话率从 1.45%降低至 0.17%。

17.1.2 弱覆盖引起的掉话

1．问题现象

某地进行 DT 测试时发现一个掉话，具体测试掉话点的位置及测试情况如图 17-2 所示。

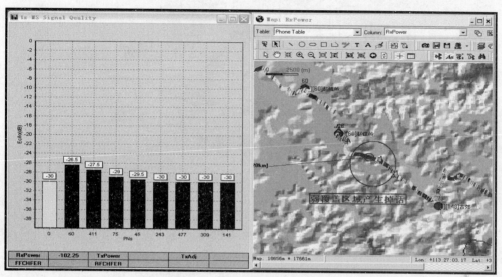

图 17-2　某地 DT 测试掉话示意图

2．问题分析

通过分析路测数据，发现掉话点信号 Rx 强度为−105dBm，Ec/Io 在−30 左右，无其他指标异常，属于典型的弱覆盖掉话。

3．解决措施

在弱覆盖区域周边，增加基站或直放站等信源设备解决。

17.1.3 越区覆盖导致的掉话

1．问题现象

某地进行 DT 测试时发现一个掉话，通过分析数据发现，手机在洋泾 1 扇区不能切换到 PN108 扇区，造成 FFER 极差引起掉话。初步定位为切换引起的掉话。

2．问题分析

检查扇区邻区关系正常，但切换仍然失败。判断 PN108 干扰信号可能是其他小区越区覆盖造成，仔细检查周边基站信息，发现 7km 以外的春晓基站 3 扇区越区覆盖信号，手机监测到 PN108 信号实际是春晓 3 扇区信号，但手机以为是邻区杨树浦 1 小区的信号（由于邻区是杨树浦 1PN108），所以向杨树浦 1 发送切换请求，但杨树浦 1 扇区不能收到该切换请求信号导致切换失败。越区干扰小区实际位置图如图 17-3 所示。

图 17-3　越区干扰基站地理位置图

3．解决措施

将春晓基站 3 扇区天线下倾角从 2°调至 5°，降低该基站越区覆盖的信号强度。

4．结果验证

优化方案实施后，对问题路段进行多次复测，PN108 越区信号已不在该区域出现，掉话现象消失。

17.1.4　搜索窗设置不当导致掉话

1．问题现象

某地路测出现一次掉话，手机从永济电厂基站 1 扇区 PN21 导频下起呼后，向郭里直放站（PN279）的覆盖区移动，手机一直无法向 PN279 进行切换导致掉话，掉话测试情况如图 17-4 所示。

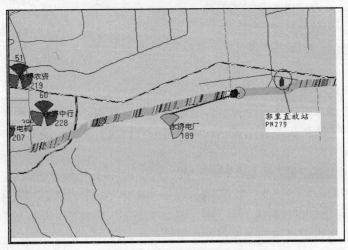

图 17-4　测试掉话地理位置图

2．问题分析

在软切换过程中，由于当前服务基站永济电厂 1 扇区，搜索窗 SRCH_WIN_A、SRCH_WIN_N 和 SRCH_WIN_R 分别为 6、8、9，搜索窗设置过小，手机无法搜索到目标基站 PN279，导致 PN279 无法进入到手机的激活集，亦造成前向链路的强干扰而导致掉话，掉话后手机同步到 PN 279 上。掉话前后手机激活集如图 17-5 所示。

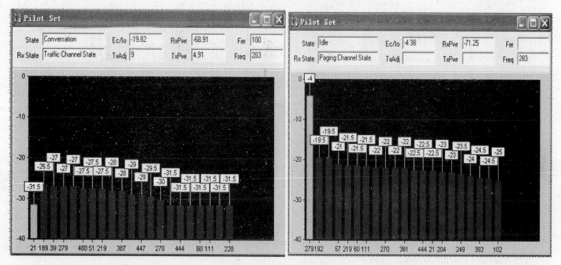

图 17-5　掉话前后手机激活集图

3．解决措施

根据周边站距及基站切换情况，永济电厂 1 扇区 SRCH_WIN_A、SRCH_WIN_N 和 SRCH_WIN_R 分别由 6、8、9 修改为 11、12、12。

4．结果验证

复测结果显示永济电厂 1 扇区与郭里直放站切换正常，掉话现象消失。复测结果如图 17-6 所示。

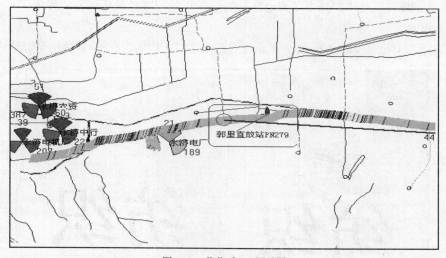

图 17-6　优化后 DT 测试图

17.1.5 导频污染引起的掉话

1．问题现象

某地路测发现一次掉话，掉话测试地理位置如图 17-7 所示。

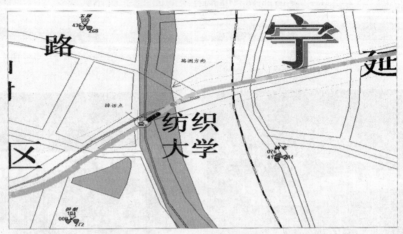

图 17-7　DT 测试掉话示意图

2．问题分析

掉话地点在城市高架路上，信号比较多，手机从杨宅 1 扇区 PN76 切换到当时杨宅 3 扇区 PN412（Ec/Io= -12dB），软切完成手机占用 PN412 信号后 Ec/Io 迅速降至 -30dB 以下，手机接收到的 Rx 在 -80 左右，Ec/Io 迅速恶化导致掉话。从切换路径来看，杨宅 3 扇区不应该在延安路高架上起主导频的作用，PN412 在该路段作为旁瓣信号来覆盖，该路段导频还有 PN104（Ec/Io=-12.5dB）、PN268（Ec/Io=-13dB）等，导频强度相当，污染严重。

3．解决措施

把杨宅第三扇区的方位角由 240°调整到 225°，倾角由 0°调整到 3°。将 PN412 主覆盖范围远离延安路高架道路，减少高架道路上的导频数量，减轻导频污染的程度。

4．结果验证

经过复测没有出现掉话问题，该区域路段的 Ec/Io 和 Rx 指标均正常，测试结果如图 17-8 所示。

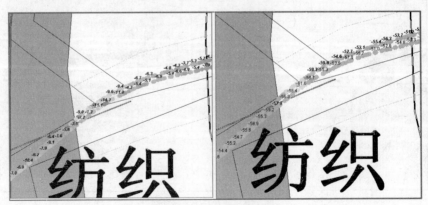

图 17-8　优化后测试示意图

17.1.6　室内布线器件损坏导致掉话

1．问题现象

某市地铁室内覆盖测试南京东路及陆家嘴地铁站出现了掉话及脱网现象，反方向亦有类似问题。测试信号图如图 17-9 所示。

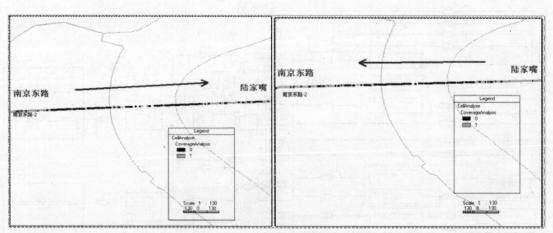

图 17-9　优化前 DT 测试信号覆盖示意图

2．问题分析

该地铁内建有室内布线系统，该站 1 个扇区分成 3 路信号分别覆盖站厅、左右两个隧道，其中站厅这路信号覆盖正常，左右两路覆盖隧道信号覆盖较差（以前信号正常），初步判断左右隧道两路信号所经过的室内布线系统存在故障。从室内布线图分析（室内布线如图 17-10 所示），左右隧道的两路信号通过 20dB 耦合器旁路后然后通过 2 功分器，最后通过 C 网功放及 POI 发射到漏缆，而站厅信号在 20dB 的主通路后和其他运营商经 POI 送到站厅。影响左右隧道的信号的器件可能是 20dB 耦合器、2 功分器、功率放人器相关设备及连线存在故障，经排查是功率放大损坏造成隧道内弱覆盖。

3．解决措施

考虑原有基站负荷较高，将基站从 1 小区扩至 3 小区分别覆盖站厅、左右隧道，并改造室内布线系统。

4．结果验证

优化方案实施后，对该区域进行复测，信号覆盖良好，没有掉话和脱网现象。优化后效果如图 17-11 所示。

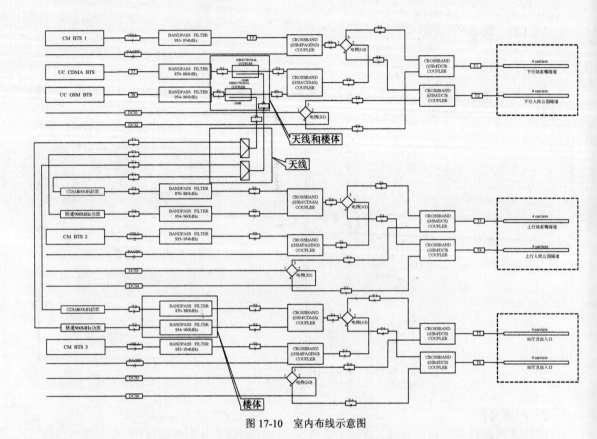

图 17-10　室内布线示意图

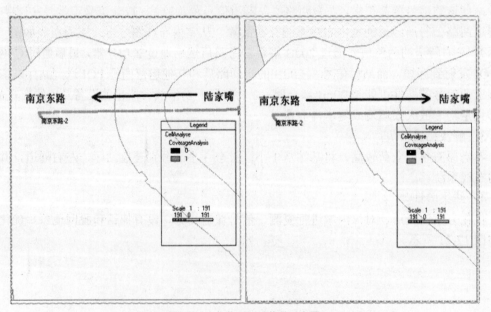

图 17-11　优化后测试信号示意图

17.1.7 邻区漏配导致的掉话

1．问题现象

某市区 Top$N$ 分析时发现有两个基站存在高掉话，分别为职工大学 1、3 扇区和图书馆 1 扇区。统计了 10 月 20 日至 10 月 29 日的 10 天的全天掉话次数，发现图书馆 283 载频 1 扇区在 10 月 20 日至 10 月 29 日的 10 天内共掉话 64 次；而职工大学 283 载频 1、3 扇区在 10 月 20 日至 10 月 29 日的 10 天内分别掉话 34 次、28 次。两个掉话基站地理位置情况如图 17-12 所示。

图 17-12 掉话基站地理位置图

2．问题分析

检查这两个基站的设备运行情况，没有发现异常告警现象，检查基站小区之间的邻区数据，从地理位置图上看发现图书馆、职工大学基站的邻基站有石嘴山分公司、基建公司、九零五厂，这些基站区域中有东湖宾馆、城市信用社等 BBU+RUU 形式的室内分布系统。而这些室内基站没有和图书馆第 1 扇区、职工大学第 1、3 扇区配置邻区关系或存在一些单配邻区。邻区关系检查如下：职工大学 1 扇区邻区列表如图 17-13 所示，框内为单配的邻区，且没有与室内分布互配邻区。

职工大学第 3 扇区邻区列表如图 17-14 所示，框内为单配的邻区，且没有与室内分布互配邻区。

图书馆 1 扇区的邻区列表也没有与室内分布系统互配邻区，或存在邻区单配。

3．解决措施

对职工大学 1、3 扇区，图书馆 1 扇区的邻区进行优化，单配的进行互配，没有配置邻区的进行邻区互配。

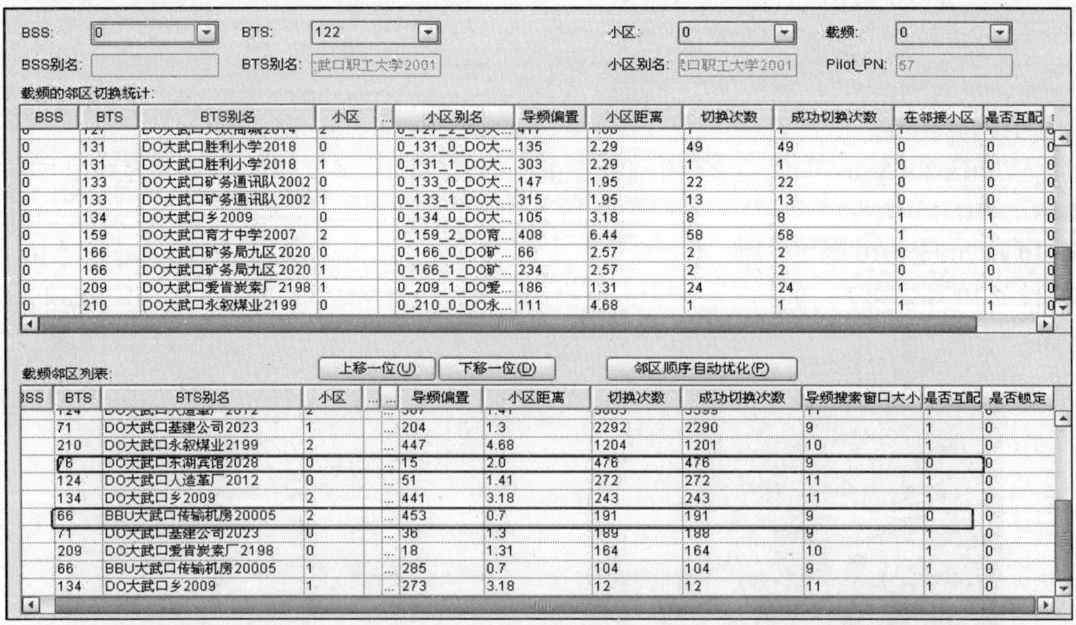

图 17-13（职工大学 1 扇区邻区列表）

BSS: 0　BTS: 122　小区: 0　载频: 0
BSS别名: （空）　BTS别名: 武口职工大学2001　小区别名: 口职工大学2001　Pilot_PN: 57

载频的邻区切换统计:

BSS	BTS	BTS别名	小区	...	小区别名	导频偏置	小区距离	切换次数	成功切换次数	在邻接小区	是否互配
0	127	DO大武口众商城2014			417						
0	131	DO大武口胜利小学2018	0		0_131_0_DO大...	135	2.29	49	49	0	0
0	131	DO大武口胜利小学2018	1		0_131_1_DO大...	303	2.29	1	1	0	0
0	133	DO大武口矿务通讯队2002	0		0_133_0_DO大...	147	1.95	22	22	0	0
0	133	DO大武口矿务通讯队2002	1		0_133_1_DO大...	315	1.95	13	13	0	0
0	134	DO大武口乡2009	0		0_134_0_DO大...	105	3.18	8	8	1	1
0	159	DO大武口育才中学2007	2		0_159_2_DO育...	408	6.44	58	58	1	1
0	166	DO大武口矿务局九区2020	0		0_166_0_DO矿...	66	2.57	2	2	1	1
0	166	DO大武口矿务局九区2020	1		0_166_1_DO矿...	234	2.57	2	2	1	1
0	209	DO大武口爱昔炭索厂2198	1		0_209_1_DO爱...	186	1.31	24	24	1	1
0	210	DO大武口永叙煤业2199	0		0_210_0_DO永...	111	4.68	1	1	1	1

[上移一位(U)]　[下移一位(D)]　[邻区顺序自动优化(P)]

载频邻区列表:

BSS	BTS	BTS别名	小区	...	导频偏置	小区距离	切换次数	成功切换次数	导频搜索窗口大小	是否互配	是否锁定
	124	DO大武口...2012			30?		5083	5083	11	1	0
	71	DO大武口基建公司2023	1		204	1.3	2292	2290	9	1	0
	210	DO大武口永叙煤业2199	2		447	4.68	1204	1201	10	1	0
	76	DO大武口东湖宾馆	0		15	2.0	476	476	9	0	0
	124	DO大武口人道厂2012	0		51	1.41	272	272	11	1	0
	134	DO大武口乡2009	2		441	3.18	243	243	11	1	0
	66	BBU大武口传输机房20005			453	0.7	191	191	9	0	0
	71	DO大武口基建公司2023	0		36	1.3	189	188	9	1	0
	209	DO大武口爱昔炭索厂2198	1		18	1.31	164	164	10	1	0
	66	BBU大武口传输机房20005	1		285	0.7	104	104	9	1	0
	134	DO大武口乡2009	1		273	3.18	12	12	11	1	0

图 17-13　职工大学 1 扇区邻区列表

配置载频邻区列表

BSS: 0　BTS: 122　小区: 2　载频: 0
BSS别名: （空）　BTS别名: 武口职工大学2001　小区别名: 口职工大学2001　Pilot_PN: 393

载频的邻区切换统计:

BSS	BTS	BTS别名	小区	...	导频偏置	小区距离	切换次数	成功切换次数	在邻接小区	是否互配	邻区模式
		DO大武口...2028				2.21					
0	76	DO大武口东湖宾馆2028	0		15	2.0	109	109	1	1	0
0	91	DO大武口锦林花园2031	0		102	6.04	2	2	1	1	0
0	93	DO大武口众安小区2033	1		267	2.23	340	340	1	1	0
0	93	DO大武口众安小区2033	2		435	2.23	34	32	0	0	0
0	102	BBU大武口建西模块机房200...	0		510	0.78	33	33	1	1	0
0	102	BBU大武口建西模块机房200...	7		333	0.96	141	140	0	0	0
0	105	BBU大武口传输机房4 20004	0		150	0.6	15	15	1	1	0
0	105	BBU大武口传输机房4 20004	2		324	0.63	205	205	1	1	0
0	105	BBU大武口传输机房4 20006	3		492	0.63	1	1	0	0	0
0	107	BBU大武口传输机房5 20006	1		168	0.5	89	86	1	1	0
0	120	DO石嘴山分公司2013	3		450	0.95	2656	2655	1	1	0

[上移一位(U)]　[下移一位(D)]　[邻区顺序自动优化(P)]

载频邻区列表:

BSS	BTS	BTS别名	小区	...	导频偏置	小区距离	切换次数	成功切换次数	导频搜索窗口大小	是否互配	是否锁定
	102	DO大武口建西模块机房200...			144	0.94	2518	2517			
0	209	DO大武口爱昔炭索厂2198	2		354	1.31	2403	2403	10	1	0
0	126	DO大武口血站2017	0		93	2.05	2226	2222	9	1	0
0	131	DO大武口胜利小学2018	0		135	2.29	2088	2079	9	1	0
0	66	BBU大武口传输机房20005	2		453	0.7	1279	1279	9	0	0
0	126	DO大武口血站2017	1		261	2.05	899	895	9	1	0
0	123	DO大武口九零五厂2010	0		90	1.56	844	842	10	1	0
0	33	DO大武口矿务通讯队2002	0		147	1.95	744	744	10	1	0
0	93	DO大武口众安小区2033	0		99	2.23	332	331	9	1	0
0	134	DO大武口乡2009	2		441	3.18	161	161	11	1	0
0	120	DO石嘴山分公司2013	2		282	0.95	51	51	12	1	0

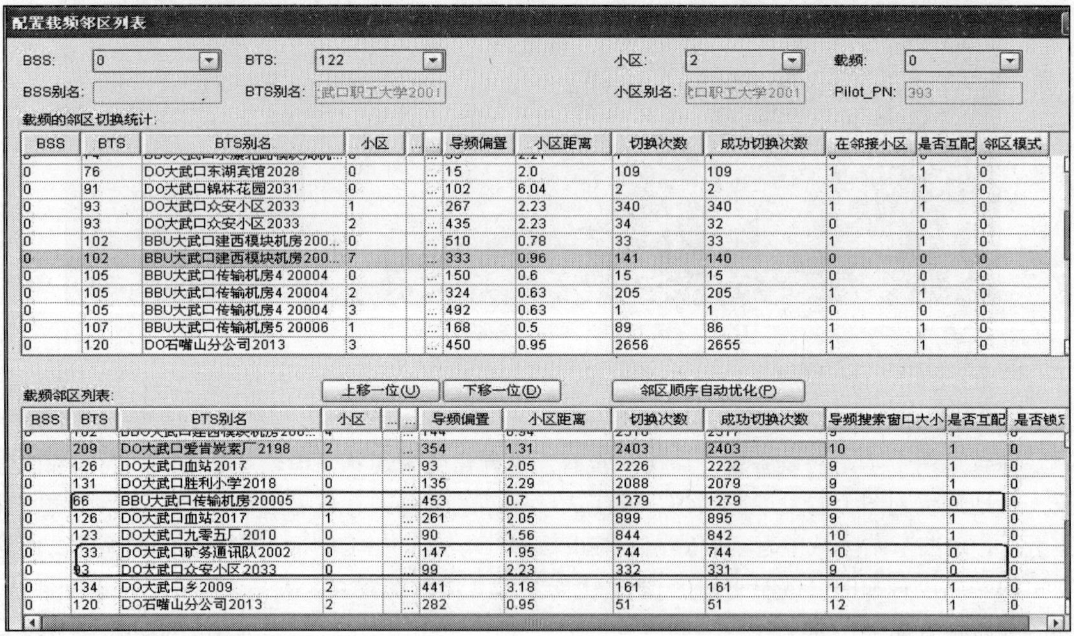

图 17-14　职工大学 3 扇区邻区列表

4. 结果验证

通过邻区的调整与优化，两个基站的 3 个扇区的掉话次数从 310 次下降至 120 次。具体 KPI 指标统计时间：调整前 11 月 9 日至 11 月 15 日、调整后 11 月 17 日至 11 月 23 日全天的掉话次数。调整前图书馆基站 1 扇区掉话 170 次；职工大学基站 1 扇区掉话 70 次，3 扇区掉话 70 次。调整后图书馆基站 1 扇区掉话 31 次；职工大学基站 1 扇区掉话 46 次，3 扇区掉话 43 次。优化后前后掉话次数对比表见表 17-1。

表 17-1　　　　　　　　　　优化前后 3 个扇区掉话次数对比

扇区名	调整前掉话次数	调整后掉话次数
图书馆 1 扇区	170	31
职工大学 1 扇区	70	46
职工大学 3 扇区	70	43

17.1.8　GPS 板件故障导致的掉话

1. 问题现象

用户投诉某大厦室内掉话现象严重，经过分析发现该大厦建有室内布线系统，优化测试人员对大厦进行测试，确认了可复制的掉话现象。实地测试掉话示意图如图 17-15 所示。

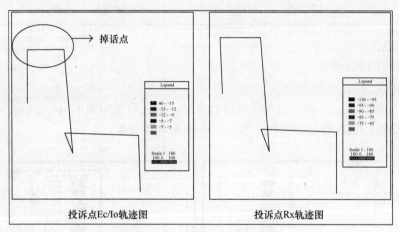

图 17-15　投诉点测试掉话示意图

2. 问题分析

在测试时，主被叫手机处于同一位置，主叫一直占用宏站国康信号，在 PN92、PN260、PN428 之间频繁切换，却一直不能切换到室内信号（从被叫的测试信号看，室内信号很强），被叫一直占用投诉点室内基站 PN450。在室内，主叫手机占用室外国康小区，室内小区 PN450 的信号很强，但不能进入激活集而对服务小区产生强导频干扰，通话质量很差，在走道里面，被叫手机占用室内小区 PN450，室外小区 PN92、PN260、PN428 的信号很强，但不能进入激活集而对服务小区产生强导频干扰，话音质量很差。在进入电梯后，主叫不能收到室外基站信号，导致掉话，掉话后主叫手机同步到室内信号 PN450 上。而被叫一直占用室内基站信号，切换正常。主叫占用室外信号国康 PN92 不能及时切换至投诉点室内站 PN450 时，切换失败导致掉话。

从测试的结果看，测试区域的 Rx 信号良好，但 Ec/Io 很差，说明前向存在干扰或导频污染的情况，检查基站邻区关系表，室外基站和室内基站均配置了邻区关系，说明非邻区漏配问题。

提取室内基站告警数据，发现该室内基站近期存在 TFU 告警，即 GPS 时钟板有时出现严重告警，有时出现一般告警。时钟告警会造成主小区和周边小区不能同步，影响小区之间的软切换，因为邻区之间时钟不同步，邻区的强导频不能加入激活集，对服务小区前向产生强干扰，造成通话断续及话音质量差，严重时产生掉话现象，初步判断是 GPS 时钟板 TFU 板件故障造成以上现象。告警统计见表 17-2。

表 17-2   该扇区最近告警统计表

告警类型	网元代码	发生时间	C 号	告警流水号	告警计数
TFU 其他	10-7-0-374	2010-5-1 16:05	C4326	205823	1
TFU 其他	10-7-0-374	2010-5-17 16:09	C4326	206774	1
TFU 其他	10-7-0-374	2010-5-29 0:50	C4326	883226	1
TFU 其他	10-7-0-374	2010-5-30 0:11	C4326	90699	1
TFU 其他	10-7-0-374	2010-5-30 0:29	C4326	93116	1

3．解决措施

更换告警的 TFU 板件。

4．结果验证

更换 TFU 板件后，再次对投诉区域进行复测，测试效果如图 17-16 所示。发现投诉区域 Rx 及 Ec/Io 良好，室内外基站切换正常，没有出现掉话现象。

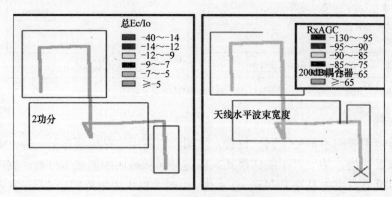

图 17-16　优化后测试效果图

17.2　接 入 分 析

17.2.1　前向功率过载导致接入失败

1．问题现象

某地 TopN 分析发现，××大楼基站 2 扇区经常出现呼叫拥塞，导致呼叫成功率低，具体问题见表 17-3。

表 17-3 　　　　　　　　　　　××大楼基站 2 扇区接入统计表

开始时间	BTS	CELL	1x 话音呼叫话务量（Erl）	话音呼叫拥塞次数	1x 话音起呼成功率
2 月 24 20:00	[92] ××大楼	1	4.173 9	2	98.62%
2 月 25 20:00	[92] ××大楼	1	5.968 6	0	100%
2 月 26 20:00	[92] ××大楼	1	4.787 8	1	98.15%
2 月 27 20:00	[92] ××大楼	1	5.030 6	13	96.67%
2 月 28 20:00	[92] ××大楼	1	6.146 9	2	97.81%

2．问题分析

检查此基站 2 扇区前向功率占用情况，发现前向功率较大，而且经常出现前向功率过载现象，具体情况见表 17-4。

表 17-4 　　　　　　　　　　　××大楼基站功率过载统计表

采集开始时间	BTS	CELL	前向功率 1 级采样数	前向功率 2 级采样数	前向功率 3 级采样数	前向功率 4 级采样数	功率过载时长（ms）
2009-2-24 20:00	92	1	125	14	9	15	7 800
2009-2-24 20:30	92	1	170	16	9	39	12 800
2009-2-26 21:00	92	1	148	16	5	23	8 800
2009-2-26 21:30	92	1	14	0	1	1	400
2009-2-27 20:30	92	1	1016	192	108	462	149 600
2009-2-27 20:00	92	1	169	30	12	47	17 800
2009-2-28 20:00	92	1	205	28	21	28	15 400
2009-2-28 20:30	92	1	182	26	8	30	12 800

该站的话务量并不高，怀疑小区覆盖过远导致的前向功率不足。对此基站进行了实地勘察，发现此基站天线较高，在 11 层楼楼顶 20m 高的铁塔上，并且检查其下倾角发现机械倾角仅 1°，并且 2 扇区覆盖的区域没有阻挡，对此小区的覆盖区域进行了 DT 测试，发现确实存在小区过远覆盖，DT 测试信号覆盖如图 17-17 所示。

3．解决措施

① ××大楼 2 扇区俯仰角从 1°调整至 7°。

② 限制呼叫门限：从 90 调整至 95；限制切换门限从 95 调整至 98。

③ 导频占最大过载功率比例：从 150 调整至 120。

4．结果验证

优化方案实施后，该站的拥塞现象消除，前向功率过载再也没有出现。统计结果见表 17-5。

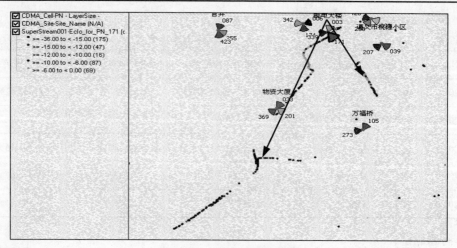

图 17-17　DT 测试信号覆盖图

表 17-5　　　　　　　　　　　　　　　××大楼基站功率过载统计表

开始时间	BTS	CELL	1x:话音呼叫话务量（Erl）	话音呼叫拥塞次数	1x: 话音起呼成功率（%）	功率过载时长（ms）
2009-3-3 20:00	92	1	4.647 2	0	99.27	0
2009-3-4 20:00	92	1	4.984 7	0	99.54	0
2009-3-5 20:00	92	1	4.490 6	0	99.41	0
2009-3-6 20:00	92	1	4.374 2	0	99.55	0

17.2.2　CE 故障导致接入失败

1．问题现象

用户反映滨江万丽酒店有时打电话无法接通。

2．问题分析

在实地测试中出现呼叫失败，通过跟踪信令消息，发现业务信道握手失败，初步怀疑是信道板的硬件问题，需要重启或者替换信道板。

3．解决措施

首先重启信道；闭塞了第一块信道板的 CE 单元，发现所有呼叫均失败。怀疑是第二块信道板出现问题，或是后备板有问题。随后将第二块与第一块信道板对换了一下槽位，还是闭塞第一块信道板的 CE，发现仍然是呼叫失败。判断是第二块信道板坏掉。更换了第二块信道板，呼叫恢复正常。

4．结果验证

更换信道板后，基本上没有出现呼叫失败。

17.2.3　反向干扰引起的接入失败

1．问题现象

某地用户投诉电信营业厅附近在手机信号满格的情况下，经常出现无法呼出、呼入的现象。

2．问题分析

现场 CQT 测试核查，出现问题的手机所占频点均为 201，所占 PN 为 393 的电信站 3 扇区，核查该扇区 RSSI 指标发现，这个扇区在 201 频点近一段时间的底噪很高，长期为−85dBm 左右（正常值为−105dBm 左右）。现场用频谱仪测试干扰情况，如图 17-18 所示。

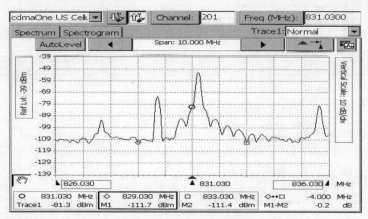

图 17-18 干扰信号分布图

从图 17-18 看出，在 CDMA 201 上行频点 831.03MHz 附近有一个−49dBm 干扰尖峰。经过干扰源查找定位，发现大正街居民区拆迁现场，有一个的有线电视信号干线放大器信号泄露严重，导致此电信站 3 扇区收到严重反向干扰，底噪抬升严重。

3．解决措施

协调干扰源设备单位广电拆除或减少干扰信号强度，经无委会协调广电拆除此处有线电视放大器。

4．结果验证

干扰源拆除后此扇区 201 频点 RSSI 指标恢复正常，保持在−105dBm 左右。该营业厅附近用户恢复通信正常。

17.3 导频污染优化

1．问题现象

某地路测时发现新华西路存在导频污染的现象，具体情况如图 17-19 中圆圈处。

2．问题分析

从测试图中可以发现，导频较多，且强度都不是很好，Ec/Io 在−14dB 左右。箐华物管楼_1（PN 198）、沙湾邮政大厦_2（PN 162）小区明显越区覆盖。

3．解决措施

箐华物管楼_1（PN 198）电子下倾角由 3°调整至 6°；沙湾邮政大厦_2（PN 162）电子下倾角由 3°调整至 6°。

4．结果验证

优化方案实施后，对问题路段进行复测，激活集中只有 3 个导频，导频污染得到控制。

复测结果图如图 17-20 所示。

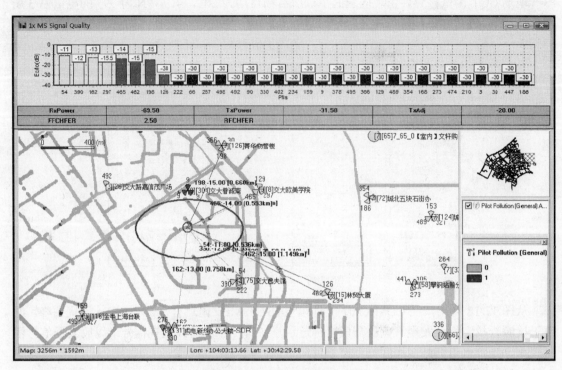

图 17-19　DT 测试导频信号分布图

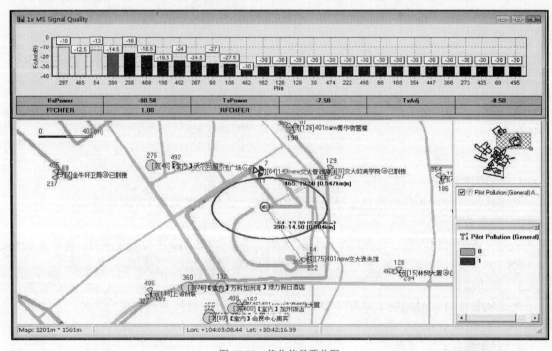

图 17-20　优化信号覆盖图

17.4　覆盖问题导致速率低

1．问题现象

用户投诉反映其在家里使用 1x EV-DO 终端上网下载速率很慢，一般为 200～300kbit/s，晚忙时段上网下载速率只有 80kbit/s 左右，严重影响其使用感受。

对用户投诉区域进行了 1x EV-DO 下载速率测试。问题区域 Ec/Io 为-12～-4，C/I 在 2dB 左右，FTP 层下载速率在 270kbit/s 左右，RxAGC0 在-75dBm 左右。具体情况如图 17-22 所示。

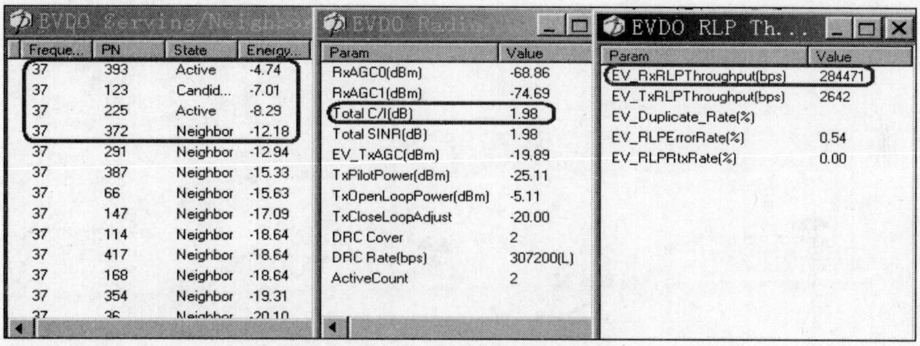

图 17-21　现场测试信号质量情况

2．分析思路和流程

1x EV-DO 影响用户前向下载速率的主要因素包括以下几方面：基站硬件故障或传输问题；终端问题；覆盖问题；无线射频环境；1x EV-DO 参数设置；相关网元（如 PCF、PDSN 及其传输带宽）等。具体检查流程如下。

（1）基站硬件和传输核查

通过后台查询用户投诉地点周边的职工大学、图书馆、石嘴山分公司等基站，没有出现硬件告警或传输故障等问题。基站传输配置情况：基站大武口图书馆、大武口职工大学以及石嘴山分公司等周边基站均配置 4 条 E1 传输。排除了传输配置和硬件方面的原因。

（2）终端问题检查

用户使用 1x EV-DO 终端为电信公司天翼 3G 上网卡，电脑为索尼品牌笔记本，终端数据业务相关设置正常，没有出现无法连接或软件异常等现象。重新卸载安装终端驱动，更换上网卡和 UIM 卡后情况没有改善，因此可排除用户终端问题导致 1x EV-DO 下载速率慢的原因。

（3）覆盖问题

用户所在区域周围基站分布密集且均开通 1x EV-DO 载频，不存在无 1x EV-DO 覆盖的问题，但是现场测试过程中发现该区域整体覆盖质量较差，C/I 值基本在 2dB 以下，RxAGC0 在-75dBm 左右，通过检查发现覆盖该区域的主导频基站职工大学 3 扇区的 1x EV-DO 载频前向发射功率仅为 7W（额定发射功率为 20W），导致 C/I 值偏低，进而影响用户下载速率。

（4）导频污染分析

经过测试数据分析发现：终端占用的主导频为基站职工大学 3 扇区 PN393，导频强度在 −5dB 左右，不稳定；激活集中另一路导频为职工大学 2 扇区 PN225，导频强度为−9～−8dB，候选集导频为基站图书馆 1 扇区 PN123，导频强度−7dB 左右，另外，邻集中导频强度较强的有基站基建公司 3 扇区 PN372 和图书馆 2 扇区 PN291，导频强度基本在−12dB。各路信号间频繁切换且没有主导频，导频污染现象严重，从而影响了 1x EV-DO 下载速率。用户投诉区域周边基站分布情况如图 17-22 所示。

图 17-22　基站地理位置分布图

在导频污染区域，由于存在多路强度相若的导频，可能造成手机在多个扇区之间的频繁切换，终端频繁终止接收数据从一个扇区切换至另一个扇区，会对平均下载速率造成一定的影响。

（5）RSSI 分析

基站 RSSI 异常（中兴 RSSI 值超过−93dBm 就视为异常）不仅影响用户的反向速率，同时还会影响反向 ACK 信道和反向 DRC 信道的解调，从而间接影响用户的前向下载速率。通过后台检查发现周边扇区 RSSI 不同程度异常，职工大学 3 扇区 PN393 的 RSSI 为−84dBm。因此 RSSI 异常也是影响用户下载速率低的原因。

影响 1x EV-DO 速率的参数分析，影响 1x EV-DO 速率的参数主要有 DRCLength、DRC 信道增益、ACK 信道增益、PilotAdd、PilotDrop 等，检查核实各种影响速率的主要参数基本正常。因此，1x EV-DO 参数设置不是用户下载速率低的原因。

（6）相关网元分析

检查石嘴山本地网 PCF 和 PDSN 等与 1x EV-DO 业务相关的网元均正常工作，PCF 至 PDSN 之间数据业务传输带宽忙时负载小于 70%，因此排除相关网元方面原因导致 1x EV-DO 下载速率慢的可能性。

3．优化措施

根据以上的问题的排查分析，用户下载速率低的主要原因是：弱覆盖；导频污染；RSSI 异常；根据分析的结果采用以下方案。

① 针对弱覆盖和导频污染，调整基站天线方位角和俯仰角，调整情况见表 17-6。调整职工大学 3 扇区 1x EV-DO 载频功率，由 7W 增加到 15W 来改善周边覆盖。

表 17-6   基站天线调整情况表

扇区名	PN	天线型号	方位角		下倾角		优化目的
			调整前	调整后	调整前	调整后	
职工大学 2 扇区	225	DB8580D65ESX	180°	160°	—	—	突出主导频
职工大学 3 扇区	393	DB8580D65ESX	290°	270°	5°	10°	突出主导频/控制越区覆盖
图书馆 1 扇区	123	DB8550065ESX			6°	8°	控制越区覆盖
基建公司 3 扇区	372	MB800-65-15.5D			2°	4°	控制越区覆盖

② RSSI 异常：检查周边扇区的射频器件；检查周边扇区的天馈及接头情况；检查周边扇区带的直放站设置是否正常，是否引入了上行噪声；排查周边外界干扰。

4．优化后的效果

优化前 FTP_Download 值基本在 300kbit/s 以下，优化后该区域的 FTP_Download 值基本在 1.38M 左右。该区域的 1x EV-DO 下载速率慢的问题得到解决。优化后无线环境测试数据如图 17-23 所示。

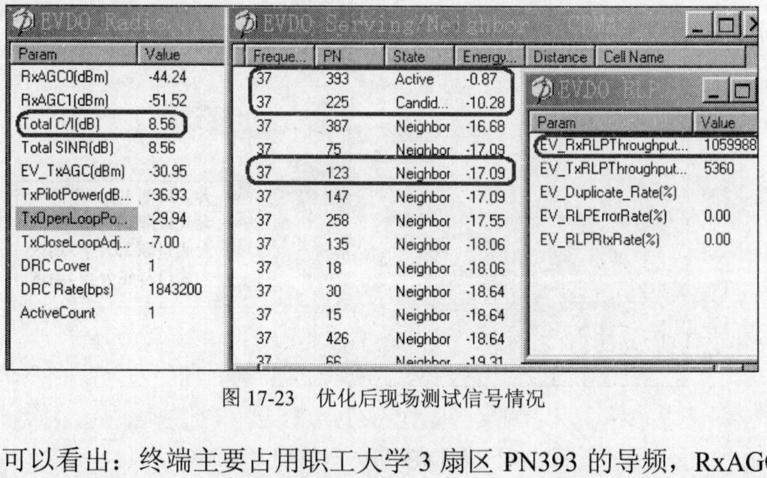

图 17-23 优化后现场测试信号情况

从测试图可以看出：终端主要占用职工大学 3 扇区 PN393 的导频，RxAGC0 在-45dBm 左右，C/I 达到 8.5dB，RLP 层下载速率达到 1Mbit/s 以上，候选集中导频 PN225 的导频强度在-12～-10dB 之间波动，PN123 导频强度降至-18dB 左右，PN372 不在相邻集当中，无线覆盖和导频污染问题得到基本解决，无线环境得到明显改善。

① 优化前后 C/I 和 FTP_Download 对比，C/I 如图 17-24 所示，FTP 下载如图 17-25 所示。优化前该区域 C/I 值基本为-5～5dB，调整后该区域 C/I 值基本在 10dB 以上。

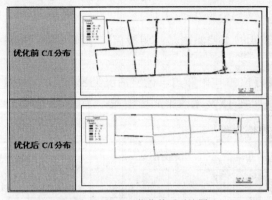
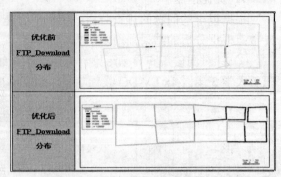

图 17-24　C/I 优化前后对比图　　　　　图 17-25　FTP_Download 优化前后对比图

② 通过对网络统计指标分析对比（调整前后 4 天），优化后扇区前向平均吞吐量和每用户的平均吞吐量都有明显提高。

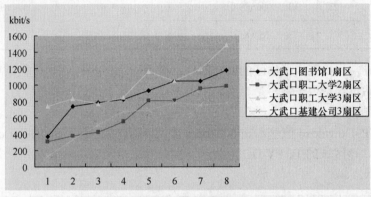

图 17-26　优化前后扇区前向平均吞吐量分布图

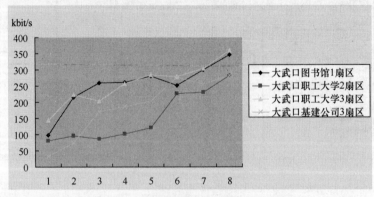

图 17-27　优化前后用户平均吞吐量分布图

在本次优化调整中，RSSI 的优化主要解决了职工大学 3 扇区的 RSSI 异常问题（处理后查询结果 RSSI 约为−90dBm）。其他小区也都有不同程度的改善。

第18章 网优平台介绍

18.1 网优平台作用

网络优化需要处理分析网络性能、参数、告警等数据,工作量大且纷繁复杂,工作效率低下。为了提升网优效率,变被动网优为主动网优,提升客户感知度,因此有必要使用专用的网络优化工具辅助网优人员的工作,网优平台就是用来实现数据的自动采集、处理及分析,将有限的网优人员从繁杂的数据处理工作中解脱出来,通过对采集到的各类数据进行分析及深度挖掘,从而提高分析深度和工作效率,提升工作质量。

网优平台的建设目标是实现无线网优工作的数据采集自动化、数据分析智能化、网优管理精细化,它的主要建设目标包括以下几方面。

(1)数据自动采集

通过各类自动接口以及对专业数据的深度挖掘和充分利用,减轻优化人员的数据处理工作强度,提高专业数据的管理水平和利用效率,并最大限度地发挥性能数据对网优工作的基础支撑作用。

(2)数据智能分析

以丰富、完善的智能分析功能以及开放、灵活的架构设计,通过对系统级到载扇级的各项性能指标的深度分析,实现网优工作的"精耕细作"、构建智能专家支持系统,真正体现"无线网优专家"的理念。

(3)精细化、标准化的网优工作管理

通过电子流程进一步规范网优人员的日常管理和生产工作。

18.2 网优平台介绍

18.2.1 系统运行环境及配置要求

见表 18-1。

表 18-1 网优平台系统环境配置

运 行 环 境	配　　置	配 置 要 求	备　　注
系统及第三方软件	数据库软件	ORACLE	一套
	GIS 软件	ArcIMS、ArcSDE	一套
	操作系统软件	Win2003 中 server 中文企业版	一套

运 行 环 境	配 置	配 置 要 求	备 注
硬件配置	数据库服务器	2 个 3.0GHz CPU，8GB 内存，2 个 146GB 硬盘，2 个局域网接口，Win2003 server 中文企业版	2 台
	采集及接口服务器	同上	2 台
	GIS 服务器	同上	1 台
	应用服务器	同上	3 台
	磁盘阵列	容量 40TB，Cache 容量 8GB，10 个 300GB 硬盘，4 个 FC 类型端口	1 台
	交换机	48 口	2 台

18.2.2 网优平台拓扑图

系统平台硬件包括数据服务器 2 台、采集及接口服务器 2 台、GIS 服务器 1 台、应用服务器 3 台、交换机 2 台和 1 台磁盘阵列，具体的硬件架构如图 18-1 所示。

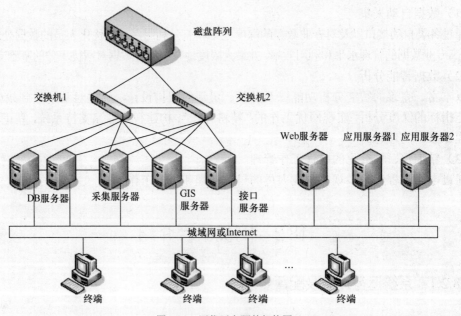

图 18-1 网优平台硬件架构图

18.2.3 网优平台软件架构

无线网络优化系统软件架构具体包括 4 个层次，即接口层、数据层、应用层、表示层，如图 18-2 所示。

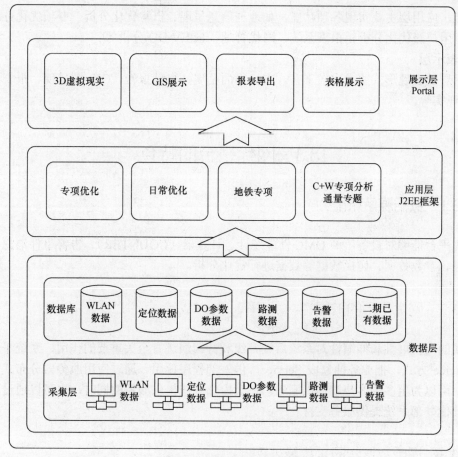

图 18-2 网优平台软件架构图

各层具体功能介绍如下。

1．接口层

该层主要是各种接口的实现，包括数据的自动采集、接口监控、准确性的验证、恢复性操作等，以确保数据的准确采集和交互。

功能：主要包括与电子运维系统各相关模块的数据交互、与综合网管的接口、与通过综合网管进行"透明传输"的各厂家 OMC-R 的数据采集、与路测系统的数据接口（或文件接口）、与定位数据管理平台接口、与网络资源管理系统的数据接口等。

2．数据层

该层需要实现平台所采集各类数据的解析、格式化、汇总、计算分析、分类存储、备份、恢复等工作以确保分析数据的准确性、完整性和关联性。数据层为应用层提供方便的数据调用，对平台的性能起至关重要的作用。

功能：以数据仓库的功能，实现海量数据的存储、查询、处理，包括性能数据、参数数据、配置数据、路测数据、告警数据、1x EV-DO 参数数据等。

3．应用层

该层主要实现各类数据的应用，支持平台上很多针对数据查询、管理以及分析的功能模块的实现。

功能：应用层主要实现各项功能，如地理信息呈现、日常优化分析、专项优化分析、数据管理、用户级优化分析、报表系统、网优管理、1x EV-DO 分析等。

4．表示层

表示层的表现形式要求比较丰富，支持界面呈现、自动报告、GIS 图呈现、报表导出、3D 虚拟现实等。

18.3　网优平台的特色

18.3.1　数据源解析能力

网优平台能够对设备厂商 OMC 性能统计、计数器（COUNTER）、告警事件消息、话单详细记录、参数数据、切换数据等数据进行优化分析。

18.3.2　网优平台的扩展性

系统的可扩展性和伸缩性对系统后续升级和持续演进有至关重要的作用，系统平台采用 Web Service 方式，把业务抽象成 Service，供外部程序调用。通过应用服务器分布式、集群式部署，可以为更多的客户端提供服务。在为内部系统提供服务的同时，也可以通过权限的配置为其他外部系统提供服务支持。

18.3.3　话单数据实时采集及处理

重点区域的通信保障，需要了解实时设备的运行情况，这需要采集告警数据和 2 分钟粒度的性能数据。而目前一般设备性能统计的最小粒度是 15 分钟，再减少时间粒度需要设备统计计数器做很大的修改工作，系统可对设备厂商话单数据进行实时采集，转化为分钟力度小区 KPI 指标，如呼叫建立成功率、掉话率、接通率、话务量、小区反向噪声电平等。

18.3.4　Oracle 数据库设计

系统对海量数据的存储和处理，除了索引、表分区、字段类型、长度等常用的数据库优化手段，还按照业务进行一些数据库、存储的隔离和优化。从数据采集开始到处理、汇总等需要尽可能地使用分布式的架构，而不仅仅依赖于单台服务器的处理能力。这也为日后的数据量升级和服务器升级预留了升级空间。

18.3.5　话单定位算法

网优平台功能中需要运用话单的数据来评估网络的覆盖、质量、干扰等信息，并在处理客户投诉中提供非常重要的客户投诉的记录情况。评估网络覆盖、质量、干扰所得出的结论比用传统的 DT 数据更全面、更正确，系统根据话单信息中的邻区信息、延时信息结合网络基础数据开发了一台可靠的话单定位算法。

18.3.6　数据采集监控

网优平台的稳定性主要取决于外部数据采集和外部连接的状态，这部分的可靠性不是网优平台自身可以控制的，但网优平台可配置预警机制，及时发现这种情况并自动通知相关人员处理。如：当采集系统发生异常，异常捕获模块负责捕获到该异常，并记录下异常信息和发生异常时的正在采集的数据标识（时间或文件名），然后将信息上报给实时告警模块和自动补采模块。实时告警模块负责将捕获到的异常信息及时报告出来，并在最短的时间内以邮件或短信的方式通知相关维护人员进行处理。同时，自动补采模块在收到异常信息和丢失数据信息时，按照配置参数，定时或实时扫描，一旦丢失信息数据出现，立即执行补采，保证发生异常时刻的数据采集入库。

18.4　网优平台的功能

网优平台系统有数据管理、日常优化、专项优化、用户级优化、网络评估、GIS 分析、前台支撑、系统管理和报表管理等 9 大功能模块。各模块的子功能介绍如下。

18.4.1　数据管理模块子功能

见表 18-2。

表 18-2　　　　　　　　　　　　　数据管理模块子功能

二　级　菜　单	三　级　菜　单
参数数据管理	1x 参数变化查询
	1x 参数数据查询
	1x 参数数据核查
	DO 参数变化查询
	DO 参数数据查询
	DO 参数数据核查
	网元核查
测评信息库数据管理	测评信息库数据管理
定位业务数据管理	BSA 数据管理
	GPS 定位业务
告警数据管理	告警信息查询
	实时告警

续表

二 级 菜 单	三 级 菜 单
告警数据管理	使用排行榜
	修改密码
	用户管理
	组权限管理
	1x 话单（安全）查询
	1x 话单查询
话单数据管理	DO 话单查询
	节假日重大活动保障
	基础数据变更查询
	基础数据查询
基础数据管理	基础数据导入
	基础数据历史查询
	基础数据统计
	基础数据维护
	基础数据修改
	基础数据自定义导出
	路测参数定义
	路测任务管理
路测数据管理	路测数据查询
	路测数据分析
	路测文件上传下载
	路测指标分级设置
	盲点数据管理
性能数据管理	1x 性能数据查询
	DO 性能数据查询
	公共性能指标查询
	子 COUNTER 查询
	自定义指标查询

18.4.2　日常优化模块子功能

见表 18-3。

表 18-3	日常优化模块子功能
小区性能分析	TOPN 小区智能分析
	忙时小区分析
	最差小区分析
性能监控	全网性能监控
	重要场所性能监控
	自定义性能监控
性能综合分析	无线参数查询
	性能综合分析
硬件隐性故障分析	1x 硬件隐性故障分析
	DO 硬件隐性故障分析

18.4.3　专项优化模块子功能

见表 18-4。

表 18-4	专项优化模块子功能
DO 专项流程分析	吞吐量流程分析
	DO 邻区优化分析
1x 邻区优化分析	1x 邻区优化分析
	相邻小区优化
1x 专项流程分析	掉话流程分析
	干扰流程分析
	接入流程分析
	接入信道负荷分析
	邻区优化流程分析
	寻呼信道负荷分析
	软切换流程分析
	硬切换流程分析
	拥塞流程分析
PN 专项分析	全网 PN 评估
	新站 PN 规划
覆盖专项分析	导频污染分析
关联优化	关联优化
话务突变情况分析	话务突变情况分析

续表

	1x 接入距离分析
接入专项分析	1x 接入时长分析
	DO 接入距离分析
	BH 拥塞、BHS 拥塞分析
容量分析	CE 拥塞分析
	WC 拥塞分析
	容量分析
搜索窗优化分析	搜索窗优化分析
位置区优化	位置区优化分析
新站入网分析	新站入网分析
直放站影响分析	直放站影响分析

18.4.4 用户级优化模块子功能

见表 18-5。

表 18-5   **用户级优化模块子功能**

VIP 客户保障	VIP 客户保障（1x）
	VIP 客户保障（DO）
大客户分析	1x 大客户分析
	DO 大客户分析
单用户分析	单用户分析
全网呼叫用户统计	全网呼叫用户统计
	短通话分析
异常用户分析	违规用户查询
	异常通话用户统计
用户活动分布	用户活动分布
用户级指标查询	用户级指标查询
自定义用户通话分析	自定义用户通话分析

18.4.5 网络评估模块子功能

见表 18-6。

表 18-6	网络评估模块子功能
CFC 分析	DO CFC 分析
	全网 1x CFC 统计
覆盖分析	1x 过/弱覆盖分析
	DO 过/弱覆盖分析
	全网覆盖质量分析
	弱覆盖查询
全网业务分析	全网业务分析
全网质量分析	全网质量分析
小区服务质量分析	小区服务质量分析
资源优化	1x 资源查询
	1x 资源调整分析
	DO 资源查询
	DO 资源调整分析

18.4.6　GIS 模块子功能

见表 18-7。

表 18-7	GIS 模块子功能
GIS 分析	全网参数 GIS 展示
边界优化分析	边界优化分析
地理边界展示	地理边界展示
重点区域分析	重点区域分析

18.4.7　系统管理模块子功能

见表 18-8。

表 18-8	系统管理模块子功能
菜　单	菜　单　管　理
公告	公告管理
	公告类别管理
日志	日志参数定义
	日志管理
数据	数据备份
	数据采集管理
	数据完整性核查

续表

菜　　单	菜　单　管　理
网优业务管理	参数数据核查定义
	号码归属地维护
	设备告警参数定义
	实时话单监控规则配置
	性能监控告警发送定义
	性能模板定义
	性能指标管理
系统操作	退出系统
	重新登录
用户及用户组	告警信息查询
	实时告警
	使用排行榜
	修改密码
	用户管理
	组权限管理

18.4.8　前台支撑模块子功能

见表 18-9。

表 18-9 前台支撑模块子功能

1x 漫游用户分析	1x 漫游用户分析
盲点信息发布	盲点发布定时设置
	盲点发布日志查询
	盲点统计分析

18.4.9　报表管理模块子功能

见表 18-10。

表 18-10 报表管理模块子功能

C+W 报表	C+W 报表
报表任务日志	报表任务日志
报表任务设置	报表任务设置
模板化性能报表	模板化性能报表

区局 KPI 报表	区局 KPI 报表
性能报表	性能报表
自定义性能报表	自定义性能报表

网优平台在网优工作中的应用，极大地提高了网优工作人员的效率，网优工作人员又多了一种分析解决问题的手段，这加快了网络问题的发现和解决速度，有助于最大限度地改善网络质量、提升网络品质。

缩　略　语

英文缩写	英文全拼	中文描述
3GPP	Third Generation Project	第三代伙伴计划
3GPP2	Third Generation Project 2	第三代伙伴计划2
AAA	Authentication,authorization and Account	鉴权、认证和计费
AC	Asynchronous Capsule	异步分组包囊
ACC_TMO	Access response ackTimeout	接入信道确认时限
ACK	Acknowledgement	应答
ADSL	Asymmetric Digital Subscriber Line	非同步数字用户线
AAL	ATM Adaptation Layer	ATM 适配层
AMP	Address Management Protocol	地址管理协议
AMPS	Advance Mobile Phone Service	先进移动电话业务
ANID	Access Network IDentifier	接入网标识
APM	Access Parameters Message	接入参数消息
ARPANET	Advanced Research Projects Agency Network	美国国防部高级研究计划局计算机网
ARQ	Automatic Request	自动请求重传
ASP	Access Service Provider	接入业务提供者
AT	Access Terminal	接入终端
ATM	Asynchronous Transfer Mode	异步传输模式
AuC	Authentication Center	鉴权中心
BBU	Baseband Unit	基带单元
BCMCS	Broadcast Multiple cast Services	广播多播业务
BSAP	Base Station Application Part	基站应用部分
BSC	Base station Controller	基站控制器
BSS	Base Station Sub-system	基站子系统
BSSAP	Base Station System Application Part	基站系统应用部分
BTS	Base Transceiver Station	基站
CA	Certification Authority	认证中心
CAM	Channel Assignment Message	信道指配消息
CAMEL	Customized Applications for Mobile Network Enhanced Logic	移动网络增强逻辑的定制应用
CANID	Current Access Network Identifiers	当前接入地标识

英文缩写	英文全拼	中文描述
CAP	CAMEL Application Part	移动智能网应用部分
CAVE	Cellular Authentication and Voice Encryption	蜂窝认证和话音加密算法
CBD	Center Business District	中央商务区
CCITT	Consultative Committee of International Telegraph and Telephone	国际电报电话咨询委员会
CCLM	CDMA Channel List Message	CDMA 信道列表消息
CCS	Common Channel Signaling	共路信令系统
CCS	Centum Call Second	百秒呼
CDG	CDMA Development Group	CDMA 发展集团
CDMA	Code division Multiple Access	码分多址
CDR	Call Detail Recorder	详细通话记录
CDT	Call Data Trace	通话记录
CE	Channel Equipment	信道单元
CHAP	Challenge Handshake Authentication Protocol	查询握手鉴权协议
C/I	Carry to Interference	载干比
CoA	Care of Address	转交地址
CS	Circuit Switching	电路交换
CQT	Call Quality Test	呼叫质量拨打测试
CWTS	China Wireless Telecommunications Standards group	中国无线通信标准组织
CRC	Cyclic Redundancy Check	循环冗余校验
dB	Decibel	分贝
DHCP	Dynamic Host Configuration Protocol	动态主机配置协议
DO	Data Optimization（Data Only）	数据优化
DOI	Domain of Interpretation	域名解析
DRC	Data Rate Control	数据速率控制
DRCLock	Data Rate Control Lock	数据速率控制锁定
DSS	Direct Sequence Spreading	直接序列扩频
DSC	Data Source Control	数据源控制
DSCP	Differential Service Code Point	不同服务点代码
DT	Drive Test	路测
DTAP	Direct Transfer Application Part	直接传送应用部分
DTX	Discontinous Transmission	不连续发送
ECAM	Enhance Channel Assignment Message	增强信道指配消息
ECCLM	Extended CDMA Channel List Message	扩展 CDMA 信道列表消息
E-CMEA	Enhanced Cellular Message Encryption Algorithm	增强的蜂窝信息加密算法

英文缩写	英文全拼	中文描述
EGSRDM	Extended Global Service Redirection Message	扩展全局业务重定位消息
EHDM	Extended Handoff Direction Message	扩展切换指示消息
EIA	Electronic Industries Association	美国电子工业协会
EIB	Erasure Indicator Bit	擦除指示比特
EIRP	Effective Isotropic Radiated Power	有效全向辐射功率
EMI	Electro Magnetic Immunity	电磁抗扰性
ENLM	Extended Neighbor List Message	扩展邻小区列表消息
ESCAM	Extended Supplemental Channel Assignment Message	扩展补充信道分配消息
ESN	Electronic Serial Number	电子串号
ESP	Encapsulating Security Payload	封装安全载荷
ESPM	Extended System Parameters Message	扩展系统参数消息
ETSI	European Telecommunication Standards Institute	欧洲电信标准协会
FA	Foreign Agent	外地代理
F-BCH	Forward Broadcast Control Channel	前向广播信道
F-CACH	Forward Common Assignment Channel	前向公共指配信道
F-CCCH	Forward Common Control Channel	前向公共控制信道
F-CPCCH	Forward Common Power Control Channel	前向公共功率控制信道
F-DCCH	Forward Dedicated Control Channel	前向专用控制信道
FDD	Frequency Division Duplexer	频分双工
FDMA	Frequency division Multiple Access	频分多址
FER	Frame Error Rate	误帧率
F-FCH	Forward Fundamental Channel	前向基本业务信道
FFER	Forward Frame Error Rate	前向误帧率
FFPC	Fast Forward Power Control	快速前向功控
FH	Frequency Hopping	跳频
F-PCH	Forward Paging Channel	前向寻呼信道
F-PICH	Forward Pilot Channel	前向导频信道
FPLMTS	Future Public Land Mobile Telephone System	未来移动通信系统
F-QPCH	Forward Quick Paging Channel	前向快速寻呼信道
FRAB	Filtered Reverse Activity Bit	滤波后反向激活比特
F-SCH	Forward Supplemental Channel	前向补充业务信道
F-SYNCH	Forward Synchronization Channel	前向同步信道
FTP	File Transfer Protocol	文件传输协议
GHDM	General Handoff Direction Message	普通切换指示消息

英文缩写	英文全拼	中文描述
GMSC	Gate MSC	移动网关口局
GNLM	General Neighbor List Message	通用邻小区列表消息
GPM	General Page Message	一般寻呼消息
GPS	Global Positioning System	全球定位系统
GRE	Generic Route Encapsulation	通用路由封装
GSM	Global System for Mobile Communications	全球移动通信系统
GSRDM	Global Service Redirection Message	全局业务重定位消息
HA	Home Agent	归属代理
HARQ	Hybrid Automatic Request	混合自动请求重传
HAT	Hybrid Access Terminal	混合终端
HCM	Handoff Complete Message	切换完成消息
HDR	High Data Rate	高速数据速率
HLR	Home Location Register	归属位置寄存器
HRPD	High Rate Packet Data	高速率分组数据
HSPA	High Speed Packet Access	高速分组接入技术
HSTP	High Signaling Transfer Point	高级信令点
HTTP	Hyper Text Transfer Protocol	超文本传输协议
IKE	Internet Key Exchange	因特网密钥交换
IETF	Internet Engineering Task Force	因特网工程任务组
IIR	Infinite Impulse Response	无限脉冲响应
IM	Instant Messaging	即时通信
IMSI	International Mobile Subscriber Number	国际移动用户识别码
IOS	Inter-Operation Specification	互操作规范
IP	Internet Protocol	因特网协议
IP	Initial Open Loop Power	初始开环功率
IP	Intelligent Peripheral	智能外设
IPSec	Internet Protocol Security	IP 安全协议
IPSP	IP Server Process	IP 服务器处理
ISDN	Integrated Services Digital Network	综合业务数据网
ISLP	Inter-System Link Protocol	系统间链路协议
ISO	International Organization for Standardization	国际标准化组织
ISP	Internet Service Provider	因特网服务提供商
ISPAGE	Inter System Paging	系统间寻呼
ISUP	ISDN User Part	综合业务数据部分

英文缩写	英文全拼	中文描述
ITU	International Telecommunication Union	国际电联
KPI	Key Performance Index	性能指标
LAC	Location Area Code	位置区号
LCP	Link Control Protocol	链路控制协议
LSTP	Low Signaling Transfer Point	低级信令点
LTE	Long Term Evolution	长期演进
MAC	Medium Access Control	媒质接入控制
MAP	Mobile Application Part	移动应用部分
MC	Message Center	短信中心
MCC	Mobile Country Code	移动国家码
MCSB	Message Control and Status Blocks	消息控制和状态块
MDN	Mobile Directory Number	移动用户电话号码
ME	Mobile Equipment	移动设备
MEID	Mobile Equipment Identify	移动台设备码
MIMO	Multiple Input and Multiple Output	多路输入和多路输出技术
MIN	Mobile Identify Number	移动用户识别码
MNC	Mobile Network Code	移动网络码
MO	Mobile Originated	移动主叫
MOS	Mean Opinion Score	话音主观质量评价
MRU	Most Recently Used List	最近使用列表
MS	Mobile Subscriber	移动台
MSC	Mobile Switch Center	移动交换中心
MSIN	Mobile Subscriber Identify Number	移动台识别码
MT	Mobile Terminal	移动终端
MTP	Message Transfer Part	消息传输部分
MTU	Message Transmission Unit	消息传输单元
NAK	Negative Acknowlegment	否定应答
NAS	Network Access Server	网络接入服务器
NCP	Network Control Protocol	网络控制协议
NID	Network Identification	网络识别码
NLM	Neighbor List Message	邻小区列表消息
NLUM	Neighbour List Update Message	邻区更新消息
NMSI	National Mobile Subscriber Identify Number	国内移动台识别码
NMT	Nordic Mobile Telephone System	北欧移动电话系统

英文缩写	英文全拼	中文描述
NSS	Network Switch System	网络交换系统
NTT	Nippon Telegraph and Telephone	日本移动电话系统
OFDMA	Orthogonal Frequency-Division Multiple Access	正交频分多址接入技术
OLRM	Out Loop Report Message	外环报告消息
OMC	Operation Maintenance Center	操作维护中心
OSI	Open System Interconnection	开放系统互联
OTD	Orthogonal Transimit Diversity	正交发送分集
PANID	Previous Access Network Identifier	以前接入网络标识
PCF	Packet Control Function	分组控制功能
PCG	Power Control Group	功率控制组
PCM	Pulse Code Modulation	脉冲调制
PCMD	Per Call Measurement Data	话单
PCN	Packet Core Network	分组核心网
PCT	Power Control Threshold	功率控制门限
PCS	Personal Communications Service	个人通信服务
PCPM	Power Control Parameter Message	功率控制参数消息
PD	Persistence Delay	持续性测试
PDU	Protocol Data Unit	协议数据单元
PDSN	Packet Data Serving Node	分组数据服务节点
PER	Package Error Ratio	分组错误率
PLCM	Private Long Code Mask	专用长码掩码
PLMN	Public Land Mobile Network	公共陆地移动网
PMRM	Power Measurement Report Message	功率测量报告
PN	Pseudo_random Noise code	伪随机码
PNLM	Private Neighbor List Message	专用邻小区列表消息
PRL	Prefer Roaming List	首选漫游列表
PPP	Point to Point Protocol	点对点协议
PPS	Pulse Per Second	每秒脉冲
PS	Packet Switching	分组交换
PSMM	Pilot Strength Measurement Message	导频强度测量消息
PSTN	Public Switch Telephone Network	公众电话交换网
PTC	Push-to-Connect	按键连接
PTT	Push to Talk	按键通话
PVC	Permanent Virtual Connection	永久虚连接

英文缩写	英文全拼	中文描述
QoS	Quality of Service	服务质量
RA	Reverse Activity	反向激动
RAB	Reverse Activity Bit	反向激活比特
R-ACH	Reverse Access Channel	反向接入信道
RADIUS	Remote-Access Dial-In User Service	远端拨入用户服务
RAN	Radio Access Network	无线接入网
RATI	Random Access Terminal Identifier	随机终端访问标识
RC	Radio Configuration	无线配置
R-CCCH	Reverse Common Control Channel	反向公共控制信道
R-DCCH	Reverse Dedicated Control Channel	反向专用控制信道
R-EACH	Reverse Enhance Access Channel	反向增强接入信道
RF	Radio Frequency	射频
R-FCH	Reverse Fundamental Channel	反向基本业务信道
RL	Return Loss	回波损耗
RLP	Radio Link Protocol	无线链路协议
RN	Radio Network	无线网络
RNC	Radio Network Controller	无线网络控制器
ROT	Rise Over Thermal	基底噪声
RPC	Reverse Power Control	反向功率控制
R-PICH	Reverse Pilot Channel	反向导频信道
RRI	Reverse Rate Indicate	反向速率指示
RRU	Remote Radio Unit	射频拉远单元
RSSI	Received Signal Strength Indicator	接收信号强度指示
RTD	Round Trip Delay	传输时延
RTO	Round Time-out	来回时延
RTT	Radio Transmission Technology	无线传输技术
R-SCH	Reverse Supplemental Channel	反向补充业务信道
RX	Receiver	接收
SA	Security Association	安全联盟
SACK	Selective ACKnowledgment	有选择确认
SAP	Service Access Point	服务接入点
SAR	Segmentation and Reassembly	分段重组
SC	Synchronization Capsule	同步包囊
SCCP	Signaling Connect Control Part	信令连接控制部分

英文缩写	英文全拼	中文描述
SCE	Service Creation Environment	业务生成环境
SCHM	Sync Channel Message	同步信道消息
SCM	Station Class Mark	移动台等级标志
SCRM	Supplemental Channel Request Message	补充信道请求消息
SCTP	Stream Control Transmission Protocol	流控制传送协议
SCP	Session Configuration Protocol	会话配置协议
SCP	Service Control Point	业务控制节点
SDP	Service Data Point	业务数据点
SDU	Selection/Distribution Unit	选择分配单元
SDU	Service Data Unit	服务数据单元
SG-ASP	Signaling Gateway-Application Server Process	信令网关应用服务处理
SID	System Identification	系统识别码
SINR	Signal to Interference plus Noise Ratio	信号与干扰加噪声比
SLIP	Serial Link IP	串行链路协议
SLP	Signaling Link Protocol	信令链路协议
SME	Short Message Entity	短消息实体
SMS	Service Management System	业务管理系统
SMS	Short Messaging Service	短消息业务
SNMP	Simple Network Management Protocol	简单网络管理协议
SNP	Signaling Network Protocol	信令网络协议
SP	Signaling Point	信令点
SPM	System Parameter Message	系统参数消息
SRBP	Signaling Radio Burst Protocol	信令无线突发协议
SS	Spread Spectrum	扩频
SSP	Service Switching Point	业务交换节点
SUA	SCCP User Adaptation Layer	SCCP 用户适配层
STS	Space Time Spreading	空时扩频
T2P	Traffic to Pilot	业务和导频功率比
TACS	Total Access Communication System	全接入通信系统
TCA	Traffic Channel Assignment	业务信道指配
TCAP	Transaction Capabilities Application Part	事务处理应用部分
TCC	Traffic Channel Complete	业务信道指配完成
TCP	Transmission Control Protocol	传输控制协议
TDD	Time Division Duplex	时分双工

英文缩写	英文全拼	中文描述
TDMA	Time Division Multiple Access	时分多址
TD-SCDMA	Time Division-Synchronous Code Division Multiple Access	时分同步码分多址系统
TE	Terminal Equipment	终端设备
TFU	Time Frame Unit	时钟帧单元
TH	Time Hopping	跳时
TIA	Telecommunications Industry Association	美国电信工业协会
TLDN	Temporary Local Directory Number	临时本地用户号码
TX	Transmitter	发射
TUP	Telephone User Part	电话用户部分
UATI	Unicast Access Terminal Identifier	唯一终端访问标识
UDI	Unrestricted Digital Information	无限制数字信息
UDP	User Datagram Protocol	用户数据报协议
UHDM	Universe Handoff Direction Message	通用切换指示消息
UIM	User Identifier Module	用户识别模块
UPM	Universal Page Message	通用寻呼消息
UZIM	User Zone Identification Message	用户区识别消息
VLR	Visitor Location Register	访问位置寄存器
VoIP	Voice over IP	IP 传输话音
VSAT	Very Small Aperture	甚小口径
VSWR	Voltage Standing Wave Ratio	电压驻波比
WCDMA	Wideband Code division Multiple Access	宽带码分多址
WiMAX	Worldwide Interoperability for Microwave Access	全球微波互联接入
WIN	Wireless Intelligent Network	无线智能网
WLAN	Wireless Local Area Network	无线局域网